ABITUR

Prüfungsaufgaben mit Lösungen

Mathematik

Gymnasium
Mecklenburg-Vorpommern

2011–2013

STARK

ISBN 978-3-8490-0974-8

19. ergänzte Auflage
www.stark-verlag.de

Inhalt

Vorwort
Stichwortverzeichnis

Hinweise und Tipps zum Zentralabitur

1 Ablauf der Prüfung I
2 Inhalte und Schwerpunktthemen II
3 Leistungsanforderungen und Bewertung III
4 Hinweise zur Dokumentation IV
5 Methodische Hinweise und allgemeine Tipps zur schriftlichen Prüfung V
6 Hinweise und Tipps zum Lösen von Abituraufgaben mit CAS-Rechnern XII
7 Weiterführende Informationen XV

Einführung in den Rechner TI-Nspire

1 Grundlegendes 1
2 Algebraisches 2
3 Arbeit mit Graphen 4
4 Listen und Folgen 7
5 Regression 8
6 Stochastik 9
7 Analytische Geometrie 10
8 Analysis 11
9 Systematisches Probieren 12

Abiturprüfung 2011

Prüfungsteil A0 2011-1
Prüfungsteil A ohne CAS 2011-8
Prüfungsteil B ohne CAS 2011-28
Prüfungsteil A mit CAS 2011-40
Prüfungsteil B mit CAS 2011-60

Abiturprüfung 2012

Prüfungsteil A0 2012-1
Prüfungsteil A ohne CAS 2012-8
Prüfungsteil B ohne CAS 2012-26
Prüfungsteil A mit CAS 2012-39
Prüfungsteil B mit CAS 2012-58

Abiturprüfung 2013

Prüfungsteil A0 2013-1
Prüfungsteil A ohne CAS 2013-8
Prüfungsteil B ohne CAS 2013-26
Prüfungsteil A mit CAS 2013-39
Prüfungsteil B mit CAS 2013-65

Übungsaufgaben für die länderübergreifend gestellten Aufgaben im Prüfungsteil B0

Aufgaben Ü-1
Hinweise und Tipps Ü-2
Lösungen Ü-3

Sitzen alle mathematischen Begriffe? Unter www.stark-verlag.de/mathematik-glossar/ finden Sie ein kostenloses Glossar zum schnellen Nachschlagen aller wichtigen Definitionen mitsamt hilfreicher Abbildungen und Erläuterungen.

Autoren der Übungsaufgaben und der Lösungen der Abituraufgaben:

2011–2013: Holger Lohöfener, Brüel, und Mario Poethke, Schwerin
Übungsaufgaben: Peter Bunzel

Vorwort

Liebe Abiturientinnen, liebe Abiturienten,

mit dem vorliegenden Buch geben wir Ihnen Anleitung und Unterstützung bei der **Vorbereitung** auf die für Sie so wichtige Prüfung, das **Abitur**.

Damit diese Vorbereitung optimal verläuft, finden Sie in diesem Buch alle **Prüfungsaufgaben der Jahrgänge 2011 bis 2013**, die mit freundlicher Genehmigung durch das Ministerium für Bildung, Wissenschaft und Kultur des Landes Mecklenburg-Vorpommern abgedruckt werden dürfen. Eine eigene Aufgabenserie für die länderübergreifend gestellten Aufgaben zeigt Ihnen, was auf Sie im hilfsmittelfreien Prüfungsteil B0 zukommt. Genaue Informationen und wertvolle Hinweise über die Struktur der Prüfung erfahren Sie in dem Abschnitt **„Hinweise und Tipps zum Zentralabitur"**. Dort und vor allem in einer eigenen **Einführung für den Rechner TI-Nspire** erhalten Sie ausführlich Ratschläge zum Umgang mit dem CAS-Rechner in der Prüfung. Sollten nach Erscheinen dieses Bandes noch wichtige Änderungen in der Abitur-Prüfung 2016 vom Ministerium bekannt gegeben werden, finden Sie aktuelle Informationen dazu im Internet unter:
www.stark-verlag.de/pruefung-aktuell

Alle Aufgaben sind mit ausführlichen und **schülergerechten Lösungen** dargestellt. Außerdem enthält das Buch viele fachliche und methodische Hinweise zum Finden möglichst effektiver Lösungswege und zur Vermeidung von Fehlern. Weiter finden Sie bei allen Aufgaben zusätzliche **„Hinweise und Tipps"** zu jeder Teilaufgabe, die zwischen den Aufgaben und Lösungen stehen. Diese „Hinweise und Tipps" liefern Denkanstöße zur Lösung, sie sind durch eine graue Raute markiert und nach zunehmendem Grad der Hilfestellung geordnet.

Durch das Bearbeiten vieler Prüfungsaufgaben gewinnen Sie einerseits einen Eindruck von Inhalt, Struktur, Umfang und Schwierigkeitsgrad der Prüfung und andererseits zunehmende Sicherheit, sodass die Abiturprüfung für Sie keine unangenehmen Überraschungen bereithalten wird. Beginnen Sie allerdings rechtzeitig mit der Vorbereitung auf die Prüfung.

Das **Stichwortverzeichnis** ermöglicht es Ihnen zudem, wichtige Fachbegriffe und die dazugehörenden Aufgabenstellungen schnell zu finden, sodass Sie einzelne Themen gezielt üben und bearbeiten können.

Wir wünschen Ihnen viel Erfolg bei der Arbeit mit diesem Buch und alles Gute für das anstehende Abitur, nicht nur im Fach Mathematik.

Holger Lohöfener und Mario Poethke

Stichwortverzeichnis

Das Stichwortverzeichnis ist den Aufgabengruppen entsprechend in die Themenbereiche „Analysis“, „Analytische Geometrie“ und „Stochastik“ gegliedert.

Analysis

Ableitungsfunktion	2011-9, 28; 2012-1, 8, 10, 26; 2013-8, 9, 26, 27
Abstand zweier Punkte	2011-28; 2013-39
Anstieg einer Funktion an einer Stelle	2011-10, 40; 2012-10; 2013-1, 10, 65
Anstieg einer Sekante	2012-10
Asymptote	2011-8; 2012-39, 58
Berechnung von Argumenten	2012-9; 2013-40
Berechnung von Funktionswerten	2012-9; 2013-40
bestimmtes Integral	siehe Flächenberechnung
Bogenlänge	2011-60; 2013-39
Definitionsbereich	2012-26; 2013-9
Extremalproblem	2011-8, 28, 60; 2012-8, 39; 2013-1, 10, 27, 39
Extrempunkt	2011-1, 8, 28, 40, 42, 60, 61; 2012-1, 8, 26, 39, 40, 58; 2013-8, 9, 26, 39, 65
Flächenberechnung	2011-8, 9, 28; 2012-8, 10, 26, 39, 58; 2013-1, 8, 9, 26, 39, 40
Folge	2013-1
Funktion	
– exponentiell	2011-60; 2012-9, 58; 2013-39
– ganzrational	2011-9, 42; 2012-1, 8, 39, 40; 2013-1, 8, 39, 65
– gebrochenrational	2011-1, 8, 40; 2012-1; 2013-9
– linear	2013-8, 9
– mit Parameter	Ü-1
– Wurzelfunktion	2011-40; 2012-26
Funktionenschar	
– exponentiell	2011-28; 2012-10, 58; 2013-39
– ganzrational	2012-8, 39; 2013-8, 10, 26
– gebrochenrational	2011-8, 40, 42
– Wurzelfunktion	2011-60
Graph	2011-40, 42; 2012-1, 39, 40; 2013-1, 39; Ü-1
Grenzwert	2011-1, 8; 2013-9, 40
Integral	Ü-1
Krümmungsverhalten	2012-40
Linearfaktorzerlegung	Ü-2

Monotonie	2012-1; 2013-1
Nebenbedingung	siehe Extremalproblem
Nullstelle	2011-1, 8; 2012-8, 39; 2013-1, 8, 9, 39; Ü-1
Ortskurve	2011-60; 2012-58
Polstelle	2011-1, 40
Prozentrechnung	2011-9
Regression	2011-42; 2012-58; 2013-40
Rekonstruktion einer Funktionsgleichung	2011-42; 2013-1, 39, 65
Rotationsvolumen	2011-40; 2012-26, 40; 2013-8, 65
Schnittpunkt; Schnittstelle	
– mit der x-Achse	2011-9, 28, 40; 2013-26; siehe auch Nullstelle
– mit der y-Achse	2011-9, 40; 2012-8, 58
– zweier Graphen	2011-28; 2012-39, 58; 2013-9, 26
Schnittwinkel	2012-8; 2013-9
Stammfunktion	2011-1, 8, 28; 2012-1, 8; 2013-1; Ü-1 siehe auch Flächenberechnung
Symmetrie	
– axialsymmetrisch	2012-8
Tangentenanstieg	2011-1, 28; 2013-9, 26
Tangentengleichung	2011-8; 2012-1, 8, 39; 2013-8
Umfang einer Fläche	2013-39
Ungleichung	Ü-1
Verhalten im Unendlichen	siehe Grenzwert
Verhältnis	2013-8, 9
Wendepunkt	2011-8, 9, 60; 2012-1, 9, 39, 58; 2013-8, 9, 26, 39
Wertebereich	2012-9
Wertetabelle	2011-40
Zielfunktion	siehe Extremalproblem

Analytische Geometrie

Abstand	
– Punkt – Ebene	2012-40; 2013-9
– Punkt – Gerade	2011-29, 41, 61; 2012-1; 2013-27
– Punkt – Punkt	siehe Betrag eines Vektors
Betrag eines Vektors	2011-41, 61; 2012-39; 2013-2, 27
Dreieck	2012-9, 39; Ü-1
Durchstoßpunkt	2012-27, 59; 2013-39, 66
Ebenengleichung	2012-2; 2013-39, 66
– Koordinatendarstellung	2011-9, 29, 41; 2012-9, 27, 59; 2013-9
Ebenenschar	
– Koordinatendarstellung	2013-27

Flächeninhalt
- Dreieck 2012-39; 2013-9, 27, 40
- Parallelogramm 2011-41; 2013-40
- Rechteck 2013-1, 66
- Trapez 2013-40

Geradengleichung 2011-41, 61; 2012-1; 2013-39, 40, 66

Halbräume 2011-29

Koordinatensystem – räumlich 2011-9, 41; 2012-9, 39; 2013-8, 39
Kreuzprodukt siehe Vektorprodukt

Lagebeziehung
- Punkt – Ebene 2012-27, 40
- Punkt – Punkt 2013-27
- von Geraden 2012-1
- von Strecken Ü-1

Länge einer Strecke Ü-1

Mittelpunkt
- einer Strecke 2011-2; 2013-8; Ü-1
- eines Rechtecks Ü-1

Orthogonalität 2011-2; 2012-9; 2013-2, 27, 66

Parallelität 2013-66
Prisma 2012-9; 2013-27
Punktkoordinaten 2011-41; 2012-9, 27; 2013-8, 66
Punktprobe
- Punkt/Ebene/Fläche 2013-39
- Punkt/Gerade/Strecke 2011-9; 2012-1; 2013-27

Pyramide 2011-9; Ü-1

Quadrat 2012-27

Rechteck 2013-1

Schnitt
- Gerade – Ebene 2011-29

Schnittwinkel
- zwischen Ebenen 2011-9, 29, 41; 2012-39, 59; 2013-9
- zwischen Geraden/Vektoren 2011-41; 2012-9, 27, 39; 2013-40

Skalarprodukt 2011-9; 2012-9, 27, 39, 40; siehe auch Abstand, Orthogonalität, Schnittwinkel zwischen Geraden/Vektoren
Spatprodukt 2011-9; 2012-9, 27, 39
Symmetrieachse 2013-40

Trapez 2011-9

Vektoraddition 2011-2; 2013-66
Vektorprodukt siehe auch Ebenengleichung in Koordinatendarstellung, Flächeninhalt, Orthogonalität, Schnittwinkel zwischen Ebenen
Verhältnis 2013-9

Volumen
– Prisma 2012-9
– Pyramide 2011-9; 2012-9, 27, 40; 2013-9

Würfel 2012-27; 2013-8

Stochastik

Ablehnungsbereich 2011-61; 2012-26; 2013-26
Annahmebereich 2011-29

Baumdiagramm 2013-40
Baumstruktur (Verzweigungs-, Produkt- und Summenregel) 2011-10, 41; 2012-2; 2013-9
Bernoulli-Experiment 2011-29; 2012-2
Bernoulli-Kette (Binomialverteilung) 2011-29, 42, 61; 2012-26, 40, 59; 2013-26, 40

Erwartungswert 2011-41; 2012-59; 2013-9, 40

Formulierung von Ereignissen 2013-2

Gegenereignis 2011-61; 2013-2

hypergeometriesche Verteilung 2012-26
Hypothesentest 2011-29, 61; 2013-26, 40

Irrtumswahrscheinlichkeit 2011-29, 61; 2012-26; 2013-26, 40

Laplace-Experiment 2011-10; 2013-26

Mittelwert, arithmetisch 2012-40

Pfadregeln 2012-2, 26; 2013-2, 26; Ü-2

Signifikanzniveau siehe Irrtumswahrscheinlichkeit
Standardabweichung 2012-40, 59

Urnenmodell Ü-1

Wahrscheinlichkeit von Ereignissen 2011-2, 10, 41; 2012-2, 40, 59; 2013-9, 26, 40

Ziehen ohne Zurücklegen Ü-1
Zufallsexperiment Ü-1

Hinweise und Tipps zum Zentralabitur

1 Ablauf der Prüfung

Die zentrale schriftliche Abiturprüfung

Das schriftliche Abitur im Fach Mathematik wird in Mecklenburg-Vorpommern entsprechend den „Einheitlichen Prüfungsanforderungen in der Abiturprüfung“ (EPA) durchgeführt. Die inhaltlichen Vorgaben ergeben sich aus dem Kerncurriculum für die Qualifikationsphase der gymnasialen Oberstufe bzw. den derzeit gültigen Rahmenplänen für Gymnasien und Fachgymnasien. Die zentral gestellten Aufgaben werden im Auftrag des Kultusministeriums durch die Mitglieder der Aufgabenkommission erarbeitet.

Der Aufbau der Prüfungsaufgaben

Seit dem Jahr 2008 wird die schriftliche Abiturprüfung in einer neuen Struktur geschrieben. Dabei erhalten Sie als teilnehmende Schüler alle eine gemeinsame Arbeit A. Wenn Sie die Prüfung mit erhöhtem Anforderungsniveau ablegen, erhalten Sie anstelle der Aufgabe A0 die Aufgabe B0 und danach zusätzlich einen weiteren Aufgabenteil B.

Prüfungsteil ohne Hilfsmittel
Geprüft werden fachliche Inhalte aus den Stoffgebieten Analysis, Analytische Geometrie und Vektorrechnung sowie Stochastik. In der **Aufgabe A0** bzw. **B0** sollen grundlegende Kompetenzen und Kenntnisse nachgewiesen werden. Die einzelnen Teilaufgaben sind wenig komplex und weitgehend unabhängig voneinander. Die Aufgabenstellungen befinden sich auf einem gesonderten Arbeitsblatt. Die Aufgaben des Arbeitsblattes B0 werden dabei aus einem gemeinsamen Aufgabenpool der Länder Bayern, Hamburg, Sachsen, Niedersachsen, Schleswig-Holstein und Mecklenburg-Vorpommern ausgewählt.
Für die Lösung der Aufgabe A0 bzw. B0 sind **keine Hilfsmittel** (Tafelwerk, Taschenrechner bzw. CAS) zugelassen. Anforderungen an das Rechnen ohne Hilfsmittel beschränken sich auf überschaubare Zahlen und Strukturen.

Prüfungsteil A
Nach der Abgabe des Arbeitsblatts A0 bzw. B0 erhalten Sie die weiteren Prüfungsaufgaben. Die Fragestellungen in den **Aufgaben A1, A2 und A3** sind teilweise komplex. Sie können inhaltlich jeweils einem, aber auch mehreren Stoffgebieten zugeordnet werden. Von den Aufgaben A1, A2 und A3 sind **zwei auszuwählen** und zu bearbeiten. Hilfsmittel (Tafelwerk, Taschenrechner bzw. CAS) sind zugelassen.

Prüfungsteil B
Geprüft werden fachliche Inhalte aus den Stoffgebieten Analysis, Analytische Geometrie und Vektorrechnung sowie Stochastik. Die Fragestellungen in den **Aufgaben B1 und B2** sind teilweise komplex. Sie können inhaltlich unabhängige Fortsetzungen oder Ergänzungen der Aufgaben A1, A2 und A3 sein, aber auch vollkommen andere Schwerpunkte enthalten. Von den Aufgaben B1 und B2 ist **eine auszuwählen** und zu lösen. Hilfsmittel (Tafelwerk, Taschenrechner bzw. CAS) sind zugelassen.

Dauer der Prüfung

Für die Bearbeitung der Aufgaben im Teil A0 bzw. B0 stehen Ihnen genau 45 Minuten zur Verfügung. Nach dem Erhalt der weiteren Aufgaben A1, A2 und A3 sowie gegebenenfalls der Aufgaben B1 und B2 wird allen Prüfungsteilnehmern eine Zeit von 30 Minuten für die Aufgabenauswahl gewährt.

Für den Teil A beträgt die Bearbeitungszeit 195 Minuten.
Für den Teil B beträgt die Bearbeitungszeit 60 Minuten.

Insgesamt ergibt sich eine Bearbeitungszeit von 240 Minuten zuzüglich einer Einlesezeit von 30 Minuten, bzw. eine Bearbeitungszeit von 300 Minuten zuzüglich einer Einlesezeit von 30 Minuten, falls Sie die Prüfung mit erhöhtem Anforderungsniveau ablegen.

Zugelassene Hilfsmittel

Die für die schriftliche Abiturprüfung im Fach Mathematik **zugelassenen Hilfsmittel** sind **Wörterbücher der deutschen Rechtschreibung, Taschenrechner** bzw. **Taschenrechner mit CAS**, die im Unterricht verwendete **Formelsammlung** (Tafelwerk) sowie die **Schreib- und Zeichengeräte**, die im Fach Mathematik Anwendung finden. Sämtliche Entwürfe und Aufzeichnungen gehören zur Abiturarbeit und dürfen nur auf Papier, das den Stempel der Schule trägt, angefertigt werden.

2 Inhalte und Schwerpunktthemen

In der folgenden Übersicht sind die für Sie wesentlichen Schwerpunktthemen stichpunktartig für die zentrale schriftliche Abiturprüfung aufgeführt. Gegebenenfalls kann diese Übersicht durch Vorabhinweise für einzelne Prüfungsjahrgänge konkretisiert werden:

Analysis

Folgen und Reihen
- Darstellungsmöglichkeiten für Folgen
- Monotonieuntersuchungen
- arithmetische und geometrische Folgen
- Partialsummenfolgen
- Grenzwertbegriff
- Grenzwertsätze
- Konvergenzuntersuchungen

Grenzwert einer Funktion und Stetigkeit
- Grenzwerte von Funktionen an einer Stelle und im Unendlichen (Asymptoten, Polstellen, Lücken), Grenzwertsätze
- Stetigkeit als kennzeichnende Eigenschaft vieler Funktionen (lokal, global, Untersuchung auf Stetigkeit)

Differenzialrechnung
- Lokale Differenzierbarkeit (Änderungsverhalten von Funktionen, Tangentenproblem, Differenzenquotient, Differenzialquotient)
- globale Differenzierbarkeit und Ableitungsfunktion (Stetigkeit und Differenzierbarkeit)
- Ableitungsregeln
- höhere Ableitungen (geometrische Zusammenhänge zwischen den Graphen von f, f', f'' und f''')
- Anwendungen der Differenzialrechnung bei der Untersuchung von Funktionen und ihrer Graphen (notwendige und hinreichende Kriterien für Monotonie, Krümmung, Extrema und Wendepunkte, Extremwertprobleme)

- Rekonstruktion von Funktionen
- Regression mit CAS
- Modellierung inner- und außermathematischer Sachverhalte (Physik, Technik, Humanwissenschaft, Wachstums- und Zerfallsprozesse)

Integralrechnung

- Integralbegriff (Stammfunktion und unbestimmtes Integral)
- Regeln zur Bestimmung von Stammfunktionen
- Bestimmtes Integral (Approximation von Flächeninhalten durch Ober- und Untersummen, Abgrenzung vom Flächeninhalt, Eigenschaften des bestimmten Integrals, Berechnung bestimmter Integrale, inhaltliches Erfassen des Hauptsatzes der Differenzial- und Integralrechnung)
- Anwendung der Integralrechnung (Flächenberechnung, Volumenberechnung, Bogenlänge eines Kurvenstückes, Volumen und Mantelflächen von Rotationskörpern)

Analytische Geometrie und Vektorrechnung

- Grundlagen der Koordinatengeometrie in der Ebene
- Vektorbegriff; Operationen mit Vektoren (Addition, Multiplikation von Vektoren mit reellen Zahlen, Skalarprodukt, Vektorprodukt)
- Punkte und Geraden im Raum (Parametergleichung, Lagebeziehungen zwischen Punkten und Geraden und zwischen Geraden, Darstellung von Geraden im Koordinatensystem, Schnittwinkel von Geraden, Abstandsprobleme)
- Ebenen (Parametergleichung und parameterfreie Formen der Ebenengleichungen, Lagebeziehungen zwischen Punkten und Ebenen, Geraden und Ebenen sowie zwischen zwei Ebenen, Winkel zwischen Geraden und Ebenen und zwischen Ebenen, Abstandsprobleme, Flächenberechnungen)
- Kreise (Gleichungen, Lagebeziehungen)

Stochastik

- Wahrscheinlichkeitsbegriff und deren Berechnung
- Kombinatorik
- Binomialverteilung
- Grundprobleme der beurteilenden Statistik (Stichproben, Kenngrößen einer statistischen Erhebung, Aufstellen und Testen von Hypothesen bei binomialverteilten Zufallsgrößen, Fehler 1. und 2. Art)

3 Leistungsanforderungen und Bewertung

In die Bewertung geht zunächst einmal die **fachliche Richtigkeit** und **Vollständigkeit** ein. Ebenso gilt, dass die Lösungen, Erläuterungen und Erklärungen, die Bestandteil jeder Abiturarbeit sind, in einer **sprachlich korrekten, mathematisch exakten und äußerlich einwandfreien Form** darzustellen sind. Maximal zwei Bewertungseinheiten können zusätzlich vergeben werden bei

- guter Notation und Darstellung,
- eleganten, kreativen und rationellen Lösungen,
- vollständiger Lösung einer weiteren Wahlaufgabe.

Maximal zwei Bewertungseinheiten können bei mehrfachen Verstößen gegen mathematische Korrektheit und äußere Form abgezogen werden.
Die Lösungswege müssen für die Korrektur stets nachvollziehbar sein. Das bedeutet, speziell bei der Verwendung der CAS-Rechner, dass das Anfertigen grafischer Darstellungen, das Niederschreiben von Gleichungen, Umformungsschritten etc. wichtige Elemente für die Dokumentation von Lösungen bleiben. Ein Lösungsweg kann gegebenenfalls auch mit

sprachlichen Mitteln aufgezeigt werden. Die reine Notation der Tastenfolgen, die zu einem bestimmten Ergebnis geführt haben, ist damit nicht gemeint. Der schriftliche Bezug auf bestimmte spezifische Eingabe-Befehle oder angezeigte Ergebnisse kann sinnvoll sein, wenn Sie ein Problem mit dem CAS-Rechner nicht oder nicht eindeutig lösen können.

4 Hinweise zur Dokumentation

Die verwendeten Operatoren bestimmen im Wesentlichen die Art und den Umfang der Dokumentation der Lösung. Die nachfolgende Tabelle gibt Auskunft, welche Arbeitsaufträge/Operatoren verwendet werden und welche Anforderungen damit an die Darstellung der Lösungen verknüpft sind.

Arbeitsaufträge Operatoren	**Anforderungen an die Dokumentation der Lösung**	**Beispielaufgaben**
nennen, angeben	Es sollen Sachverhalte formuliert werden, die Ergebnisse werden ohne Lösungswege, Begründungen oder Ergänzungen aufgezählt.	2011 A0 1.3, 2012 A1.2, 2013 A0 1.4
erklären	Beim Lösen eines Problems werden Zusammenhänge dargestellt und begründet, dabei werden die zugrunde liegenden Gesetzmäßigkeiten, Regeln und Beziehungen genannt, außerdem können entsprechende Modelle oder grafische Darstellungen genutzt werden.	Erklären Sie, warum diese Funktion für eine langfristige Prognose nicht geeignet ist.
begründen	Zusammenhänge sollen dargestellt werden, dabei sollen mathematische Regeln und Beziehungen genutzt und benannt werden.	2011 A0 1.1, 2012 A0 1.4, 2013 A0 1.3
beschreiben	Sachverhalte, Verfahren oder Lösungswege mit eigenen Worten unter Verwendung der Fachsprache und in der Regel in vollständigen Sätzen systematisch darstellen.	2011 A1.1.2 CAS, 2012 A0 2.2
beurteilen	Ein selbstständiges Urteil formulieren und begründen, dabei ist das Fachwissen einzubeziehen.	2012 A3.2.1 CAS, 2013 A3.1 CAS
entscheiden	Durch Begründen auf genau eine von mehreren Möglichkeiten festlegen.	2011 A1.3 CAS, 2012 A1.1
interpretieren	Das Problem durch mathematische Beziehungen und Ergebnisse mathematischer Überlegungen deuten.	Interpretieren Sie Ihr Ergebnis.
erstellen	Die Sachverhalte in übersichtlicher, meist vorgegebener Form darstellen.	Erstellen Sie eine Skizze.
untersuchen, bewerten, diskutieren	Die Eigenschaften von Objekten oder Beziehungen zwischen Objekten herausfinden und entsprechend darlegen.	2011 A0 1.2, 2012 A1.1 CAS, 2013 A2.3.2
herleiten	Beschreiben, wie gegebene Sachverhalte aus allgemeineren Sachverhalten entstehen oder aus anderen Sachverhalten abgeleitet werden können.	Leiten Sie die zugehörende Wurzelfunktion her.

Arbeitsaufträge Operatoren	Anforderungen an die Dokumentation der Lösung	Beispielaufgaben
zeigen, nachweisen, beweisen	Unter Verwendung von mathematischen Sätzen, Äquivalenzumformungen oder logischen Schlussfolgerungen werden Aussagen bestätigt oder mithilfe eines Gegenbeispiels widerlegt.	2011 A2.5, 2012 A1.5, 2013 A0 2.1
widerlegen	Den Widerspruch durch Rechnungen, logisches Schließen und/oder durch Angabe eines Gegenbeispiels zeigen.	Widerlegen Sie die Annahme, dass der Winkel stumpf ist.
berechnen	Die Lösung ist durch eine Rechnung aus einem erkennbaren Ansatz zu ermitteln, elektronische Hilfsmittel sind zulässig (falls nicht anders angegeben), eine grafische Lösung ist nicht gestattet.	2012 A0 3.1, 2013 A0 1.2
lösen, bestimmen, ermitteln	Der nachvollziehbare Lösungsweg wird angegeben und die Ergebnisse werden formuliert, wobei die Wahl des Lösungswegs (z. B. grafische Darstellung oder Rechnung) nicht vorgeschrieben ist. Falls die grafische Lösung gewählt wurde, ist die Lösung durch Angabe der Lösungsschritte näher zu erläutern.	2011 A3.2.2, 2012 A0 2.3 2013 A0 1.2
zeichnen, grafisch darstellen, konstruieren	Die geforderten Sachverhalte sind grafisch exakt darzustellen, eventuell mithilfe bereits berechneter Werte.	2011 A0 1.2, 2012 A2.5.2, 2013 A0 1.1
skizzieren	Bei Darstellung eines Lösungswegs sind die wesentlichen Sachverhalte anzugeben. Bei einer grafischen Darstellung sind die wesentlichen Eigenschaften zu berücksichtigen.	2011 A3.2 CAS, 2012 A0 1.1

5 Methodische Hinweise und allgemeine Tipps zur schriftlichen Prüfung

Vorbereitung

- Bereiten Sie sich **langfristig** (spätestens ab Januar) auf die Abiturprüfung vor und fertigen Sie sich eine Übersicht über die von Ihnen bereits bearbeiteten Themen, Inhalte und Verfahren an. Teilen Sie die Inhalte in sinnvolle Teilbereiche ein und legen Sie fest, bis wann Sie welche Teilbereiche bearbeitet haben wollen.
  Es ist zweckmäßig, alle schriftlichen Bearbeitungen dieser Aufgaben übersichtlich aufzubewahren, das erleichtert spätere Wiederholungen.
- Benutzen Sie zur Prüfungsvorbereitung neben diesem Übungsbuch Ihre **Unterrichtsaufzeichnungen** und das Lehrbuch.
- Verwenden Sie während der Prüfungsvorbereitung grundsätzlich die **Hilfsmittel**, die auch in der Prüfung zugelassen sind. Prägen Sie sich wichtige Seiten in Ihrer Formelsammlung ein und nutzen Sie Ihren Taschenrechner mit allen Funktionen.
- Oft ist der Zeitfaktor ein großes Problem. Testen Sie, ob Sie eine Aufgabe in der dafür vorgegebenen Zeit allein lösen können. **Simulieren Sie selbst eine Prüfungssituation.**
- Gehen Sie optimistisch in die Prüfung. Wer sich gut vorbereitet hat, braucht sich keine Sorgen zu machen.

Bearbeitung der Prüfung

- Nutzen Sie die Vorbereitungszeit tatsächlich zur Auswahl der Aufgaben.
- Lesen Sie die Aufgabenstellungen genau durch, bevor Sie eine Entscheidung treffen. Sie vermeiden dadurch, dass Sie im Verlauf der Prüfung zu einer anderen Aufgabe wechseln müssen. Sollten Sie dennoch die Aufgabe wechseln, dann vermerken Sie **eindeutig**, welche Aufgabe als Prüfungsleistung ge- und bewertet werden soll.
- Es ist hilfreich, wenn Sie bei der Analyse der Aufgabenstellungen wichtige Angaben oder Informationen (z. B. gegebene Größen, Lösungshinweise) **farblich markieren**.
- Um den Lösungsansatz zu einer Aufgabe zu finden oder die gegebene Problemstellung zu veranschaulichen, kann das **Anfertigen einer Skizze** nützlich sein.
- Beachten Sie, dass in manchen Teilaufgaben „**Zwischenlösungen**“ angegeben sind, die Ihnen als Kontrolle dienen bzw. mit denen Sie weiterarbeiten können.
- Falls Sie mit einer Aufgabe gar nicht weiterkommen, so halten Sie sich nicht zu lange daran auf. Versuchen Sie, mit der nächsten Teilaufgabe oder mit einer Aufgabe aus einem anderen Schwerpunkt weiterzumachen. Wenn Sie die anderen Aufgaben bearbeitet haben, kommen Sie nochmals auf die angefangene Aufgabe zurück und versuchen Sie in Ruhe, eine Lösung zu finden.
- Orientieren Sie sich an der angegebenen **Punktezahl**: Je mehr Punkte eine Aufgabe ergibt, desto mehr Zeit sollte für die Bearbeitung eingeplant werden.
- Achten Sie auf die **sprachliche Richtigkeit** und eine **saubere äußere Form** Ihrer Lösungen.

Lösungsplan

Aufgrund des Umfangs und der Komplexität von Aufgaben auf Abiturniveau empfiehlt es sich, beim Lösen systematisch zu arbeiten. Folgende Vorgehensweise hilft Ihnen dabei:

Schritt 1:
Nehmen Sie sich ausreichend Zeit zum **Analysieren** der Aufgabenstellung. Stellen Sie fest, zu welchem Themenbereich die Aufgabe gehört. Sammeln Sie alle Informationen, welche direkt gegeben sind, und achten Sie darauf, ob evtl. versteckte Informationen enthalten sind.

Schritt 2:
Markieren Sie die **Operatoren** in der Aufgabenstellung. Diese geben an, was in der Aufgabe von Ihnen verlangt wird. Vergegenwärtigen Sie sich die Bedeutung der verwendeten Fachbegriffe.

Schritt 3:
Versuchen Sie, den Sachverhalt zu veranschaulichen. Fertigen Sie gegebenenfalls mithilfe der Angaben und Zwischenergebnisse aus vorherigen Teilaufgaben eine **Skizze** an. Versuchen Sie Vermutungen zum Ergebnis zu formulieren.

Schritt 4:
Erarbeiten Sie nun schrittweise den **Lösungsplan**, um aus den gegebenen Größen die gesuchte Größe zu erhalten. Notieren Sie sich, welche Einzel- bzw. Zwischenschritte auf dem Lösungsweg notwendig sind. Prinzipiell haben Sie zwei Möglichkeiten, oft hilft auch eine Kombination beider Vorgehensweisen:
- Sie gehen vom Gegebenen aus und versuchen, das Gesuchte zu erschließen.
- Sie gehen von dem Gesuchten aus und überlegen „rückwärts“, wie Sie zur Ausgangssituation kommen.

Bei diesem Schritt wird dann sukzessive die **Lösung dargestellt**.

Schritt 5:
Suchen Sie nach geeigneten Möglichkeiten, das Endergebnis zu **kontrollieren**. Oftmals sind bereits Überschlagsrechnungen, Punktproben oder Grobskizzen ausreichend.

Beispielaufgabe ohne CAS-Rechner

Gegeben ist eine Schar von Funktionen f_k durch die Gleichung $f_k(x) = kx^3 + 4x^2$ mit $k \in \mathbb{R} \setminus \{0\}$. Der Graph von f_k sei G_k.

a) Untersuchen Sie G_k auf Extrempunkte.

b) Zeigen Sie: Eine Stammfunktion der Schar ist $F_k(x) = \frac{k}{4}x^4 + \frac{4}{3}x^3$.
Berechnen Sie für $k = -1$ die Fläche, die G_k mit der x-Achse einschließt.

Lösungsvorschlag für Teilaufgabe a:

Schritt 1:
- Themenbereich: Kurvendiskussion einer Funktionenschar
- Der Funktionsterm weist einen Parameter k auf. Dieser Parameter bereitet jedoch beim Rechnen keine Probleme, solange er nicht im Nenner, unter einer Wurzel usw. steht. Er wird ganz normal wie eine Zahl behandelt, wobei darauf zu achten ist, dass $k \neq 0$ ist.
- Der Definitionsbereich ist nicht angegeben, daher wird $\mathbb{R}$ als der größtmögliche angenommen.

Schritt 2:
- Der Operator „Untersuchen Sie" bedeutet, mögliche Eigenschaften festzustellen und anzugeben.
- Unter Extrempunkten versteht man Hoch- oder Tiefpunkte.

Schritt 3:
Eine Veranschaulichung ist aufgrund des Parameters k nur schwer möglich. Anzahl, Art und Lage der Extrempunkte können zudem von k abhängen. Eine Skizze ist daher wenig sinnvoll.

Schritt 4:
Ausgehend von der gegebenen Funktionenschar werden mögliche Extremstellen berechnet und damit Art und Lage der Extrempunkte bestimmt:
- f_k ist ein Polynom und lässt sich trotz Parameter leicht ableiten (Summenregel, Faktorregel, Potenzregel):
  $$f_k'(x) = 3kx^2 + 8x$$
  Die Nullstellen der Ableitung sind mögliche Extremstellen:
  $$3kx^2 + 8x = x \cdot (3kx + 8) = 0 \quad \overset{k \neq 0}{\Leftrightarrow} \quad x = 0 \ \vee \ x = -\frac{8}{3k}$$
- Ob tatsächlich Extremstellen vorliegen, lässt sich durch Einsetzen in die zweite Ableitung überprüfen:
  $$f_k''(x) = 6kx + 8$$
  $$f_k''(0) = 8 > 0 \quad \Rightarrow \quad \text{Minimum bei } x = 0$$
  $$f_k''\left(-\frac{8}{3k}\right) = 6k\left(-\frac{8}{3k}\right) + 8 = -8 < 0 \quad \Rightarrow \quad \text{Maximum bei } x = -\frac{8}{3k}$$
- Um die Lage angeben zu können, braucht man noch die y-Koordinate. Dazu werden die Extremstellen in den Funktionsterm f_k eingesetzt:
  $$f_k(0) = 0$$
  $$f_k\left(-\frac{8}{3k}\right) = k\left(-\frac{8}{3k}\right)^3 + 4\left(-\frac{8}{3k}\right)^2 = -\frac{512}{27k^2} + \frac{256 \cdot 3}{3 \cdot 9k^2} = \frac{256}{27k^2}$$
- Ergebnis:
  Tiefpunkt $(0 \mid 0)$ und Hochpunkt $\left(-\frac{8}{3k} \,\middle|\, \frac{256}{27k^2}\right)$

Schritt 5:
Um das Ergebnis zu überprüfen, könnte man die Funktion f_k für ein gewähltes k skizzieren. Dazu muss eine Wertetabelle erstellt werden. Ablesen der Extrempunkte aus dem Graphen ermöglicht einen Vergleich mit den berechneten Punkten.

Lösungsvorschlag für Teilaufgabe b:

Schritt 1:
- Themenbereich: Flächenberechnung mithilfe eines Integrals
- Es ist die Funktion, die Stammfunktion und der Parameterwert $k=-1$ gegeben. Weiter ist implizit gegeben, dass die Funktion mindestens zwei verschiedene Nullstellen hat, weil der Graph eine Fläche mit der x-Achse einschließt.

Schritt 2:
- Der erste Operator ist „Zeigen Sie“, das bedeutet, dass Sie die Aussage mithilfe von Berechnungen bestätigen sollen. Die Funktion und die zugehörige Stammfunktion sind dabei gegeben.
- Um zu zeigen, dass F(x) eine Stammfunktion von f(x) ist, kann entweder f(x) integriert oder F(x) abgeleitet werden. Es muss dann $F'(x)=f(x)$ gelten. Da das Bilden der Ableitung leichter ist als die Funktion zu integrieren, bietet es sich hier an, die Stammfunktion abzuleiten.

  $$F(x)=\frac{k}{4}x^4+\frac{4}{3}x^3$$

  $$F'(x)=kx^3+4x^2 \quad \Rightarrow \quad F'(x)=f(x) \quad \text{q. e. d.}$$
- Der zweite Operator in der Aufgabe ist „Berechnen Sie“, das bedeutet, dass Sie das Ergebnis durch Berechnungen erzielen sollen.

Schritt 3:
Nutzen Sie die Lage des Hochpunkts und die Vorgabe $k=-1$, um den Graphen zu skizzieren.

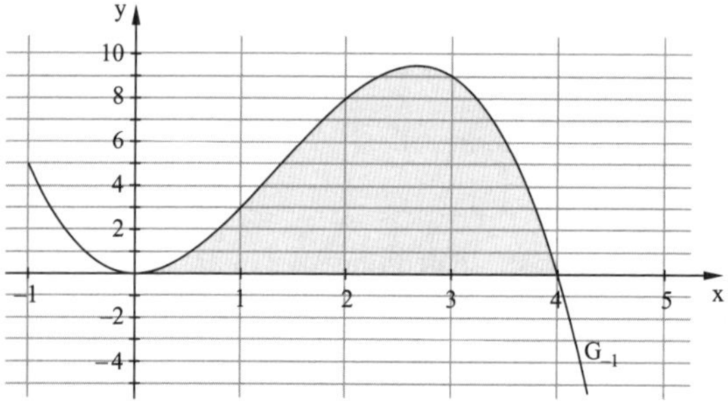

Schritt 4: Vom Gegebenen zum Gesuchten
Wie Sie an der Lösungsskizze erkennen, brauchen Sie für die Bestimmung der Fläche die beiden Nullstellen:

$$-x^3+4x^2=0 \quad \Leftrightarrow \quad x^2(-x+4)=0 \quad \Leftrightarrow \quad x_1=0 \vee x_2=4$$

Für die Berechnung der Fläche benötigen Sie die Stammfunktion der Funktion, die angegeben ist:

$$\int_0^4 f(x)\,dx=[F(x)]_0^4=\left[-\frac{1}{4}x^4+\frac{4}{3}x^3\right]_0^4=-\frac{256}{4}+\frac{256}{3}=\frac{256}{12}=\frac{64}{3}$$

Schritt 4: Vom Gesuchten zum Gegebenen
Um die gesuchte Fläche zu berechnen, benötigen Sie die Stammfunktion der Funktion, die angegeben ist:

$$\int_{x_1}^{x_2} f(x)\,dx = [F(x)]_{x_1}^{x_2} = \left[-\frac{1}{4}x^4 + \frac{4}{3}x^3\right]_{x_1}^{x_2}$$

Für die Berechnung des Integrals benötigen Sie die Integralgrenzen. Diese sind die Nullstellen der Funktion, wie Sie an der Lösungsskizze erkennen können.

$$-x^3 + 4x^2 = 0 \quad \Leftrightarrow \quad x^2(-x+4) = 0 \quad \Leftrightarrow \quad x_1 = 0 \vee x_2 = 4$$

Damit ergibt sich für das Integral:

$$\left[-\frac{1}{4}x^4 + \frac{4}{3}x^3\right]_{x_1}^{x_2} = \left[-\frac{1}{4}x^4 + \frac{4}{3}x^3\right]_0^4 = -\frac{256}{4} + \frac{256}{3} = \frac{256}{12} = \frac{64}{3}$$

Schritt 5:
Um die Fläche abzuschätzen, können Sie in der Skizze die Kästchen abzählen, die von dem Graphen und der x-Achse eingeschlossen werden. Man erhält ca. 21 Kästchen, das passt gut zu dem errechneten Wert.

Beispielaufgabe mit dem CAS-Rechner

Gegeben ist eine Schar von Funktionen f_k durch die Gleichung $f_k(x) = k \cdot x^3 + 4x^2$ mit $k \in \mathbb{R} \setminus \{0\}$. Der Graph von f_k sei G_k.

a) Untersuchen Sie den Einfluss des Parameters k auf die Lage und Art der lokalen Extrempunkte von G_k.

b) Der Graph G_k schließt mit der x-Achse eine Fläche ein. Ermitteln Sie die Werte des Parameters k, für die der Inhalt dieser Fläche $\frac{512}{3}$ FE beträgt.

Lösungsvorschlag für Teilaufgabe a:

Schritt 1:
- Themenbereich: Kurvendiskussion einer Funktionenschar
- Lage und Art lokaler Extrempunkte in Abhängigkeit vom Parameter k ist zu bestimmen.
- Für den reellen Parameter k gilt $k \neq 0$.

Schritt 2:
- Der Operator „Untersuchen Sie“ bedeutet, charakteristische Merkmale durch Anwenden theoretischer Kenntnisse herauszufinden und ggf. Fallunterscheidungen vorzunehmen.

Schritt 3:
- Eine Veranschaulichung für positive und negative Werte des Parameters k ergibt nebenstehendes Bild.

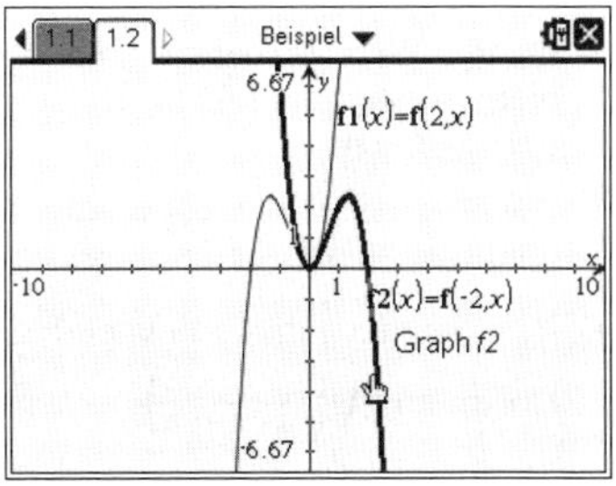

- Eine Veranschaulichung für verschieden große positive bzw. negative Werte von k zeigen die nächsten Bilder:

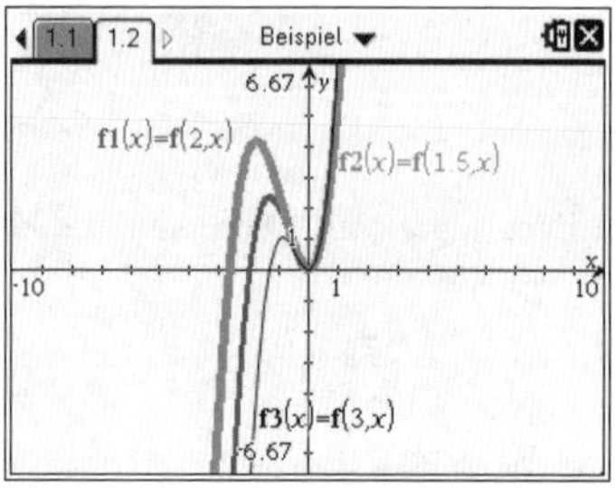

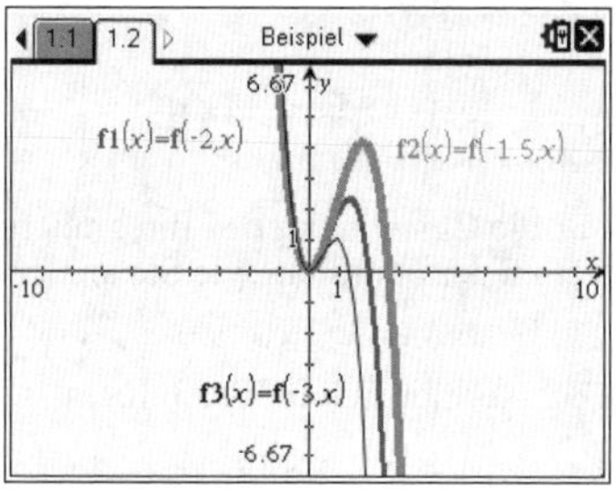

- Vermutungen zur Lage der Extremstellen:
  $k > 0$: Hochpunkt im II. Quadranten, $k < 0$: Hochpunkt im I. Quadranten
  Betrag von k zunehmend: Hochpunkt rückt näher an den Ursprung heran
  Unabhängig von k existiert ein lokaler Tiefpunkt im Ursprung.
  Vermutung zur Art der Extremstellen:
  Es gibt einen „fixen" Tiefpunkt im Ursprung.
  Es gibt einen Hochpunkt in Abhängigkeit von k, aber mit stets positiver Ordinate.

Schritt 4 (Lösungsplan und -darstellung):

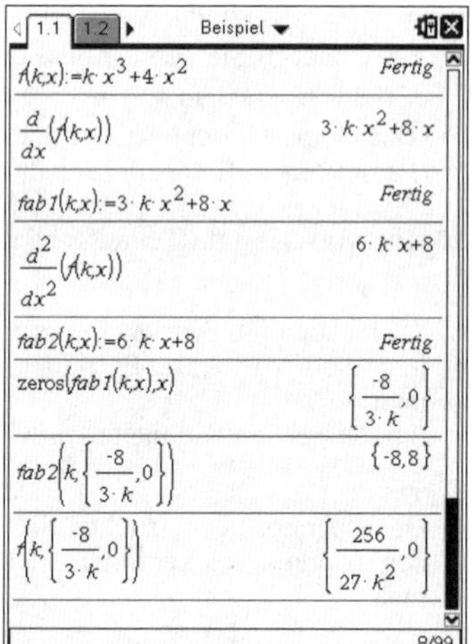

- 1. und 2. Ableitung von f_k bilden: Geben Sie die Funktionsgleichung ein und bilden Sie die Ableitungsfunktionen, speichern Sie die Funktion und die Ableitungen.
- Notieren Sie die gefundenen Funktionen auf dem Prüfungsbogen. Die Gleichungen der Ableitungsfunktionen sind:
  $f_k'(x) = 3kx^2 + 8x; \quad f_k''(x) = 6kx + 8$
- Notwendige Bedingung für lokale Extremstellen untersuchen und notieren:
  Die Nullstellen von $f_k'(x)$, also mögliche Extremstellen, sind:
  $x_{e1} = \dfrac{-8}{3k}$ sowie $x_{e2} = 0$
- Hinreichende Bedingung für lokale Extrempunkte untersuchen und notieren:
  $f_k''\left(\dfrac{-8}{3k}\right) = -8 < 0$
  Da der Wert -8 der zweiten Ableitung an der Stelle x_{e1} unabhängig von k ist, liegt hier also stets ein lokaler Hochpunkt vor.
  $f_k''(0) = 8 > 0$
  Auch an der Stelle x_{e2} ist die 2. Ableitung unabhängig von k und zwar stets 8, also gibt es an dieser Stelle immer einen lokalen Tiefpunkt.

- Berechnen Sie die Ordinaten $f(x_e)$ und geben Sie die geordneten Paare $(x_e; y_e)$ an:
  Hochpunkt $H\left(\frac{-8}{3k}; \frac{256}{27k^2}\right)$ Tiefpunkt $T(0; 0)$

Interpretation der Ergebnisse:
Für negative k liegt der Hochpunkt immer im I. Quadranten, weil dann $\frac{-8}{3k} > 0$ ist.
Für positive k ist $\frac{-8}{3k} < 0$, also liegt H im II. Quadranten.

Für alle $k \neq 0$ gilt $\frac{256}{27k^2} > 0$, also liegt H immer oberhalb der x-Achse.

Weil k sowohl bei x_e als auch bei y_e nur im Nenner steht, rückt der Hochpunkt für betragsmäßig größer werdende Werte von k immer näher zum Ursprung.
Der Tiefpunkt hängt nicht von k ab.
Damit sind die Vermutungen aus dem Schritt 3 bestätigt.

Schritt 5 (Probe):
Berechnen des Hochpunktes für $k = -2$ in Graphs und Vergleich mit den berechneten Extrempunkten für $k = -2$ zeigt Übereinstimmung.

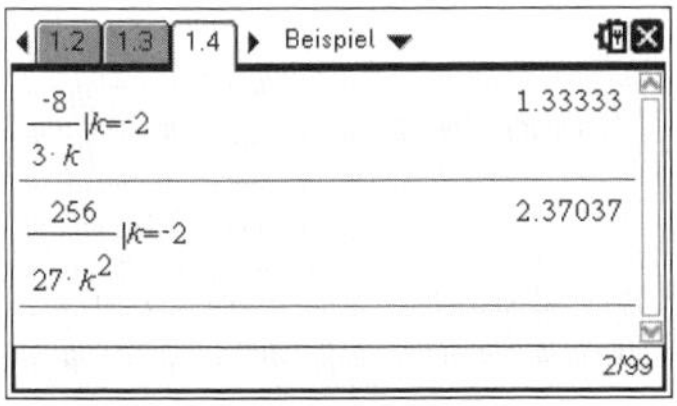

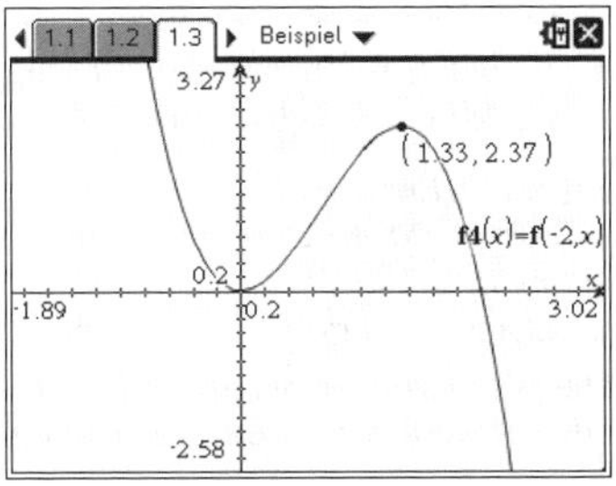

Lösungsvorschlag für Teilaufgabe b

Schritt 1:
- Themenbereich: Flächenberechnung mithilfe des bestimmten Integrals
- Indirekt gegeben und durch die Beispiele in Teilaufgabe a verdeutlicht: Integrationsgrenzen sind die beiden Nullstellen von f_k.
  Es muss (mindestens) zwei Werte für k geben.

Schritt 2 (Operatoren):
- „Ermitteln Sie" heißt: Ein nachvollziehbarer Lösungsweg muss angegeben werden.

Schritt 3 (Veranschaulichung, Vermutungen):
Aus der Lage der Graphen von Funktionen mit entgegengesetztem k kann man vermuten, dass diese symmetrisch bezüglich der y-Achse sind. In diesem Falle müssen aus Symmetriegründen die von G_k und der x-Achse eingeschlossenen Flächen gleich groß sein. Da eine kubische Funktion nicht mehr als zwei lokale Extrempunkte haben kann, gibt es auch keine weiteren Nullstellen als die auf dem Bildschirm dargestellten. Es müsste deshalb genau zwei Werte für k geben.

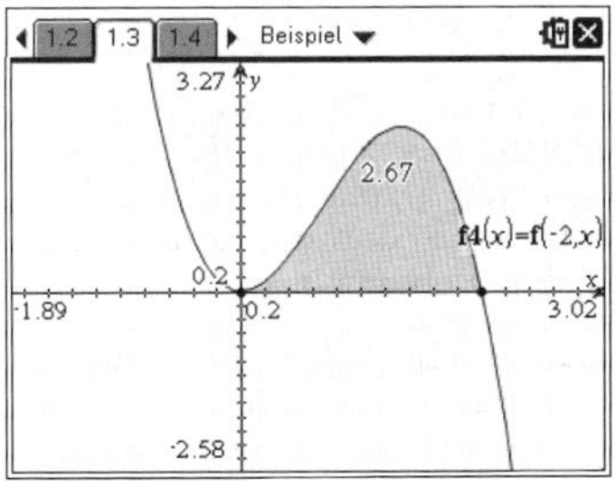

Schritt 4 (Lösungsplan und -darstellung):
- Die Nullstellen von $f_k(x) = k \cdot x^3 + 4x^2$ sind:

  $x_{01} = 0$ und $x_{02} = \frac{-4}{k}$
- Es gibt also genau zwei Nullstellen für jede Funktion f_k.

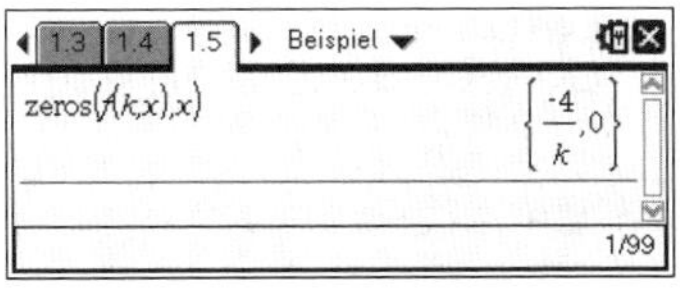

- Wenn die Graphen der Funktionen f_k und f_{-k} achsensymmetrisch bezüglich der y-Achse sind, so muss für alle reellen x gelten: $f_k(-x) = f_{-k}(x)$ Diese Gleichung wird durch den CAS-Rechner als „wahr" bestätigt.

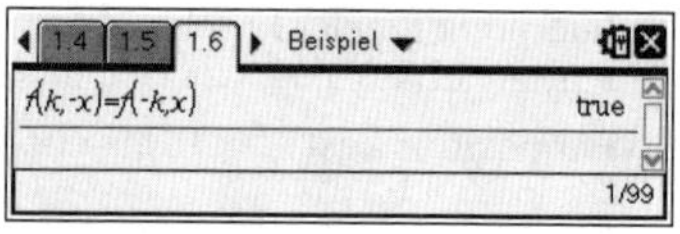

- Für negative k liegt die von null verschiedene Nullstelle rechts von null. Sie kommt also als obere Integrationsgrenze infrage. Der Ansatz $\int_0^{\frac{-4}{k}} f_k(x)\,dx = \frac{512}{3}$ für die Flächenberechnung liefert $k = \frac{-1}{2}$ als Ergebnis.

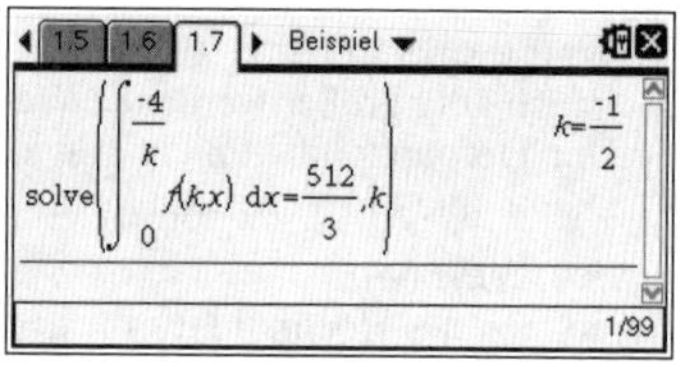

- Wegen der genannten und nachgewiesenen Symmetrie muss auch für $k = \frac{1}{2}$ der Graph G_k mit der x-Achse eine Fläche von $\frac{512}{3}$ FE einschließen.

Schritt 5 (Probe):
Mit dem CAS-Rechner werden die beiden Integrale $\int_0^{\frac{-4}{k}} f_k(x)\,dx$ für $k = -\frac{1}{2}$ und $k = \frac{1}{2}$ berechnet.
Im ersten Fall ergibt sich als Flächeninhalt $\frac{512}{3}$ FE. Im zweiten Fall ergibt sich $-\frac{512}{3}$ FE. Das Minuszeichen ist dadurch zu erklären, dass für positive k die Integrationsgrenzen vertauscht werden müssen. Auch eine Flächenberechnung in Graphs bestätigt die Ergebnisse.

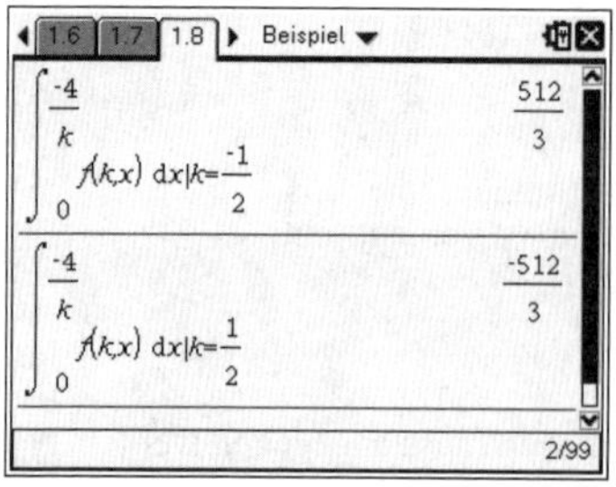

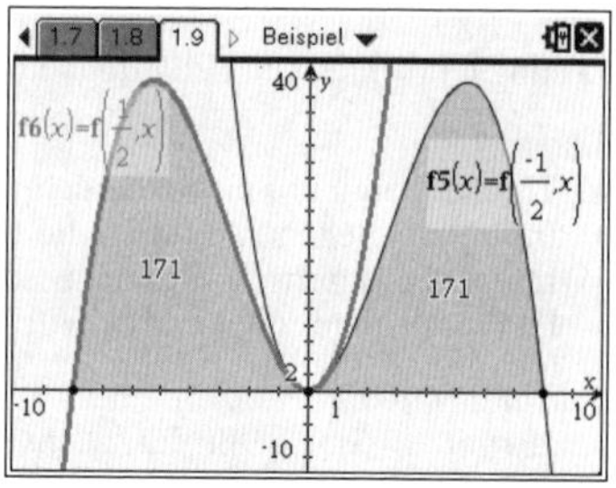

6 Hinweise und Tipps zum Lösen von Abituraufgaben mit CAS-Rechnern

Schülerinnen und Schüler, die im Unterricht der gymnasialen Oberstufe mit Taschencomputern gearbeitet haben, dürfen diese selbstverständlich auch im schriftlichen Abitur einsetzen. Damit Sie die damit verbundenen Vorteile auch effektiv nutzen können, sind hier einige Hinweise für das Lösen von Abituraufgaben mit CAS-Rechnern[1] aufgelistet. Eine Einführung in den Rechner „TI-Nspire CAS" finden Sie im Anschluss.

1. Das Ministerium für Bildung, Wissenschaft und Kultur Mecklenburg-Vorpommern verlangt wegen der Gleichwertigkeit der äußeren Bedingungen, dass bei der Prüfung verwendete Taschencomputer **vor dem Beginn des schriftlichen Mathematikabiturs** in einen für alle Abiturienten einheitlichen Ausgangszustand zurückgesetzt werden. Der TI-Nspire CAS kann hierfür in den „Klausurmodus" versetzt werden. Wichtige Dateien können Sie vorher von Ihrem Taschencomputer auf einen PC übertragen und abspeichern, um sie später wieder zur Verfügung zu haben. Bei der Gelegenheit

1 Diese Hinweise haben keinen Anspruch auf Vollständigkeit und können das Handbuch nicht ersetzen, sollen aber auf Sachverhalte hinweisen, die erfahrungsgemäß einigen Schülern Probleme bereiten.

sollten Sie auch den technischen Zustand Ihres Taschencomputers überprüfen, eventuell neue Batterien einsetzen oder die Akkus aufladen. Schaden kann es auch nicht, wenn Sie Ersatzbatterien für den Prüfungstag bereithalten.

- Es kommt nicht oft vor, aber man kann es nicht völlig ausschließen, dass der Taschencomputer an seine **technischen Grenzen** stößt. Deshalb sollte man **Warnhinweise** des Rechners **ernst nehmen** und versuchen, die **Lösung auf einem anderen Lösungsweg abzusichern**.[2]

  Beispiel: Die Lösungen der Gleichung $\sin x = e^x$ werden mit dem Taschencomputer auf algebraischem Wege ermittelt.

  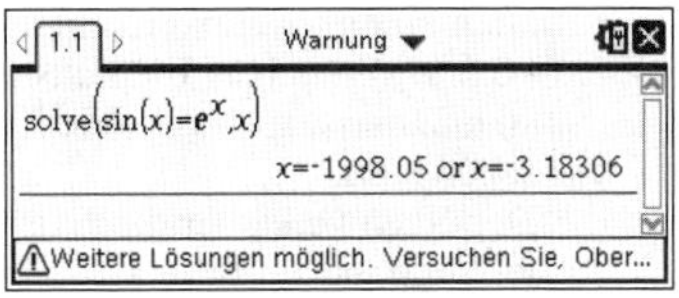

  Algebraisch werden nur zwei Näherungslösungen ermittelt, aber es wird eine Warnung „Weitere Lösungen möglich." angezeigt. Klickt man auf die Warnung, öffnet sich ein Fenster mit weiteren Hinweisen und Lösungsmöglichkeiten.

  In der grafischen Veranschaulichung erkennt man, dass es mehr als zwei Lösungen geben muss. Durch inhaltliche Überlegungen (Periodizität der Sinusfunktion und asymptotisches Verhalten der e-Funktion bezüglich der negativen x-Achse) wird klar, dass es sogar unendlich viele Lösungen dieser Gleichung gibt.

  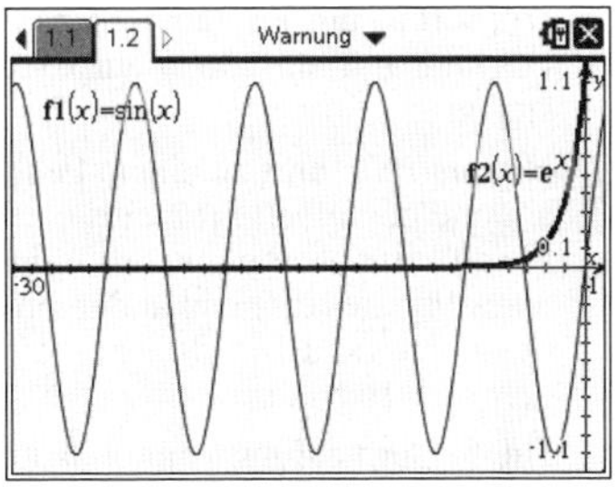

- Auch wenn der Taschencomputer keinen Warnhinweis anzeigt, kann die **Kontrolle auf einem anderen Lösungsweg** helfen, Fehler zu vermeiden, die z. B. durch falsche inhaltliche Überlegungen oder Eingabefehler entstehen können.

  Beispiele:

  a) Es soll diejenige Stelle x bestimmt werden, für die die Funktion $y = f(x) = x^2 \cdot e^{-x}$ ein lokales Minimum annimmt.

     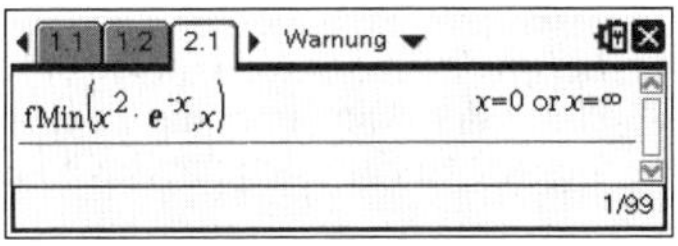

     In einem ersten Lösungsversuch wird der Befehl fMin(f(x),x) verwendet. Hat die Funktion zwei lokale Minima?

     Eine grafische Darstellung lässt vermuten, dass dieses Ergebnis nicht richtig sein kann, denn für $x \to \infty$ kann man eher eine asymptotische Annäherung an die x-Achse erwarten.

     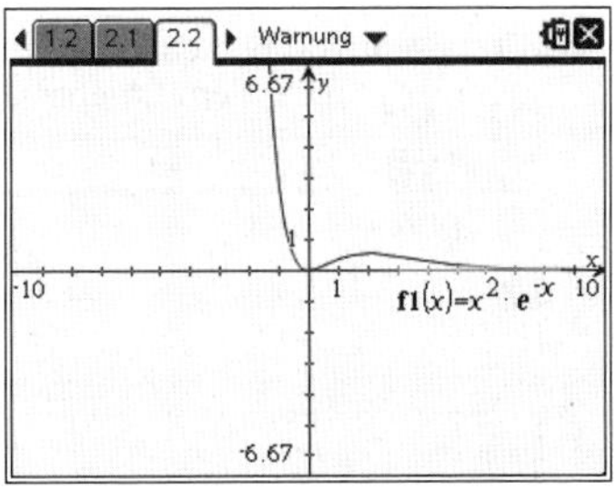

     Weitere Untersuchungen mit dem Ableitungskalkül bestätigen, dass nur für $x = 0$ ein lokales Minimum vorliegt. Für $x \to \infty$ nähern sich die Funktionswerte asymptotisch der x-Achse, ein weiteres lokales Minimum existiert also nicht.

2 Nicht jeder Warnhinweis ist berechtigt.

b) Der Graph der Funktion

$$y = f(x) = \frac{(x-5)\cdot(x+3)}{x+4}$$

soll auf lokale Extrempunkte untersucht werden. Er besitzt genau zwei lokale Extrempunkte. Die grafische Darstellung im Standardfenster zeigt aber nur einen lokalen Tiefpunkt an, obwohl die Funktion auch einen lokalen Hochpunkt besitzt. Man könnte versuchen, die Fenstereinstellungen so anzupassen, dass beide Extrempunkte zu sehen sind.

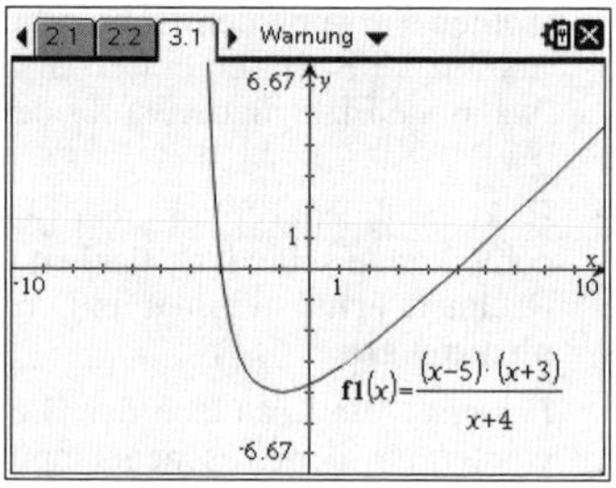

Der Nachweis über die Existenz und Anzahl aller lokalen Extrempunkte gelingt letztlich nur mithilfe algebraischer Methoden.

- Rechnungen lassen sich weitgehend an das CAS übertragen. Das spart Zeit und vermeidet Rechenfehler. Sie sollten stets sehr **sorgfältig die Eingabe** in den Rechner **kontrollieren**, um Eingabefehler zu vermeiden. Auch bei der Auswahl der Variablenbezeichnungen muss man aufpassen, dass keine rechnerinternen Überschneidungen entstehen.

  Beispiel: Es führt zu einem Fehler, innerhalb ein und desselben Problems die Variable t gleichzeitig als Parameter für den Ortsvektor eines Punktes d(t) und außerdem als Bezeichnung eines anderen Objektes wie einer Geraden zu verwenden.

  Die Fehlermeldung kommt dadurch zustande, dass der Rechner bei d(t) für t die Eingabe einer Variablen oder Zahl erwartet, aber t hier als ein Vektor abgespeichert ist.

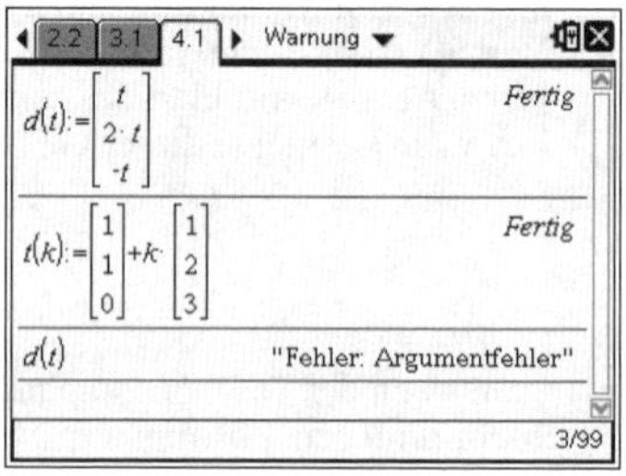

- Um Rundungsfehler zu vermeiden, sollte man die **Zwischenergebnisse** direkt **über Kopieren und Einfügen** (ctrl C bzw. ctrl V) im weiteren Rechengang **nutzen**.

  Beispiel: Eine Stadt hatte 70 000 Einwohner im Jahr 2000, im Jahr 2006 sind es 85 000. Unter der Annahme, dass exponentielles Wachstum vorliegt, soll das Jahr berechnet werden, in dem sich die Bevölkerungszahl gegenüber dem Jahr 2000 verdoppelt hat.

  Aus dem Ansatz ergibt sich ein exakter Wachstumsfaktor oder ein als Dezimalbruch angegebener Faktor mit vielen Nachkommastellen (siehe Bildschirmausdruck). Man ist versucht, mit einem gerundeten Wert weiterzurechnen, beispielsweise hier mit $x = 1{,}03$. Mit diesem gerundeten Zwischenergebnis erhält man eine Abweichung von fast zwei Jahren gegenüber dem Ergebnis, das aus dem nicht gerundeten Wert entsteht.

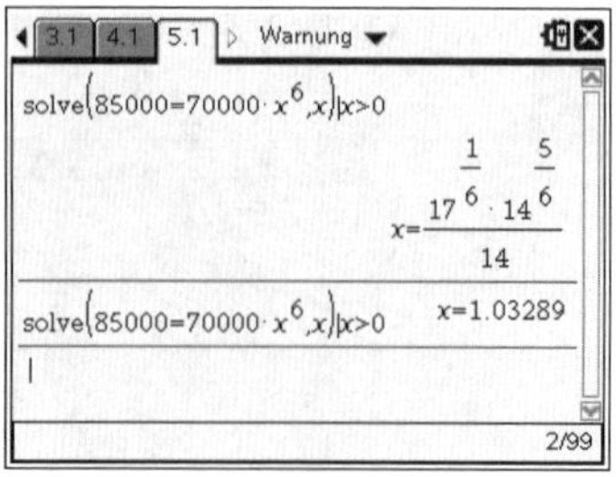

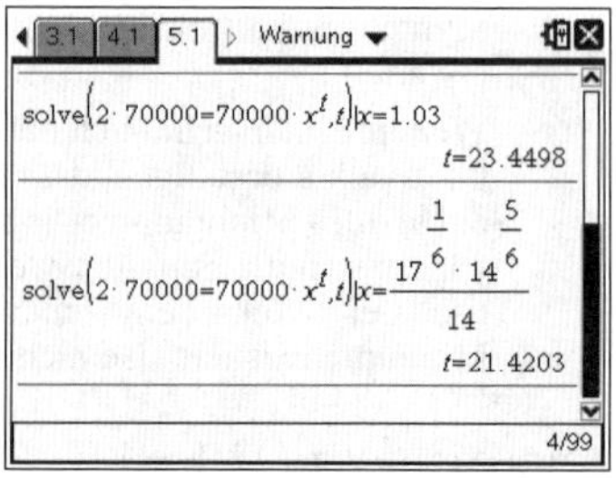

- Weil der Taschencomputer Ihnen viel Arbeit abnimmt, kann es passieren, dass Ihre Lösungsdarstellung zu knapp ausfällt. Gewöhnen Sie sich beizeiten daran, den Lösungsweg immer so zu notieren, dass er von anderen gut nachvollzogen werden kann. **Kommentieren Sie Ihre Lösungsansätze, notieren Sie Zwischenschritte und nehmen Sie in der Antwort immer Bezug auf die gestellte Aufgabe.** So haben Sie eine nachträgliche Kontrolle, ob Sie wirklich alle gestellten Aufgabenteile bearbeitet haben. Eventuell ist es dann auch möglich, bei der Korrektur Folgefehler anzuerkennen. Selbstverständlich trägt eine saubere und übersichtliche Darstellung des Lösungsweges zu einem positiven Gesamteindruck Ihrer Abiturarbeit bei.

7 Weiterführende Informationen

Sie finden weitere Informationen zur zentralen schriftlichen Abiturprüfung im Internet unter der Adresse **http://www.bildung-mv.de/**, Bereich „Schülerinnen und Schüler“, Rubrik „Prüfungen“. Außerdem sollten Sie bei konkreten Fragen Ihren Kurslehrer kontaktieren.

Einführung in den Rechner TI-Nspire

Sie arbeiten seit mehr als zwei Jahren im Mathematikunterricht mit einem CAS-Rechner. Hier werden Ihnen noch einige Tipps zu grundlegenden „CAS-Kompetenzen“ und anschließend Hinweise zur Dokumentation der Lösungen gegeben, die Sie mit dem CAS ermittelt haben. Das Weitere beschränkt sich auf den TI-Nspire CAS, aber die meisten Hinweise sind einfach auf das CAS übertragbar, welches Sie genutzt haben.

1 Grundlegendes

Einstellungen

Die wichtigsten Einstellungen können Sie vornehmen unter:
[on] Einstellungen – Dokumenteinstellungen

Dazu gehören u. a.:
- Winkelmaß (Grad- und Bogenmaß)
- angezeigte Ziffern
- Helligkeit des Displays
- Standby-Zeit

Die Einstellungen des Winkelmaßes u. a. können Sie auch in einem aktuellen Graphs- oder Geometry-Dokument durchführen, wenn Sie dort wählen:
[menu] Einstellungen ...

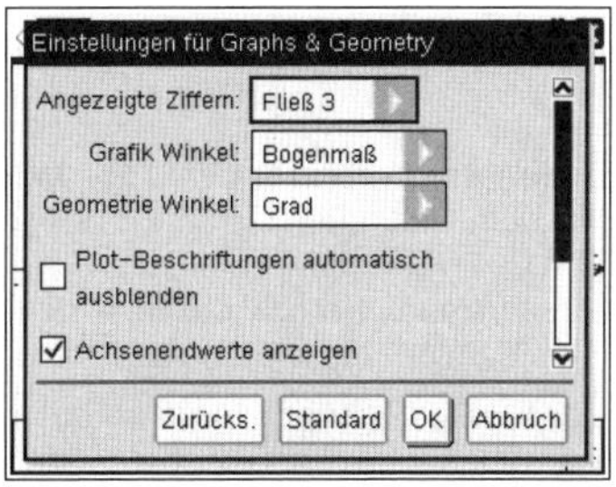

Dokumente

Es ist sinnvoll, jede Aufgabe in einem Dokument zu speichern, damit Sie die Übersicht bewahren bzw. zu einem späteren Zeitpunkt wieder mit diesem Dokument arbeiten können.

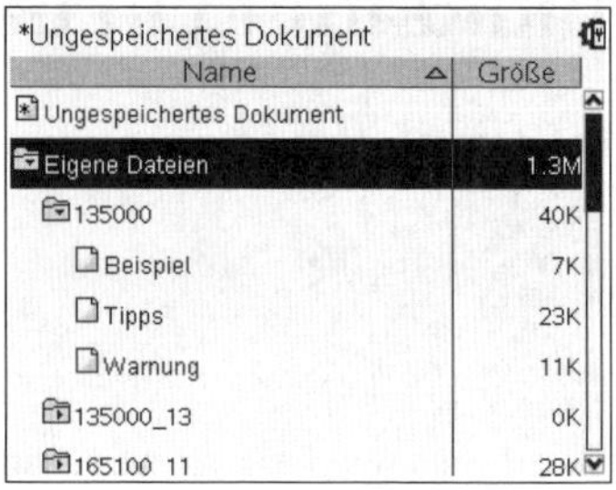

[doc▾] Datei speichern oder speichern unter

Mit [⌂on] Eigene Dateien können Sie auf gespeicherte Dokumente zugreifen.

Die Dokumente lassen sich in Ordnern speichern. Jedes Dokument kann in Seiten und Probleme untergliedert werden.

2 Algebraisches

Variable

Sie können einer Variablen eine Zahl, einen mathematischen Term oder eine Funktion zuordnen. Das hat den Vorteil, dass man z. B. lange Ausdrücke nicht immer wieder neu eintippen muss und mit den Variablenbezeichnungen arbeiten kann. Zum Definieren von Variablen gibt es drei Möglichkeiten:

- Define (im Calculator unter [menu] Aktionen)
- der Zuweisungsoperator [sto→] (über [ctrl][var])
- der Zuweisungsoperator [:=] (über [ctrl][⊞])

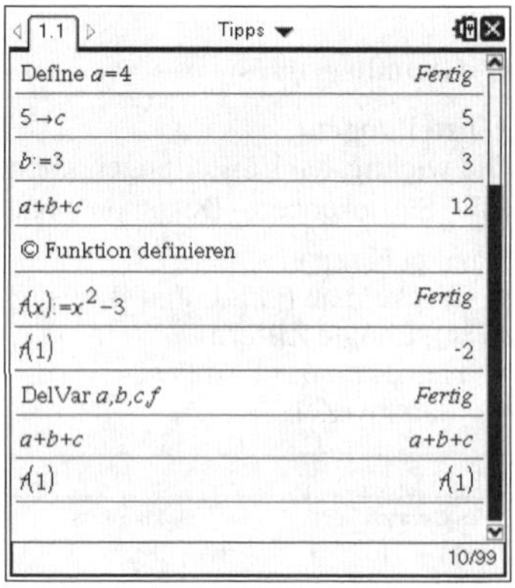

Durch Drücken von [var] kann man erkennen, welche Variablen definiert wurden.

Mit DelVar (über [menu] Aktionen – Variable löschen) kann man eine oder mehrere Variablen löschen. Definierte Variablen sind nur innerhalb ein und desselben Dokuments und dort immer nur in ein und demselben Problem gültig.

Katalog

Die Syntax eines Rechnerbefehls können Sie im Katalog nachlesen: [📖][1]

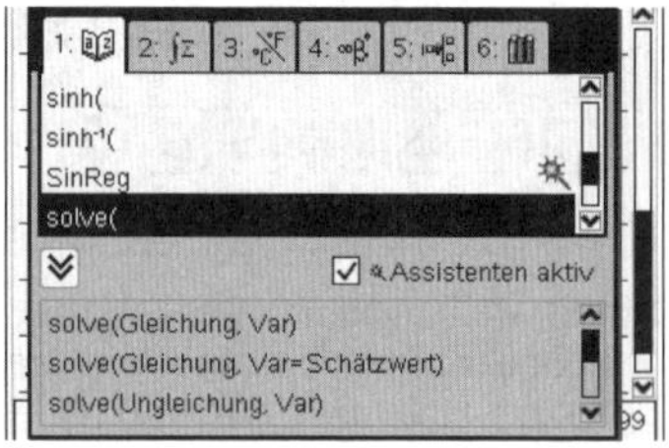

Bedingungsoperator (WITH-Operator)

Mit dem Bedingungsoperator (als senkrechter Strich | erkennbar) lassen sich z. B. Termwerte berechnen oder Intervalle (u. a. beim Lösen von Gleichungen) einschränken.

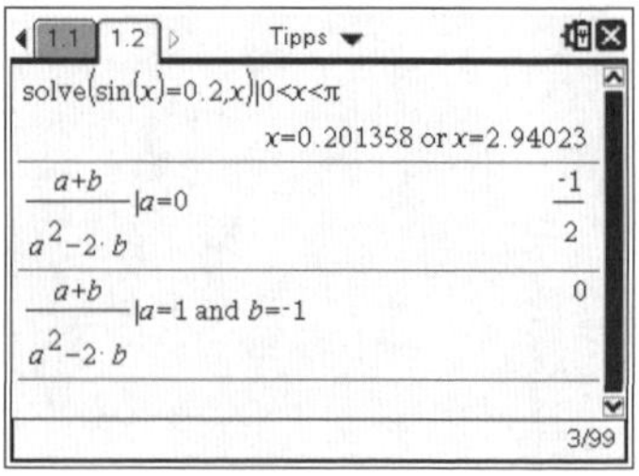

Der Bedingungsoperator kann mit [|≠≥▸] (über [ctrl][=]) geöffnet werden.

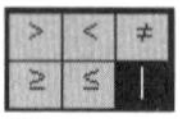

Hinweis: Setzen Sie den WITH-Operator immer **hinter** die den solve-Befehl schließende Klammer, nicht in die Klammer.

Terme umformen
Ausmultiplizieren oder Polynomdivision mit:
expand()
(über menu Algebra – Entwickle)
oder propFrac()
(über menu Zahl – Bruchwerkzeuge – Echter Bruch)
Faktorisieren mit:
factor()
(über menu Algebra – Faktorisiere)

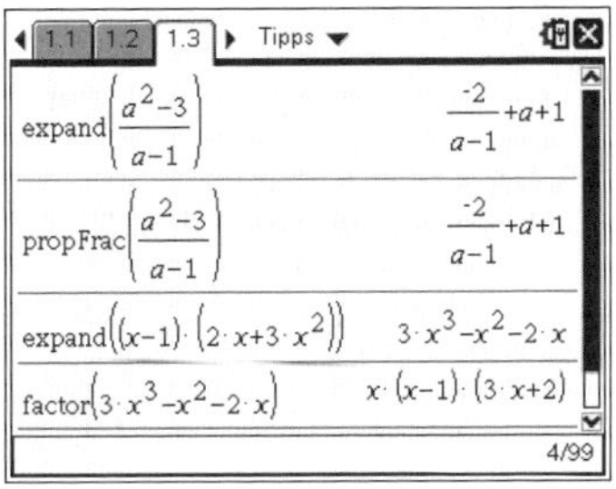

Gleichungen / Ungleichungen / Gleichungssysteme lösen
Der Befehl solve() wird eingefügt durch:
menu Algebra – Löse

Für die Eingabe eines Gleichungssystems können Sie die Vorlagen unter ⊞ oder ⊞ 5 nutzen. Die zweite Variante hat den Vorteil, dass ein Assistent die Bedeutung der Vorlage erläutert.

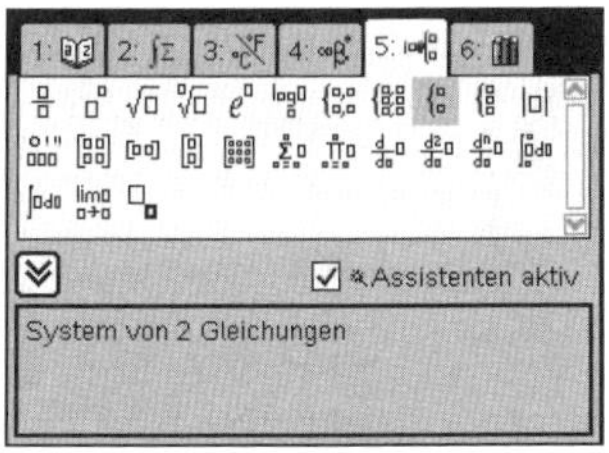

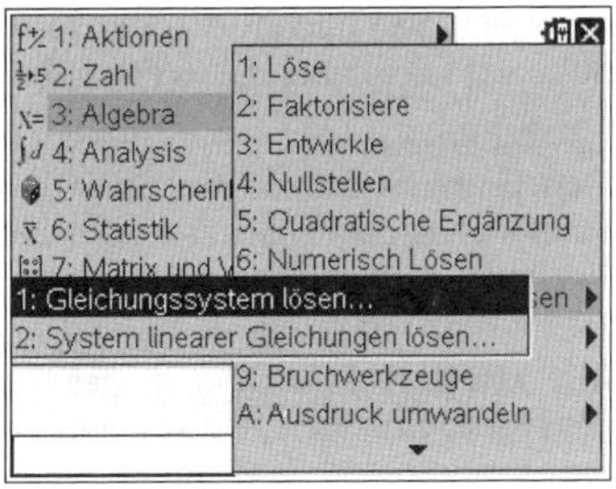

Alternativ kann beim Lösen von Gleichungssystemen die Vorlage auch geöffnet werden durch:
menu Algebra – Gleichungssystem lösen…

Die Anzeigen des Rechners müssen richtig interpretiert werden:

- Bei $x^2 = -1$ erscheint *false*, weil keine reellen Lösungen existieren.
- Bei $x^2 \geq 0$ erscheint *true*, weil diese Ungleichung für alle reellen Zahlen erfüllt ist.
- Bei $\sin(x) = 0$ wird die Lösungsmenge mit einer ganzzahligen Zählvariablen (n2) angezeigt. Die Anzeige ist so zu interpretieren: $L = \{k \cdot \pi, k \in \mathbb{Z}\}$
- Beim Lösen von Gleichungssystemen, in denen ein zusätzlicher Parameter vorkommt, muss man in der Variablenliste alle vorkommenden Variablen angeben: Im nebenstehenden Beispiel wird beim ersten Lösungsversuch der Fall $a = 1$ nicht berücksichtigt.
  Die Lösungsmenge des Gleichungssystems (letzte Zeile im Bildschirmabdruck) wird zunächst nicht vollständig angezeigt.

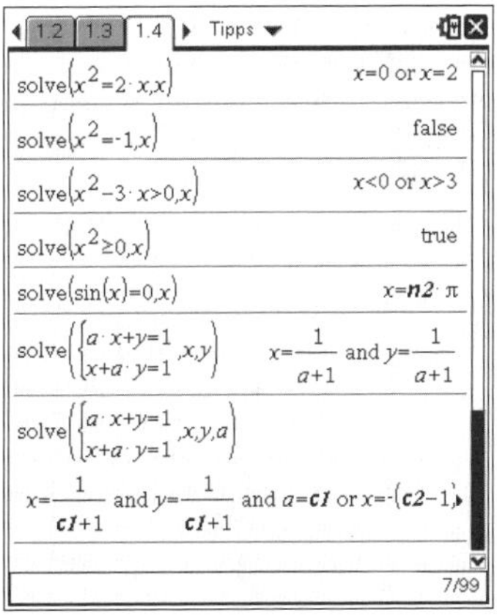

Scrollt man nach rechts, so erhält man auch die restlichen Daten. Die vollständige Anzeige ist:

$$x=\frac{1}{\mathsf{c1}+1}\ \text{ and }\ y=\frac{1}{\mathsf{c1}+1}\ \text{ and }\ a=\mathsf{c1}\ \text{ or }\ x=-(\mathsf{c2}-1)\ \text{ and }\ y=\mathsf{c2}\ \text{ and }\ a=1$$

Hier ist die Variable c1 (bzw. c2) eine reelle Zählvariable. Die Lösung lautet in der üblichen mathematischen Notation:

$$L=\begin{cases}\left\{\left(\frac{1}{a+1};\frac{1}{a+1}\right)\right\}, & \text{falls } a\in\mathbb{R}, a\neq 1\\ \{(1-y;\,y),\, y\in\mathbb{R}\}, & \text{falls } a=1\end{cases}$$

Nullstellen berechnen

Neben dem solve-Befehl lässt sich mitunter der Befehl zeros(Ausdruck, Variable) (über [menu] Algebra – Nullstellen) sinnvoll zum Lösen von Gleichungen einsetzen.

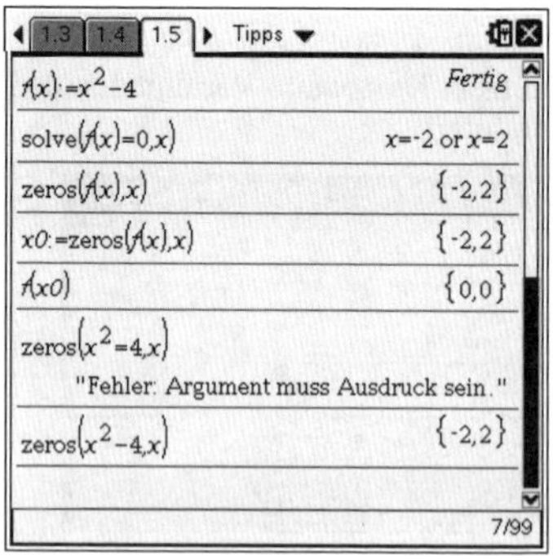

Es ist darauf zu achten, dass beim Befehl zeros() keine Gleichung, sondern ein Term eingegeben werden muss.

Will man z. B. die Gleichung $x^2=4$ mit zeros() lösen, muss so umgeformt werden, dass auf einer Seite der Gleichung der Wert null erreicht ist:

$x^2-4=0$

Den Term auf der anderen Seite der Gleichung kann man dann als Ausdruck für zeros(Ausdruck, Variable) verwenden:

zeros(x^2-4, x)

Mit dem Befehl zeros() wird das Ergebnis als Liste ausgegeben. Diese Liste können Sie einer Variablen zuweisen und dann mit dieser Variablen weitere Berechnungen anstellen.

3 Arbeit mit Graphen

Graphen zeichnen

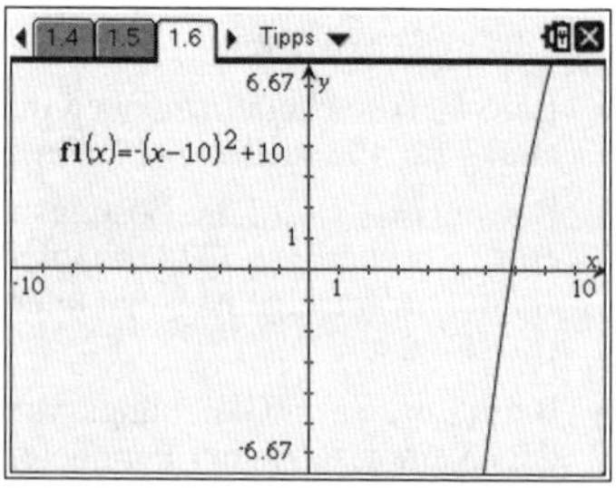

Unter Graphs lassen sich u. a. Funktionen zeichnen und analysieren. Dabei muss gegebenenfalls die Fenstereinstellung so gewählt werden, dass Sie interessante Aspekte des Graphen auf dem Bildschirm auch erkennen können.

Zeichnen Sie z. B. den Graphen von

$y=-(x-10)^2+10$

im Standardfenster, so ist nur ein Stück der zugehörigen Parabel zu erkennen. Erst nach einer geeigneten Veränderung des Koordinatensystems (z. B. mit [menu] Fenster – Fenstereinstellungen oder durch „Anfassen" einer Achse und „Ziehen") wird der Graph mit dem Scheitelpunkt sichtbar.

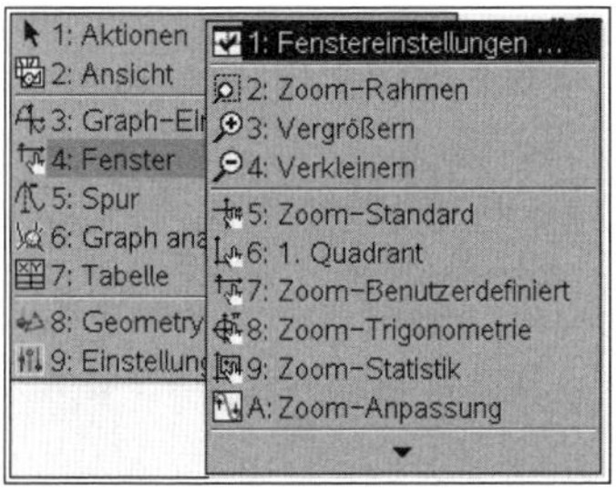

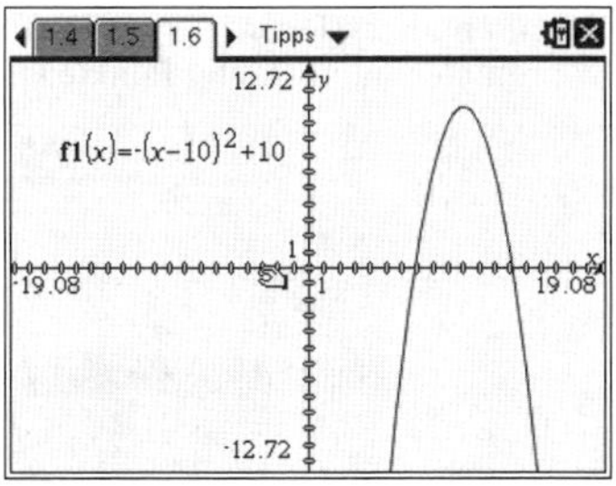

Die Eingabezeile für Funktionen lässt sich mit [tab] oder [ctrl][G] öffnen.

Wertetabellen

Eine Wertetabelle wird mit [ctrl][T] angezeigt. Dabei wird automatisch die Seite geteilt.

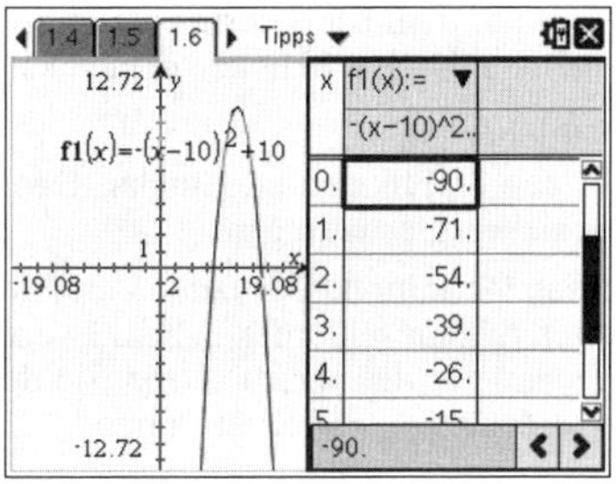

Die Voreinstellungen der Wertetabelle für den Tabellenanfang und die Schrittweite können Sie mit [menu] Wertetabelle – Funktionseinstellungen bearbeiten... anpassen.

Mit [ctrl][tab] können Sie zwischen den Seitenhälften wechseln. Die aktive Seite des Bildschirms ist an einem dickeren Rahmen erkennbar.

Mit [ctrl][T] wird die Wertetabelle auch wieder geschlossen. Sie müssen das aber von der linken Seite des Bildschirms aus vornehmen.

Stückweise definierte Funktionen, Funktionenscharen

Für die Eingabe einer stückweise definierten Funktion nutzen Sie die Vorlage unter [📖][5]:

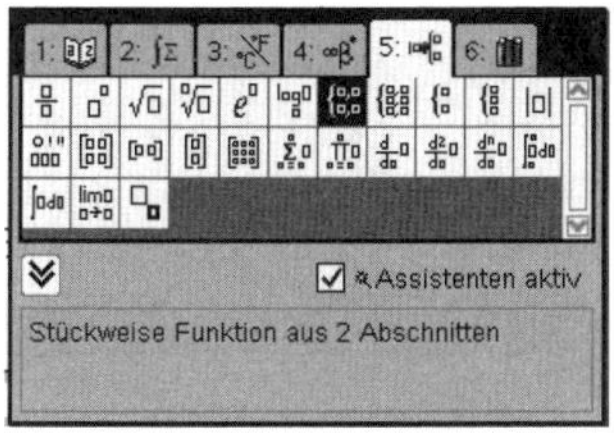

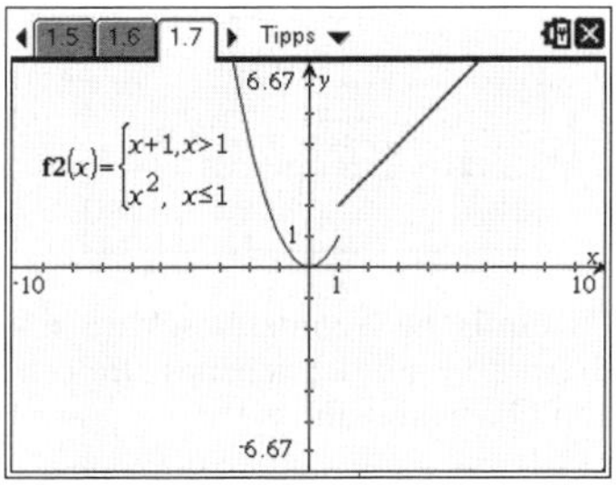

Funktionenscharen lassen sich z. B. mit dem WITH-Operator definieren.

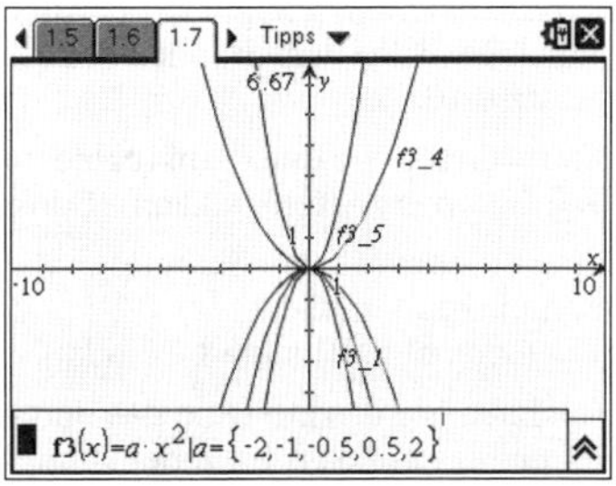

Graphen analysieren

Koordinaten interessanter Punkte lassen sich sehr rasch bestimmen: [menu] Graph analysieren

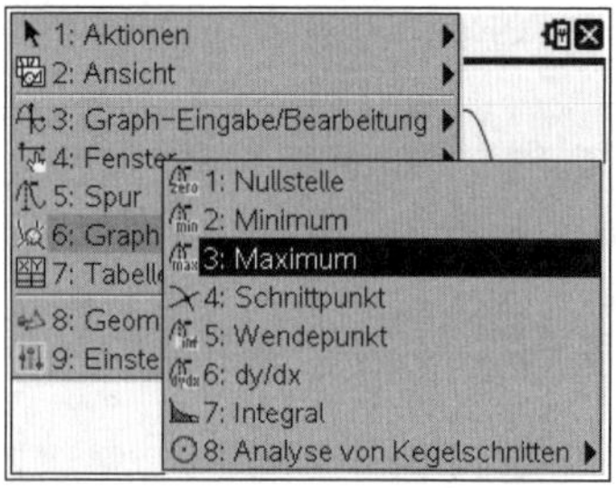

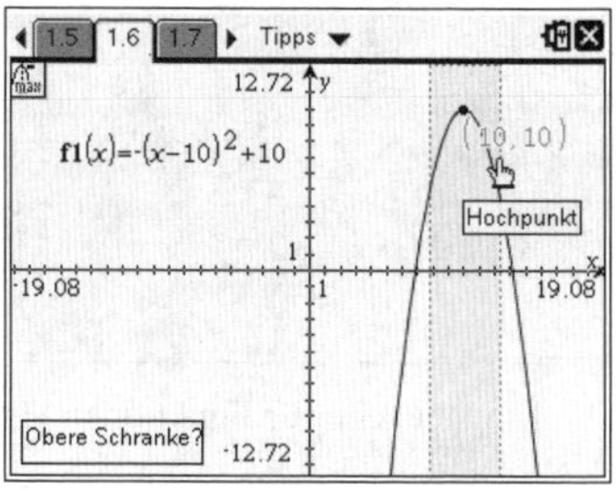

Nach Auswahl eines Menüpunktes wird oben links auf dem Bildschirm eine Hilfe angezeigt, die man durch Anklicken öffnen kann.

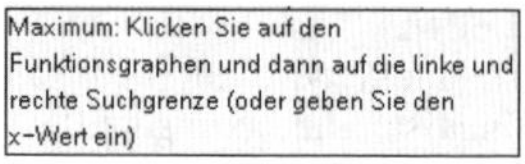

Schieberegler

In den Applikationen Graphs, Geometry und Data & Statistics ist unter [menu] Aktionen ein Schieberegler verfügbar.

Nach Definition geeigneter Variablen lässt sich deren Einfluss z. B. auf die Lage des Graphen dynamisch untersuchen. Eventuell müssen die Einstellungen des Schiebereglers angepasst werden. Dazu setzen Sie den Cursor auf den Schieberegler und wählen im Kontextmenü: [ctrl] [menu] Einstellungen

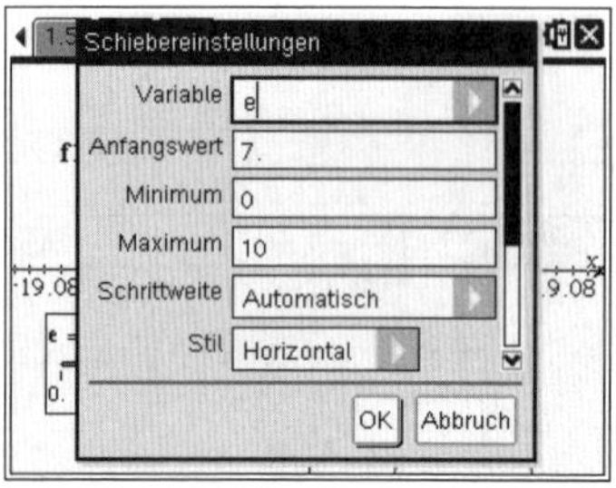

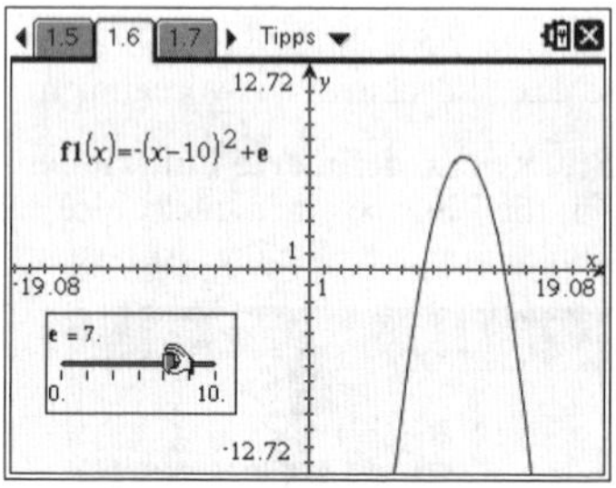

Dynamische Geometriesoftware – messen

Beispiel: Einbeschriebenes Dreieck mit maximalem Flächeninhalt

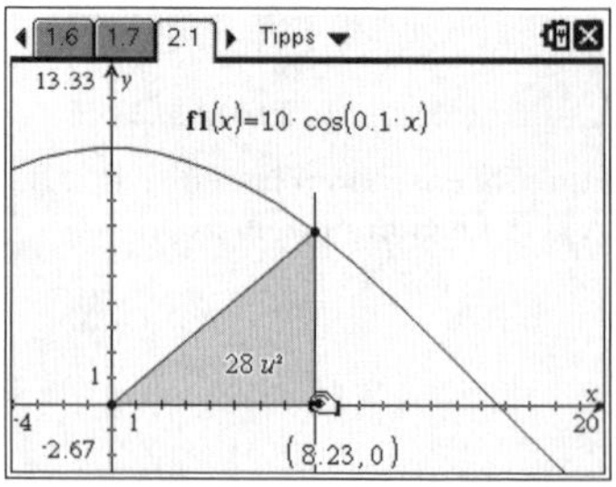

Fügen Sie die Applikation Graphs ein und zeichnen Sie in einem geeigneten Fenster (siehe nebenstehendes Bild) den Graphen der Funktion:
$y = 10\cos(0{,}1x)$

Konstruieren Sie eine Senkrechte zur x-Achse:
[menu] Geometry – Konstruktion – Senkrechte

Konstruieren Sie den Schnittpunkt der Senkrechten mit dem Graphen:
[menu] Geometry – Punkte & Geraden – Schnittpunkt

Zeichnen Sie das Dreieck, das durch den Ursprung und die Schnittpunkte der Senkrechten mit der x-Achse bzw. dem Graphen gegeben ist:
[menu] Geometry – Formen – Dreieck

Wählen Sie menu Geometry – Messung – Fläche, setzen Sie den Cursor auf das Dreieck und zeigen Sie durch einen Doppelklick das Ergebnis der Messung auf dem Bildschirm an. Zeigen Sie die Koordinaten des Schnittpunktes der Senkrechten mit der x-Achse an. Setzen Sie dazu den Cursor auf den Punkt und wählen Sie ctrl menu Koordinaten / Gleichung. Bewegen Sie nun diesen Punkt im Zugmodus und beobachten Sie, für welche Lage das Dreieck den größten Flächeninhalt hat.

4 Listen und Folgen

Listen erstellen, mit Listen arbeiten

Listen werden in geschweifte Klammern gesetzt und die Listenelemente durch Kommata voneinander getrennt.
Speichern Sie am besten Listen unter sinnvollen Variablennamen ab. Sie können dann mit diesen Variablen operieren.

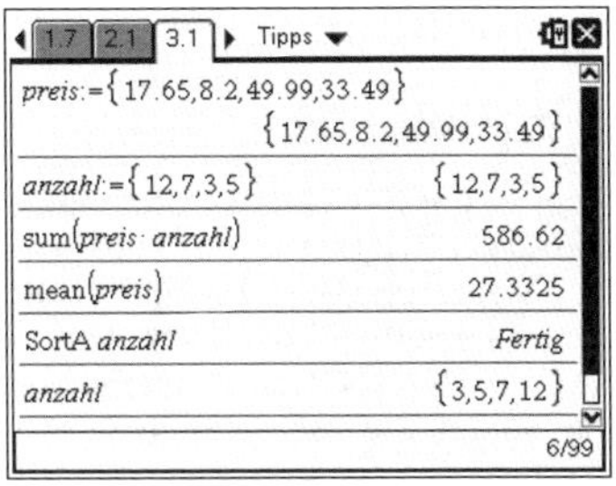

Beispiele für Listenoperationen:
mean(Liste) gibt das arithmetische Mittel der Liste an.
SortA(Liste) sortiert die Listenelemente aufwärts.

Weitere Listenoperationen finden Sie unter:
menu Statistik – Listen Mathematik und
menu Statistik – Listenoperationen

Folgen erstellen

Mit dem Befehl
seq(Ausdruck, Variable, Anfangswert, Endwert, Schrittweite)
(unter menu Statistik – Listenoperationen) lassen sich auch längere Folgen erzeugen, wenn für sie eine Bildungsvorschrift bekannt ist.

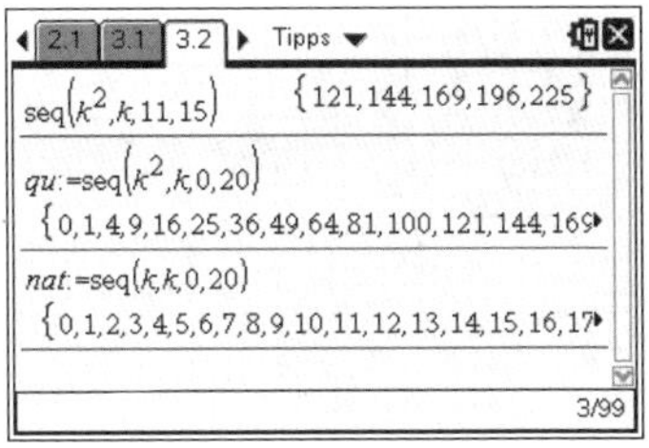

Im *Beispiel* steht der Name qu für die Liste der Quadratzahlen von 0 bis 20.
Unter dem Namen nat wurde die Liste der natürlichen Zahlen von 0 bis 20 abgespeichert.

Tabellenkalkulation nutzen: Lists & Spreadsheet

Sie können in dieser Tabellenkalkulation Listen eintragen, die bereits definiert sind. Im *Beispiel* sind es in den Spalten A bzw. B die oben definierten Listen qu und nat.

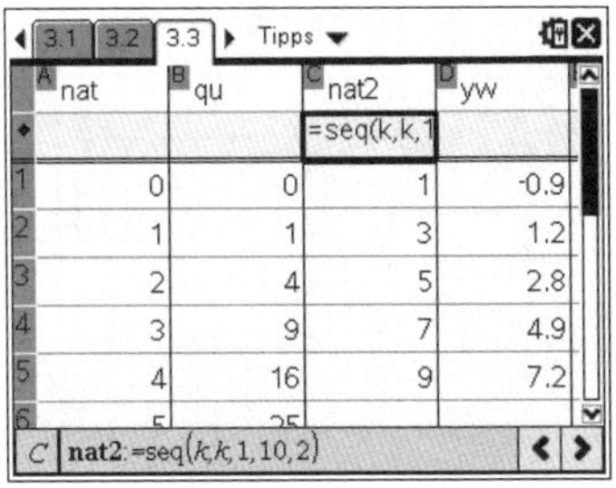

Listen lassen sich auch direkt in der Tabellenkalkulation erzeugen oder von Hand eintragen. Im *Beispiel* wurde in der Spalte C die Folge der natürlichen Zahlen von 1 bis 10 mit der Schrittweite 2 erzeugt und im Spaltenkopf mit dem Variablennamen nat2 benannt. In der Spalte D wurden die Zahlen per Hand eingetragen. Diese Liste erhielt den Variablennamen yw.

Streudiagramm in Data & Statistics erstellen

Fügen Sie die Applikation Data & Statistics ein.

Im folgenden *Beispiel* werden die Listen von oben verwendet:
Klicken Sie auf die x-Achse und wählen Sie die Variable nat aus.
Klicken Sie auf die y-Achse und wählen Sie die Variable qu aus.
Sie erhalten das Diagramm, das die Zuordnung nat ⟶ qu veranschaulicht.

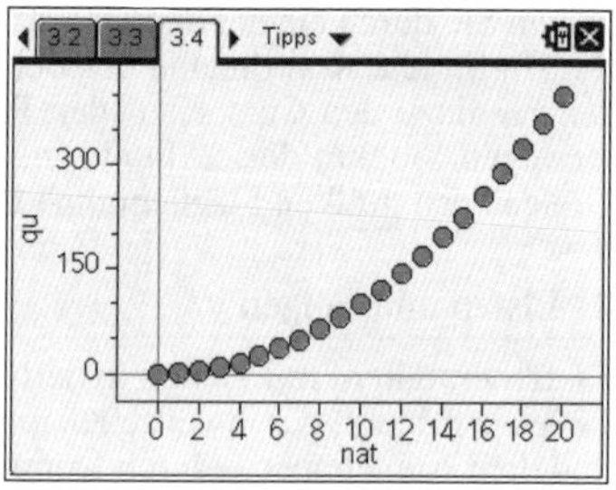

5 Regression

Regression mit Lists & Spreadsheet analysieren

Die Daten wurden in die Tabellenkalkulation eingetragen. Wählen Sie dann [menu] Statistik – Statistische Berechnung… und unter den vorgeschlagenen Regressionstypen einen zum Sachverhalt passenden Typ aus. Der X- bzw. Y-Liste werden die entsprechenden Spalten der Tabellenkalkulation zugeordnet. Den Funktionsterm, den Ihr TI-Nspire ermittelt, sollten Sie zur weiteren Verwendung unter RegEqn speichern unter: z. B. als f1 speichern (Ihr TI-Nspire schlägt den nächsten freien Funktionsvariablenbezeichner selbstständig vor). Für den gewählten Regressionstyp werden die entsprechenden Parameter berechnet und anschließend in der Tabelle ausgegeben. Dabei erhalten Sie auch den Korrelationskoeffizienten (r^2 oder R^2). Dieser ist ein Maß für die Güte der gewählten Regressionsfunktion.

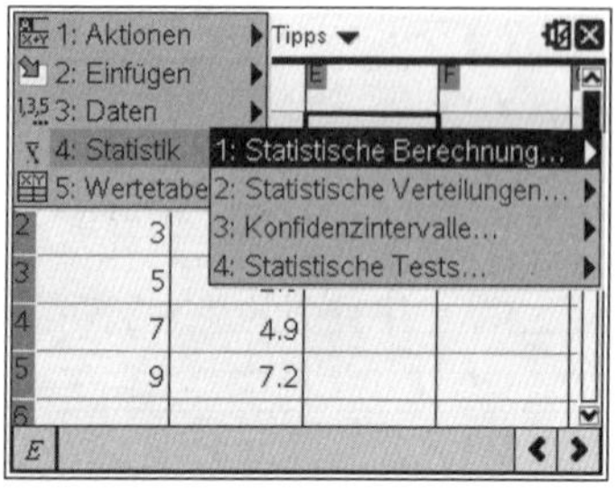

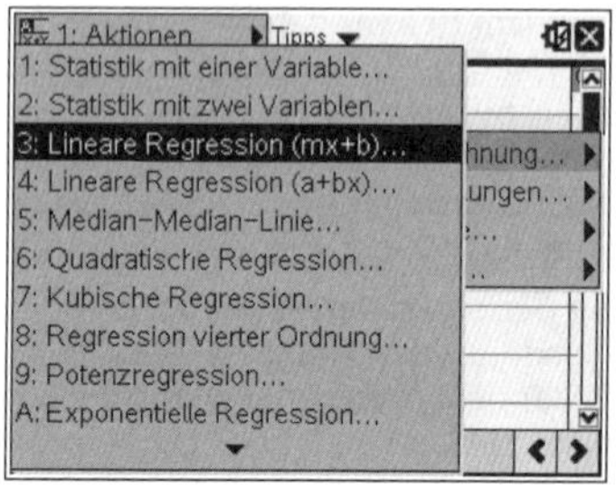

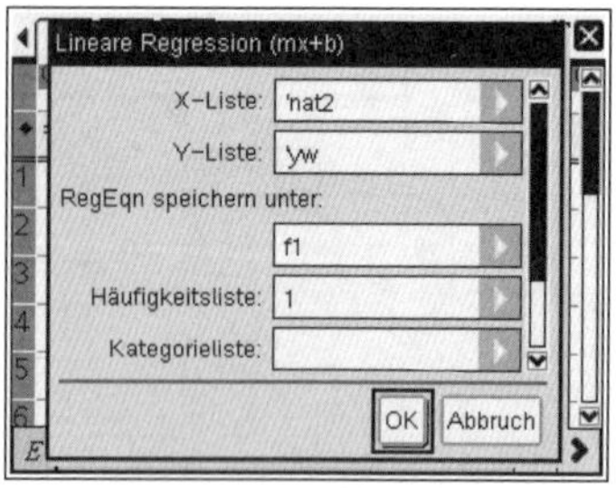

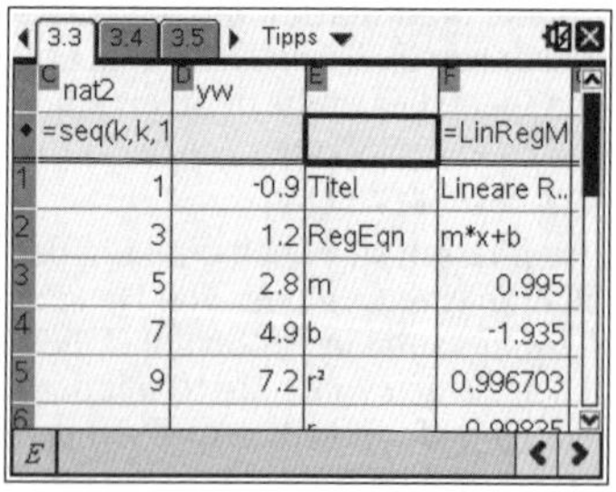

Im *Beispiel* wurde die Lineare Regression (mx + b)… gewählt. Dabei wurden der X-Liste die Werte von nat2 und der Y-Liste die Werte von yw zugeordnet. Der dann berechnete Funktionsterm wird unter f1 gespeichert. Als Ergebnis erhält man für die Regressionsfunktion die Parameter $m = 0{,}995$ und $b = -1{,}935$ sowie den Korrelationskoeffizienten $r^2 \approx 0{,}9967$. Die Funktionsgleichung für die gewählte Regression lautet $y = 0{,}995x - 1{,}935$.

Regression mit Streudiagramm analysieren
Wählen Sie für ein vorliegendes Streudiagramm
[menu] Analysieren – Regression
und unter den vorgeschlagenen Regressionstypen einen zum Sachverhalt passenden Typ aus. Dabei kann man sich von inhaltlichen Erwägungen (z. B. dem charakteristischen Verlauf bekannter Funktionstypen) leiten lassen und den inhaltlichen Bezug des Problems berücksichtigen.

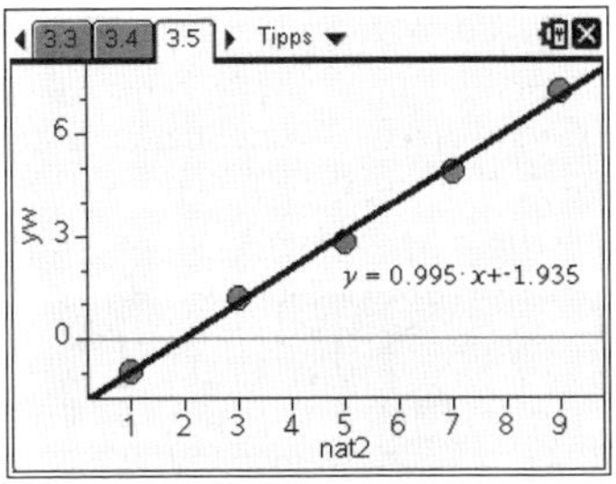

Im *Beispiel* wurden zunächst die Listen nat2 und yw (siehe oben) gegeneinander aufgetragen und eine lineare Regression gewählt. Als Ergebnis wird eine Ausgleichsgerade eingezeichnet und deren Gleichung (y = 0,995x – 1,935) angezeigt.

6 Stochastik

Zufallszahlen erzeugen
rand() ergibt eine Zufallszahl zwischen 0 und 1.

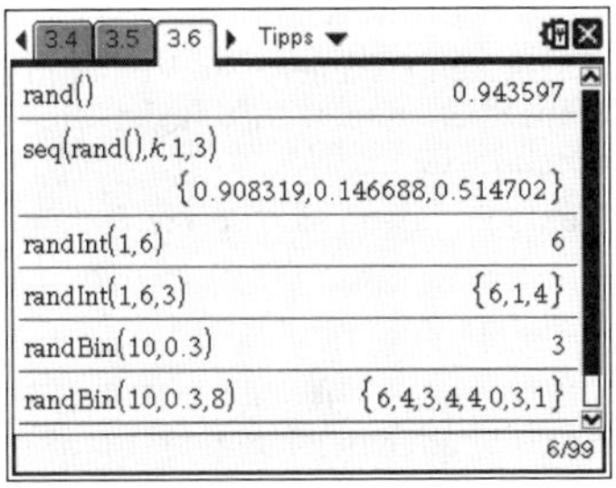

randint(a, b) ergibt eine ganzzahlige Zufallszahl im Intervall [a; b], randint(a, b, m) gibt eine Liste mit m ganzzahligen Zufallszahlen aus dem Intervall [a; b] zurück.

randbin(n, p) gibt eine Zufallszahl aus einer Binomialverteilung mit den Parametern n und p zurück, randbin(n, p, m) gibt eine Liste mit m Zufallszahlen aus einer Binomialverteilung mit den Parametern n und p zurück.

Binomialverteilung – Wahrscheinlichkeiten berechnen
binomPdf(n, p) erzeugt die Liste der (n + 1) Einzelwahrscheinlichkeiten einer Binomialverteilung mit den Parametern n und p.

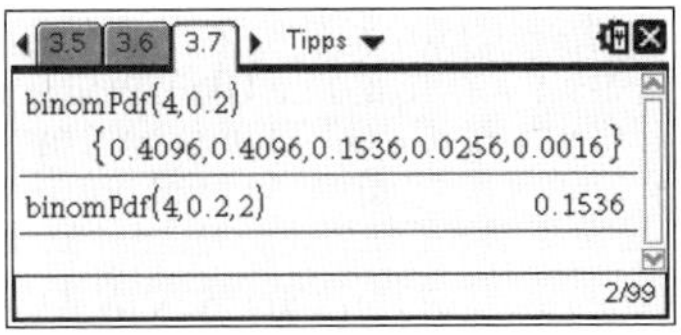

binomPdf(n, p, k) erzeugt die (k + 1)-te Einzelwahrscheinlichkeit ($0 \le k \le n$) einer Binomialverteilung mit den Parametern n und p:

$$B_{n;p}(k) = \binom{n}{k} \cdot p^k \cdot (1-p)^{n-k}$$

binomCdf(n, p) erzeugt die Liste der (n + 1) Einzelwahrscheinlichkeiten der Summenfunktion einer Binomialverteilung mit den Parametern n und p.

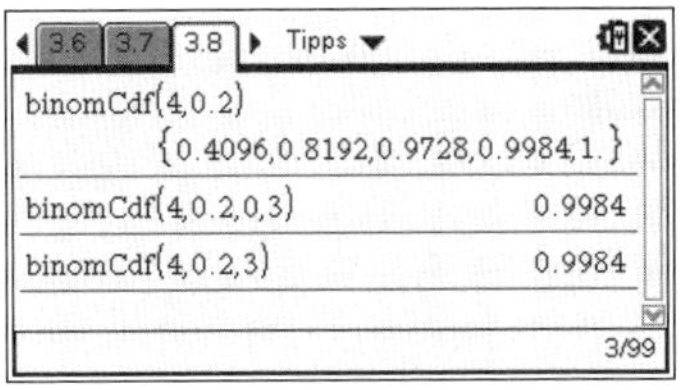

binomCdf(n, p, a, b) erzeugt die Summe der Einzelwahrscheinlichkeiten von a bis b einer Binomialverteilung mit den Parametern n und p:

$$B_{n;p}(a \le x \le b) = \sum_{k=a}^{b} \binom{n}{k} \cdot p^k \cdot (1-p)^{n-k}$$

Falls a = 0 ist, kann der Befehl zu binomCdf(n, p, b) verkürzt werden.

Die Befehle binomPdf() bzw. binomCdf() finden Sie unter [menu] Wahrscheinlichkeit – Verteilungen … oder im Katalog [📖][1].

Vektoren, Betrag eines Vektors

Vektoren können als Spalten- oder Zeilenvektoren eingegeben werden:
[x; y; z] erzeugt einen Spaltenvektor.
[x, y, z] erzeugt einen Zeilenvektor.

Für die Eingabe von Vektoren lassen sich auch Vorlagen benutzen:

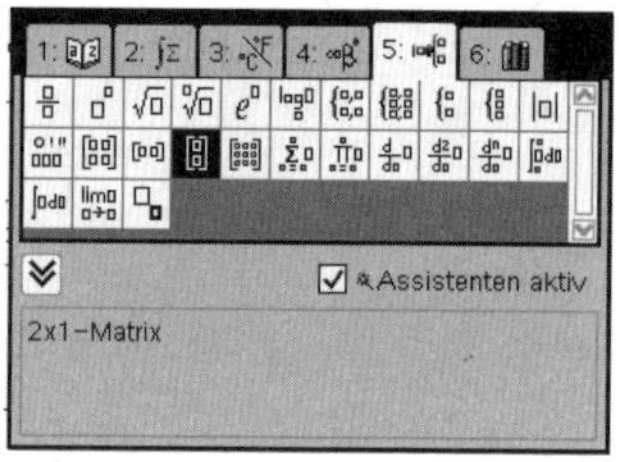

Mit der Taste [↵] können weitere Zeilen in einen Vektor eingefügt werden.

Am besten speichern Sie Vektoren unter Variablenbezeichnungen ab, um sich die Eintipparbeit zu vereinfachen.

Vektoren lassen sich vervielfachen und addieren.

Den Betrag eines Vektors erhält man durch den Befehl norm(Vektor).

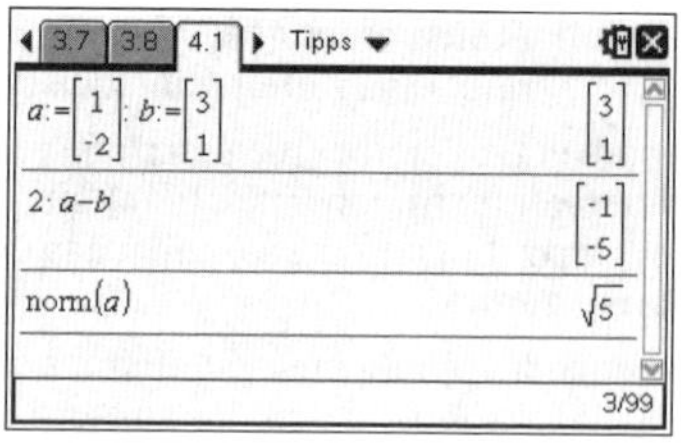

Geradengleichungen

Eine Geradengleichung der Form $\vec{x} = \vec{p}_0 + t \cdot \vec{a}$ können Sie z. B. unter der Variablen g(t) speichern und dann mit dieser Variablen arbeiten.

Im *Beispiel* wurden die Geraden auf ihren Schnittpunkt untersucht. Ihre Gleichungen wurden gleichgesetzt und das Gleichungssystem gelöst. Der Schnittpunkt wurde als Funktionswert h(–2) berechnet. Der Funktionswert ist hier ein Vektor.

Damit das Ergebnis als Zeilenvektor angezeigt wird (aus Platzgründen), wurde der Vektor h(–2) transponiert. Das Symbol ^{T} finden Sie unter [📖][4].

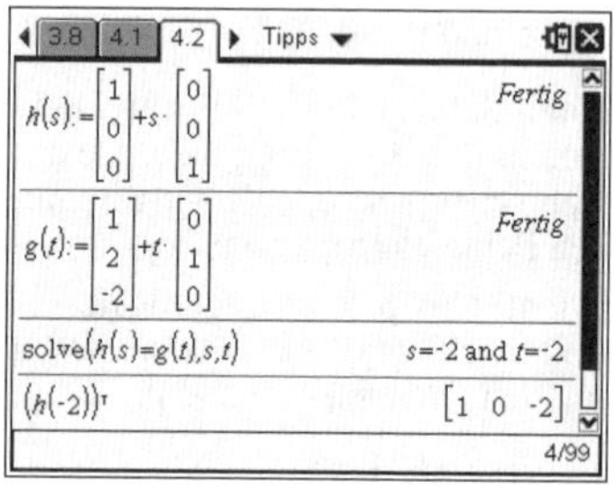

Skalarprodukt und Vektorprodukt

Skalarprodukt:
dotp(Vektor1, Vektor2)

Vektorprodukt (Kreuzprodukt):
crossp(Vektor1, Vektor2)

Sie finden diese Befehle z. B. unter [menu] Matrix und Vektor – Vektor oder im Katalog [📖][1].

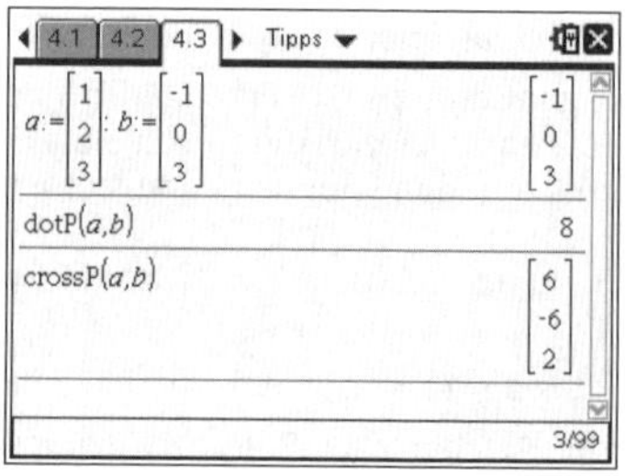

Ableitungen von Funktionen

Sie finden die Vorlagen zum Differenzieren von Funktionen z. B. unter [⊞][5]:

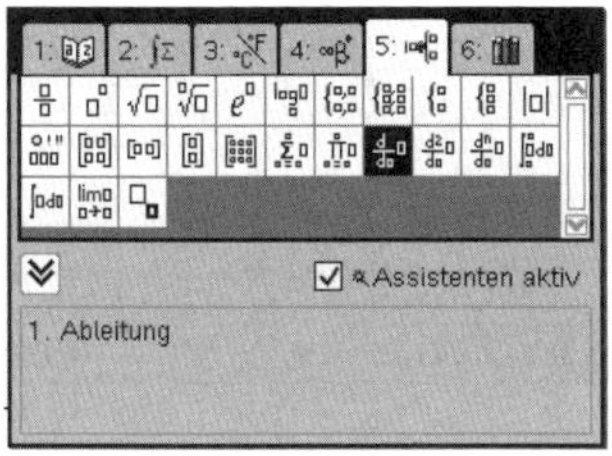

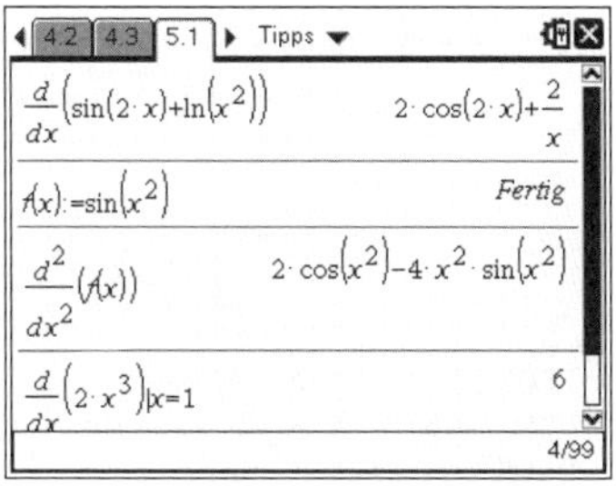

Sie können den Funktionsterm direkt eingeben oder mit den ggf. zugewiesenen Variablen arbeiten. Für Ableitungen an einer Stelle x_0 geben Sie diese mit dem WITH-Operator ein.

Dynamische Definitionen vermeiden

Beim Abspeichern z. B. von Ableitungsfunktionen mit Parametern müssen Sie folgenden Fehler vermeiden:

Beispiel: Für $f(x) = k \cdot x^2$ ist die 1. Ableitungsfunktion $f'(x) = 2k \cdot x$ und damit gilt für die 1. Ableitung von f an der Stelle k:

$f'(k) = 2k^2$

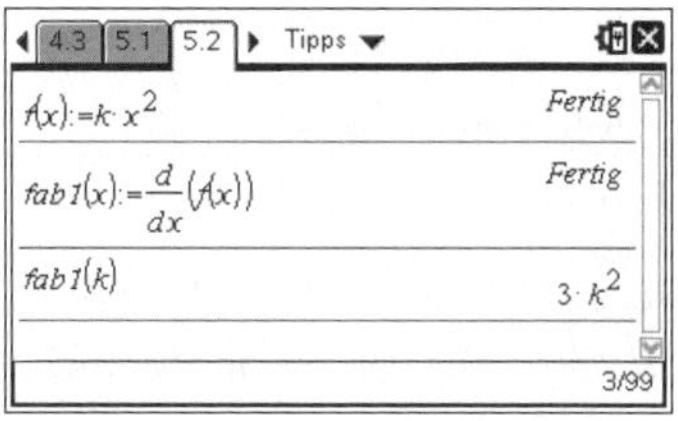

Das CAS gibt bei folgendem – **falschen!** – Vorgehen aber den Term $f'(k) = 3 \cdot k^2$ an.

Woran liegt das? Speichert man wie im Beispiel nur die Vorschrift zum Bilden der 1. Ableitung unter dem Namen fab1(x) ab, so rechnet das CAS erst den Wert von f(x) an der Stelle x = k aus und bildet davon die 1. Ableitung nach k:

$f(k) = k \cdot k^2 = k^3$ und damit $f'(k) = 3k^2$

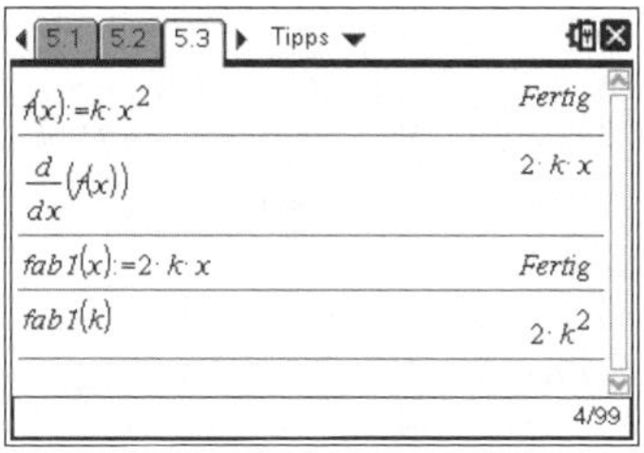

Sie vermeiden solche „dynamischen Definitionen“, indem Sie immer erst den Term der Ableitungsfunktion ausgeben lassen und den Funktionsterm dann unter einem geeigneten Namen abspeichern, wie es für dieses Beispiel gezeigt wird.

Integrieren von Funktionen

Sie können die Vorlagen zur Eingabe nutzen (siehe oben bei „Ableitungen von Funktionen“).

Unbestimmte Integrale werden im Allgemeinen ohne Integrationskonstante angezeigt. Diese müssen Sie beim Notieren des Ergebnisses selbstständig ergänzen.

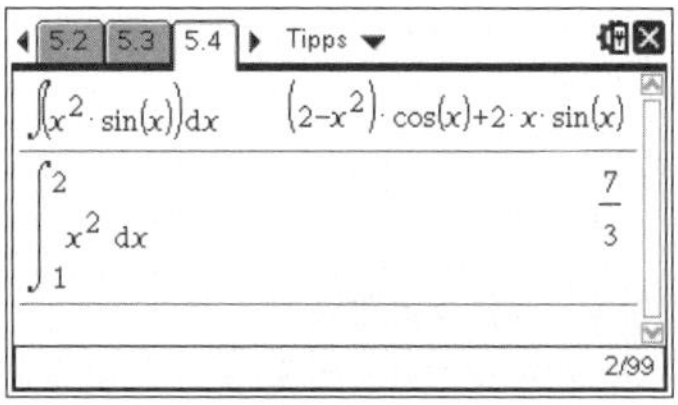

Hinweis: Bestimmte Integrale lassen sich auch im Grafikmodus unter [menu] Graph analysieren näherungsweise bestimmen. Bei der Abfrage von unterer und oberer Grenze können die Zahlenwerte über die Tastatur eingegeben werden.

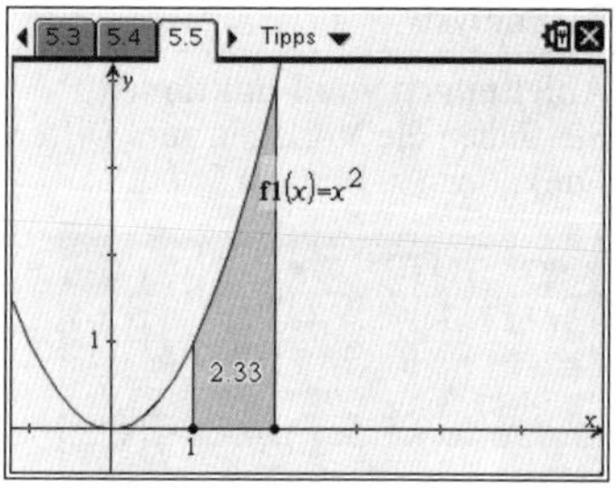

Grenzwerte von Funktionen

Nutzen Sie die Vorlagen (siehe oben bei „Ableitungen von Funktionen").

Das Unendlich-Symbol ∞ finden Sie unter [π▸].

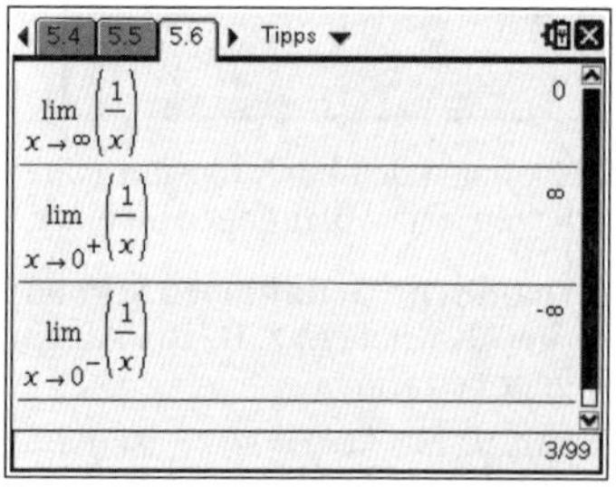

9 Systematisches Probieren

Es gibt Situationen, bei denen systematisches Probieren eine gute Wahl zur Lösungsfindung ist. Dies trifft z. B. auf solche Probleme zu, die durch endliche, diskrete mathematische Modelle gekennzeichnet sind.

Beispiel: Die Tischtennismannschaft eines Gymnasiums gewinnt erfahrungsgemäß 70 % ihrer Spiele. Wie viele Spiele muss diese Mannschaft mindestens durchführen, um mit einer Wahrscheinlichkeit von mindestens 98 % mindestens drei Spiele zu gewinnen?

Es ist der Parameter n einer binomialverteilten Zufallsgröße X mit $p = 0{,}70$ zu bestimmen, sodass $P(X \geq 3) \geq 0{,}98$ gilt. Gesucht ist also die Lösungsmenge der Ungleichung

$$\sum_{k=3}^{n} \binom{n}{k} \cdot 0{,}7^k \cdot 0{,}3^{n-k} \geq 0{,}98$$

oder „in der Sprache des Rechners":

binomCdf(n, 0.7, 3, n) ≥ 0.98

- solve() hilft hier nicht:
  Wie Sie im Bildschirmabdruck rechts sehen, hilft in diesem Falle der solve()-Befehl in Verbindung mit der Anweisung binomCdf() nicht weiter.

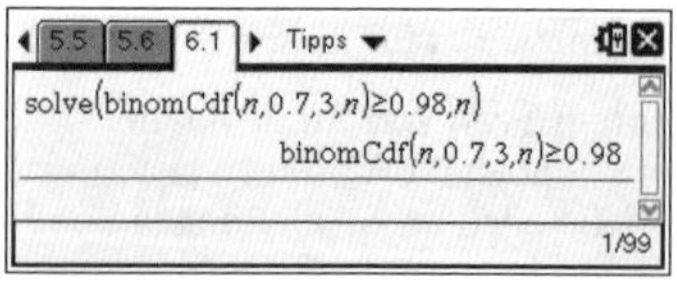

- Systematisches Probieren im Calculator:
  Setzen Sie in binomCdf(n, 0.7, 3, n) für n verschiedene natürliche Zahlen ein. Beachten Sie, dass binomCdf(n, 0.7, 3, n) mit wachsendem n immer größer wird. Beurteilen Sie, ob die angezeigte Wahrscheinlichkeit kleiner oder größer als die gegebene Grenze 0,98 ist. Vergrößern oder verkleinern Sie n, bis Sie den gesuchten Wert für n gefunden haben.

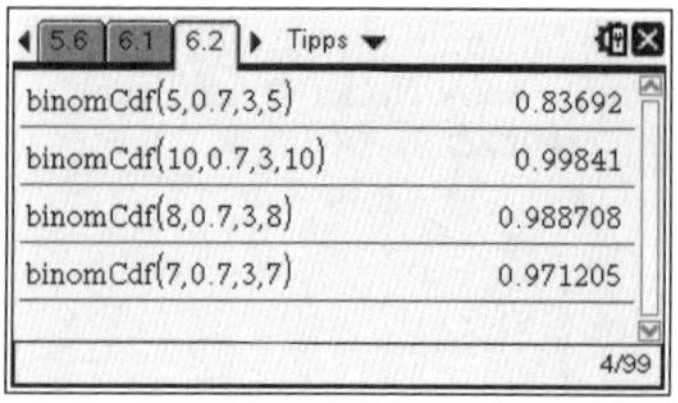

- Systematisches Probieren mit Tabellenkalkulation:
  Etwas eleganter können Sie die Lösung mithilfe der Tabellenkalkulation finden. Tabellieren Sie dazu in der Spalte A die Werte für n von n = 3 bis n = 50 mithilfe des in die ♦-Zelle dieser Spalte einzutragenden Befehls:
  = seq(n, n, 3, 50)
  In der ♦-Zelle der Spalte B tragen Sie den Befehl
  = seq(binomcdf(n, 0.7, 3, n), n, 3, 50)
  ein. Damit werden die Werte aller zugehörigen Binomialverteilungen tabelliert. Sie brauchen jetzt nur noch in der Tabelle nach unten zu gehen, bis Sie den kleinsten Wert für n finden, für den binomcdf(n, 0.7, 3, n) größer als 0,98 ist.

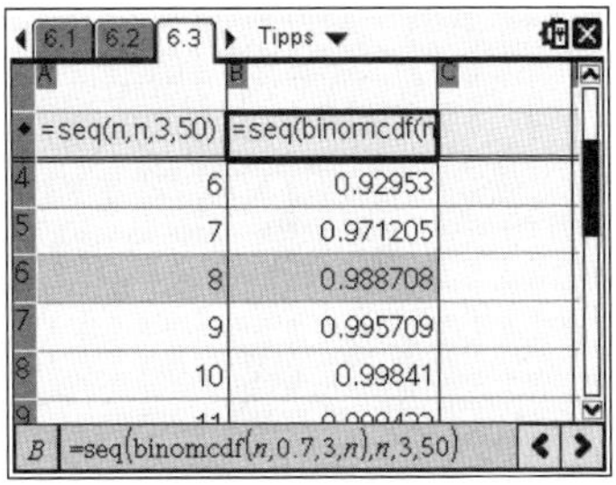

- Systematisches Probieren mit Notes und Schieberegler:
  Fügen Sie ein neues Problem und hier ein Notes-Dokument ein. Teilen Sie die Seite mit [doc▾] Seitenlayout – Layout auswählen – Layout 3.
  Fügen Sie in der unteren Seitenhälfte die Applikation Geometry ein. In dieser Anwendung wird nun [menu] Aktionen – Schieberegler einfügen ausgewählt.

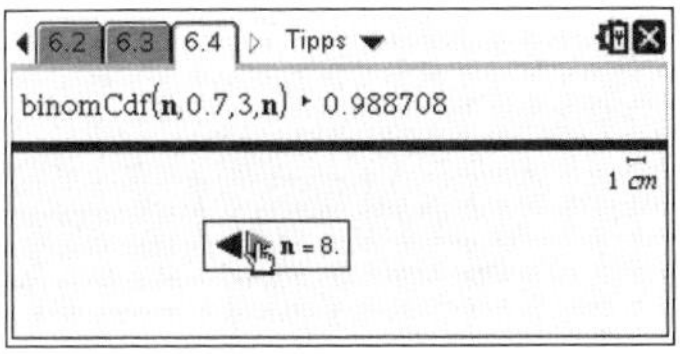

Setzen Sie für die Variable v1 die Variable n ein. Ändern Sie mit [ctrl][menu] die Einstellungen des Schiebereglers: Entsprechend des Parameters n der gegebenen Binomialverteilung wird als Maximalwert 50, als Minimalwert 3 und als Schrittweite 1 gewählt. Außerdem wird die Anzeige minimiert.

Wechseln Sie dann mit [ctrl][tab] in die Notes-Applikation zurück. Dort wird mit [ctrl][M] ein Mathematik-Feld (Math Box) eingefügt, in das der Befehl binomCdf(n, 0.7, 3, n) eingegeben wird. Entsprechend der Belegung der Variablen n im Schieberegler wird der zugehörige Wert der Binomialverteilung angezeigt.

Wechseln Sie mit [ctrl][tab] in die Geometry-Applikation. Betätigen Sie nun den Schieberegler, bis Sie den gesuchten Wert für n gefunden haben.

Mathematik (Mecklenburg-Vorpommern): Abiturprüfung 2011
Prüfungsteil A0 – Pflichtaufgaben ohne Rechenhilfsmittel

1 Analysis

1.1 Gegeben ist der Graph G einer Funktion f.

Begründen Sie anhand von 3 Eigenschaften, dass die folgende Funktionsgleichung diesem Graphen zuzuordnen ist.

$$f(x) = \frac{2x-4}{x+1}$$

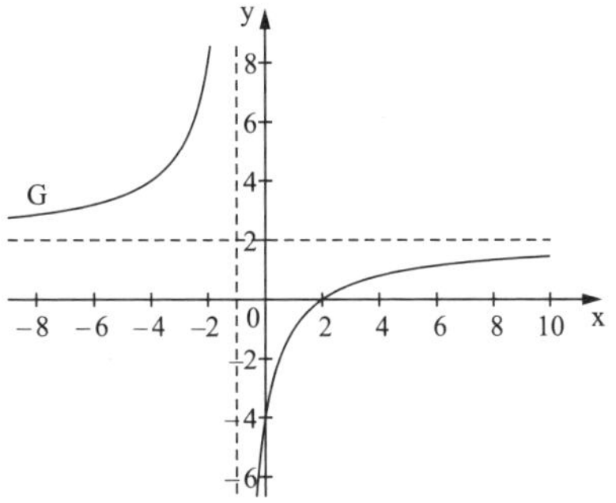

1.2 Zeichnen Sie den Graphen der Funktion f mit

$$f(x) = \begin{cases} x^2 & \text{für } x \le 1 \\ x+1 & \text{für } x > 1 \end{cases}$$

Untersuchen Sie, ob die Funktion an der Stelle $x = 1$ einen Grenzwert besitzt.

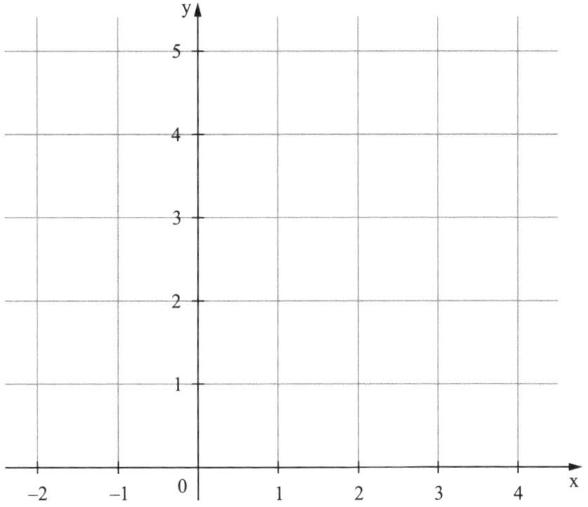

1.3 Gegeben ist die Funktionenschar f_a mit $f_a(x) = x^2 - 4x + a$.

- Berechnen Sie für die Graphen von f_a jeweils den Extrempunkt und begründen Sie, dass keiner der Graphen von f_a Wendepunkte besitzt.
- Geben Sie ein a an, so dass die Funktion f_a keine Nullstelle besitzt.
- Geben Sie ein a an, so dass die Funktion f_a zwei ganzzahlige Nullstellen besitzt.

1.4 Gegeben ist die Funktion f mit $f(x) = 6x^2 - 2x$.

- Berechnen Sie $\int_0^2 (6x^2 - 2x)\,dx$.
- Geben Sie die Menge aller Stammfunktionen von f an.
- Berechnen Sie den Anstieg einer Stammfunktion von f an der Stelle $x = 1$.

2 Analytische Geometrie

2.1 In dem Sechseck ABCDEF sind je 3 Strecken (Seiten bzw. Diagonalen) parallel. Geben Sie jeweils für den Vektor $\vec{x}$ einen Repräsentanten an.

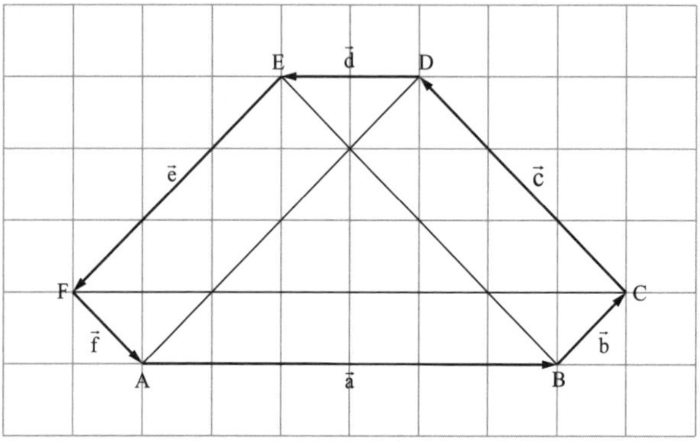

- $\vec{x} = \vec{b} + \vec{c} + \vec{d}$
- $\vec{x} = \vec{f} - \vec{e} - \vec{c}$
- $\vec{x} = \vec{a} + \vec{c} + \vec{e}$

2.2 Gegeben sind die Vektoren $\vec{a} = \begin{pmatrix} -3 \\ 3 \\ 6 \end{pmatrix}$ und $\vec{b} = \begin{pmatrix} 1 \\ 1 \\ z+2 \end{pmatrix}$.

Bestimmen Sie z so, dass die Vektoren $\vec{a}$ und $\vec{b}$ senkrecht aufeinander stehen.

2.3 Gegeben sind Punkte $A(6\,|\,2\,|\,-4)$ und $K(2\,|\,0\,|\,8)$. Der Punkt M ist der Mittelpunkt der Strecke $\overline{AB}$ und Punkt K der Mittelpunkt der Strecke $\overline{AM}$.
Ermitteln Sie die Koordinaten des Punktes B.

3 Stochastik

Peter feiert mit 4 Freunden Geburtstag. Ein Gratulant schenkt ihm ein einfaches Schloss, das nur 3 Stellen mit jeweils den Ziffern 0 und 1 hat.

Berechnen Sie die Wahrscheinlichkeiten folgender Einstellungen.

A: Alle Stellen zeigen dieselbe Ziffer.
B: Es ist mindestens zweimal die Ziffer 1 dabei.

Hinweise und Tipps

Teilaufgabe 1.1

- Sowohl mit der Funktionsgleichung als auch anhand des Graphen können vier Eigenschaften ermittelt werden.
- Denken Sie z. B. an Schnittpunkte mit den Achsen, Polstellen und Asymptoten.

Teilaufgabe 1.2

- Beachten Sie beim Zeichnen die Stelle $x = 1$.
- Die Grenzwertuntersuchung führt auf den links- und den rechtsseitigen Grenzwert.

Teilaufgabe 1.3

- Bestimmen Sie die ersten beiden Ableitungen der Funktionenschar.
- Für das Vorliegen von Extrempunkten müssen die notwendige und die hinreichende Bedingung erfüllt sein.
- Dass keiner der Graphen einen Wendepunkt hat, kann alleine mit der entsprechenden notwendigen Bedingung gezeigt werden.
- Die beiden Werte von a, für die f_a keine bzw. zwei ganzzahlige Nullstellen besitzt, müssen nur angegeben werden, können also auch durch Probieren gefunden werden.

Teilaufgabe 1.4

- Für die Berechnung des Integrals brauchen Sie *eine* Stammfunktion. Damit können Sie aber gleich *alle* Stammfunktionen angeben.
- Den Anstieg einer Funktion berechnet man über deren Ableitung.

Teilaufgabe 2.1

- Stellen Sie in der Abbildung die jeweilige Vektorkette dar.

Teilaufgabe 2.2

- Ob zwei Vektoren senkrecht aufeinander stehen, kann mithilfe des Skalarprodukts entschieden werden.

Teilaufgabe 2.3

- In welchem Verhältnis teilt K die Strecke $\overline{AB}$?
- Bestimmen Sie zunächst den Vektor $\overrightarrow{AB}$.

Teilaufgabe 3

- Fassen Sie das Problem als dreistufiges Zufallsexperiment auf und zeichnen Sie das zugehörige Baumdiagramm.
- Zählen Sie die jeweils möglichen Fälle.

Lösung

1 Analysis

1.1 Begründung anhand von drei Eigenschaften

Folgende Eigenschaften kann man leicht dem Graphen der Funktion f entnehmen bzw. aus der Funktionsgleichung $f(x)=\frac{2x-4}{x+1}$ bestimmen:

- **Nullstelle**

Graph	Funktion
Der Graph hat bei $x=2$ eine Nullstelle.	$f(x)=0$ $0=\frac{2x-4}{x+1}$ $0=2x-4$ $x=2$

- **Schnitt mit der y-Achse**

Graph	Funktion
Der Graph schneidet die y-Achse im Punkt $S_y(0\,\vert\,-4)$.	$f(0)=\frac{0-4}{0+1}=-4$

- **Polstelle**

Graph	Funktion
Der Graph hat bei $x_P=-1$ eine Polstelle.	Die Polstelle einer gebrochenrationalen Funktion ist die Nullstelle des Nenners. $0=x_P+1$ $x_P=-1$

- **Asymptote**

Graph	Funktion
Der Graph hat eine waagerechte Asymptote mit $y=2$.	$y=\lim\limits_{x\to\pm\infty}\frac{2x-4}{x+1}$ | höchste Potenz von x ausklammern $y=\lim\limits_{x\to\pm\infty}\frac{x\left(2-\frac{4}{x}\right)}{x\left(1+\frac{1}{x}\right)}$ | Anwenden der Grenzwertsätze $y=2$

Man braucht nur drei der vier dargestellten Eigenschaften zu zeigen, um den geforderten Nachweis zu erbringen.

Ergebnis: Da die Eigenschaften aus der Funktionsgleichung und die Eigenschaften aus dem Graphen übereinstimmen, kann man somit dem Graphen die Funktionsgleichung $f(x)=\frac{2x-4}{x+1}$ zuordnen.

1.2 **Grafische Darstellung**

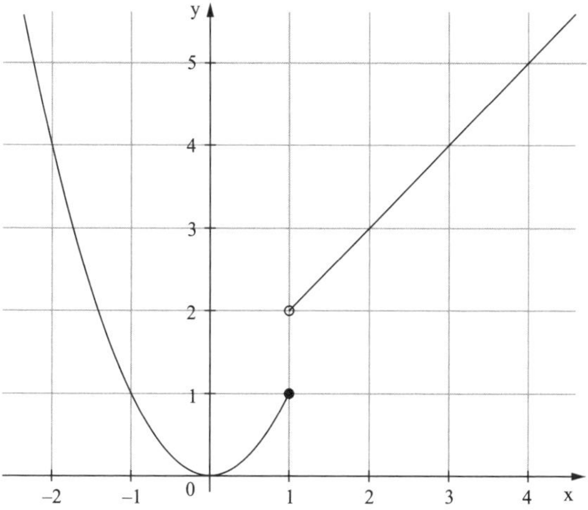

Untersuchung auf Grenzwert
Dazu muss der linksseitige und der rechtsseitige Grenzwert an der Stelle $x = 1$ betrachtet werden.
Der linksseitige Grenzwert ist:

$$\lim_{x \to 1^-} f(x) = \lim_{x \to 1^-} x^2 = \lim_{n \to \infty} \left(1 - \frac{1}{n}\right)^2 = \lim_{n \to \infty} \left(1 - \frac{2}{n} + \frac{1}{n^2}\right) = 1$$

Der rechtsseitige Grenzwert beträgt:

$$\lim_{x \to 1^+} f(x) = \lim_{x \to 1^+} (x+1) = \lim_{n \to \infty} \left(1 + \frac{1}{n} + 1\right) = 2$$

Da beide Grenzwerte nicht übereinstimmen, hat die Funktion f an der Stelle $x = 1$ keinen Grenzwert.

1.3 **Berechnung des Extrempunktes**
Für die Berechnung des Extrempunktes werden die ersten zwei Ableitungen der Funktionenschar f_a benötigt.

$f_a(x) = x^2 - 4x + a$; $f_a'(x) = 2x - 4$; $f_a''(x) = 2$

Notwendige Bedingung: $f_a'(x_E) = 0$
$0 = 2x_E - 4 \Rightarrow x_E = 2$

Hinreichende Bedingung: $f_a'(x_E) = 0 \land f_a''(x_E) \neq 0$
Da $f_a''(x) = 2$ ist, existiert der Extrempunkt und er ist gleichzeitig ein Tiefpunkt.
y-Koordinate: $f_a(2) = 4 - 8 + a = -4 + a$
Die Koordinaten des Extrempunktes sind $T(2 \mid -4 + a)$.

Begründung, dass kein Wendepunkt existiert
Notwendige Bedingung: $f_a''(x_W) = 0$
Da $f_a''(x) = 2$ und somit $f_a''(x) \neq 0$ ist, ist die notwendige Bedingung nicht erfüllt und die Funktionenschar f_a hat keinen Wendepunkt.

Angeben von a, sodass f_a keine Nullstelle besitzt
Es muss nur ein a angegeben werden, sodass die Funktion f_a mit Sicherheit oberhalb der x-Achse liegt, z. B.: $\underline{\underline{a = 2011}}$

Jeder Wert von a, der größer als vier ist, ist Lösung der Aufgabe.

Angeben von a, sodass f_a zwei ganzzahlige Nullstellen besitzt
Es muss ein a angegeben werden, sodass die Funktion f_a zwei ganzzahlige Nullstellen besitzt, z. B. $\underline{\underline{a = 0}}$

Die Nullstellen von $f_0(x) = x^2 - 4x$ sind $x_1 = 0$ und $x_2 = 4$.

1.4 **Berechnung des Integrals**

$$\int_0^2 (6x^2 - 2x)\,dx = \left[2x^3 - x^2\right]_0^2 \qquad |F(b) - F(a)$$
$$= (2 \cdot 2^3 - 2^2) - 0$$
$$= 16 - 4 = \underline{\underline{12}}$$

Angeben der Menge aller Stammfunktionen
$\underline{\underline{F(x) = 2x^3 - x^2 + c \quad \text{mit } c \in \mathbb{R}}}$

Berechnung des Anstieges einer Stammfunktion
Für den Anstieg einer Stammfunktion an der Stelle $x = 1$ wird die erste Ableitung dieser Stammfunktion benötigt, sie ist zugleich die gegebene Funktion f(x).

$F(x) = 2x^3 - x^2 + c$

$F'(x) = 6x^2 - 2x$

Somit ergibt sich für den Anstieg: $F'(1) = 6 - 2 = \underline{\underline{4}}$

Der Anstieg einer (aller) Stammfunktionen an der Stelle $x = 1$ beträgt 4.

2 Analytische Geometrie

2.1 **Angeben der Vektoren**

Der erste Vektor wird wie folgt bestimmt:

$\vec{x} = \vec{b} + \vec{c} + \vec{d} = \overrightarrow{BC} + \overrightarrow{CD} + \overrightarrow{DE} = \overrightarrow{BE}$

Der zweite Vektor lautet:

$\vec{x} = \vec{f} - \vec{e} - \vec{c} = \overrightarrow{FA} + \overrightarrow{FE} + \overrightarrow{DC} = \overrightarrow{FB}$

Und der dritte Vektor ist:

$\vec{x} = \vec{a} + \vec{c} + \vec{e} = \overrightarrow{AB} + \overrightarrow{CD} + \overrightarrow{EF} = \overrightarrow{AA} = \vec{0}$

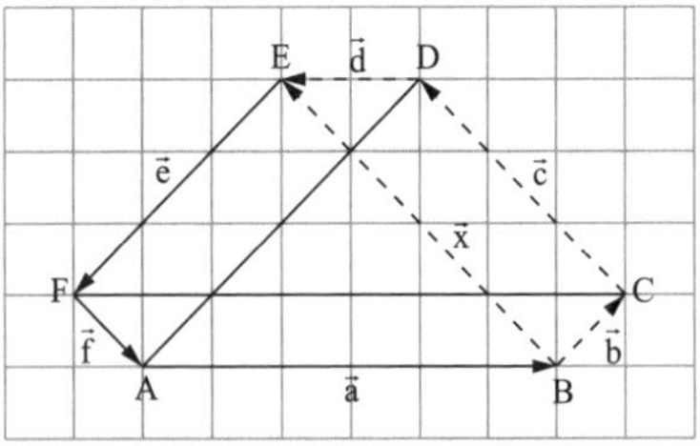

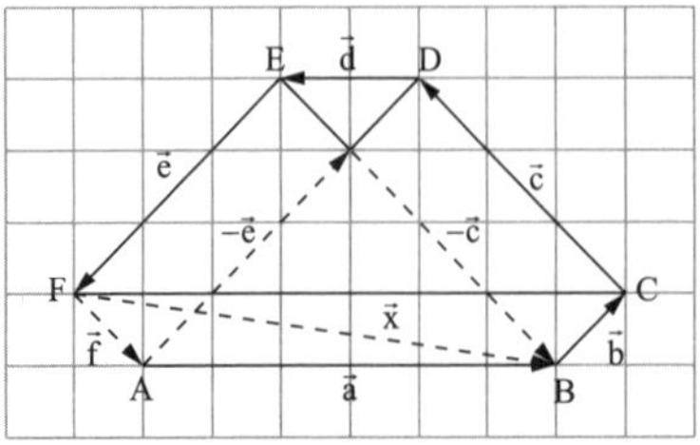

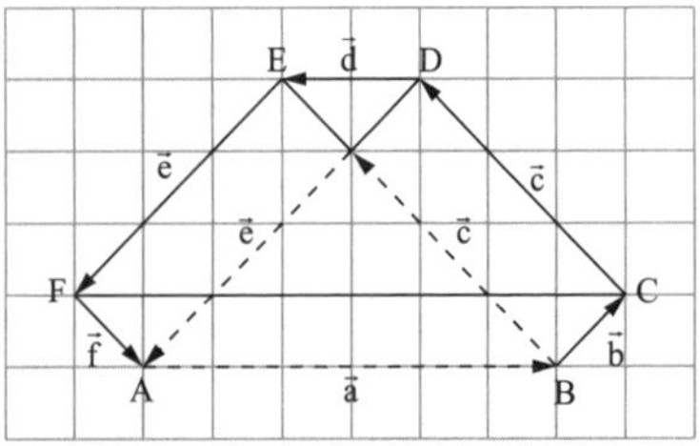

2.2 **Bestimmung von z**

Zwei Vektoren stehen senkrecht aufeinander, wenn das Skalarprodukt dieser Vektoren null ist.

Somit ergibt sich:

$$\begin{pmatrix}-3\\3\\6\end{pmatrix} \circ \begin{pmatrix}1\\1\\z+2\end{pmatrix} = 0$$

$$\begin{aligned}(-3)\cdot 1 + 3\cdot 1 + 6\cdot(z+2) &= 0\\ 6z + 12 &= 0\\ \underline{\underline{z}} &\underline{\underline{= -2}}\end{aligned}$$

Die beiden Vektoren $\vec{a}$ und $\vec{b}$ stehen senkrecht aufeinander, wenn $z = -2$ ist.

2.3 **Ermittlung der Koordinaten von B**

Der Punkt M ist Mittelpunkt der Strecke $\overline{AB}$. Damit gilt $2 \cdot \overrightarrow{AM} = \overrightarrow{AB}$.

Da K der Mittelpunkt der Strecke $\overline{AM}$ ist, ist $2 \cdot \overrightarrow{AK} = \overrightarrow{AM}$.

Somit ergibt sich $\overrightarrow{AB} = 2 \cdot \overrightarrow{AM} = 4 \cdot \overrightarrow{AK}$.

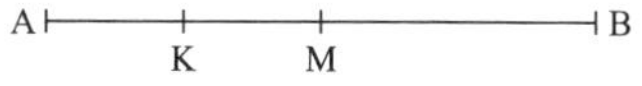

Für den Vektor $\overrightarrow{AB}$ erhält man:

$$\overrightarrow{AK} = \overrightarrow{OK} - \overrightarrow{OA} = \begin{pmatrix}2-6\\0-2\\8-(-4)\end{pmatrix} = \begin{pmatrix}-4\\-2\\12\end{pmatrix}$$

$$\overrightarrow{AB} = 4 \cdot \overrightarrow{AK} = 4 \cdot \begin{pmatrix}-4\\-2\\12\end{pmatrix} = \begin{pmatrix}-16\\-8\\48\end{pmatrix}$$

Für den Punkt B ergibt sich:

$$\overrightarrow{AB} = \overrightarrow{OB} - \overrightarrow{OA} \quad \Rightarrow \quad \overrightarrow{OB} = \overrightarrow{AB} + \overrightarrow{OA} = \begin{pmatrix}-16\\-8\\48\end{pmatrix} + \begin{pmatrix}6\\2\\-4\end{pmatrix} = \begin{pmatrix}-10\\-6\\44\end{pmatrix}$$

Die Koordinaten des Punktes B sind $\underline{\underline{B(-10\,|\,-6\,|\,44)}}$.

3 **Stochastik**

Berechnung der Wahrscheinlichkeiten

A: Alle Stellen zeigen dieselben Ziffern

Da nur in zwei von acht möglichen Fällen alle Stellen dieselben Ziffern zeigen, ist also die Wahrscheinlichkeit:

$$\underline{\underline{P(A)}} = \frac{2}{8} = \underline{\underline{\frac{1}{4}}}$$

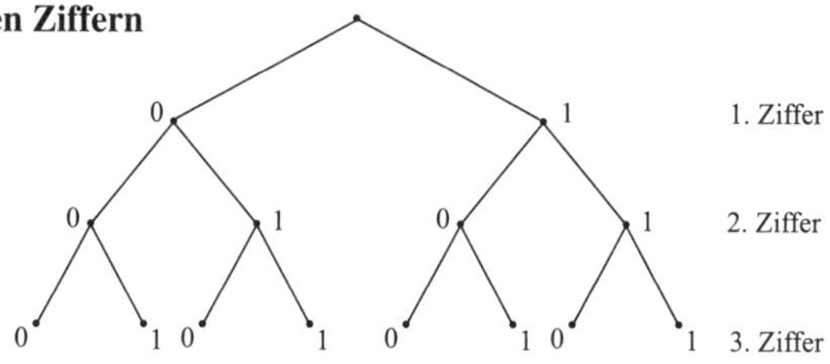

B: Es ist mindestens zweimal die Ziffer 1 dabei

Dies ist in vier der acht möglichen Fälle das Ergebnis (011, 101, 110, 111). Somit ist die Wahrscheinlichkeit:

$$\underline{\underline{P(B)}} = \frac{4}{8} = \underline{\underline{\frac{1}{2}}}$$

Mathematik (Mecklenburg-Vorpommern): Abiturprüfung 2011
Prüfungsteil A – Pflichtaufgaben ohne CAS

A 1 Analysis (25 BE)

Gegeben ist eine Funktion f durch die Gleichung

$f(x) = \dfrac{2x+1}{x}$ mit $x \in \mathbb{R}, x \neq 0$.

Der Graph von f ist K.

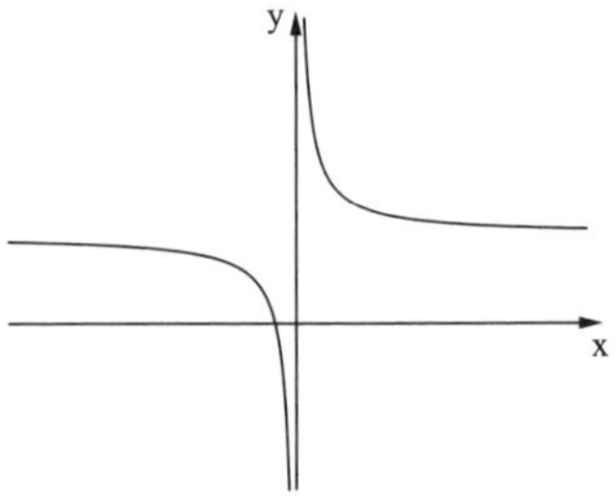

1.1 Berechnen Sie die Nullstelle von f.
Untersuchen Sie das Verhalten im Unendlichen und geben Sie die Gleichungen der Asymptoten an.

1.2 Zeigen Sie rechnerisch, dass K keine Extrempunkte und keine Wendepunkte besitzt.

1.3 An den Graphen K wird durch den Punkt $P(1 \mid f(1))$ eine Tangente t gelegt.
Ermitteln Sie eine Gleichung von t.
Der Graph von t schließt mit den Koordinatenachsen ein Dreieck ein.
Berechnen Sie den Flächeninhalt des Dreiecks.

1.4 Die Geraden $x = 1$, $x = 8$, die x-Achse und der Graph K schließen eine Fläche vollständig ein.
Berechnen Sie den Flächeninhalt.
Geben Sie die benötigte Stammfunktion an.

1.5 Auf K existiert ein Punkt $Q(r \mid f(r))$ mit $r \in \mathbb{R}, r > 0$. Durch Q werden Parallelen zu den Koordinatenachsen gelegt. Diese Parallelen und die Koordinatenachsen bilden ein Rechteck.
Bestimmen Sie die Koordinaten von Q so, dass der Umfang des Rechtecks minimal wird.
Berechnen Sie den minimalen Umfang.

1.6 Gegeben ist eine Gerade g durch die Gleichung $y = x + 1$ und eine Funktionenschar f_b durch die Gleichung

$f_b(x) = \dfrac{2x+b}{x}$ mit $x \in \mathbb{R}, x \neq 0, b \in \mathbb{R}$.

Die zugehörige Kurvenschar ist K_b.
Für genau eine Kurve der Schar K_b ist die Gerade g eine Tangente dieser Kurve.
Bestimmen Sie den Wert für b und die Koordinaten des Berührungspunktes.

A 2 Analytische Geometrie (25 BE)

Die Punkte A(7 | 2 | −3), B(−1 | 4 | −1), C(−1 | −2 | 5), D(7 | −3 | 2) und S(−1 | 1 | 7) bestimmen als Eckpunkte eine Pyramide.

2.1 Stellen Sie die Pyramide in einem geeigneten kartesischen Koordinatensystem dar.

2.2 Geben Sie eine Koordinatengleichung der Ebene ε an, in der das Viereck ABCD liegt. Berechnen Sie die Größe des Winkels, den die Ebene ε mit der xy-Ebene einschließt.

2.3 Untersuchen Sie für jede der folgenden Aussagen, ob sie wahr oder falsch ist:

- Die Gerade g durch S und den Mittelpunkt der Strecke $\overline{AB}$ verläuft durch den Punkt P(3 | 3 | 2).
- Das Viereck ABCD ist ein Trapez mit mindestens einem rechten Innenwinkel.

2.4 Berechnen Sie das Verhältnis der Volumina der beiden Teilpyramiden mit den Eckpunkten ABCS und ACDS.

2.5 Zeigen Sie, dass es auf der z-Achse keinen Punkt Q gibt, für den gilt:
Winkel $\measuredangle AQD = 90°$

A 3 Analysis und Stochastik (25 BE)

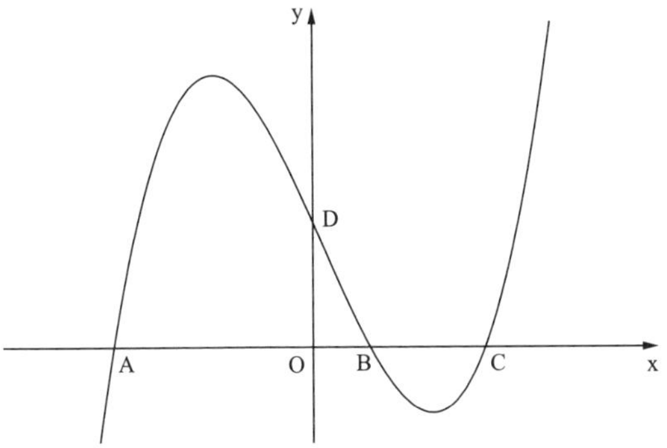

Abbildung nicht maßstäblich

3.1 Gegeben ist die Funktion f mit der Gleichung
$f(x) = (x-1) \cdot (2x^2 + x - 21)$ mit $x \in \mathbb{R}$.
Der Graph von f besitzt die drei Schnittpunkte A, B und C mit der x-Achse.
Der Schnittpunkt des Graphen von f mit der y-Achse ist D (siehe Abbildung).

3.1.1 Ermitteln Sie rechnerisch die Koordinaten der Punkte A, B, C und D.

3.1.2 Berechnen Sie mit Hilfe der Ableitungsfunktion die Koordinaten des Wendepunktes des Graphen von f.

3.1.3 Der Koordinatenursprung O sowie die Punkte B und D bilden ein Dreieck mit dem Flächeninhalt A. Dieser Flächeninhalt A entspricht näherungsweise dem Inhalt I der Fläche unter dem Graphen von f über dem Intervall $0 \le x \le 1$.
Berechnen Sie, um wie viel Prozent A von I abweicht.
Geben Sie die benötigte Stammfunktion an.

3.1.4 Die Gerade g verläuft durch die Punkte A und D.
Ermitteln Sie die Koordinaten der Punkte, in denen Parallelen zu g den Graphen von f berühren.

3.2 Es werden Funktionen $f(x) = (x - r) \cdot (2x^2 + x - s),\ x \in \mathbb{R}$ gebildet, wobei für r die natürlichen Zahlen von 1 bis 11 und für s die natürlichen Zahlen von 1 bis 23 eingesetzt werden dürfen.

3.2.1 Ermitteln Sie, wie viele verschiedene Funktionsgleichungen auf diese Weise maximal gebildet werden können.

3.2.2 Es werden zufällig je ein Wert für r und s aus den angegebenen Bereichen gewählt.
Bestimmen Sie die Wahrscheinlichkeiten folgender Ereignisse:
- r und s sind jeweils ungerade Zahlen.
- Entweder nur r oder nur s ist eine ungerade Zahl.

Hinweise und Tipps

Teilaufgabe 1.1

- Die Nullstelle einer gebrochenrationalen Funktion ist die Nullstelle des Zählerpolynoms, wenn gleichzeitig das Nennerpolynom an dieser Stelle ungleich null ist.
- Für das Verhalten im Unendlichen müssen Sie den Grenzwert ermitteln.
- Die Gleichung der waagerechten Asymptoten können Sie dem Verhalten im Unendlichen entnehmen, die der senkrechten Asymptoten erhalten Sie aus der Polstelle.

Teilaufgabe 1.2

- Überprüfen Sie jeweils die notwendige Bedingung.

Teilaufgabe 1.3

- Berechnen Sie die y-Koordinate des Punktes P und den Anstieg der Funktion f bei $x = 1$.
- Bei der Berechnung des Flächeninhalts können Sie ausnutzen, dass das Dreieck rechtwinklig ist.

Teilaufgabe 1.4

- Sie müssen das bestimmte Integral berechnen.
- Zur Ermittlung der Stammfunktion sollten Sie den Bruch auflösen.

Teilaufgabe 1.5

- Stellen Sie die Zielfunktion (Umfang eines Rechtecks) und die Nebenbedingung (der Punkt Q liegt auf dem Graphen von f) auf.
- Setzen Sie die Nebenbedingung in die Zielfunktion ein und bestimmen Sie das Minimum.
- Vergessen Sie nicht, auch den minimalen Umfang auszurechnen.

Teilaufgabe 1.6

- Wenn die Gerade g für eine Kurve der Funktionenschar f_b Tangente ist, haben beide einen gemeinsamen Berührungspunkt B.
- An der entsprechenden Stelle hat die Funktionenschar den gleichen Anstieg wie die Gerade.
- Für den Punkt B können Sie die Funktionsterme gleichsetzen.
- Bestimmen Sie außer b auch die Koordinaten von B.

Teilaufgabe 2.1

- Fertigen Sie ein Schrägbild an.

Teilaufgabe 2.2

- Bestimmen Sie zunächst einen Normalenvektor der Ebene.
- Winkel werden mit dem Skalarprodukt bestimmt.

Teilaufgabe 2.3

- Stellen Sie für die erste Aussage eine Gleichung der Geraden g auf und überprüfen Sie, ob auch P auf dieser Geraden liegt.
- In einem Trapez sind ein Paar gegenüberliegender Seiten parallel zueinander. Ob ein rechter Innenwinkel vorliegt, können Sie mit dem Skalarprodukt testen.

Teilaufgabe 2.4

- Sie können die Volumina der Pyramiden mithilfe der Volumenformel oder mithilfe des Spatproduktes berechnen.
- Für die Volumenformel benötigen Sie die Höhe der Pyramiden, die dem Abstand des Punktes S von der Ebene ε entspricht.
- Denken Sie daran, auch das Verhältnis der Volumina zu berechnen.

Teilaufgabe 2.5

- Nehmen Sie an, dass es einen solchen Punkt Q gibt.
- Zeigen Sie, dass die aus der Winkelbedingung entstehende Gleichung keine Lösung hat.

Teilaufgabe 3.1.1

- Berechnen Sie die Nullstellen und den y-Achsenabschnitt der Funktion f.

Teilaufgabe 3.1.2

- Verwenden Sie die notwendige und die hinreichende Bedingung.

Teilaufgabe 3.1.3

- Nutzen Sie aus, dass das Dreieck einen rechten Winkel hat.
- Die Fläche unter dem Graphen wird mit dem bestimmten Integral berechnet. Zur Ermittlung der Stammfunktion können Sie den Funktionsterm ausmultiplizieren.
- Überlegen Sie sich für die prozentuale Abweichung, was der Grundwert und was der Prozentwert ist. Gesucht ist der Prozentsatz.

Teilaufgabe 3.1.4

- Fertigen Sie eine Skizze an, um zu erkennen, dass es zwei Stellen gibt.
- Diese Stellen liegen genau dort, wo der Anstieg der Geraden gleich dem der Funktion f ist.

Teilaufgabe 3.2.1

- Der Vorgang kann als ein zweistufiges Zufallsexperiment betrachtet werden.
- Benutzen Sie die Produktregel.

Teilaufgabe 3.2.2

- Bei geeigneter Wahl der Ergebnismenge liegt ein Laplace-Experiment vor.
- Sie müssen dann jeweils die Anzahl der „günstigen" Ergebnisse berechnen.

Lösung

A1 Analysis

1.1 Nullstelle von f

Die Nullstelle der gebrochenrationalen Funktion f mit der Gleichung $f(x) = \frac{2x+1}{x}$ ist die Nullstelle des Zählerpolynoms $(u(x) = 2x + 1)$, wenn gleichzeitig das Nennerpolynom $(v(x) = x)$ an dieser Stelle ungleich null ist.

$f(x) = 0$

$$0 = 2x + 1 \qquad |-1 \quad |:2$$

$$\underline{\underline{x = -\frac{1}{2}}}$$

Die Nullstelle liegt bei $x = -\frac{1}{2}$. Das Nennerpolynom v(x) ist an dieser Stelle ungleich null.

Verhalten im Unendlichen

Um das Verhalten der Funktion f im Unendlichen zu bestimmen, muss der Grenzwert ermittelt werden.

$$\lim_{x \to \pm\infty} f(x) = \lim_{x \to \pm\infty} \frac{2x+1}{x} \qquad \text{| höchste Potenz von x ausklammern}$$

$$= \lim_{x \to \pm\infty} \frac{\cancel{x}\left(2+\frac{1}{x}\right)}{\cancel{x}} \qquad \text{| kürzen}$$

$$= \lim_{x \to \pm\infty} \left(2+\frac{1}{x}\right) \qquad \text{| Anwenden der Grenzwertsätze}$$

$$= \lim_{x \to \pm\infty} 2 + \lim_{x \to \pm\infty} \frac{1}{x} \qquad \text{| } \lim_{x \to \pm\infty} \frac{1}{x} \text{ ist eine Nullfolge.}$$

$$\lim_{x \to \pm\infty} f(x) = \underline{\underline{2}}$$

Somit nähert sich die Funktion für sehr große bzw. sehr kleine x-Werte dem Wert zwei an.

Gleichungen der Asymptoten

Die Gleichung der waagerechten Asymptoten kann man dem Verhalten im Unendlichen entnehmen (siehe Aufgabe 1.1). Sie lautet: $\underline{\underline{y = 2}}$

Die Gleichung der senkrechten Asymptoten erhält man aus der Polstelle der Funktion f. Die Polstelle ist die Nullstelle des Nennerpolynoms v(x).
Die Gleichung der senkrechten Asymptote lautet: $\underline{\underline{x = 0}}$

1.2 Keine Extrem- und keine Wendepunkte

Zunächst werden die ersten zwei Ableitungen gebildet. Dies kann auf verschiedenen Wegen erfolgen.

1. Variante: Der Bruch wird zunächst in zwei Summanden zerlegt. Anschließend werden die Ableitungen ermittelt.

$$f(x) = \frac{2x+1}{x} = \frac{2x}{x} + \frac{1}{x} = 2 + \frac{1}{x} = 2 + x^{-1}$$

Die Ableitungen sind:

$$f'(x) = -1 \cdot x^{-2} = -\frac{1}{x^2}$$

$$f''(x) = (-1) \cdot (-2) \cdot x^{-3} = 2x^{-3} = \frac{2}{x^3}$$

2. Variante: Die Ableitungen werden mithilfe der Quotientenregel bestimmt.

$$f(x) = \frac{u(x)}{v(x)} \quad \Rightarrow \quad f'(x) = \frac{u'(x) \cdot v(x) - u(x) \cdot v'(x)}{(v(x))^2}$$

$$f(x) = \frac{2x+1}{x} \qquad \left| \begin{array}{lll} u(x) = 2x+1 & \Rightarrow & u'(x) = 2 \\ v(x) = x & \Rightarrow & v'(x) = 1 \end{array} \right.$$

$$f'(x) = \frac{2 \cdot x - ((2x+1) \cdot 1)}{x^2} = \frac{2x - 2x - 1}{x^2} = -\frac{1}{x^2} \qquad \left| \begin{array}{lll} u(x) = -1 & \Rightarrow & u'(x) = 0 \\ v(x) = x^2 & \Rightarrow & v'(x) = 2x \end{array} \right.$$

$$f''(x) = \frac{0 \cdot x^2 - ((-1) \cdot 2x)}{x^4} = \frac{2x}{x^4} = \frac{2}{x^3}$$

Um zu zeigen, dass es keine Extrempunkte gibt, wird die notwendige Bedingung für die Existenz von Extrempunkten verwendet. Sie lautet: $f'(x_E) = 0$
Damit ist:

$$0 = -\frac{1}{x_E^2} \qquad \left| \cdot x_E^2 \right. \text{ (laut Definition ist } x \neq 0)$$

$$0 = -1$$

Demzufolge gibt es keine Extrempunkte.

Um zu zeigen, dass es keine Wendepunkte gibt, wird die notwendige Bedingung für die Existenz von Wendepunkten verwendet. Sie lautet: $f''(x_W) = 0$
Damit ist:

$$0 = \frac{2}{x_W^3} \qquad \left| \cdot x_W^3 \right. \text{ (laut Definition ist } x \neq 0)$$

$$0 = 2$$

Demzufolge gibt es keine Wendepunkte.

1.3 Gleichung der Tangente

An den Graphen von K wird durch den Punkt $P(1 \mid f(1))$ eine Tangente t gelegt.
Zunächst wird f(1) bestimmt:

$$f(1) = \frac{2 \cdot 1 + 1}{1} = 3$$

Der Anstieg der Tangente ist gleich dem Anstieg der Funktion f an der Stelle $x = 1$.
Der Anstieg der Funktion wird mithilfe der ersten Ableitung bestimmt.
Die erste Ableitung lautet:

$$f'(x) = -\frac{1}{x^2} \quad \text{(siehe Aufgabe 1.2)}$$

Damit ist der Anstieg der Tangente:

$$m = f'(1) = -\frac{1}{1^2} = -1$$

Werden die Koordinaten des Punktes P und der Anstieg an der Stelle eins in die Gleichung t: $y = mx + n$ eingesetzt, so kann man den Wert von n ermitteln.

$3 = -1 + n \quad \Rightarrow \quad n = 4$

Somit erhält man die Gleichung der Tangente $\underline{\underline{t:\ y = -x + 4}}$

Flächeninhalt des Dreiecks

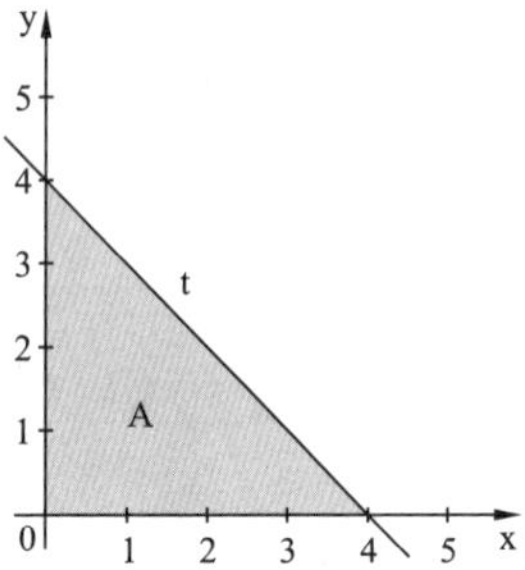

Der Graph von t und die Koordinatenachsen schließen ein Dreieck ein. Das Dreieck ist rechtwinklig.
Der Flächeninhalt eines rechtwinkligen Dreiecks kann mithilfe der Gleichung $A = \frac{1}{2} \cdot a \cdot b$ bestimmt werden.
Dabei sind a und b die Längen der Katheten des Dreiecks.
Die Längen der Katheten entsprechen den Schnittstellen des Graphen der Tangente mit den Koordinatenachsen.
Die Länge der einen Kathete ist $a = n = 4$.
Die Länge der anderen Kathete erhält man aus der Nullstelle der Tangente.

$0 = -x + 4$

$x = 4$

$b = 4$

Somit ergibt sich für den Flächeninhalt:

$$A = \frac{1}{2} \cdot a \cdot b = \frac{1}{2} \cdot 4 \cdot 4 = \underline{\underline{8\ \text{FE}}}$$

Das Dreieck hat einen Flächeninhalt von 8 FE.

1.4 **Angeben der Stammfunktion und Berechnung des Flächeninhalts**

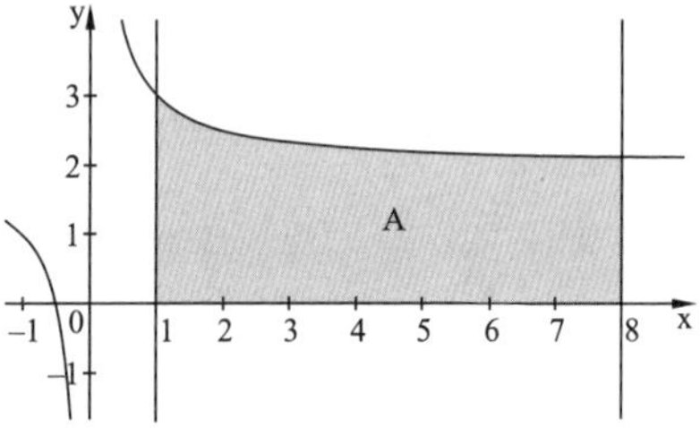

Die Geraden $x = 1$ und $x = 8$ sowie der Graph K und die x-Achse schließen eine Fläche vollständig ein.
Hierfür muss das Integral $\int_1^8 \left(\frac{2x+1}{x}\right) dx$ berechnet werden.

$$A = \int_1^8 \left(\frac{2x+1}{x}\right) dx \qquad \text{| Bruch auflösen}$$

$$= \int_1^8 \left(\frac{2x}{x} + \frac{1}{x}\right) dx$$

$$= \int_1^8 \left(2 + \frac{1}{x}\right) dx \qquad \text{| Stammfunktion ermitteln}$$

$$= [2x + \ln(x)]_1^8 \qquad \text{| F(b) − F(a)}$$

$$= (2 \cdot 8 + \ln(8)) - (2 \cdot 1 + \ln(1))$$

$$\approx (16 + 2{,}08) - 2$$

$$A \approx \underline{\underline{16{,}08\ \text{FE}}}$$

Der Inhalt der Fläche, den der Graph von K, die x-Achse und die Geraden $x = 1$ und $x = 8$ einschließen, beträgt 16,08 FE.

Die Stammfunktion lautet $\underline{\underline{F(x) = 2x + \ln(x).}}$

1.5 Bestimmung der Koordinaten von Q

Auf K existiert ein Punkt $Q(r \mid f(r))$ mit $r \in \mathbb{R}$ und $r > 0$. Durch Q werden Parallelen zu den Koordinatenachsen gelegt. Diese Parallelen und die Koordinatenachsen bilden ein Rechteck.

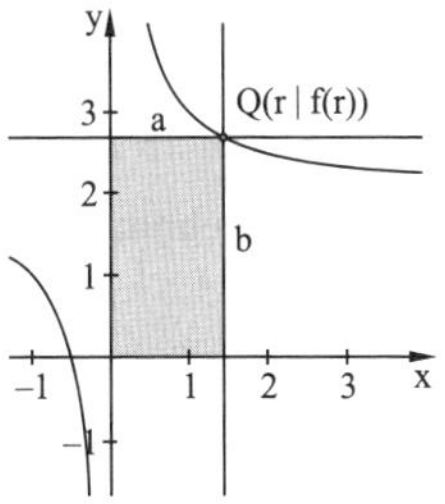

Es soll Q so bestimmt werden, dass der Umfang des Rechtecks minimal wird. Dies führt zu einer Extremwertaufgabe.

Die Zielfunktion ist $u(a, b) = 2 \cdot (a + b)$.

Da der Punkt Q auf dem Graphen liegen soll, ergeben sich die Nebenbedingungen:

$a = r$

$b = f(r) = \dfrac{2r+1}{r}$

Durch Einsetzen der Nebenbedingungen in die Zielfunktion ergibt sich:

$$u(r) = 2 \cdot \left(r + \frac{2r+1}{r} \right) = 2r + 4 + \frac{2}{r}$$

Der Definitionsbereich der Funktion u(r) ist bereits durch die Aufgabenstellung vorgegeben mit D_u: $r \in \mathbb{R} \wedge r > 0$.

Zunächst werden die erste und zweite Ableitung der Zielfunktion bestimmt:

$$u(r) = 2r + 4 + 2r^{-1}$$

$$u'(r) = 2 - 2r^{-2} = 2 - \frac{2}{r^2}$$

$$u''(r) = 4r^{-3} = \frac{4}{r^3}$$

Da ein minimaler Umfang gesucht wird, werden zur Lösung die notwendige und hinreichende Bedingung für die Existenz von Extremstellen benötigt.

Notwendige Bedingung: $u'(r_E) = 0$

Damit ergibt sich für den Wert r:

$$u'(r_E) = 0$$

$$0 = 2 - \frac{2}{r_E^2} \qquad \left| + \frac{2}{r_E^2} \right.$$

$$\frac{2}{r_E^2} = 2 \qquad \left| \cdot r_E^2 \right.$$

$$2 = 2r_E^2 \qquad \left| : 2 \right.$$

$$r_E^2 = 1 \qquad \left| \sqrt{} \right.$$

$$r_E = \pm 1$$

Da laut Aufgabenstellung $r > 0$ sein soll, ist $r_E = 1$.

Jetzt muss man nur noch mithilfe der hinreichenden Bedingung $(u'(r_E) = 0 \wedge u''(r_E) \neq 0)$ überprüfen, ob für $r_E = 1$ ein Minimum vorliegt.

Man erhält:

$$u''(1) = \frac{4}{1^3} = 4 > 0 \quad \Rightarrow \quad \text{Minimum}$$

Somit ist für $r_E = 1$ der Umfang Rechtecks minimal.

Jetzt werden die Koordinaten des Punktes Q ermittelt:

$$f(1)=\frac{2\cdot 1+1}{1}=3$$

Damit hat der Punkt die Koordinaten $\underline{\underline{Q(1\,|\,3)}}$.

Berechnung des minimalen Umfangs
Wird $r=1$ in die obige Zielfunktion eingesetzt, so erhält man:

$$u(1)=2\cdot 1+4+\frac{2}{1}=\underline{\underline{8}}$$

Der Umfang des Rechtecks beträgt 8 LE.

1.6 **Bestimmung von b**
Gegeben ist eine Gerade g durch die Gleichung $y=x+1$ und eine Funktionenschar f_b mit der Gleichung $f_b(x)=\frac{2x+b}{x}$ mit $x\in\mathbb{R},\ x\neq 0,\ b\in\mathbb{R}$.
Die Gerade g soll für eine Kurve der Funktionenschar f_b Tangente sein, damit haben beide einen gemeinsamen Berührungspunkt $B(x_b\,|\,y_b)$.
Die Funktionenschar f_b hat an der Stelle x_b den gleichen Anstieg ($m=1$) wie die Gerade g. Den Anstieg der Funktionenschar erhält man mithilfe der ersten Ableitung:

$$f_b'(x)=\left(2+\frac{b}{x}\right)'=-\frac{b}{x^2}$$

Da an der Stelle x_b der Anstieg $m=1$ sein soll, ergibt sich:

$$1=-\frac{b}{x_b^2}\quad\Rightarrow\quad b=-x_b^2$$

Da beide Graphen den gemeinsamen Berührungspunkt B haben, können die Funktionsterme gleichgesetzt werden. Unter Berücksichtigung von $b=-x_b^2$ ergibt sich somit:

$$\begin{aligned}\frac{2x_b-x_b^2}{x_b}&=x_b+1 &&|\ \text{Bruch auflösen}\\ 2-x_b&=x_b+1 &&|-x_b\quad|-2\\ -2x_b&=-1 &&|:(-2)\\ x_b&=\frac{1}{2}\end{aligned}$$

Somit erhält man für b:

$$b=-\left(\frac{1}{2}\right)^2=-\frac{1}{4}$$

Die Gerade g ist Tangente an die Funktionenschar f_b für $\underline{\underline{b=-\frac{1}{4}}}$.

Koordinaten des Berührungspunktes
Wird der Wert von x_b in die Gleichung der Geraden g eingesetzt, erhält man:

$$y_b=\frac{1}{2}+1=\frac{3}{2}$$

Zur Kontrolle wird der Wert von x_b in die Gleichung von $f_{-\frac{1}{4}}$ eingesetzt:

$$f_{-\frac{1}{4}}\left(\frac{1}{2}\right)=\frac{2\cdot\frac{1}{2}-\frac{1}{4}}{\frac{1}{2}}=\frac{\frac{3}{4}}{\frac{1}{2}}=\frac{3}{2}$$

Die Koordinaten des Berührungspunktes lauten $\underline{\underline{B\left(\frac{1}{2}\,\middle|\,\frac{3}{2}\right)}}$.

A 2 Analytische Geometrie

2.1 Grafische Darstellung

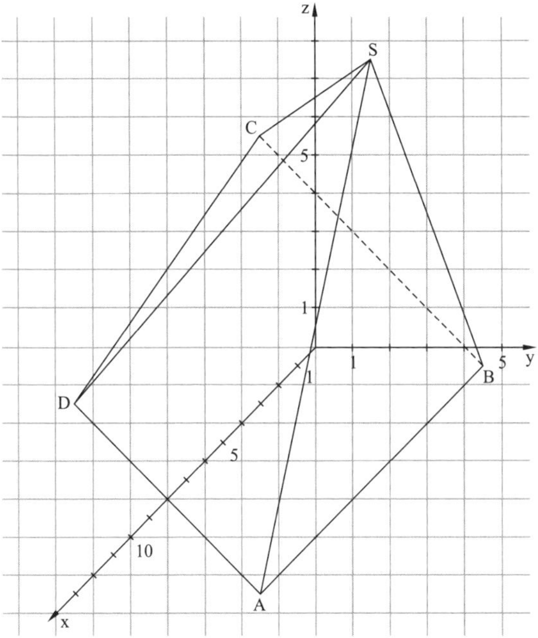

2.2 Koordinatengleichung der Ebene ε

Um eine Koordinatengleichung der Ebene ε, in der sich das Viereck ABCD befindet, zu ermitteln, muss man zunächst einen Normalenvektor der Ebene bestimmen. Der Normalenvektor steht senkrecht auf der Ebene und seine Koordinaten sind die Koeffizienten a, b, c der Koordinatengleichung $a \cdot x + b \cdot y + c \cdot z - d = 0$ dieser Ebene. Der Normalenvektor kann z. B. als Kreuzprodukt der Vektoren $\overrightarrow{AB}$ und $\overrightarrow{BC}$ bestimmt werden. Die Richtungsvektoren sind:

$$\overrightarrow{AB} = \overrightarrow{OB} - \overrightarrow{OA} = \begin{pmatrix} -1 \\ 4 \\ -1 \end{pmatrix} - \begin{pmatrix} 7 \\ 2 \\ -3 \end{pmatrix} = \begin{pmatrix} -8 \\ 2 \\ 2 \end{pmatrix} \quad \text{und} \quad \overrightarrow{BC} = \overrightarrow{OC} - \overrightarrow{OB} = \begin{pmatrix} -1 \\ -2 \\ 5 \end{pmatrix} - \begin{pmatrix} -1 \\ 4 \\ -1 \end{pmatrix} = \begin{pmatrix} 0 \\ -6 \\ 6 \end{pmatrix}$$

Für das Kreuzprodukt ergibt sich:

$$\vec{\eta}_{ABCD} = \overrightarrow{AB} \times \overrightarrow{BC} = \begin{pmatrix} -8 \\ 2 \\ 2 \end{pmatrix} \times \begin{pmatrix} 0 \\ -6 \\ 6 \end{pmatrix} = \begin{pmatrix} 2 \cdot 6 - 2 \cdot (-6) \\ 2 \cdot 0 - (-8) \cdot 6 \\ -8 \cdot (-6) - 2 \cdot 0 \end{pmatrix} = \begin{pmatrix} 24 \\ 48 \\ 48 \end{pmatrix}$$

Dieser Normalenvektor kann weiter vereinfacht werden zu:

$$\vec{\eta}_{ABCD} = \begin{pmatrix} 24 \\ 48 \\ 48 \end{pmatrix} = 24 \cdot \begin{pmatrix} 1 \\ 2 \\ 2 \end{pmatrix}$$

Werden die Koeffizienten des Normalenvektors eingesetzt, so ergibt sich:
$x + 2y + 2z - d = 0$

Mit dem Einsetzen der Koordinaten z. B. des Punktes A erhält man den Wert von d.

$$7+2\cdot 2+2\cdot(-3)-d=0 \qquad |+d$$
$$d=5$$

Damit ergibt sich als eine mögliche Lösung für die Koordinatenform:

$$\underline{\underline{x+2y+2z-5=0}}$$

Neigungswinkel der Ebene ε

Ein Normalenvektor der xy-Ebene könnte z. B. $\vec{n}_{xy}=\begin{pmatrix}0\\0\\1\end{pmatrix}$ lauten.

Der Winkel zwischen den beiden Normalenvektoren $\vec{n}_{ABCD}$ und $\vec{n}_{xy}$ wird mithilfe des Skalarproduktes bestimmt.

$$\vec{n}_{ABCD}\circ\vec{n}_{xy}=|\vec{n}_{ABCD}|\cdot|\vec{n}_{xy}|\cdot\cos\measuredangle(\vec{n}_{ABCD},\vec{n}_{xy})$$

$$\cos\measuredangle(\vec{n}_{ABCD},\vec{n}_{xy})=\frac{\vec{n}_{ABCD}\circ\vec{n}_{xy}}{|\vec{n}_{ABCD}|\cdot|\vec{n}_{xy}|}$$

$$\cos\measuredangle(\vec{n}_{ABCD},\vec{n}_{xy})=\frac{\begin{pmatrix}1\\2\\2\end{pmatrix}\circ\begin{pmatrix}0\\0\\1\end{pmatrix}}{\left|\begin{pmatrix}1\\2\\2\end{pmatrix}\right|\cdot\left|\begin{pmatrix}0\\0\\1\end{pmatrix}\right|}=\frac{1\cdot 0+2\cdot 0+2\cdot 1}{\sqrt{1^2+2^2+2^2}\cdot\sqrt{0^2+0^2+1^2}}=\frac{2}{3\cdot 1}=\frac{2}{3}$$

$$\measuredangle(\vec{n}_{ABCD},\vec{n}_{xy})\approx\underline{\underline{48{,}19^\circ}}$$

Der Neigungswinkel der Ebene ε gegenüber der xy-Ebene beträgt rund 48,2°.

2.3 **Wahrheitsgehalt der Aussagen**

1. Aussage: Die Gerade g durch S und den Mittelpunkt der Strecke $\overline{AB}$ verläuft durch den Punkt P(3 | 3 | 2).

Um den Wahrheitsgehalt der Aussage zu überprüfen, muss zunächst die Gleichung der Geraden g aufgestellt werden. Für die Geradengleichung werden z. B. der Ortsvektor zum Punkt S und der Richtungsvektor $\overrightarrow{SM_{\overline{AB}}}$ benötigt.

Um den Richtungsvektor zu bestimmen, wird der Mittelpunkt der Strecke $\overline{AB}$ benötigt. Diesen erhält man wie folgt:

$$M_{\overline{AB}}\left(\frac{x_A+x_B}{2}\,\middle|\,\frac{y_A+y_B}{2}\,\middle|\,\frac{z_A+z_B}{2}\right)=M_{\overline{AB}}\left(\frac{7+(-1)}{2}\,\middle|\,\frac{2+4}{2}\,\middle|\,\frac{-3+(-1)}{2}\right)$$
$$=M_{\overline{AB}}(3\,|\,3\,|\,-2)$$

Man erhält die folgende Geradengleichung:

$$g\colon \vec{x}=\overrightarrow{OS}+r\cdot\overrightarrow{SM_{\overline{AB}}}$$

$$g\colon \vec{x}=\begin{pmatrix}-1\\1\\7\end{pmatrix}+r\cdot\begin{pmatrix}3-(-1)\\3-1\\-2-7\end{pmatrix}$$

$$g\colon \vec{x}=\begin{pmatrix}-1\\1\\7\end{pmatrix}+r\cdot\begin{pmatrix}4\\2\\-9\end{pmatrix}$$

Jetzt wird der Ortsvektor zum Punkt P in die Geradengleichung eingesetzt und der Parameter r bestimmt.

$$\begin{pmatrix}3\\3\\2\end{pmatrix}=\begin{pmatrix}-1\\1\\7\end{pmatrix}+r\cdot\begin{pmatrix}4\\2\\-9\end{pmatrix}$$

Dies führt zu folgendem Gleichungssystem und seiner Lösung:

$3=-1+4r \quad \Rightarrow \quad r=1$

$3=1+2r \quad \Rightarrow \quad r=1$

$2=7-9r \quad \Rightarrow \quad r=\frac{5}{9}$

Da der Parameter r nicht in allen drei Gleichungen denselben Wert hat, liegt der Punkt P nicht auf der Geraden g. Damit ist die Aussage 1 **nicht** wahr.

Nachdem die Koordinaten des Mittelpunktes $M_{\overline{AB}}$ bestimmt wurden, führt die folgende Überlegung auch zum Ziel.
Die Koordinaten der Punkte $P(3\,|\,3\,|\,2)$ und $M_{\overline{AB}}(3\,|\,3\,|-2)$ unterscheiden sich nur in der z-Koordinate. Wenn der Punkt $S(-1\,|\,1\,|\,7)$ auf der Geraden durch die Punkte P und $M_{\overline{AB}}$ liegen soll, dann muss er dieselben x- und y-Koordinaten besitzen und sich nur in der z-Koordinate unterscheiden $(S(3\,|\,3\,|\,z))$. Da dies nicht der Fall ist, liegt der Punkt S nicht auf der Geraden durch die Punkte P und $M_{\overline{AB}}$.
Somit liegt der Punkt P nicht auf der Geraden durch die Punkte S und $M_{\overline{AB}}$.

2. Aussage: Das Viereck ABCD ist ein Trapez mit mindestens einem rechten Innenwinkel.

In einem Trapez sind ein Paar gegenüberliegender Seiten parallel zueinander.
Zunächst werden die Seiten auf Parallelität überprüft.

Dazu benötigt man die Richtungsvektoren $\overrightarrow{AB}, \overrightarrow{BC}, \overrightarrow{CD}$ und $\overrightarrow{DA}$. Die Richtungsvektoren $\overrightarrow{AB}$ und $\overrightarrow{BC}$ werden der Aufgabe 2.2 entnommen und die Richtungsvektoren sind somit:

$$\overrightarrow{AB}=\begin{pmatrix}-8\\2\\2\end{pmatrix},\ \overrightarrow{BC}=\begin{pmatrix}0\\-6\\6\end{pmatrix},\ \overrightarrow{CD}=\overrightarrow{OD}-\overrightarrow{OC}=\begin{pmatrix}8\\-1\\-3\end{pmatrix}\ \text{und}\ \overrightarrow{DA}=\overrightarrow{OA}-\overrightarrow{OD}=\begin{pmatrix}0\\5\\-5\end{pmatrix}$$

Die Vektoren $\overrightarrow{BC}$ und $\overrightarrow{DA}$ sind zueinander parallel $(\overrightarrow{BC}=-\frac{6}{5}\cdot\overrightarrow{DA})$.
Damit ist das Viereck ABCD ein Trapez.

Bleibt jetzt nur noch zu klären, ob zwei Seiten einen rechten Winkel bilden. Dies wird mithilfe des Skalarprodukts überprüft. Ist das Skalarprodukt zweier Vektoren null, so stehen die entsprechenden Seiten des Vierecks senkrecht aufeinander.

Zunächst werden die beiden Seiten $\overline{AB}$ und $\overline{BC}$ überprüft, ob diese rechtwinklig aufeinander stehen.

$$\overrightarrow{AB}\circ\overrightarrow{BC}=\begin{pmatrix}-8\\2\\2\end{pmatrix}\circ\begin{pmatrix}0\\-6\\6\end{pmatrix}=(-8)\cdot 0+2\cdot(-6)+2\cdot 6=0$$

Damit bilden die beiden Seiten $\overline{AB}$ und $\overline{BC}$ einen rechten Winkel bei B. Das Trapez ABCD hat somit mindestens einen rechten Innenwinkel. Die Aussage 2 ist **wahr**.

Auch die beiden Seiten $\overline{AB}$ und $\overline{DA}$ bilden einen rechten Winkel.

$$\overrightarrow{AB}\circ\overrightarrow{DA}=\begin{pmatrix}-8\\2\\2\end{pmatrix}\circ\begin{pmatrix}0\\5\\-5\end{pmatrix}=(-8)\cdot 0+2\cdot 5+2\cdot(-5)=0$$

2.4 **Verhältnis der Volumina**

Die Berechnung der Volumina der beiden Pyramiden kann einmal mithilfe der Volumenformel $V = \frac{1}{3} \cdot A_G \cdot h$ oder mithilfe des Spatproduktes erfolgen.

1. Variante: Das Volumen der Pyramiden wird mithilfe der Volumenformel bestimmt.

- Volumen der Pyramide ABCS

  Die Pyramide ABCS hat als Grundfläche ein rechtwinkliges Dreieck ABC mit dem rechten Winkel bei B (siehe Lösung zur Aufgabe 2.3, zweite Aussage).

  Für die Grundfläche ergibt sich somit:

$$A_G = \frac{1}{2} \cdot |\overrightarrow{AB}| \cdot |\overrightarrow{BC}| = \frac{1}{2} \cdot \left|\begin{pmatrix} -8 \\ 2 \\ 2 \end{pmatrix}\right| \cdot \left|\begin{pmatrix} 0 \\ -6 \\ 6 \end{pmatrix}\right|$$

$$= \frac{1}{2} \cdot \sqrt{(-8)^2 + 2^2 + 2^2} \cdot \sqrt{0^2 + (-6)^2 + 6^2} = 36 \text{ FE}$$

  Die Höhe der Pyramide ist zugleich der Abstand des Punktes S von der Ebene ε. Die Ermittlung der Höhe erfolgt mithilfe der Formel:

$$\text{Abstand} = \left| \frac{a \cdot x + b \cdot y + c \cdot z + d}{\sqrt{a^2 + b^2 + c^2}} \right|$$

  Dabei sind a, b, c und d die Koeffizienten der Koordinatengleichung der Ebene ε (wurde bereits in Aufgabe 2.2 ermittelt) sowie x, y und z die Koordinaten des Punktes S.

  Für die Höhe ergibt sich somit:

$$h = \left| \frac{a \cdot x + b \cdot y + c \cdot z + d}{\sqrt{a^2 + b^2 + c^2}} \right| = \left| \frac{1 \cdot (-1) + 2 \cdot 1 + 2 \cdot 7 - 5}{\sqrt{1^2 + 2^2 + 2^2}} \right| = \frac{10}{3} \text{ LE}$$

  Die Pyramide ABCS hat das Volumen:

$$V_{ABCS} = \frac{1}{3} \cdot A_G \cdot h = \frac{1}{3} \cdot 36 \cdot \frac{10}{3} = 40 \text{ VE}$$

- Volumen der Pyramide ACDS

  Der Flächeninhalt der Grundfläche wird mithilfe des Kreuzproduktes der Vektoren $\overrightarrow{CD}$ und $\overrightarrow{DA}$ bestimmt. Diese Vektoren wurden in der Lösung zur Aufgabe 2.3 bereits ermittelt.

$$A_G = \frac{1}{2} \cdot |\overrightarrow{CD} \times \overrightarrow{DA}| = \frac{1}{2} \cdot \left| \begin{pmatrix} 8 \\ -1 \\ -3 \end{pmatrix} \times \begin{pmatrix} 0 \\ 5 \\ -5 \end{pmatrix} \right| = \frac{1}{2} \cdot \left| \begin{pmatrix} (-1) \cdot (-5) - (-3) \cdot 5 \\ (-3) \cdot 0 - 8 \cdot (-5) \\ 8 \cdot 5 - (-1) \cdot 0 \end{pmatrix} \right| = \frac{1}{2} \cdot \left| \begin{pmatrix} 20 \\ 40 \\ 40 \end{pmatrix} \right|$$

$$A_G = \frac{1}{2} \cdot \sqrt{20^2 + 40^2 + 40^2} = 30 \text{ LE}$$

  Die Höhe der Pyramide beträgt ebenfalls $\frac{10}{3}$ LE.

  Die Pyramide ACDS hat das Volumen:

$$V_{ACDS} = \frac{1}{3} \cdot A_G \cdot h = \frac{1}{3} \cdot 30 \cdot \frac{10}{3} = \frac{100}{3} \approx 33{,}33 \text{ VE}$$

2. Variante: Das Volumen der Pyramiden wird mithilfe des Spatproduktes ermittelt.

- Volumen der Pyramide ABCS
  Das Spatprodukt ist dem Betrage nach gleich dem Volumen des z. B. von den Vektoren $\overrightarrow{AB}$, $\overrightarrow{BC}$ und $\overrightarrow{AS}$ aufgespannten Spates.
  Da die Pyramide ein Dreieck als Grundfläche hat, muss das Spatprodukt halbiert werden. Außerdem muss das Spatprodukt noch mit dem Faktor $\frac{1}{3}$ multipliziert werden, da eine Pyramide nur ein Drittel des Volumens einnimmt, das ein Prisma mit der gleichen Grundfläche und derselben Höhe besitzt.
  Somit ist das Volumen der Pyramide ABCS: $V_{ABCS} = \frac{1}{2} \cdot \frac{1}{3} \cdot |(\overrightarrow{AB} \times \overrightarrow{BC}) \circ \overrightarrow{AS}|$
  Es ergibt sich:

$$V_{ABCS} = \frac{1}{6} \cdot \left| \left(\begin{pmatrix} -8 \\ 2 \\ 2 \end{pmatrix} \times \begin{pmatrix} 0 \\ -6 \\ 6 \end{pmatrix} \right) \circ \begin{pmatrix} -8 \\ -1 \\ 10 \end{pmatrix} \right| \qquad |\text{Kreuzprodukt aus Aufgabe 2.2}$$

$$= \frac{1}{6} \cdot \left| \begin{pmatrix} 24 \\ 48 \\ 48 \end{pmatrix} \circ \begin{pmatrix} -8 \\ -1 \\ 10 \end{pmatrix} \right|$$

$$= \frac{1}{6} \cdot |24 \cdot (-8) + 48 \cdot (-1) + 48 \cdot 10)|$$

$$V_{ABCS} = 40 \text{ VE}$$

- Volumen der Pyramide ACDS
  Ebenso wird mit der Berechnung des Volumens der Pyramide ACDS verfahren.

$$V_{ACDS} = \frac{1}{6} \cdot |(\overrightarrow{AC} \times \overrightarrow{CD}) \circ \overrightarrow{AS}|$$

$$V_{ACDS} = \frac{1}{6} \cdot \left| \left(\begin{pmatrix} -8 \\ -4 \\ 8 \end{pmatrix} \times \begin{pmatrix} 8 \\ -1 \\ -3 \end{pmatrix} \right) \circ \begin{pmatrix} -8 \\ -1 \\ 10 \end{pmatrix} \right|$$

$$= \frac{1}{6} \cdot \left| \begin{pmatrix} (-4) \cdot (-3) - 8 \cdot (-1) \\ 8 \cdot 8 - (-8) \cdot (-3) \\ (-8) \cdot (-1) - (-4) \cdot 8 \end{pmatrix} \circ \begin{pmatrix} -8 \\ -1 \\ 10 \end{pmatrix} \right|$$

$$= \frac{1}{6} \cdot \left| \begin{pmatrix} 20 \\ 40 \\ 40 \end{pmatrix} \circ \begin{pmatrix} -8 \\ -1 \\ 10 \end{pmatrix} \right|$$

$$= \frac{1}{6} \cdot |20 \cdot (-8) + 40 \cdot (-1) + 40 \cdot 10|$$

$$V_{ACDS} = \frac{100}{3} \approx 33{,}33 \text{ VE}$$

Das Verhältnis der Volumina ist:

$$\frac{V_{ABCS}}{V_{ACDS}} = \frac{40}{\frac{100}{3}} = \underline{\underline{\frac{6}{5}}}$$

Ergebnis: Das Verhältnis der Volumina der Pyramiden ABCS und ACDS beträgt 6 : 5.

2.5 **Nichtexistenz des Punktes Q**

Angenommen, es gibt einen Punkt Q auf der z-Achse mit den Koordinaten $Q(0\,|\,0\,|\,z_Q)$. Jetzt wird versucht, die Koordinaten des Punktes zu bestimmen.

Da der Winkel $\measuredangle AQD$ 90° betragen soll, muss das Skalarprodukt der beiden Vektoren $\overrightarrow{AQ}$ und $\overrightarrow{QD}$ null sein. Die Vektoren sind:

$$\overrightarrow{AQ}=\begin{pmatrix}0\\0\\z_Q\end{pmatrix}-\begin{pmatrix}7\\2\\-3\end{pmatrix}=\begin{pmatrix}-7\\-2\\z_Q+3\end{pmatrix} \quad \text{und} \quad \overrightarrow{QD}=\begin{pmatrix}7\\-3\\2\end{pmatrix}-\begin{pmatrix}0\\0\\z_Q\end{pmatrix}=\begin{pmatrix}7\\-3\\2-z_Q\end{pmatrix}$$

$$0=\overrightarrow{AQ}\circ\overrightarrow{QD}$$

$$0=\begin{pmatrix}-7\\-2\\z_Q+3\end{pmatrix}\circ\begin{pmatrix}7\\-3\\2-z_Q\end{pmatrix}$$

$$0=-7\cdot 7+(-2)\cdot(-3)+(z_Q+3)\cdot(2-z_Q) \quad |\,\text{Klammern auflösen}$$

$$0=-49+6-z_Q-z_Q^2+6 \quad |\,\text{Zusammenfassen}$$

$$0=-z_Q^2-z_Q-37 \quad |\cdot(-1)$$

$$0=z_Q^2+z_Q+37$$

Die Gleichung $0=z_Q^2+z_Q+37$ wird wie folgt gelöst:

$$0=z_Q^2+z_Q+37$$

$$z_{Q_{1;2}}=-\frac{p}{2}\pm\sqrt{\left(\frac{p}{2}\right)^2-q} \quad |\,\text{Lösungsformel für quadratische Gleichung } (p=1,\ q=37)$$

$$=-\frac{1}{2}\pm\sqrt{\left(\frac{1}{2}\right)^2-37}$$

$$z_{Q_{1;2}}=-\frac{1}{2}\pm\sqrt{-36{,}75}$$

Aus einer negativen Zahl kann keine Wurzel gezogen werden.
Die Gleichung $0=z_Q^2+z_Q+37$ hat keine Lösung.
Es gibt somit keinen Punkt Q auf der z-Achse, für den gilt: Winkel $\measuredangle AQD=90°$

A 3 Analysis und Stochastik

3.1 Gegeben ist die Funktion f mit der Gleichung $f(x)=(x-1)\cdot(2x^2+x-21)$ mit $x\in\mathbb{R}$.

3.1.1 **Berechnung der Koordinaten der Punkte A, B, C und D**

- Koordinaten der Punkte A, B und C

  Die Nullstellen müssen berechnet und damit die Koordinaten der Schnittpunkte mit der x-Achse angegeben werden. Die Funktionsgleichung besteht aus zwei Faktoren und es gilt, dass ein Produkt null ist, wenn ein Faktor gleich null ist oder beide Faktoren gleichzeitig null sind.

  $$0=x-1 \quad |+1$$

  $$x_{01}=1$$

$$0 = 2x^2 + x - 21 \qquad |:2$$

$$0 = x^2 + \frac{1}{2}x - \frac{21}{2}$$

$$x_{02;\,03} = -\frac{p}{2} \pm \sqrt{\frac{p^2}{4} - q}$$

$$x_{02;\,03} = -\frac{1}{4} \pm \sqrt{\frac{1}{16} + \frac{21}{2}} = -\frac{1}{4} \pm \sqrt{\frac{169}{16}} = -\frac{1}{4} \pm \frac{13}{4}$$

$$x_{02} = \frac{12}{4} = 3$$

$$x_{03} = -\frac{14}{4} = -\frac{7}{2} = -3{,}5$$

Aus der Abbildung ist ersichtlich, dass $x_A < x_B < x_C$ gilt.
Somit lauten die Koordinaten:

$\underline{\underline{A(-3{,}5\,|\,0)}}$, $\underline{\underline{B(1\,|\,0)}}$, $\underline{\underline{C(3\,|\,0)}}$

- Koordinaten des Punktes D
  Der Schnittpunkt mit der y-Achse muss berechnet und angegeben werden.
  $f(0) = (0-1) \cdot (2 \cdot 0^2 + 0 - 21) = -1 \cdot (-21) = 21$

  $\underline{\underline{D(0\,|\,21)}}$

3.1.2 Berechnung der Koordinaten des Wendepunktes

Zunächst werden die Ableitungsfunktionen berechnet.

1. Variante: Durch Ausmultiplizieren überführt man das Produkt in eine Summe und umgeht somit die Anwendung der Produktregel.

$$f(x) = (x-1) \cdot (2x^2 + x - 21) \qquad |\text{ Ausmultiplizieren}$$

$$f(x) = x \cdot 2x^2 + x \cdot x + x \cdot (-21) + (-2x^2) + (-x) + 21$$

$$f(x) = 2x^3 + x^2 - 21x - 2x^2 - x + 21 \qquad |\text{ Zusammenfassen}$$

$$f(x) = 2x^3 - x^2 - 22x + 21$$

Ableitungsfunktionen:

$$f'(x) = 6x^2 - 2x - 22$$

$$f''(x) = 12x - 2$$

$$f'''(x) = 12$$

2. Variante: Die Produktregel wird angewendet.

$u(x) = x - 1 \;\Rightarrow\; u'(x) = 1;\quad v(x) = 2x^2 + x - 21 \;\Rightarrow\; v'(x) = 4x + 1$

$$f'(x) = u' \cdot v + u \cdot v' = 1 \cdot (2x^2 + x - 21) + (x-1) \cdot (4x+1)$$

$$= 2x^2 + x - 21 + (x-1) \cdot (4x+1) \qquad |\text{ Ausmultiplizieren}$$

$$= 2x^2 + x - 21 + 4x^2 + x - 4x - 1 \qquad |\text{ Zusammenfassen}$$

$$= 6x^2 - 2x - 22$$

$$f''(x) = 12x - 2$$

$$f'''(x) = 12$$

Notwendige Bedingung für die Existenz eines Wendepunktes:

$f''(x_W) = 0$

$f''(x_W) = 12x_W - 2$

$0 = 12x_W - 2 \quad |+2 \quad |:12$

$x_W = \frac{1}{6} \approx 0{,}167$

Hinreichende Bedingung für die Existenz eines Wendepunktes:

$f'''(x_W) = 12 \neq 0$

Funktionswert des Wendepunktes:

$$f\left(\frac{1}{6}\right) = \left(\frac{1}{6} - 1\right) \cdot \left(2 \cdot \left(\frac{1}{6}\right)^2 + \frac{1}{6} - 21\right)$$

$$f\left(\frac{1}{6}\right) = \left(-\frac{5}{6}\right) \cdot \left(\frac{1}{18} + \frac{1}{6} - 21\right) = \frac{935}{54} \approx 17{,}31$$

$$\underline{\underline{P_W\left(\frac{1}{6} \,\middle|\, \frac{935}{54}\right)}} \text{ bzw. } \underline{\underline{P_W(0{,}17 \,|\, 17{,}31)}}$$

3.1.3 **Abweichung der Flächeninhalte**

Der Koordinatenursprung O sowie die Punkte B und D bilden ein Dreieck mit dem Flächeninhalt A. Der Graph der Funktion f verläuft unmittelbar neben der Seite $\overline{BD}$ im Inneren des Dreiecks.

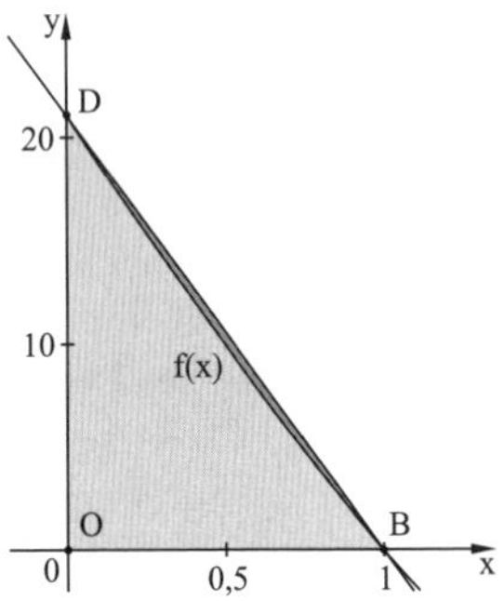

Flächeninhalt A des Dreiecks:

Es handelt sich um ein rechtwinkliges Dreieck mit $x_B = 1$ und $y_D = 21$ als Kathetenlängen.

$$A = \frac{1}{2} \cdot a \cdot b = \frac{1}{2} \cdot x_B \cdot y_D = \frac{1}{2} \cdot 1 \cdot 21 = \frac{21}{2} \text{ FE} = 10{,}5 \text{ FE}$$

Flächeninhalt I unterhalb des Graphen von f:

Zur Flächeninhaltsberechnung berechnet man das bestimmte Integral der Funktion f im Intervall $0 \le x \le 1$.

Zur Ermittlung der Stammfunktion nutzt man am besten die in eine Summe umgeformte Funktionsgleichung der Funktion f (siehe Aufgabe 3.1.2):

$f(x) = 2x^3 - x^2 - 22x + 21$

$$I = \int_0^1 (2x^3 - x^2 - 22x + 21)\,dx \qquad |\text{Stammfunktionen bilden}$$

$$I = \left[\frac{1}{2}x^4 - \frac{1}{3}x^3 - 11x^2 + 21x\right]_0^1 \qquad |F(b) - F(a)$$

$$I = \left(\frac{1}{2} \cdot 1^4 - \frac{1}{3} \cdot 1^3 - 11 \cdot 1^2 + 21 \cdot 1\right) - 0$$

$$I = \frac{3}{6} - \frac{2}{6} - \frac{66}{6} + \frac{126}{6} = \frac{61}{6} \text{ FE}$$

Prozentuale Abweichung des Flächeninhaltes A von I:
I ist der Grundwert G und A ist der Prozentwert W, gesucht ist der Prozentsatz.

$$\frac{W}{p} = \frac{G}{100} \Rightarrow p = \frac{W}{G} \cdot 100$$

$$p = \frac{\frac{21}{2}}{\frac{61}{6}} \cdot 100 = \frac{21 \cdot 6}{2 \cdot 61} \cdot 100 = \frac{21 \cdot 3}{61} \cdot 100$$

$$p = \frac{63}{61} \cdot 100 \approx \underline{\underline{103,28}}$$

Ergebnis: Der Flächeninhalt der Fläche A ist um rund 3,3 % größer als der Inhalt der Fläche I.

3.1.4 **Koordinaten der Berührungspunkte**

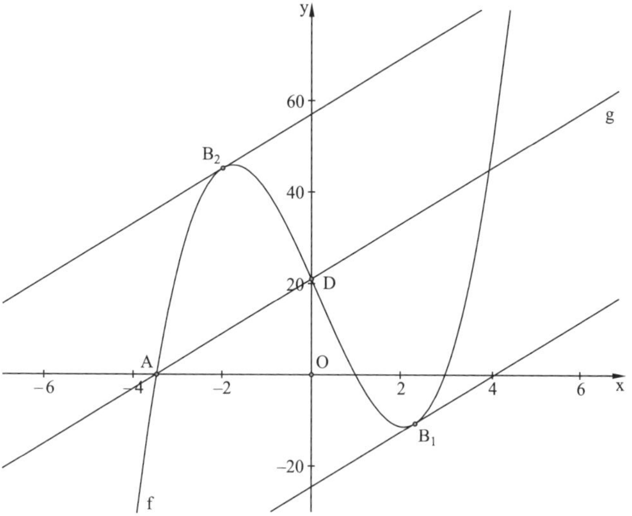

Die Abbildung verdeutlicht, dass es zwei Berührungspunkte B_1 und B_2 gibt, an denen Parallelen zu g den Graphen von f berühren.

Die Stellen x_{B1} und x_{B2} liegen genau dort, wo der Anstieg der Geraden g gleich dem Anstieg der Funktion f ist. Den Anstieg der Geraden g ermittelt man mit der Formel

$$m = \frac{y_2 - y_1}{x_2 - x_1}.$$

$$m = \frac{y_D - y_A}{x_D - x_A} = \frac{21 - 0}{0 - \left(-\frac{7}{2}\right)} = 21 \cdot \frac{2}{7} = 6$$

Die Ableitung von f wurde bereits in der Aufgabe 3.1.2 berechnet.

$f'(x) = 6x^2 - 2x - 22$

$$6 = 6x^2 - 2x - 22 \qquad |:6$$
$$1 = x^2 - \frac{1}{3}x - \frac{11}{3} \qquad |-1$$
$$0 = x^2 - \frac{1}{3}x - \frac{14}{3}$$
$$x_{B1;\,B2} = -\frac{p}{2} \pm \sqrt{\frac{p^2}{4} - q}$$
$$x_{B1;\,B2} = \frac{1}{6} \pm \sqrt{\frac{1}{36} + \frac{14}{3}} = \frac{1}{6} \pm \sqrt{\frac{1+168}{36}} = \frac{1}{6} \pm \sqrt{\frac{169}{36}} = \frac{1}{6} \pm \frac{13}{6}$$
$$x_{B1} = \frac{14}{6} = \frac{7}{3} \approx 2{,}33$$
$$x_{B2} = -\frac{12}{6} = -2$$

Berechnung der Funktionswerte:

$$f(x) = (x-1) \cdot (2x^2 + x - 21)$$
$$f\left(\frac{7}{3}\right) = \left(\frac{7}{3} - 1\right) \cdot \left(2 \cdot \left(\frac{7}{3}\right)^2 + \frac{7}{3} - 21\right) = \frac{4}{3} \cdot \left(\frac{98}{9} + \frac{21}{9} - \frac{189}{9}\right) = \frac{4}{3} \cdot \left(-\frac{70}{9}\right) = -\frac{280}{27}$$
$$f(-2) = (-2-1) \cdot (2 \cdot (-2)^2 - 2 - 21) = -3 \cdot (8 - 2 - 21) = -3 \cdot (-15) = 45$$

Ergebnis: Die Koordinaten der Berührungspunkte lauten:

$\underline{\underline{B_1\left(\frac{7}{3} \,\middle|\, -\frac{280}{27}\right)}}$ bzw. $\underline{\underline{B_1(2{,}33 \,|\, -10{,}37)}}$ und $\underline{\underline{B_2(-2 \,|\, 45)}}$

3.2 Es werden Funktionen $f(x) = (x - r) \cdot (2x^2 + x - s)$, $x \in \mathbb{R}$ gebildet, wobei für r die natürli chen Zahlen von 1 bis 11 und für s die natürlichen Zahlen von 1 bis 23 eingesetzt werde dürfen.

3.2.1 Anzahl der verschiedenen Funktionsgleichungen

Dieser Vorgang kann als ein 2-stufiges Zufallsexperiment interpretiert werden. Dabei entspricht die erste Stufe der Auswahl einer natürlichen Zahl r von 1 bis 11 und die zweite Stufe der Auswahl einer natürlichen Zahl s von 1 bis 23. Die Anzahl der Ergebnisse ist dann gleich dem Produkt der Anzahl der Verzweigungen je Stufe (Produktregel).

Berechnung der Anzahl: $n = 11 \cdot 23 = \underline{\underline{253}}$

Ergebnis: Die Anzahl der möglichen Funktionsgleichungen ist 253.

3.2.2 Bestimmung der Wahrscheinlichkeiten

Die Wahrscheinlichkeiten lassen sich gut mit dem Modell Laplace-Experiment berechnen, denn alle möglichen Ergebnisse sind gleichwahrscheinlich, wenn man die Ergebnismenge, die aus 253 Ergebnissen besteht, wie folgt notiert:

$$\Omega = \{(1, 1); (1, 2); \ldots; (1, 23); (2, 1); \ldots; (11, 22); (11, 23)\}$$

Für die Bestimmung der Anzahl der für das Ereignis „r und s sind jeweils ungerade Zahlen“ günstigen Ergebnisse wählt man für r die 6 ungeraden Zahlen 1, 3, 5, 7, 9, 11 und für s die 12 ungeraden Zahlen 1, 3, …, 21, 23 aus. Die Anzahl dieser Ergebnisse ist wiederum gleich dem Produkt der Anzahl der Verzweigungen je Stufe.

Anzahl der günstigen Ergebnisse: $n_A = 6 \cdot 12 = 72$

$$\text{Wahrscheinlichkeit} = \frac{\text{Anzahl der günstigen Ergebnisse}}{\text{Anzahl der möglichen Ergebnisse}} = \frac{72}{253} \approx 0{,}285 = \underline{\underline{28{,}5\ \%}}$$

Ergebnis: Die Wahrscheinlichkeit für das Ereignis „r und s sind jeweils ungerade Zahlen“ ist 28,5 %.

Für die Bestimmung der Anzahl der für das Ereignis „entweder nur r oder nur s ist eine ungerade Zahl“ günstigen Ergebnisse bestimmt man die Anzahlen der beiden Teilfälle und addiert diese Anzahlen sodann. Für r gibt es zunächst 6 ungerade Zahlen und für s 11 gerade Zahlen. Im anderen Fall gibt es für r 5 gerade Zahlen und für s 12 ungerade Zahlen.

Anzahl der günstigen Ergebnisse:

$n_{B1} = 6 \cdot 11 = 66, \quad n_{B2} = 5 \cdot 12 = 60$

$$\text{Wahrscheinlichkeit} = \frac{\text{Anzahl der günstigen Ergebnisse}}{\text{Anzahl der möglichen Ergebnisse}} = \frac{66+60}{253} = \frac{126}{253} \approx 0{,}498$$
$$= \underline{\underline{49{,}8\ \%}}$$

Ergebnis: Die Wahrscheinlichkeit für das Ereignis „Entweder nur r oder nur s ist eine ungerade Zahl“ ist 49,8 %.

B 1 Analysis (20 BE)

Gegeben ist eine Funktionenschar durch die Gleichung

$f_a(x) = \frac{1}{a} x \cdot e^{a-x}$ mit $x \in \mathbb{R}$, $a \in \mathbb{R}$, $a > 0$.

Die zugehörige Kurvenschar ist G_a.
Die Kurvenschar der ersten Ableitungsfunktion f_a' ist K_a.

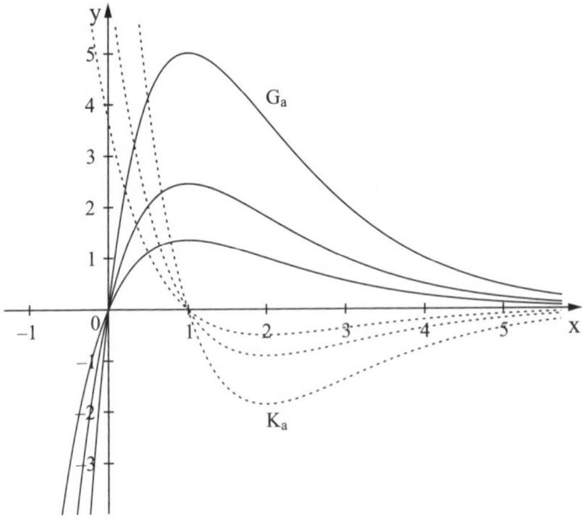

1.1 Zeigen Sie, dass $f_a'(x) = \frac{1}{a} e^{a-x} \cdot (1-x)$ die erste Ableitungsfunktion von f_a ist.
Berechnen Sie die Koordinaten des Extrempunktes von G_a in Abhängigkeit von a.
Weisen Sie die Art des Extremums mit Hilfe der Ableitungsfunktion nach.

1.2 Zeigen Sie, dass G_a und K_a genau einen Punkt P_a gemeinsam haben.
Berechnen Sie die Koordinaten von P_a.

1.3 Die Gerade $x = 2$ schneidet G_a und K_a in jeweils genau einem Punkt.
Berechnen Sie den Wert von a so, dass der Abstand der Punkte minimal wird.
Geben Sie die minimale Streckenlänge an.

1.4 K_a und die Koordinatenachsen schließen für $a > 0$ eine Fläche vollständig ein.
Berechnen Sie den Inhalt dieser Fläche in Abhängigkeit von a.

1.5 G_a schneidet die x-Achse im Punkt A. Die Tangente an G_a im Punkt $C_a(a \mid f(a))$ schneidet die x-Achse im Punkt B_a.
Ermitteln Sie den Wert von a so, dass das Dreieck AB_aC_a mit der Basis $\overline{AB_a}$ gleichschenklig ist.

B 2 Analytische Geometrie und Stochastik (20 BE)

2.1 Die Punkte $A(7\,|\,2\,|\,-3)$, $B(-1\,|\,4\,|\,-1)$, $C(-1\,|\,-2\,|\,5)$, $D(7\,|\,-3\,|\,2)$ und $S(-1\,|\,1\,|\,7)$ bestimmen als Eckpunkte eine Pyramide.

2.1.1 Die Mittelpunkte der Strecken $\overline{AS}$, $\overline{BS}$ und $\overline{CS}$ liegen in einer Ebene ε.
Die Strecke $\overline{DS}$ schneidet ε im Punkt E.
Bestimmen Sie die Koordinaten von E.

2.1.2 Zeigen Sie, dass die Punkte $P(-3\,|\,-9{,}5\,|\,9)$ und $Q(0\,|\,8{,}5\,|\,9)$ in verschiedenen Halbräumen bezüglich ε liegen.

2.1.3 Berechnen Sie die Größe des Schnittwinkels zwischen der Ebene ε und der Ebene durch die Punkte A, D und S.

2.1.4 Es werden Pyramiden $ABCDS_r$ mit den Spitzen $S_r(-1\,|\,1\,|\,r)$ mit $r \in \mathbb{R}$ gebildet.
Der Abstand von S_r zur Geraden BC wird mit d bezeichnet.
Ermitteln Sie die beiden Werte von r, für die gilt: $d = \sqrt{18}$ LE.

2.2 Einem Großhändler für Spielzeug wird der Kauf einer größeren Menge von Holzpyramiden zu günstigen Konditionen angeboten.
Die Anzahl der defekten Pyramiden wird als binomialverteilt angenommen.

2.2.1 Berechnen Sie die Wahrscheinlichkeit dafür, dass bei einer Stichprobe von 10 Pyramiden genau 2 beschädigt sind, wenn der Anteil der beschädigten Pyramiden 5 % beträgt.

2.2.2 Der Hersteller garantiert für derartige Pyramiden eine Ausschussquote von höchstens 5 %. Der Händler prüft 20 zufällig ausgewählte Pyramiden.
Entscheiden Sie, ob man bei einem Signifikanzniveau von 4 % der Behauptung des Herstellers zustimmen kann, wenn mehr als 3 der ausgewählten Pyramiden defekt sind.

Tabelle der Binomialverteilung (Summenfunktion) für n = 20 und p = 0,05

k	0	1	2	3	4	5	6
$F_{20;\,0,05}(k)$	0,3585	0,7358	0,9245	0,9841	0,9974	0,9997	1

Hinweise und Tipps

Teilaufgabe 1.1

- Bilden Sie die Ableitung mit der Produktregel.
- Zur Berechnung der Koordinaten des Extrempunkts benötigen Sie die notwendige Bedingung
- Der Nachweis der Art geschieht mithilfe der zweiten Ableitung.

Teilaufgabe 1.2

- Setzen Sie die Funktionsterme gleich und lösen Sie nach x auf.

Teilaufgabe 1.3

- Es handelt sich um eine Extremwertaufgabe.
- Stellen Sie die Zielfunktion auf.
- Verwenden Sie dann die notwendige und die hinreichende Bedingung für Extrempunkte.

Teilaufgabe 1.4

- Der Flächeninhalt wird mit dem bestimmen Integral berechnet.
- Überlegen Sie sich die beiden Intervallgrenzen.
- Eine Stammfunktion können Sie sofort angeben.

Teilaufgabe 1.5

- Fertigen Sie eine Skizze an.
- Die beiden Winkel des Dreiecks, die gleich groß sein sollen, ergeben sich aus Steigungen geeigneter Geraden.
- Bedenken Sie, dass eine Gerade fällt, aber ein spitzer Winkel im Dreieck gesucht ist.

Teilaufgabe 2.1.1

- Berechnen Sie die Mittelpunkte.
- Stellen Sie eine Gleichung für die Ebene ε und für die Strecke $\overline{DS}$ auf.

Teilaufgabe 2.1.2

- Ermitteln Sie den Schnittpunkt der Geraden durch P und Q mit der Ebene ε.

Teilaufgabe 2.1.3

- Sie brauchen für jede der beiden Ebenen einen Normalenvektor.

Teilaufgabe 2.1.4

- Der Abstand d entspricht der Höhe in dem von den Vektoren $\overrightarrow{BC}$ und $\overrightarrow{BS_r}$ aufgespannten Parallelogramm.
- Der Flächeninhalt dieses Parallelogramms kann auf zwei verschiedene Arten bestimmt werden: Mit dem Betrag des Kreuzproduktes oder mit der Flächeninhaltsformel.
- Verwenden Sie beide Methoden und setzen Sie die Ergebnisse gleich.

Teilaufgabe 2.2.1

- Es ist die Wahrscheinlichkeit einer Binomialverteilung gesucht.

Teilaufgabe 2.2.2

- Stellen Sie die Entscheidungsregel auf.
- Zur Bestimmung des Annahmebereichs benötigen Sie die Tabelle der Binomialverteilung.

Lösung

B 1 Analysis

1.1 **Nachweis der ersten Ableitungsfunktion**

Der konstante Faktor $\frac{1}{a}$ bleibt beim Ableiten nach der Faktorregel erhalten.
Das Produkt $x \cdot e^{a-x}$ wird nach der Produktregel differenziert.

$u(x) = x \Rightarrow u'(x) = 1; \quad v(x) = e^{a-x} \Rightarrow v'(x) = -e^{a-x}$

$$f_a'(x) = \frac{1}{a} \cdot (u' \cdot v + u \cdot v') = \frac{1}{a} \cdot (1 \cdot e^{a-x} + x \cdot (-e^{a-x}))$$

$$= \frac{1}{a} \cdot (1 \cdot e^{a-x} - x \cdot e^{a-x}) \qquad | \text{ Ausklammern}$$

$$\underline{\underline{= \frac{1}{a} \cdot e^{a-x} \cdot (1-x)}}$$

Damit ist gezeigt, dass $f_a'(x) = \frac{1}{a} x \cdot e^{a-x}$ die erste Ableitung der Funktion f_a ist.

Berechnung der Koordinaten der Extrempunkte von G_a

Notwendige Bedingung $(f_a'(x) = 0)$:

$$f_a'(x) = \frac{1}{a} \cdot e^{a-x} \cdot (1-x) \qquad | \cdot a$$

$$0 = e^{a-x} \cdot (1-x)$$

Ein Produkt ist null, wenn ein Faktor gleich null ist oder beide Faktoren gleichzeitig null sind. Der Faktor e^{a-x} kann nicht null sein. Der Faktor $(1-x)$ ist für $x = 1$ null.

$x_E = 1$

Berechnung der Funktionswerte:

$$f_a(1) = \frac{1}{a} \cdot 1 \cdot e^{a-1} = \frac{1}{a} \cdot e^{a-1} \quad \Rightarrow \quad \underline{\underline{EP\left(1 \,\middle|\, \frac{1}{a} \cdot e^{a-1}\right)}}$$

Nachweis der Art der Extrema

Für den Nachweis der Art der Extrema wird die zweite Ableitung benötigt. Wiederum bleibt beim Differenzieren der konstante Faktor erhalten und die Produktregel wird angewendet.

$u(x) = e^{a-x} \Rightarrow u'(x) = -e^{a-x}; \quad v(x) = 1 - x \Rightarrow v'(x) = -1$

$$f_a''(x) = \frac{1}{a} \cdot (u' \cdot v + u \cdot v') = \frac{1}{a} \cdot (-e^{a-x} \cdot (1-x) + e^{a-x} \cdot (-1))$$

$$= \frac{1}{a} \cdot (e^{a-x} \cdot (x-1) - e^{a-x}) \qquad | \text{ Ausklammern}$$

$$= \frac{1}{a} \cdot e^{a-x} \cdot (x-1-1) = \frac{1}{a} \cdot e^{a-x} \cdot (x-2)$$

Hinreichende Bedingung $(f_a'(x) = 0 \wedge f_a''(x) \neq 0)$:

$$f_a''(1) = \frac{1}{a} \cdot e^{a-1} \cdot (1-2) = -\frac{1}{a} \cdot e^{a-1} < 0 \quad (\text{wegen } a > 0)$$

Ergebnis: Es handelt sich bei den Extrempunkten jeweils um ein Maximum.

1.2 **Berechnung der Schnittpunktkoordinaten P_a**

Zur Berechnung der Schnittstelle werden die Gleichungen von $f_a(x)$ und $f'_a(x)$ gleichgesetzt und nach x aufgelöst.

$$f_a(x) = f'_a(x)$$

$$\frac{1}{a} \cdot x \cdot e^{a-x} = \frac{1}{a} \cdot e^{a-x} \cdot (1-x) \qquad | \cdot a$$

$$x \cdot e^{a-x} = e^{a-x} \cdot (1-x) \qquad | : e^{a-x}$$

$$x = 1 - x \qquad | + x$$

$$2x = 1 \qquad | : 2$$

$$x = \frac{1}{2}$$

Die Graphen G_a und K_a haben jeweils genau einen Schnittpunkt bei $x = \frac{1}{2}$.

Berechnung der Funktionswerte:

$$f_a\left(\frac{1}{2}\right) = \frac{1}{a} \cdot \frac{1}{2} \cdot e^{a-\frac{1}{2}} = \frac{1}{2a} \cdot e^{a-\frac{1}{2}} \quad \Rightarrow \quad \underline{\underline{P_a\left(\frac{1}{2} \,\middle|\, \frac{1}{2a} \cdot e^{a-\frac{1}{2}}\right)}}$$

1.3 **Berechnung des Wertes von a**

Diese Aufgabe kann als Extremwertaufgabe interpretiert werden. Den Abstand d der jeweiligen Punkte der Graphen von G_a und K_a an der Stelle $x = 2$ und somit die Zielfunktion erhält man aus der Differenz der Funktionswerte $f_a(2)$ und $f'_a(2)$.

Zielfunktion:

$$d(a) = f_a(2) - f'_a(2)$$

$$d(a) = \frac{1}{a} \cdot 2 \cdot e^{a-2} - \frac{1}{a} \cdot e^{a-2} \cdot (1-2)$$

$$d(a) = \frac{1}{a} \cdot 2 \cdot e^{a-2} + \frac{1}{a} \cdot e^{a-2}$$

$$d(a) = \frac{3}{a} \cdot e^{a-2}$$

Berechnen der ersten Ableitungsfunktion:
Es wird die Produktregel angewendet.

$$u(a) = \frac{3}{a} = 3 \cdot a^{-1} \Rightarrow u'(a) = -3 \cdot a^{-2} = \frac{-3}{a^2}; \quad v(a) = e^{a-2} \Rightarrow v'(a) = e^{a-2}$$

$$d'(a) = \frac{-3}{a^2} \cdot e^{a-2} + \frac{3}{a} \cdot e^{a-2}$$

Berechnen der zweiten Ableitungsfunktion:
Es wird zweimal die Produktregel angewendet.

1. Summand:

$$u(a) = \frac{-3}{a^2} = -3 \cdot a^{-2} \Rightarrow u'(a) = 6 \cdot a^{-3} = \frac{6}{a^3}; \quad v(a) = e^{a-2} \Rightarrow v'(a) = e^{a-2}$$

2. Summand:

$$u(a) = \frac{3}{a} = 3 \cdot a^{-1} \Rightarrow u'(a) = -3 \cdot a^{-2} = \frac{-3}{a^2}; \quad v(a) = e^{a-2} \Rightarrow v'(a) = e^{a-2}$$

$$d''(a) = \frac{6}{a^3} \cdot e^{a-2} + \frac{-3}{a^2} \cdot e^{a-2} + \frac{-3}{a^2} \cdot e^{a-2} + \frac{3}{a} \cdot e^{a-2}$$

$$d''(a) = \frac{6}{a^3} \cdot e^{a-2} + \frac{-6}{a^2} \cdot e^{a-2} + \frac{3}{a} \cdot e^{a-2}$$

Notwendige Bedingung ($d'(a) = 0$):

$$\begin{aligned} d'(a) = 0 &= \frac{-3}{a^2} \cdot e^{a-2} + \frac{3}{a} \cdot e^{a-2} \qquad && \vert \cdot a^2 \\ 0 &= -3 \cdot e^{a-2} + 3a \cdot e^{a-2} && \vert : (3 \cdot e^{a-2}) \\ 0 &= -1 + a && \vert +1 \\ a &= 1 \end{aligned}$$

Hinreichende Bedingung ($d'(a) = 0 \wedge d''(a) \neq 0$):

$$\begin{aligned} d''(1) &= \frac{6}{1^3} \cdot e^{1-2} + \frac{-6}{1^2} \cdot e^{1-2} + \frac{3}{1} \cdot e^{1-2} \\ &= 6 \cdot e^{-1} - 6 \cdot e^{-1} + 3 \cdot e^{-1} \\ &= 3 \cdot e^{-1} > 0 \;\Rightarrow\; \text{Minimum} \end{aligned}$$

Berechnung des Funktionswertes:

$$d(1) = \frac{3}{1} \cdot e^{1-2} = 3 \cdot e^{-1} \approx 1{,}10 \text{ LE}$$

Ergebnis: Für $a = 1$ ergibt sich eine minimale Streckenlänge von rund 1,1 LE.

1.4 **Berechnung des Flächeninhaltes**

Die Berechnung des Flächeninhaltes erfolgt mithilfe des bestimmten Integrals. Die betrachteten Flächen liegen alle vollständig im I. Quadranten.

$$A = \int_a^b f_a'(x)\, dx$$

Die linke Intervallgrenze ist $a = 0$, denn alle Graphen von K_a schneiden die y-Achse und dort gilt $x = 0$.
Die rechte Intervallgrenze ist $b = 1$, denn $x = 1$ ist die einzige Nullstelle aller Funktionen $f_a'(x)$ (wurde in der Aufgabe 1.1 unter „Berechnung der Koordinaten der Extrempunkte von G_a" berechnet).

$$A = \int_0^1 f_a'(x)\, dx$$

Die Suche nach einer Stammfunktion gestaltet sich recht einfach, denn $f_a'(x)$ ist die Ableitungsfunktion von $f_a(x)$. Somit ist $f_a(x)$ aber zugleich eine Stammfunktion von $f_a'(x)$.

$$A = [f_a(x)]_0^1 = \left[\frac{1}{a} \cdot x \cdot e^{a-x}\right]_0^1 = \frac{1}{a} \cdot 1 \cdot e^{a-1} - 0$$

$$\underline{\underline{A = \frac{1}{a} \cdot e^{a-1} \text{ FE}}}$$

Ergebnis: Der Inhalt der Fläche beträgt $\frac{1}{a} \cdot e^{a-1}$ FE.

1.5 **Ermittlung des Wertes von a**

In der Abbildung ist genau der Graph aus der Kurvenschar G_a dargestellt, für den das entstehende Dreieck AB_aC_a gleichschenklig ist mit der Basis $\overline{AB_a}$. Zunächst wird die x-Koordinate des Punktes A bestimmt, sie ist die Nullstelle der Funktion $f_a(x)$.

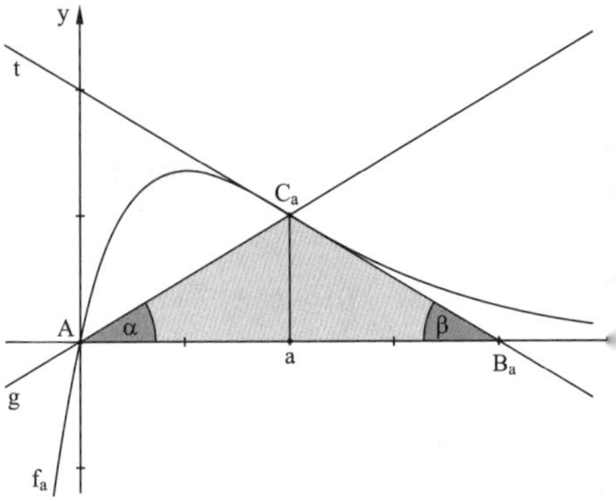

$$f_a(x) = 0 = \frac{1}{a} \cdot x \cdot e^{a-x} \qquad | \cdot a$$

$$0 = x \cdot e^{a-x}$$

Dieses Produkt ist nur für $x = 0$ null.

$\Rightarrow$ A(0 | 0)

Die Winkel α und β sollen gleich groß sein. Über die Aussage, dass der Tangens des Schnittwinkels einer Geraden mit der x-Achse zugleich der Anstieg dieser Geraden ist, lässt sich ein Ansatz für diese Aufgabe herausarbeiten.

Die Gerade g, die durch die Punkte A und C_a des Dreiecks verläuft, ist zugleich eine Ursprungsgerade. Ihr Anstieg m_{AC_a} lässt sich mithilfe der Koordinaten des Punktes C_a berechnen.

$$m_{AC_a} = \frac{y}{x} = \frac{y_{C_a}}{x_{C_a}} = \frac{f_a(a)}{a}$$

Die Gerade t, die durch die Punkte B_a und C_a des Dreiecks verläuft, ist zugleich die Tangente an G_a im Punkt C_a. Ihr Anstieg $m_{B_aC_a}$ lässt sich als Funktionswert der Ableitungsfunktion $f_a'(x)$ an der Stelle a berechnen.
Zu beachten ist, dass der Anstieg negativ sein wird, der gesuchte Winkel aber nicht der zugehörige stumpfe Winkel, sondern der entsprechende Nebenwinkel ist. Deshalb wird der Funktionswert der Ableitungsfunktion mit –1 multipliziert.

$$-m_{B_aC_a} = -f_a'(a)$$

Lösung:

$$\alpha = \beta$$

$$m_{AC_a} = \tan(\alpha) = \tan(\beta) = -m_{B_aC_a}$$

$$\frac{f_a(a)}{a} = -f_a'(a)$$

$$\frac{\frac{1}{a} a \cdot e^{a-a}}{a} = -\frac{1}{a} \cdot e^{a-a} \cdot (1-a) \qquad | e^{a-a} = e^0 = 1$$

$$\frac{1}{a} = \frac{1}{a} \cdot (a-1) \qquad | \cdot a$$

$$1 = a - 1 \qquad | +1$$

$$\underline{\underline{a = 2}}$$

Ergebnis: Das Dreieck AB_aC_a ist für $a = 2$ gleichschenklig mit der Basis $\overline{AB_a}$.

B 2 Analytische Geometrie und Stochastik

2.1.1 Bestimmen der Koordinaten von E

Um den Schnittpunkt der Strecke $\overline{DS}$ mit der Ebene ε zu bestimmen, müssen die Gleichung der Ebene ε und die Gleichung der Strecke $\overline{DS}$ ermittelt werden.

Zunächst wird die Koordinatengleichung von ε aufgestellt. Dazu werden die Mittelpunkte der Strecken $\overline{AS}$, $\overline{BS}$ und $\overline{CS}$ bestimmt.

Für den Mittelpunkt der Strecke $\overline{AS}$ ergibt sich:

$$M_{\overline{AS}}\left(\frac{x_A+x_S}{2}\,\middle|\,\frac{y_A+y_S}{2}\,\middle|\,\frac{z_A+z_S}{2}\right)=M_{\overline{AS}}\left(\frac{7+(-1)}{2}\,\middle|\,\frac{2+1}{2}\,\middle|\,\frac{-3+7}{2}\right)$$
$$=M_{\overline{AS}}(3\,|\,1{,}5\,|\,2)$$

Analog werden die Mittelpunkte der Strecken $\overline{BS}$ und $\overline{CS}$ ermittelt:
$M_{\overline{BS}}(-1\,|\,2{,}5\,|\,3)$ und $M_{\overline{CS}}(-1\,|\,-0{,}5\,|\,6)$

Um die Koordinatengleichung aufstellen zu können, werden zwei Richtungsvektoren, z. B. $\overrightarrow{M_{\overline{AS}}M_{\overline{BS}}}$ und $\overrightarrow{M_{\overline{AS}}M_{\overline{CS}}}$ benötigt. Diese sind:

$$\overrightarrow{M_{\overline{AS}}M_{\overline{BS}}}=\begin{pmatrix}-4\\1\\1\end{pmatrix}\text{ und }\overrightarrow{M_{\overline{AS}}M_{\overline{CS}}}=\begin{pmatrix}-4\\-2\\4\end{pmatrix}$$

Mithilfe des Kreuzproduktes werden die Koeffizienten der Koordinatengleichung bestimmt.

$$\vec{n}_\varepsilon=\overrightarrow{M_{\overline{AS}}M_{\overline{BS}}}\times\overrightarrow{M_{\overline{AS}}M_{\overline{CS}}}=\begin{pmatrix}-4\\1\\1\end{pmatrix}\times\begin{pmatrix}-4\\-2\\4\end{pmatrix}=\begin{pmatrix}1\cdot4-1\cdot(-2)\\1\cdot(-4)-(-4)\cdot4\\-4\cdot(-2)-1\cdot(-4)\end{pmatrix}=\begin{pmatrix}6\\12\\12\end{pmatrix}=6\cdot\begin{pmatrix}1\\2\\2\end{pmatrix}$$

Werden die Koeffizienten des Normalenvektors eingesetzt, so ergibt sich:
$x+2y+2z-d=0$

Mit dem Einsetzen der Koordinaten z. B. des Punktes $M_{\overline{AS}}$ erhält man den Wert von d.

$$1\cdot3+2\cdot1{,}5+2\cdot2-d=0$$
$$d=10$$

Damit ergibt sich als eine mögliche Lösung für die Koordinatengleichung der Ebene ε:
$x+2y+2z-10=0$

Für die Gleichung der Strecke $\overline{DS}$ ergibt sich:

$$\vec{x}=\overrightarrow{OD}+r\cdot\overrightarrow{DS}\quad\text{mit } 0\le r\le1$$

$$\begin{pmatrix}x\\y\\z\end{pmatrix}=\begin{pmatrix}7\\-3\\2\end{pmatrix}+r\cdot\begin{pmatrix}-8\\4\\5\end{pmatrix}$$

Wird diese Gleichung in die Koordinatengleichung der Ebene ε eingesetzt, so erhält man einen Wert für den Parameter r.

$$1\cdot(7-8r)+2\cdot(-3+4r)+2\cdot(2+5r)-10=0$$
$$10r-5=0$$
$$r=\frac{1}{2}$$

Wird jetzt der Wert des Parameters r in die Gleichung der Strecke $\overline{DS}$ eingesetzt, erhält man die Koordinaten des Punktes E.

$$\begin{pmatrix} x \\ y \\ z \end{pmatrix} = \begin{pmatrix} 7 \\ -3 \\ 2 \end{pmatrix} + \frac{1}{2} \cdot \begin{pmatrix} -8 \\ 4 \\ 5 \end{pmatrix} = \begin{pmatrix} 3 \\ -1 \\ 4{,}5 \end{pmatrix}$$

Der Punkt E hat die Koordinaten $\underline{\underline{E(3 \mid -1 \mid 4{,}5)}}$.

Statt der obigen Berechnung des Punktes E kommt man auch mit folgender Überlegung zum Ergebnis.
Folgt man der üblichen Bezeichnung, so bilden die Punkte A, B, C und D die Grundfläche und S die Spitze der Pyramide. Die Ebene ε wird aus den Mittelpunkten der Strecken $\overline{AS}$, $\overline{BS}$ und $\overline{CS}$ gebildet. Diese Ebene ε schneidet die Strecke $\overline{DS}$. Da die Ebene die Strecken $\overline{AS}$, $\overline{BS}$ und $\overline{CS}$ halbiert, liegt sie parallel zur Grundfläche und halbiert somit auch die Strecke $\overline{DS}$. Also ist der Punkt E der Mittelpunkt der Strecke $\overline{DS}$.

2.1.2 Punkte P und Q liegen in verschiedenen Halbräumen

Der Nachweis, dass die Punkte P und Q bezüglich der Ebene ε in verschiedenen Halbräumen liegen, könnte folgendermaßen erbracht werden.
Zunächst wird eine Gerade g durch die Punkte P und Q gelegt. Die Gleichung der Geraden g könnte z. B. als Stützvektor den Ortsvektor zum Punkt P haben und den Richtungsvektor $\overrightarrow{PQ}$ besitzen. Dann wird der der Schnittpunkt der Geraden g mit der Ebene ε bestimmt. Hat der dabei zu bestimmende Parameter einen Wert zwischen null und eins, so liegen die Punkte P und Q bezüglich der Ebene ε in verschiedenen Halbräumen.

Die Gleichung der Geraden g lautet:

$$\vec{x} = \overrightarrow{OP} + s \cdot \overrightarrow{PQ}$$

$$\begin{pmatrix} x \\ y \\ z \end{pmatrix} = \begin{pmatrix} -3 \\ -9{,}5 \\ 9 \end{pmatrix} + s \cdot \begin{pmatrix} 3 \\ 18 \\ 0 \end{pmatrix}$$

Wird diese Gleichung in die Koordinatengleichung der Ebene ε ($x + 2y + 2z - 10 = 0$ aus der Aufgabe 2.1.1) eingesetzt, so erhält man einen Wert für den Parameter s.

$$1 \cdot (-3 + 3s) + 2 \cdot (-9{,}5 + 18s) + 2 \cdot 9 - 10 = 0$$
$$39s - 14 = 0$$
$$s = \frac{14}{39}$$

Der Wert des Parameters s liegt zwischen null und eins, somit liegt der Schnittpunkt der Geraden g mit der Ebene ε zwischen den Punkten P und Q.

Damit ist der Nachweis erbracht, dass die Punkte P und Q bezüglich der Ebene ε in verschiedenen Halbräumen liegen.

2.1.3 Berechnung des Schnittwinkels

Die Größe des Schnittwinkels der Ebene ε mit der Ebene ADS wird mithilfe des Skalarproduktes der Normalenvektoren der Ebenen berechnet.
Ein Normalenvektor der Ebene ε wurde bereits in Aufgabe 2.1.1 bestimmt, er lautet:

$$\vec{n}_\varepsilon = \begin{pmatrix} 1 \\ 2 \\ 2 \end{pmatrix}$$

Ein Normalenvektor der Ebene durch die Punkte A, D und S kann z. B. mithilfe der Richtungsvektoren $\overrightarrow{AD}$ und $\overrightarrow{AS}$ ermittelt werden.

Die Richtungsvektoren sind:

$$\overrightarrow{AD} = \begin{pmatrix} 0 \\ -5 \\ 5 \end{pmatrix} \quad \text{und} \quad \overrightarrow{AS} = \begin{pmatrix} -8 \\ -1 \\ 10 \end{pmatrix}$$

Ein Normalenvektor ist:

$$\vec{n}_{ADS} = \begin{pmatrix} 0 \\ -5 \\ 5 \end{pmatrix} \times \begin{pmatrix} -8 \\ -1 \\ 10 \end{pmatrix} = \begin{pmatrix} -5 \cdot 10 - 5 \cdot (-1) \\ 5 \cdot (-8) - 0 \cdot 10 \\ 0 \cdot (-1) - (-5) \cdot (-8) \end{pmatrix} = \begin{pmatrix} -45 \\ -40 \\ -40 \end{pmatrix} = (-5) \cdot \begin{pmatrix} 9 \\ 8 \\ 8 \end{pmatrix}$$

Der Winkel zwischen den beiden Normalenvektoren $\vec{n}_\varepsilon$ und $\vec{n}_{ADS}$ wird mithilfe des Skalarproduktes bestimmt.

$$\vec{n}_\varepsilon \circ \vec{n}_{ADS} = |\vec{n}_\varepsilon| \cdot |\vec{n}_{ADS}| \cdot \cos\sphericalangle(\vec{n}_\varepsilon, \vec{n}_{ADS})$$

$$\cos\sphericalangle(\vec{n}_\varepsilon, \vec{n}_{ADS}) = \frac{\vec{n}_\varepsilon \circ \vec{n}_{ADS}}{|\vec{n}_\varepsilon| \cdot |\vec{n}_{ADS}|}$$

$$\cos\sphericalangle(\vec{n}_\varepsilon, \vec{n}_{ADS}) = \frac{\begin{pmatrix} 1 \\ 2 \\ 2 \end{pmatrix} \circ \begin{pmatrix} 9 \\ 8 \\ 8 \end{pmatrix}}{\left|\begin{pmatrix} 1 \\ 2 \\ 2 \end{pmatrix}\right| \cdot \left|\begin{pmatrix} 9 \\ 8 \\ 8 \end{pmatrix}\right|}$$

$$\cos\sphericalangle(\vec{n}_\varepsilon, \vec{n}_{ADS}) = \frac{1 \cdot 9 + 2 \cdot 8 + 2 \cdot 8}{\sqrt{1^2 + 2^2 + 2^2} \cdot \sqrt{9^2 + 8^2 + 8^2}}$$

$$\cos\sphericalangle(\vec{n}_\varepsilon, \vec{n}_{ADS}) = \frac{41}{3 \cdot \sqrt{209}} \approx 0{,}94534$$

$$\sphericalangle(\vec{n}_\varepsilon, \vec{n}_{ADS}) \approx \underline{\underline{19{,}03^\circ}}$$

Ergebnis: Die Größe des Schnittwinkels der Ebene ε mit der Ebene durch die Punkte A, D und S beträgt rund 19,0°.

2.1.4 **Ermittlung von r**

Um die beiden Werte von r zu bestimmen, wird die folgende Lösungsidee verwendet.

Der Vektor $\overrightarrow{BC}$ und der Vektor $\overrightarrow{BS_r}$ spannen ein Parallelogramm auf (siehe Bild).

Für dieses Parallelogramm kann man den Flächeninhalt A mit dem Betrag des Kreuzproduktes aus diesen beiden Vektoren bestimmen.

Gleichzeitig gilt für den Flächeninhalt A des Parallelogramms:

A = Grundseite · Höhe

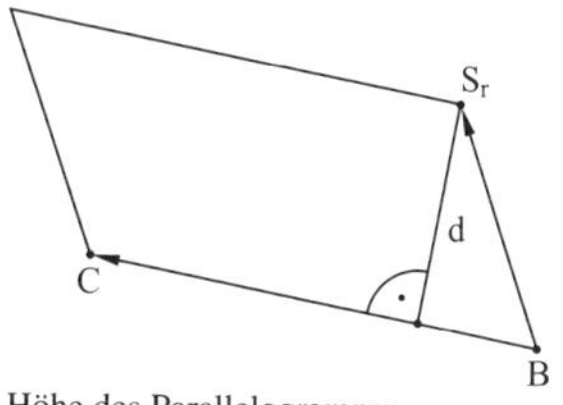

Höhe des Parallelogramms zugleich der Abstand d

Die Grundseite ist hier die Länge des Vektors $\overrightarrow{BC}$ und die Höhe des Parallelogramms ist zugleich der Abstand d. Da der Abstand d mit $\sqrt{18}$ LE vorgegeben ist, kann man dann die Werte des Parameters r des Punktes S_r ermitteln.

Somit ergibt sich die folgende Lösung:

Vektor $\overrightarrow{BC} = \begin{pmatrix} 0 \\ -6 \\ 6 \end{pmatrix}$ und Vektor $\overrightarrow{BS_r} = \begin{pmatrix} 0 \\ -3 \\ r+1 \end{pmatrix}$

Berechnung des Flächeninhaltes des Parallelogramms mithilfe des Kreuzproduktes:

$$A = \left| \begin{pmatrix} 0 \\ -6 \\ 6 \end{pmatrix} \times \begin{pmatrix} 0 \\ -3 \\ r+1 \end{pmatrix} \right| = \left| \begin{pmatrix} (-6)\cdot(r+1) - 6\cdot(-3) \\ 6\cdot 0 - 0\cdot(r+1) \\ 0\cdot(-3) - (-6)\cdot 0 \end{pmatrix} \right| = \left| \begin{pmatrix} 12-6r \\ 0 \\ 0 \end{pmatrix} \right| = \sqrt{(12-6r)^2 + 0^2 + 0^2}$$

$A = |12 - 6r|\ \text{FE}$

Berechnung des Flächeninhaltes des Parallelogramms mithilfe der Grundseite und der Höhe:

$$A = g \cdot h = |\overrightarrow{BC}| \cdot d = \left| \begin{pmatrix} 0 \\ -6 \\ 6 \end{pmatrix} \right| \cdot \sqrt{18} = \sqrt{0^2 + (-6)^2 + 6^2} \cdot \sqrt{18} = \sqrt{72} \cdot \sqrt{18} = 36\ \text{FE}$$

Da beide Flächeninhalte gleich groß sind, gilt für die Maßzahlen:

$|12 - 6r| = 36$

Der Betrag einer Zahl a ist gleich a, falls $a > 0$ ist; er ist gleich $-a$, falls $a < 0$ ist.

Damit ergeben sich die folgenden Lösungen:

$12 - 6r = 36 \quad \vee \quad -(12-6r) = 36$

$\underline{\underline{r = -4}} \quad \vee \quad \underline{\underline{r = 8}}$

Ergebnis: Für die Werte $r = -4$ und $r = 8$ haben die beiden Spitzen S_r den Abstand von $\sqrt{18}$ LE von der Geraden BC.

2.2.1 Berechnung der Wahrscheinlichkeit

Die Anzahl der Versuchsdurchführungen beträgt 10 ($\rightarrow n = 10$). Von den Pyramiden sind genau zwei beschädigt ($\rightarrow k = 2$). Der Anteil der beschädigten Pyramiden beträgt 5 % ($\rightarrow p = 0{,}05$).

Damit ergibt sich für die Wahrscheinlichkeit:

$$P(X=2) = B_{10;\,0,05}(2) = \binom{10}{2} \cdot 0{,}05^2 \cdot 0{,}95^8 \approx 45 \cdot 0{,}0025 \cdot 0{,}6634 \approx \underline{\underline{0{,}0746}}$$

Ergebnis: Die Wahrscheinlichkeit, dass in einer Stichprobe von 10 Pyramiden genau zwei beschädigt sind, beträgt rund 7,5 %.

2.2.2 Zustimmung/Ablehnung der Behauptung des Herstellers

Die Anzahl der Versuchsdurchführungen beträgt nun 20 ($\rightarrow n = 20$). Der angenommer Anteil der beschädigten Pyramiden beträgt weiterhin 5 % ($\rightarrow p = 0{,}05$).

Der Erwartungswert für die Anzahl der beschädigten Pyramiden bei 20 zufällig ausgewählten Pyramiden kann mit $E = 20 \cdot 0{,}05 = 1$ leicht berechnet werden. Die größte Wahrscheinlichkeit muss demzufolge bei $k = 1$ liegen. Es ist aber nicht auszuschließen, das vielleicht auch 2 oder sogar noch mehr beschädigte Pyramiden bei diesem Test gefund werden, selbst wenn die Ausschussquote tatsächlich 5 % beträgt. Es ist die Aufgabe eines Tests, mithilfe einer durch eine Berechnung begründeten und festgelegten Entscheidungsregel festzustellen, ob die angenommene Ausschussquote bestätigt oder nicht bestätigt wird. Eine gewisse Irrtumswahrscheinlichkeit muss man aber bei jedem Test akzeptieren, diese wird in der Aufgabe mit einem Signifikanzniveau von 4 % angegeben

Festlegung der Entscheidungsregel:
Der Annahmebereich sollte möglichst klein gehalten werden, damit auch geringe Abweichungen in der Ausschussquote überhaupt erkannt werden können. Andererseits darf die Gesamtwahrscheinlichkeit des Ablehnungsbereiches nicht größer als 4% sein, damit das angestrebte Signifikanzniveau eingehalten wird.

Aus der Tabelle der Binomialverteilung kann man ablesen:

$1 - P(X \le 2) = 1 - F_{20;\,0,05}(2) = 1 - 0,9245 = 0,0755 \approx 7,6\,\% > 4\,\%$

$1 - P(X \le 3) = 1 - F_{20;\,0,05}(3) = 1 - 0,9841 = 0,0159 \approx 1,6\,\% < 4\,\%$

$\Rightarrow$ Erstmals wird das geforderte Signifikanzniveau erreicht, wenn als Annahmebereich $A = \{0;\ 1;\ 2;\ 3\}$ gewählt wird.

Damit ergibt sich die folgende Entscheidungsregel: „Der Behauptung des Herstellers kann man zustimmen, wenn höchstens 3 beschädigte Pyramiden bei diesem Test gefunden werden.“

Da mehr als 3 der getesteten Pyramiden beschädigt sind, muss die Behauptung des Herstellers abgelehnt werden.

A 1 Analysis

1.1 Ein Körper soll ein Volumen von 875 VE und die Form eines geraden Kegelstumpfes haben. Die Grundfläche hat den Radius $s = 4$ LE und die Deckfläche hat den Radius r.
Die Höhe h lässt sich bei diesem konstanten Volumen als Funktion in Abhängigkeit von r durch die folgende Gleichung beschreiben:

$$h(r) = \frac{2625}{\pi \cdot (r^2 + 4r + 16)} \quad \text{mit } r \in \mathbb{R},\ r > 4.$$

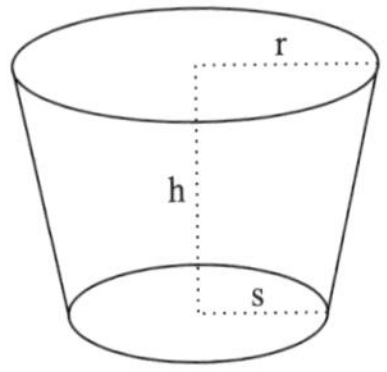

Skizze nicht maßstäblich

1.1.1 Berechnen Sie aus dem Intervall $5 \le r \le 13$ fünf Funktionswerte und stellen Sie damit den Graph der Funktion h in diesem Intervall dar.

1.1.2 Beschreiben Sie die Veränderungen der Form des Kegelstumpfes in Abhängigkeit von wenn r sich dem Wert vier nähert bzw. sehr groß wird.

1.2 Kerzenwachs wird manchmal in Glasbehälter gefüllt.
Nachfolgend gilt:
1 LE entspricht 1 cm.
Die äußere Form der Glasbehälter kann durch die Rotation des Teilstücks des Graphen einer linearen Funktion vom Punkt $A(0\,|\,4)$ bis $B(11\,|\,6)$ um die x-Achse beschrieben werden.
Die innere Form der Glasbehälter kann durch die Rotation des Teilstücks des Graphen einer Funktion g im Intervall $0{,}8 \le x \le 11$ um die x-Achse beschrie ben werden. Eine Gleichung der Funktion g lautet: $g(x) = 2{,}3 \cdot \sqrt[8]{x^3 - 0{,}8^3}$, $x \in D_f$
Die Dichte des Glases beträgt $2{,}2\,\frac{g}{cm^3}$.
Berechnen Sie das Volumen, das maximal mit Wachs gefüllt werden kann.
Berechnen Sie die Masse eines leeren Glases.

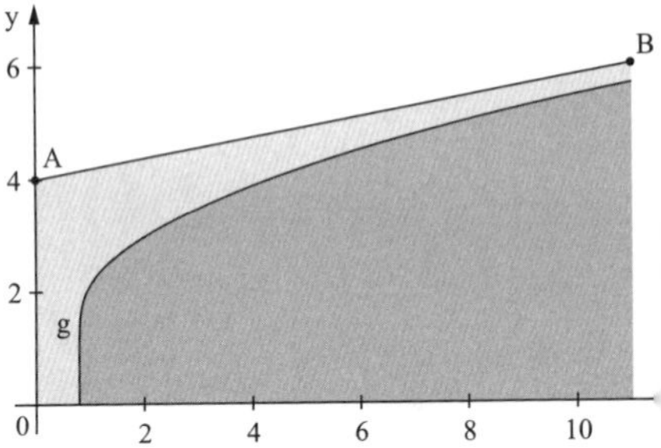

1.3 Gegeben ist eine Funktionenschar $f_a(x)$ durch die Gleichung

$$f_a(x) = \frac{2625}{\pi \cdot (x^2 + 4x + a)} \quad \text{mit } x \in D_f;\ a \in \mathbb{R},\ a \neq 0.$$

Ihre Graphen heißen F_a.
Entscheiden Sie, ob die Graphen F_a Schnittpunkte mit den Koordinatenachsen besitze Geben Sie gegebenenfalls deren Koordinaten an.
Für $a \neq 4$ hat jeder Graph F_a genau einen Hochpunkt. Berechnen Sie seine Koordinate
Ermitteln Sie in Abhängigkeit von a die Anzahl der Polstellen von f_a.

A 2 Analytische Geometrie

2 Ein ebenflächig begrenzter Körper K hat in einem kartesischen Koordinatensystem die Eckpunkte mit den Koordinaten $A(0|-4|0)$, $B(4|0|0)$, $C(0|4|0)$, $D(-4|0|0)$, $E(0|-4|12)$, $F(4|0|10)$, $G(0|4|12)$ und $H(-4|0|14)$.

2.1 Stellen Sie K in einem kartesischen Koordinatensystem dar.

2.2 Begründen Sie, dass die Grundfläche ABCD des Körpers in der xy-Ebene liegt.

2.3 Geben Sie eine Koordinatengleichung für die Ebene ε an, in der das Viereck EFGH liegt. Berechnen Sie den Neigungswinkel der Ebene ε bezüglich der xy-Ebene.

2.4 Prüfen Sie, welche der folgenden Aussagen zutreffen.
(A): Das Viereck EFGH ist ein Rhombus.
(B): Das Viereck EFGH ist ein Quadrat.
(C): Das Viereck EFGH ist ein Parallelogramm.

Berechnen Sie den Flächeninhalt des Vierecks EFGH.

2.5 Der Körper K ist das Modell eines Gebäudes. In der Fläche BCGF gibt es ein Fenster mit folgenden Eigenschaften. Zwei Kanten des Fensters sind parallel zu BC. Das rechteckige Fenster hat die Breite von 2,83 LE und die Höhe von 1,50 LE. Der linke obere Eckpunkt hat die Koordinaten $P(3|1|9)$.

Geben Sie die Koordinaten der weiteren Eckpunkte des Fensters an.
Bestimmen Sie, welche Kante des Körpers K durch die Menge der Punkte $Q_t(4-4t|4t|10+2t)$ mit $0 \leq t \leq 1$ beschrieben wird.
Ermitteln Sie t so, dass die Länge der Strecke $\overline{PQ_t}$ minimal wird.

2.6 Der Fußboden des Dachraumes liegt in einer zur Grundfläche parallelen Ebene, die den Punkt F enthält.
Beschreiben Sie eine geeignete Möglichkeit, das Volumen des Dachraumes zu berechnen.

A 3 Analysis und Stochastik

3.1 Bei einer Verkehrskontrolle werden die Geschwindigkeit sowie die Einhaltung der Anschnallpflicht der Fahrzeugführer kontrolliert. Im Folgenden wird davon ausgegangen, dass 3 % der Fahrzeugführer nicht angeschnallt sind sowie 10 % die zulässige Höchstgeschwindigkeit überschreiten. Beide Vergehen treten unabhängig voneinander auf. Ein Fahrzeug ist vorschriftsmäßig unterwegs, wenn sein Fahrzeugführer angeschnallt ist und die zulässige Geschwindigkeit einhält. Insgesamt werden 372 Fahrzeuge überprüft.

3.1.1 Ermitteln Sie, mit welcher Wahrscheinlichkeit ein zufällig ausgewähltes Fahrzeug die Kontrollstelle vorschriftsmäßig passiert.

3.1.2 Berechnen Sie die Wahrscheinlichkeiten der Ereignisse A und B, wenn man davon ausgeht, dass die Kontrollen als Bernoullikette aufgefasst werden können.
(A) Bei dieser Kontrolle halten genau 335 Fahrzeugführer die zulässige Geschwindigkeit ein.
(B) Bei dieser Kontrolle sind mehr als 11 Fahrzeugführer nicht angeschnallt.

Das Nichtanlegen des Sicherheitsgurtes wird mit 30,00 € bestraft.

Geben Sie an, in welcher Höhe Einnahmen hinsichtlich der Anschnallpflicht bei dieser Kontrolle zu erwarten sind.

3.1.3 Über diese Verkehrskontrolle wird im Rundfunk informiert. Äußern Sie sich, welche Bedeutung dies für die Betrachtung der Kontrolle als Bernoullikette hat.

3.2 In einer Baustelle ist die Geschwindigkeit auf $60\,\frac{\text{km}}{\text{h}}$ begrenzt. Es soll überprüft werden, ob durch diese Geschwindigkeitsbegrenzung Staus entstehen. Dazu soll ermittelt werden, wie viele Fahrzeuge pro Minute in Abhängigkeit von der Geschwindigkeit in den Baustellenbereich einfahren können.

Für den theoretischen Sicherheitsabstand zwischen zwei mit der Geschwindigkeit v (in $\frac{\text{km}}{\text{h}}$) fahrenden Fahrzeuge gelten folgende Werte:

v in $\frac{\text{km}}{\text{h}}$	50	75	100
Sicherheitsabstand s	18,6	30,5	44,3

Ermitteln Sie die Gleichung einer quadratischen Funktion s(v), die den Sicherheitsabstand s in Abhängigkeit von der Geschwindigkeit v beschreibt.
(Zur Kontrolle: $s(v) = 1{,}52 \cdot 10^{-3} v^2 + 0{,}286v + 0{,}500$)

Berechnen Sie den Sicherheitsabstand für eine Geschwindigkeit von $60\,\frac{\text{km}}{\text{h}}$ sowie die Geschwindigkeit, für die der Sicherheitsabstand 25 m beträgt.

Die Zeit, die vergeht, bis das nächste Auto in die Baustelle einfahren kann, wird als Taktzeit bezeichnet. Für die Taktzeit gilt: $t(v) = \frac{3{,}6 \cdot (4{,}5 + s(v))}{v}$ (t in s, v in $\frac{\text{km}}{\text{h}}$)

Skizzieren Sie den Graphen der Funktion t für $0 < v \leq 100$.

Berechnen Sie diejenige Geschwindigkeit, für die die Taktzeit minimal ist.
Ermitteln Sie, wie viele Fahrzeuge pro Minute in den Baustellenbereich einfahren können.
Begründen Sie, dass entsprechend dieser Modellannahmen die Geschwindigkeitsbegrenzung nicht die Ursache für eventuell auftretende Staus sein kann.

Hinweise und Tipps

Teilaufgabe 1.1.1

- Wählen Sie eine geeignete Schrittweite.

Teilaufgabe 1.1.2

- Vergleichen Sie Deck- und Grundfläche (bei kleinen Werten für r) bzw. untersuchen Sie den Wert h(r) für große Werte für r.

Teilaufgabe 1.2

- Benutzen Sie die Formel für das Volumen eines um die x-Achse rotierenden Körpers.
- Um die Masse zu berechnen, müssen Sie das Volumen des Glaskörpers als Differenz der Volumina zweier Rotationskörper ermitteln.
- Die Masse entspricht dann dem Produkt aus Dichte und Volumen.

Teilaufgabe 1.3

- Untersuchen Sie Zähler und Nenner auf Nullstellen.
- Die Existenz genau eines Hochpunkts ist vorausgesetzt. Für die Berechnung seiner Koordinaten brauchen Sie lediglich die notwendige Bedingung.

Teilaufgabe 2.1

Fertigen Sie ein Schrägbild an.

Teilaufgabe 2.2

Betrachten Sie die z-Koordinaten der entsprechenden Punkte.

Teilaufgabe 2.3

Ermitteln Sie einen Normalenvektor mit dem Kreuzprodukt. Die fehlende Größe der Ebenengleichung erhalten Sie durch Einsetzen der Koordinaten eines geeigneten Punktes.

Der Neigungswinkel wird mit dem Skalarprodukt bestimmt.

Teilaufgabe 2.4

Durch welche Eigenschaften sind Rhombus, Quadrat bzw. Parallelogramm charakterisiert?

Stellen Sie die Richtungsvektoren für alle vier Kanten auf.

Sie müssen auch den Winkel zwischen zwei dieser Vektoren berechnen.

Der Flächeninhalt ergibt sich mithilfe des Kreuzproduktes zweier Vektoren.

Teilaufgabe 2.5

Betrachten Sie die Koordinaten übereinanderliegender Punkte. Was fällt auf?

Zur Bestimmung des rechten oberen Eckpunktes wird verwendet, dass zwei Kanten des Fensters parallel zu $\overline{BC}$ sind.

Bestimmen Sie die Punkte Q_t für die Werte $t = 0$ und $t = 1$.

Minimieren Sie den Betrag des Vektors $\overrightarrow{PQ_t}$ mithilfe der Differenzialrechnung.

Teilaufgabe 2.6

Zerlegen Sie den Dachraum mittels einer passenden Ebene in zwei Teile, deren Volumen jeweils getrennt berechnet werden kann.

Teilaufgabe 3.1.1

Fassen Sie den Vorgang als zweistufiges Zufallsexperiment auf.

Teilaufgabe 3.1.2

Überlegen Sie sich jeweils die Parameter der Bernoulliketten.

Für die zu erwartenden Einnahmen muss ein Erwartungswert berechnet werden.

Teilaufgabe 3.1.3

Welche Bedingungen müssen erfüllt sein, damit ein mehrstufiges Zufallsexperiment als Bernoullikette aufgefasst werden kann?

Welchen Einfluss hat die Meldung im Rundfunk auf das Verhalten der Fahrzeugführer?

Teilaufgabe 3.2

Sie können die Rekonstruktion einer quadratischen Funktion oder mit dem CAS eine quadratische Regression durchführen.

Der Sicherheitsabstand ergibt sich dann durch Einsetzen einer Geschwindigkeit in die Funktionsgleichung.

Bei gegebenem Sicherheitsabstand wird die zugehörige Geschwindigkeit durch Auflösen der quadratischen Gleichung ermittelt.

Für die minimale Taktzeit benutzen Sie die notwendige und hinreichende Bedingung.

Die Anzahl der Fahrzeuge finden Sie mithilfe der minimalen Taktzeit.

Lösung

A 1 Analysis

1.1.1 Anfertigen einer Wertetabelle und Darstellen des Graphen

Variante 1: Es ist sinnvoll, die Funktion zunächst als h(r) zu speichern. Entsprechend des in der Aufgabenstellung geforderten Intervalls $5 \le r \le 13$ für die Funktion h bietet es sich an, die Funktionswerte für $r \in \{5; 7; 9; 11; 13\}$ zu berechnen.

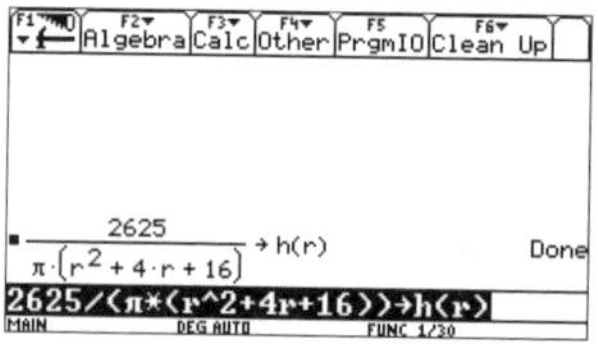

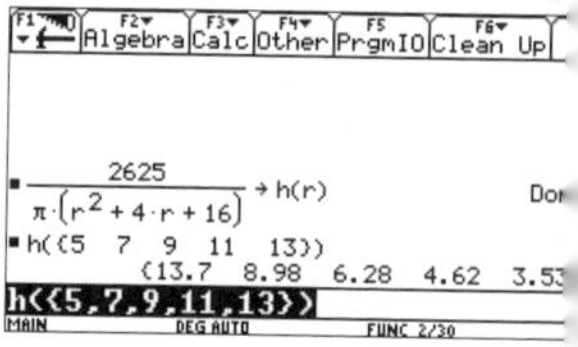

Variante 2: Für die Berechnung der Funktionswerte der Funktion h eignet sich auch der TABLE-Editor. Dazu muss die Funktionsgleichung in den y-Editor eingetragen werden. Zu beachten ist hierbei, dass der Eintrag als $f(x) = \frac{2625}{\pi \cdot (x^2 + 4x + 16)}$ erfolgen muss, da im y-Editor stets das Argument x verwendet wird. Entsprechend des in der Aufgabenstellung geforderten Intervalls bietet es sich an, die Funktionswerte beginnend bei $x = 5$ (tblStart) und mit einer Schrittweite von $\Delta x = 2$ (Δtbl) zu berechnen. Diese Einstellungen erfolgen im TBLSET-Editor. Im TABLE-Editor kann man nun die gewünschten Funktionswerte ablesen und in eine eigene Wertetabelle übertragen:

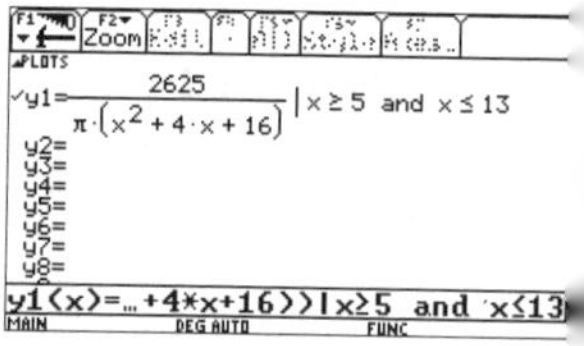

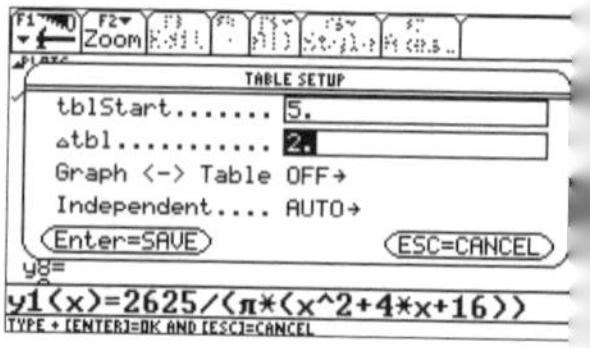

r	5	7	9	11	13
h(r)	13,7	9,0	6,3	4,6	3,5

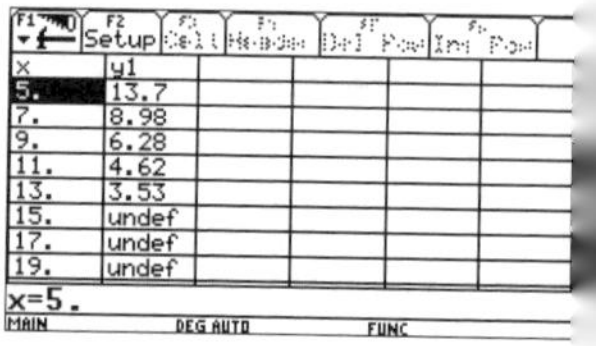

Anschließend erfolgt die grafische Darstellung (vergleichend dazu die Ansicht im Graph-Modus):

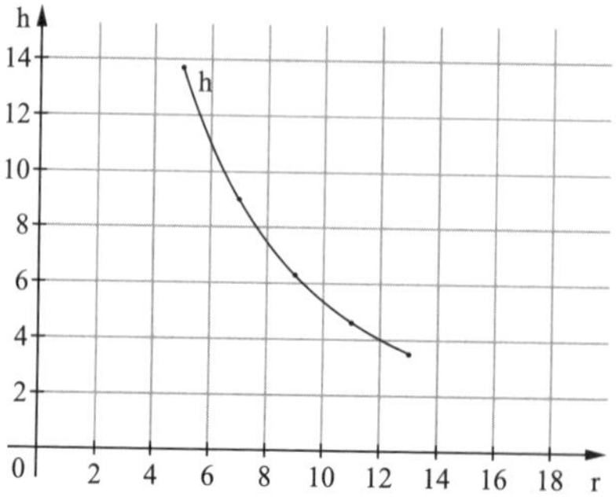

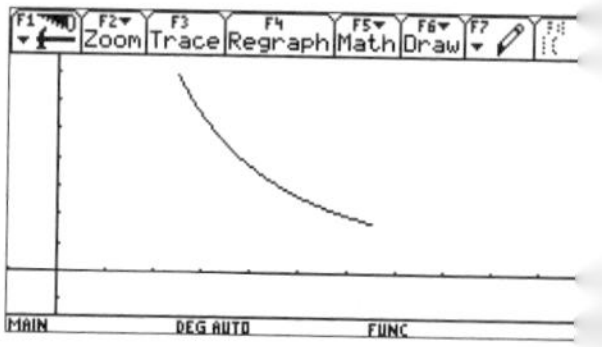

1.1.2 **Beschreibung der Veränderungen der Form des Kegelstumpfes**

Annäherung von r an den Wert vier

Der Wert vier ist auch der Radius der Grundfläche. Nähert sich r dem Wert vier, so bedeutet das, dass die Deckfläche nahezu deckungsgleich zur Grundfläche wird. Gleichzeitig vergrößert sich die Höhe h.

Im Fall der Kongruenz von Grund- und Deckfläche handelt es sich um einen geraden Kreiszylinder. Ein Betrachter würde aber auch schon bei einer hinreichend dichten Annäherung von r an den Wert vier zu dem Entschluss gelangen, dass es sich um einen geraden Kreiszylinder handelt.

r wird sehr groß

Vergrößert sich r, so bedeutet das, dass die Deckfläche immer größer wird. Gleichzeitig verringert sich die Höhe h. Dieses würde im Extremfall (für $r \to \infty$) bedeuten, dass h gegen null geht. Ein Betrachter würde bei einem hinreichend großen Wert von r diesen Körper als eine kreisförmige Scheibe wahrnehmen.

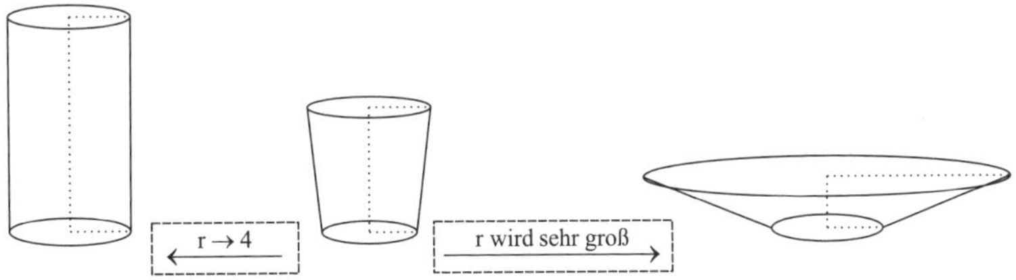

1.2 **Berechnung des Volumens**

Die innere Form der Glasbehälter kann durch die Rotation des Teilstücks des Graphen einer Funktion g im Intervall $0{,}8 \le x \le 11$ um die x-Achse beschrieben werden. Eine Gleichung der Funktion g lautet: $g(x) = 2{,}3 \cdot \sqrt[8]{x^3 - 0{,}8^3}$, $x \in D_f$. Die Berechnung des Volumens dieses um die x-Achse rotierenden Körpers erfolgt mit der Formel

$$V_{rot} = \pi \cdot \int_a^b (g(x))^2 \, dx.$$

Dabei sind die Integrationsgrenzen die Intervallgrenzen $a = 0{,}8$ und $b = 11$.

$$V_{rot} = \pi \cdot \int_{0,8}^{11} \left(2{,}3 \cdot \sqrt[8]{x^3 - 0{,}8^3}\right)^2 dx$$

$$V_{rot} \approx \underline{\underline{621{,}9 \text{ VE}}}$$

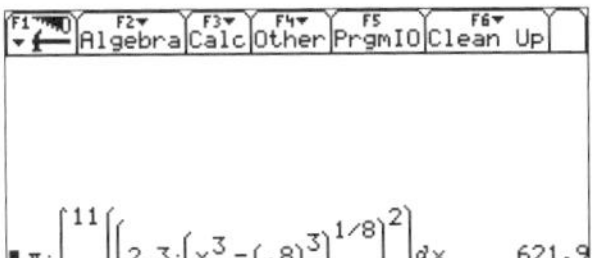

Ergebnis: Das Volumen, das maximal mit Wachs gefüllt werden kann, beträgt rund 620 cm^3.

Berechnung der Masse

Zur Berechnung der Masse eines leeren Glases mithilfe der Gleichung

$$\text{Dichte} = \frac{\text{Masse}}{\text{Volumen}} \quad \text{bzw.} \quad \rho = \frac{m}{V}$$

ist zunächst die Berechnung des Volumens eines leeren Glases erforderlich. Damit ist das Volumen des Glaskörpers gemeint; dieses ergibt sich aus dem Volumen des äußeren Rotationskörpers abzüglich des bereits berechneten Volumens des inneren Rotationskörpers.

Die äußere Form der Glasbehälter kann durch die Rotation des Teilstücks des Graphen einer linearen Funktion vom Punkt A(0 | 4) bis B(11 | 6) um die x-Achse beschrieben werden.

Für die Berechnung des Volumens des äußeren Rotationskörpers gibt es zwei Varianten.

Variante 1: Die Berechnung des Volumens dieses um die x-Achse rotierenden Körpers erfolgt wiederum mit der bekannten Formel zur Berechnung von V_{rot}. Dabei sind die Integrationsgrenzen die Intervallgrenzen $a = 0$ und $b = 11$. Es fehlt aber noch eine Gleichung der linearen Funktion f(x), die durch die Punkte A und B verläuft.

$f(x) = m \cdot x + n$

Den Anstieg m gewinnt man über das Steigungsdreieck:

$$m = \frac{\Delta y}{\Delta x} = \frac{y_B - y_A}{x_B - y_B} = \frac{6-4}{11-0} = \frac{2}{11} \approx 0{,}182$$

Den Wert n kann man aus der y-Koordinate des Punktes A ablesen:

$n = 4$

Damit kann man das Rotationsvolumen des äußeren Rotationskörpers berechnen:

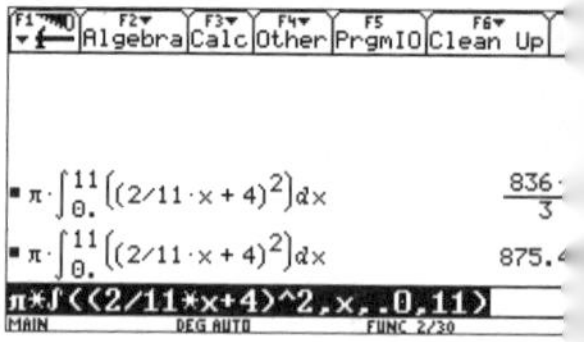

$$V_{rot} = \pi \cdot \int_0^{11} \left(\frac{2}{11} \cdot x + 4\right)^2 dx$$

$$V_{rot} = \frac{836 \cdot \pi}{3} \text{ VE} \approx 875{,}5 \text{ VE}$$

Variante 2: Dieser äußere Rotationskörper ist ein gerader Kegelstumpf. Das Volumen eines geraden Kegelstumpfes kann berechnet werden mithilfe der Gleichung

$$V = \frac{\pi}{3} h(r_2^2 + r_2 \cdot r_1 + r_1^2).$$

Dabei sind folgende Werte ablesbar bzw. können dem Aufgabentext entnommen werden:

$r_1 = y_A = 4$

$r_2 = y_B = 6$

$h = x_B - x_A = 11 - 0 = 11$

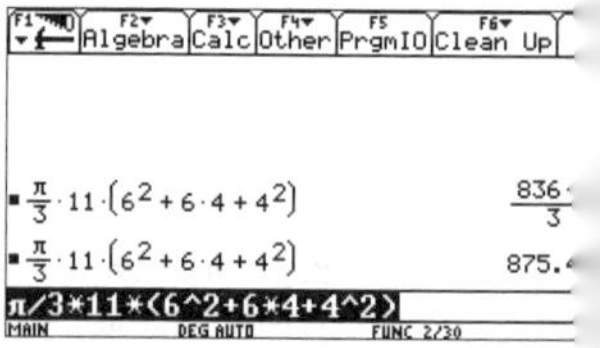

$$V = \frac{\pi}{3} h\,(r_2^2 + r_2 \cdot r_1 + r_1^2) = \frac{\pi}{3} \cdot 11 \cdot (6^2 + 6 \cdot 4 + 4^2)$$

$$= \frac{836 \cdot \pi}{3} \text{ VE} \approx 875{,}5 \text{ VE}$$

Nach der Bestimmung des Volumens des äußeren Rotationskörpers wird nun das Volumen des leeren Glases bzw. des Glaskörpers berechnet. Dies geschieht durch die Subtraktion des Volumens des inneren Rotationskörpers (entspricht dem Volumen, das maximal mit Wachs gefüllt werden kann, dies wurde zuletzt mit 621,9 VE ermittelt).

$V_{Glaskörper} = V_{äußerer\ Rotationskörper} - V_{innerer\ Rotationskörper}$

$V_{Glaskörper} = 875{,}5\ \text{VE} - 621{,}9\ \text{VE} = 253{,}6\ \text{VE}$

Das Volumen des Glaskörpers beträgt rund 250 cm^3.

Berechnung der Masse:

$$\rho = \frac{m}{V} \qquad | \cdot V$$

$$m = \rho \cdot V = 2{,}2\,\frac{g}{cm^3} \cdot 250\ cm^3 = \underline{\underline{550\ g}}$$

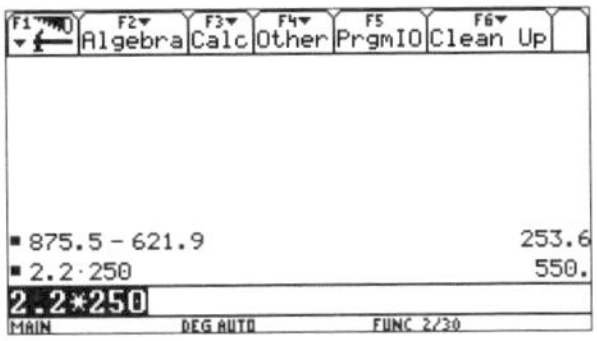

Ergebnis: Die Masse eines leeren Glases beträgt rund 550 g.

1.3 Zunächst ist es sinnvoll, die Funktionenschar $f_a(x)$ z. B. als fa(x) zu speichern.

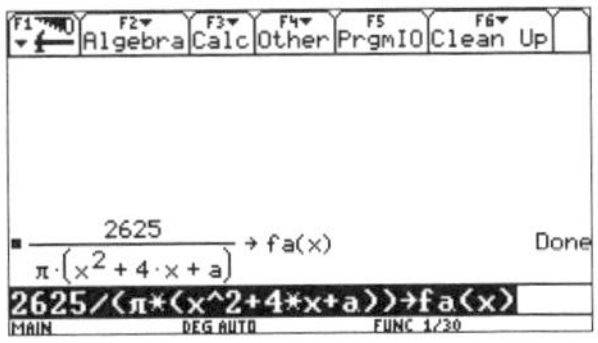

Schnittpunkte mit der x-Achse

Die Zählerfunktion von $f_a(x)$ besitzt keine Nullstellen.

Ergebnis: Die Graphen F_a besitzen keine Schnittpunkte mit der x-Achse.

Schnittpunkte mit der y-Achse

Es müssen die Funktionswerte $f_a(0)$ berechnet werden:

$$f_a(0) = \frac{2625}{a \cdot \pi}$$

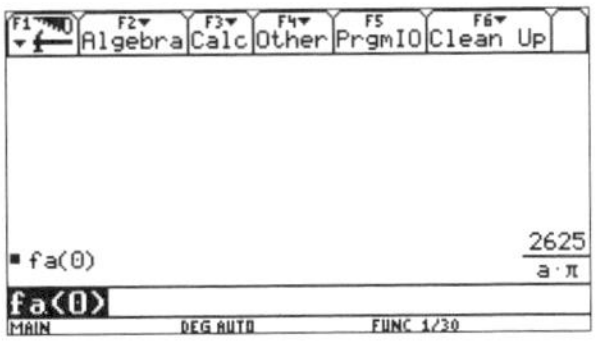

Ergebnis: Die Koordinaten der Schnittpunkte der Graphen F_a mit der y-Achse sind

$$\underline{\underline{S_y\left(0 \,\middle|\, \frac{2625}{a \cdot \pi}\right)}}.$$

Berechnung der Koordinaten der Hochpunkte

Laut Aufgabenstellung wird die Existenz von genau einem Hochpunkt für jeden Graph F_a vorausgesetzt, es genügt somit die Berechnung der Koordinaten mithilfe der notwendigen Bedingung für die Existenz von Extrempunkten; auf den Nachweis der hinreichenden Bedingung kann verzichtet werden.

Ermittlung der Ableitungsfunktion:

$$f_a'(x) = \frac{-5250 \cdot (x+2)}{\pi \cdot (x^2 + 4x + a)^2}$$

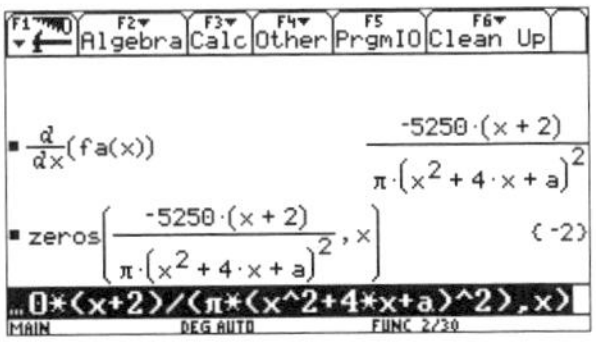

Notwendige Bedingung:

$$f_a'(x_E) = 0$$

$$x_E = -2$$

Berechnung der y-Koordinate der Hochpunkte:

$$f_a(-2) = \frac{2625}{(a-4) \cdot \pi} \quad \Rightarrow \quad \underline{\underline{P_{max}\left(-2 \,\middle|\, \frac{2625}{(a-4) \cdot \pi}\right)}}$$

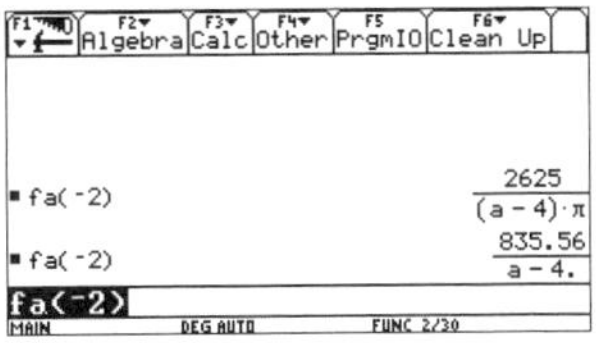

Anzahl der Polstellen von f_a

Eine Funktion hat mit Sicherheit an der Stelle x eine Polstelle, wenn die Nennerfunktion an dieser Stelle eine Nullstelle besitzt und die Zählerfunktion an dieser Stelle nicht zugleich null ist. Da die Zählerfunktion von f_a keine Nullstelle besitzt, sind alle Nullstellen der Nennerfunktion von f_a Polstellen.

Berechnung der Nullstellen der Nennerfunktion von f_a:

$$0 = \pi \cdot (x^2 + 4x + a)$$

$$x_{01} = -(\sqrt{4-a} + 2)$$

$$x_{02} = \sqrt{4-a} - 2$$

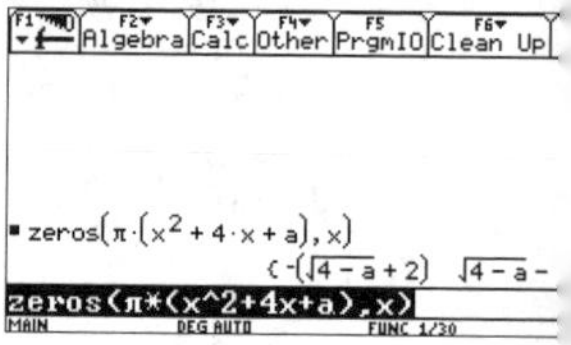

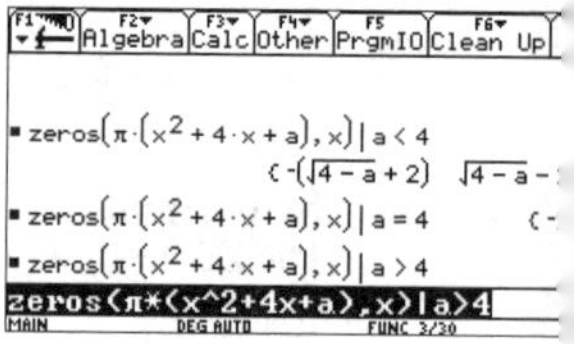

Interpretation der Ergebnisse:
Die Berechnung ergibt zunächst zwei Nullstellen, die somit Polstellen von f_a sind. Allerdings ergibt sich durch die Wurzel eine Einschränkung für a. Der Wurzelausdruck ist nur für $a \leq 4$ definiert. Insbesondere sind die Lösungen x_{01} und x_{02} für $a = 4$ gleich (-2). Somit gibt es für $a = 4$ nur eine Polstelle.

Ergebnis: Die Funktionenschar f_a hat zwei Polstellen für $a < 4$, eine für $a = 4$, keine für $a > 4$.

A 2 Analytische Geometrie

2.1 Grafische Darstellung

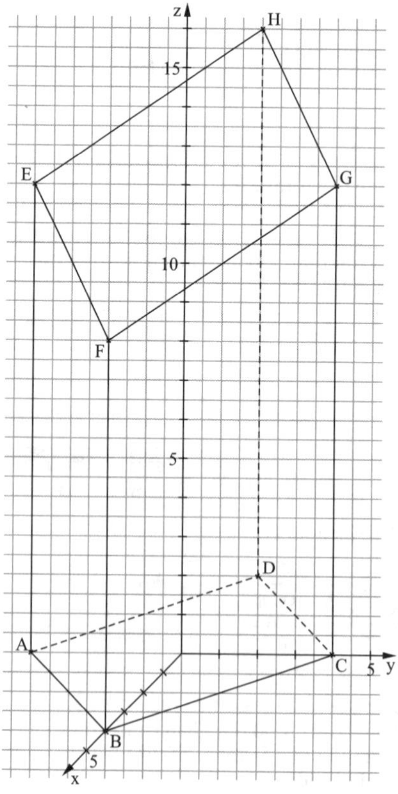

2.2 **Grundfläche in der xy-Ebene**

Die Grundfläche ABCD liegt in der xy-Ebene, weil die z-Koordinate der Punkte null ist.

2.3 **Koordinatengleichung der Ebene ε**

Um eine Koordinatengleichung der Ebene ε, in der sich das Viereck EFGH befindet, zu ermitteln, muss man zunächst einen Normalenvektor der Ebene bestimmen. Der Normalenvektor steht senkrecht auf der Ebene und seine Koordinaten sind die Koeffizienten a, b, c der Koordinatengleichung $a \cdot x + b \cdot y + c \cdot z - d = 0$ dieser Ebene.

Der Normalenvektor kann z. B. als Kreuzprodukt der Vektoren $\overrightarrow{EF}$ und $\overrightarrow{FG}$ bestimmt werden. Die Richtungsvektoren sind:

$$\overrightarrow{EF} = \begin{pmatrix} 4 \\ 0 \\ 10 \end{pmatrix} - \begin{pmatrix} 0 \\ -4 \\ 12 \end{pmatrix} = \begin{pmatrix} 4 \\ 4 \\ -2 \end{pmatrix} \quad \text{und} \quad \overrightarrow{FG} = \begin{pmatrix} 0 \\ 4 \\ 12 \end{pmatrix} - \begin{pmatrix} 4 \\ 0 \\ 10 \end{pmatrix} = \begin{pmatrix} -4 \\ 4 \\ 2 \end{pmatrix}$$

Für das Kreuzprodukt ergibt sich:

$$\vec{n}_{EFGH} = \overrightarrow{EF} \times \overrightarrow{FG} = \begin{pmatrix} 4 \\ 4 \\ -2 \end{pmatrix} \times \begin{pmatrix} -4 \\ 4 \\ 2 \end{pmatrix} = \begin{pmatrix} 16 \\ 0 \\ 32 \end{pmatrix}$$

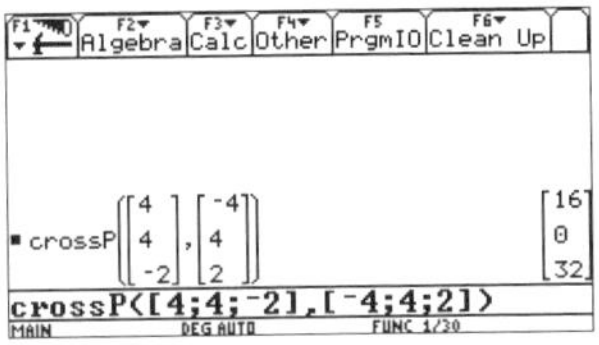

Dieser Normalenvektor kann weiter vereinfacht werden zu:

$$\vec{n}_{EFGH} = \begin{pmatrix} 16 \\ 0 \\ 32 \end{pmatrix} = 16 \cdot \begin{pmatrix} 1 \\ 0 \\ 2 \end{pmatrix}$$

Werden die Koeffizienten des Normalenvektors eingesetzt, so ergibt sich: $x + 2z - d = 0$

Mit dem Einsetzen der Koordinaten z. B. des Punktes E erhält man den Wert von d:

$$0 + 0 + 2 \cdot 12 - d = 0$$
$$d = 24$$

Damit ergibt sich als eine mögliche Lösung für die Koordinatenform $\underline{\underline{x + 2z - 24 = 0}}$.

Neigungswinkel der Ebene ε

Ein Normalenvektor der xy-Ebene könnte z. B.

$\vec{n}_{xy} = \begin{pmatrix} 0 \\ 0 \\ 1 \end{pmatrix}$ lauten.

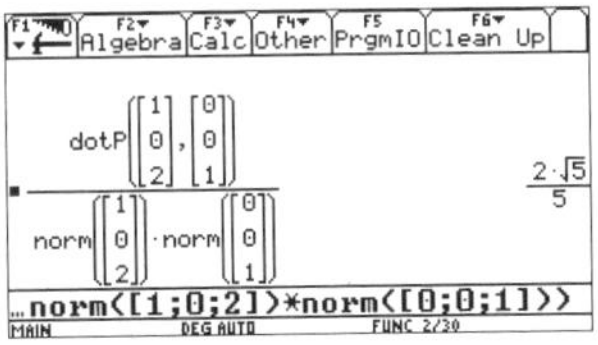

Der Winkel zwischen den beiden Normalenvektoren $\vec{n}_{EFGH}$ und $\vec{n}_{xy}$ wird mithilfe des Skalarproduktes bestimmt:

$$\vec{n}_{EFGH} \circ \vec{n}_{xy} = |\vec{n}_{EFGH}| \cdot |\vec{n}_{xy}| \cdot \cos\measuredangle(\vec{n}_{EFGH}, \vec{n}_{xy})$$

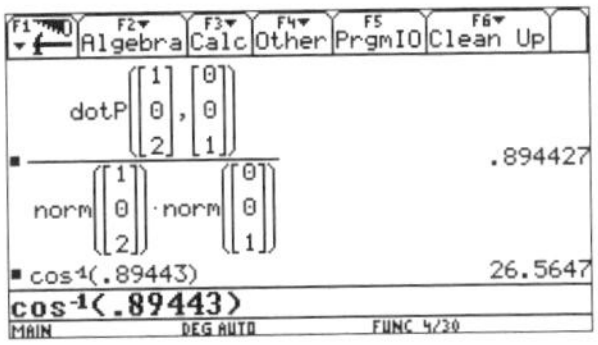

Durch Umstellen und Einsetzen erhält man:

$$\cos\measuredangle(\vec{n}_{EFGH}, \vec{n}_{xy}) = \frac{\vec{n}_{EFGH} \circ \vec{n}_{xy}}{|\vec{n}_{EFGH}| \cdot |\vec{n}_{xy}|}$$

$$\cos\measuredangle(\vec{n}_{EFGH}, \vec{n}_{xy}) = \frac{2\sqrt{5}}{5}$$

$$\measuredangle(\vec{n}_{EFGH}, \vec{n}_{xy}) \approx \underline{\underline{26{,}56^\circ}}$$

Ergebnis: Der Neigungswinkel der Ebene ε gegenüber der xy-Ebene beträgt rund 26,6°.

2.4 **Wahrheitsgehalt der Aussagen**

In einem Parallelogramm sind die gegenüberliegenden Seiten parallel zueinander und gleich lang. Ein Rhombus ist ein Parallelogramm, das vier gleich lange Seiten hat. Und ein Quadrat ist ein Rhombus, bei dem benachbarte Seiten einen rechten Winkel bilden.

Zunächst werden die Seitenlängen des Vierecks bestimmt.

Dazu benötigt man die Richtungsvektoren $\overrightarrow{EF}$, $\overrightarrow{FG}$, $\overrightarrow{GH}$ und $\overrightarrow{HE}$.

$$\overrightarrow{EF} = \overrightarrow{OF} - \overrightarrow{OE}, \quad \overrightarrow{FG} = \overrightarrow{OG} - \overrightarrow{OF}, \quad \overrightarrow{GH} = \overrightarrow{OH} - \overrightarrow{OG}, \quad \overrightarrow{HE} = \overrightarrow{OE} - \overrightarrow{OH},$$

$$\overrightarrow{EF} = \begin{pmatrix} 4 \\ 4 \\ -2 \end{pmatrix} \quad \overrightarrow{FG} = \begin{pmatrix} -4 \\ 4 \\ 2 \end{pmatrix} \quad \overrightarrow{GH} = \begin{pmatrix} -4 \\ -4 \\ 2 \end{pmatrix} \quad \overrightarrow{HE} = \begin{pmatrix} 4 \\ -4 \\ -2 \end{pmatrix}$$

Da alle Komponenten der Vektoren bis auf die Vorzeichen identisch sind, besitzen alle Vektoren die gleiche Länge.

Außerdem ist $\overrightarrow{FG} = -\overrightarrow{HE}$ und $\overrightarrow{EF} = -\overrightarrow{GH}$, somit sind die Seiten EF und GH sowie die Seiten FG und HE parallel zueinander.

Bleibt jetzt nur noch zu klären, ob zwei Seiten einen rechten Winkel bilden.

Dies wird mithilfe des Skalarprodukts überprüft. Ist das Skalarprodukt zweier Vektoren null, so stehen die entsprechenden Seiten des Vierecks senkrecht aufeinander.

$$\overrightarrow{EF} \circ \overrightarrow{FG} = \begin{pmatrix} 4 \\ 4 \\ -2 \end{pmatrix} \circ \begin{pmatrix} -4 \\ 4 \\ 2 \end{pmatrix} = 4 \cdot (-4) + 4 \cdot 4 + (-2) \cdot 2 = -4 \neq 0$$

Da das Skalarprodukt der Vektoren zweier Seiten ungleich null ist, stehen die Seiten nicht senkrecht aufeinander.

Das Viereck EFGH ist somit ein Parallelogramm (C) und ein Rhombus (A), aber es ist *kein* Quadrat (B).

Flächeninhalt des Vierecks EFGH

Da das Viereck EFGH ein Parallelogramm ist, kann der Flächeninhalt des Vierecks mithilfe des Kreuzproduktes zweier Vektoren, die das Parallelogramm aufspannen, berechnet werden.

$$A = \left| \overrightarrow{EF} \times \overrightarrow{FG} \right|$$

$$A = \left| \begin{pmatrix} 16 \\ 0 \\ 32 \end{pmatrix} \right| \quad \text{(siehe Aufgabe 2.3)}$$

$$A = 16\sqrt{5} \approx \underline{\underline{35{,}78 \text{ FE}}}$$

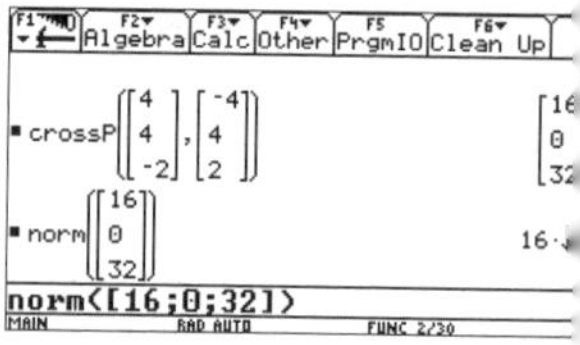

Ergebnis: Der Flächeninhalt des Vierecks EFGH beträgt rund 35,78 Flächeneinheiten.

2.5 **Koordinaten der weiteren Eckpunkte**

Wände sind meist senkrecht zur Grundfläche. Bei der Betrachtung der Koordinaten übereinanderliegender Punkte fällt auf, dass sich die x- und y-Koordinaten nicht verändern (z. B. $A(0\,|-4\,|\,0)$ und $E(0\,|-4\,|\,12)$).

Demzufolge braucht man, wenn man die Koordinaten des linken unteren Eckpunktes bestimmen will, nur von der z-Koordinate des linken oberen Eckpunktes $P(3\,|\,1\,|\,9)$ 1,50 Einheiten (das Fenster hat eine Höhe von 1,50 LE) abziehen und die x- und y-Koordinaten beibehalten.

Somit erhält man für die Koordinaten des linken unteren Eckpunktes:

$$Q(3\,|\,1\,|\,9-1{,}50) \;\Rightarrow\; \underline{\underline{Q(3\,|\,1\,|\,7{,}50)}}$$

Für die Bestimmung des rechten oberen Eckpunktes S gibt es zwei mögliche Lösungswege.

1. Variante: Die Aussage, dass zwei Kanten des Fensters parallel zu BC sind, wird verwendet, um die Koordinaten des oberen rechten Eckpunktes S(x | y | 9) zu bestimmen. Damit ist $\overrightarrow{OS} = \overrightarrow{OP} + r \cdot \overrightarrow{BC}$.

Jetzt hat das Fenster eine Breite von 2,83 LE. Somit muss $|r \cdot \overrightarrow{BC}| = 2{,}83$ sein. Es ergibt sich somit für r:

$$\left| r \cdot \begin{pmatrix} -4 \\ 4 \\ 0 \end{pmatrix} \right| = 2{,}83 \quad \Rightarrow \quad r_1 = -0{,}5 \vee r_2 = 0{,}5$$

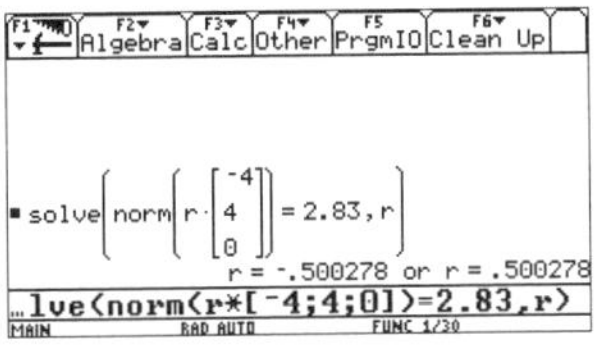

r_1 entfällt, da der rechte Eckpunkt gesucht ist.
Somit erhält man für den Punkt S:

$$\overrightarrow{OS} = \begin{pmatrix} 3 \\ 1 \\ 9 \end{pmatrix} + 0{,}5 \cdot \begin{pmatrix} -4 \\ 4 \\ 0 \end{pmatrix} = \begin{pmatrix} 1 \\ 3 \\ 9 \end{pmatrix}$$

Der Punkt S hat die Koordinaten S(1 | 3 | 9).

2. Variante: Um die Koordinaten des oberen rechten Eckpunktes S(x | y | 9) zu bestimmen, wird die Koordinatengleichung der Ebene BCGF benötigt. Diese wird wie folgt aufgestellt.

Zunächst wird ein Normalenvektor der Ebene bestimmt.

$$\overrightarrow{BC} \times \overrightarrow{CG} = \begin{pmatrix} -4 \\ 4 \\ 0 \end{pmatrix} \times \begin{pmatrix} 0 \\ 0 \\ 12 \end{pmatrix} = \begin{pmatrix} 48 \\ 48 \\ 0 \end{pmatrix}$$

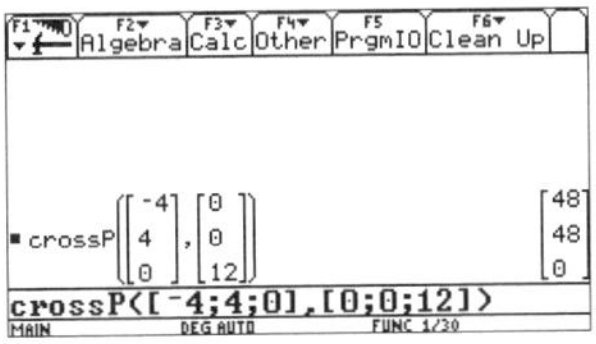

Damit erhält man einen Normalenvektor:

$$\vec{n}_{BCGF} = \begin{pmatrix} 1 \\ 1 \\ 0 \end{pmatrix}$$

Werden die Koeffizienten des Normalenvektors eingesetzt, so ergibt sich: $x + y - d = 0$
Werden jetzt die Koordinaten eines Punktes, z. B. des Punktes B, in die Koordinatengleichung eingesetzt, ergibt sich:

$$4 + 0 - d = 0$$
$$d = 4$$

Eine Koordinatengleichung der Ebene lautet $x + y - 4 = 0$.

Da der Punkt S zum Punkt P einen Abstand von 2,83 LE haben und auch in der Ebene BCGF liegen soll, ist das folgende Gleichungssystem zu lösen.

$$\text{I} \quad |\overrightarrow{PS}| = \left| \begin{pmatrix} x \\ y \\ 9 \end{pmatrix} - \begin{pmatrix} 3 \\ 1 \\ 9 \end{pmatrix} \right| = \left| \begin{pmatrix} x-3 \\ y-1 \\ 9-9 \end{pmatrix} \right| = 2{,}83$$

$$\sqrt{(x-3)^2 + (y-1)^2 + 0} = 2{,}83$$

$$\text{II} \quad x + y - 4 = 0$$

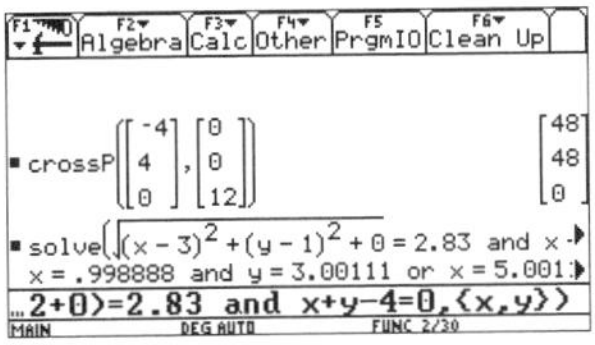

Es ergeben sich die Lösungen $S_1(1 | 3 | 9)$ und $S_2(5 | -1 | 9)$. Da der Punkt S_2 außerhalb der Fläche BCGF liegt, hat der linke obere Eckpunkt S die Koordinaten S(1 | 3 | 9).

Der letzte Punkt R liegt 1,50 LE unterhalb des Punktes S. Es ergibt sich somit:
R(1 | 3 | 7,50)

Kante des Körpers
Der Punkt Q_t hat die Koordinaten $Q_t(4-4t\,|\,4t\,|\,10+2t)$ mit $0 \le t \le 1$.
Er liegt auf der Geraden

$$g\colon \vec{x} = \begin{pmatrix} 4 \\ 0 \\ 10 \end{pmatrix} + t \cdot \begin{pmatrix} -4 \\ 4 \\ 2 \end{pmatrix}.$$

Werden die beiden Grenzen in die Geradengleichung eingesetzt, erhält man:

$$\vec{x} = \begin{pmatrix} 4 \\ 0 \\ 10 \end{pmatrix} + 0 \cdot \begin{pmatrix} -4 \\ 4 \\ 2 \end{pmatrix} = \begin{pmatrix} 4 \\ 0 \\ 10 \end{pmatrix} \Rightarrow \text{ Dies ist der Ortsvektor zum Punkt F.}$$

$$\vec{x} = \begin{pmatrix} 4 \\ 0 \\ 10 \end{pmatrix} + 1 \cdot \begin{pmatrix} -4 \\ 4 \\ 2 \end{pmatrix} = \begin{pmatrix} 0 \\ 4 \\ 12 \end{pmatrix} \Rightarrow \text{ Dies ist der Ortsvektor zum Punkt G.}$$

Ergebnis: Der Punkt Q_t beschreibt die Kante FG.

Minimale Länge der Strecke $\overline{PQ_t}$
Um die minimale Länge der Strecke $\overline{PQ_t}$ zu bestimmen, wird der Betrag des Vektors $\overrightarrow{PQ_t}$ benötigt; dies sei die Abstandsfunktion a(t).

$$a(t) = \left|\overrightarrow{PQ_t}\right| = \left|\begin{pmatrix} 4-4t \\ 4t \\ 10+2t \end{pmatrix} - \begin{pmatrix} 3 \\ 1 \\ 9 \end{pmatrix}\right|$$

$$a(t) = \sqrt{3 \cdot (12t^2 - 4t + 1)}$$

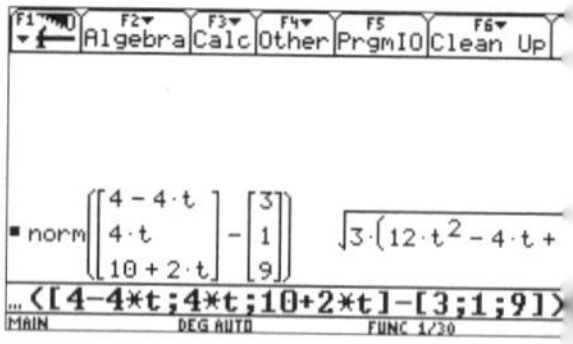

Der Betrag des Vektors soll minimal werden.
Hierzu müssen die erste und zweite Ableitung der Abstandsfunktion a(t) ermittelt werden.

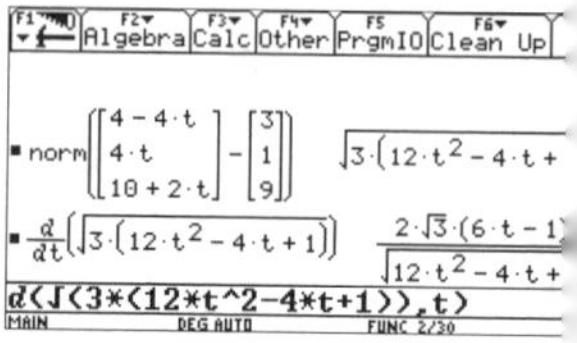

$$a(t) = \sqrt{3 \cdot (12t^2 - 4t + 1)}$$

$$a'(t) = \frac{2 \cdot \sqrt{3} \cdot (6t-1)}{\sqrt{12t^2 - 4t + 1}}$$

$$a''(t) = \frac{8\sqrt{3}}{(12t^2 - 4t + 1)^{\frac{3}{2}}}$$

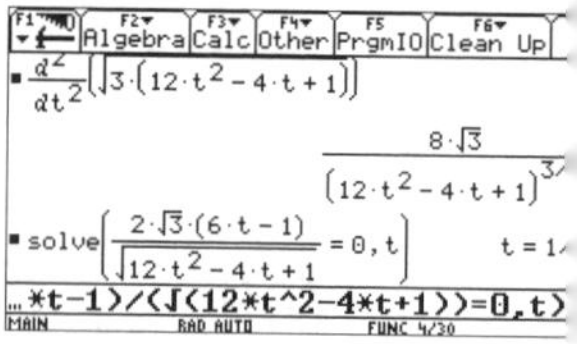

Notwendige Bedingung: $a'(t_E) = 0$

$$\frac{2 \cdot \sqrt{3} \cdot (6t_E - 1)}{\sqrt{12t_E^2 - 4t_E + 1}} = 0$$

$$t_E = \frac{1}{6}$$

Jetzt muss man nur noch mithilfe der hinreichenden Bedingung $(a'(t_E) = 0 \wedge a''(t_E) \neq 0)$ überprüfen, ob für $t_E = \frac{1}{6}$ ein Minimum vorliegt. Man erhält:

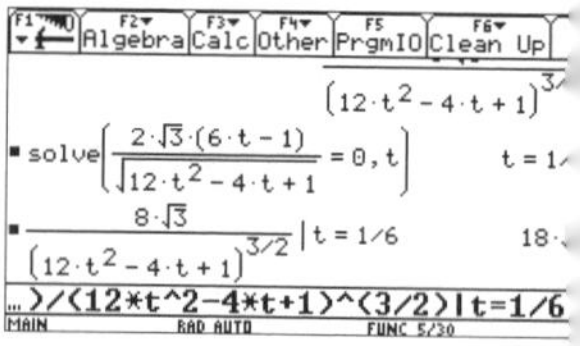

$$a''\left(\frac{1}{6}\right) = 18\sqrt{2} > 0 \Rightarrow \text{ Minimum}$$

Somit ist für $\underline{\underline{t_E = \frac{1}{6}}}$ der Abstand der Punkte P und Q_t minimal.

2.6 **Eine Möglichkeit zur Berechnung des Dachraumvolumens**

Um eine bessere Vorstellung vom Dachraum zu bekommen, wird dieser zunächst grafisch dargestellt.

Zu sehen ist ein Ausschnitt aus dem Koordinatensystem mit eingezeichnetem Fußboden des Dachraumes.

Der Punkt I liegt auf der Kante CG, der Punkt J auf der Kante DH und der Punkt K auf der Kante AE.

Es gibt verschiedene Varianten der Lösung, hier werden stellvertretend zwei Lösungsmöglichkeiten vorgestellt.

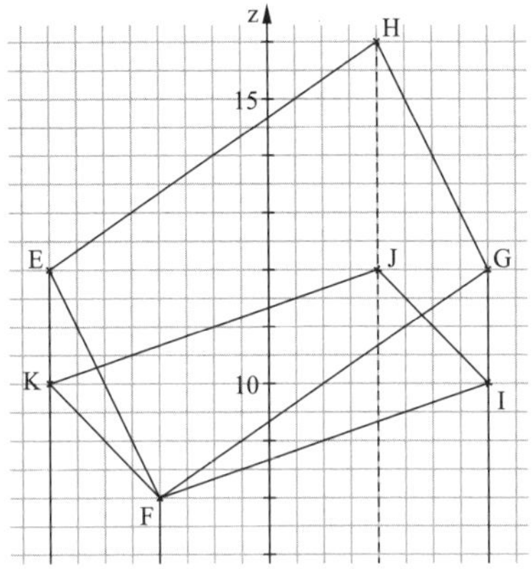

1. Variante: Es wird eine Ebene durch die Punkte J, F und H gelegt. Diese Ebene JFH zerlegt den Dachraum in zwei Pyramiden mit trapezförmiger Grundfläche.
Zu der einen Pyramide gehören die Punkte G, H, I und J der Grundfläche und die Spitze F.
Die andere Pyramide wird gebildet durch die Punkte E, H, J und K der Grundfläche mit der Spitze F.
Das Volumen dieser Pyramiden kann mithilfe der Formel $V = \frac{1}{3} A_G \cdot h$ einzeln berechnet werden.
Die Grundflächen sind jeweils Trapeze und die Höhen der Pyramiden sind die Abstände des Punktes F von den jeweiligen Grundflächen. Die Summe dieser einzelnen Volumina ergibt dann das Volumen des Dachraumes.

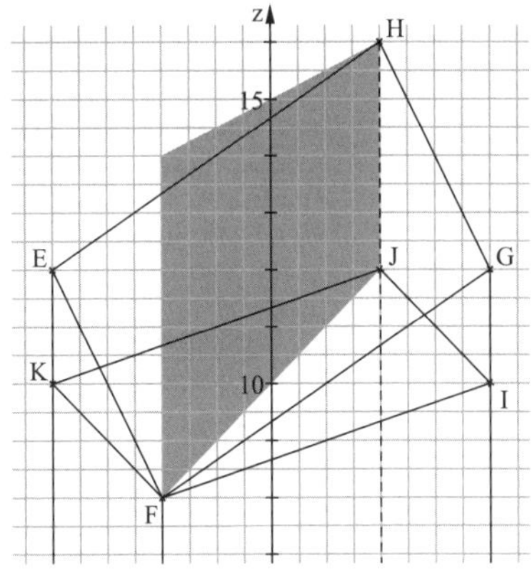

2. Variante: Es wird eine zur Grundfläche parallele Ebene durch den Punkt H gelegt. Diese Ebene ist ebenfalls zum Fußboden des Dachraumes parallel.

Jetzt werden die Kanten AE, BF und CG verlängert, bis sie die oberste parallele Ebene (die den Punkt H enthält) durchstoßen. Dabei entstehen die Punkte L, M und N (siehe nebenstehende Grafik).
Das Volumen des Quaders FIJKMNHL kann man leicht berechnen. Die Ebene EFGH zerlegt den Quader FIJKMNHL in zwei volumengleiche Teilkörper.
Wenn also das Volumen des Quaders FIJKMNHL halbiert wird, erhält man das gesuchte Volumen des Dachraumes.

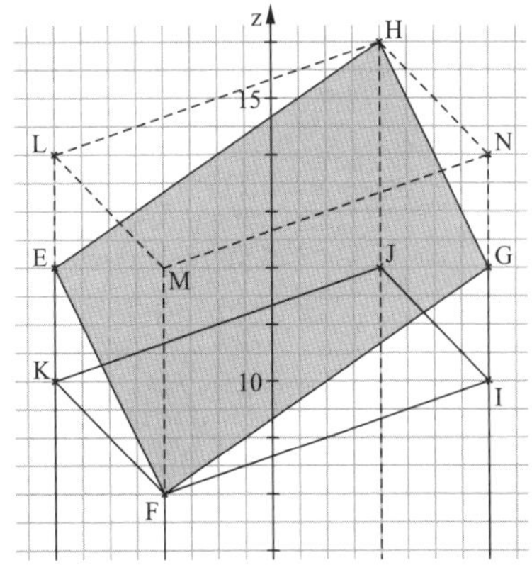

A 3 Analysis und Stochastik

3.1.1 Ermittlung der Wahrscheinlichkeit

Dieser Vorgang kann als ein zweistufiges Zufallsexperiment interpretiert werden. Dabei entspricht die erste Stufe der Feststellung, ob ein Fahrzeugführer angeschnallt unterwegs ist oder nicht. In der zweiten Stufe wird gemessen, ob ein Fahrzeugführer die zulässige Höchstgeschwindigkeit einhält oder nicht. Die beiden Stufen dieses Zufallsexperimentes treten unabhängig voneinander auf. Die Abbildung zeigt den Vorgang als Baumdiagramm.

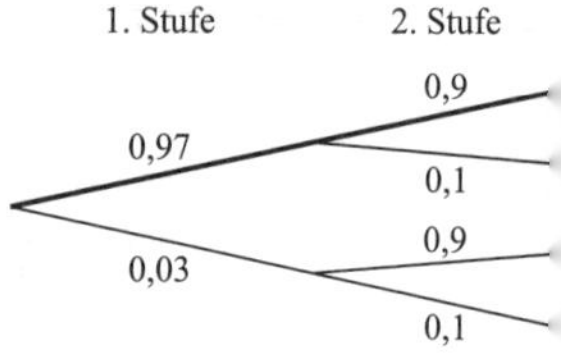

Die Wahrscheinlichkeit des Ereignisses „Ein Fahrzeug passiert die Kontrollstelle vorschriftsmäßig“ berechnet man mit der Pfadregel.

$P = 0{,}97 \cdot 0{,}9 = 0{,}873 = \underline{\underline{87{,}3\ \%}}$

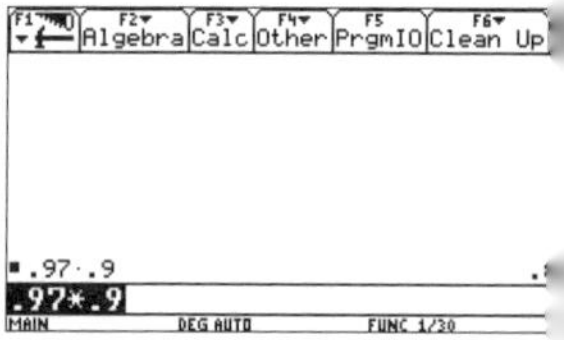

Ergebnis: Die Wahrscheinlichkeit, dass ein Fahrzeug die Kontrollstelle vorschriftsmäßig passiert, beträgt 87,3 %.

3.1.2 Berechnung der Wahrscheinlichkeiten der Ereignisse A und B

Es handelt sich jeweils um eine 372-malige ($\rightarrow n = 372$) Wiederholung eines Zufallsexperimentes mit genau zwei möglichen Ausgängen. Weiterhin ist die Wahrscheinlichkeit des Auftretens dieses Ergebnisses bei jeder Versuchsdurchführung konstant (→ Bernoulli-Experiment).

Beim Ereignis A lauten die zwei möglichen Ausgänge: $\Omega = \{$zulässige Geschwindigkeit wird eingehalten; zulässige Geschwindigkeit wird nicht eingehalten$\}$. Dabei wird die Anzahl gezählt (→ k), wie oft ein Fahrzeugführer die zulässige Geschwindigkeit einhält ($\rightarrow p = 0{,}9$).

A: Bei dieser Kontrolle halten genau 335 Fahrzeugführer die zulässige Geschwindigkeit ein. $\rightarrow k = 335$

$$P(A) = B_{372;\,0,9}(335) = \binom{372}{335} \cdot 0{,}9^{335} \cdot 0{,}1^{37} \approx 0{,}0689 = \underline{\underline{6{,}89\ \%}}$$

Ergebnis: Die Wahrscheinlichkeit für das Ereignis A beträgt 6,9 %.

Beim Ereignis B lauten die zwei möglichen Ausgänge: $\Omega = \{$Fahrzeugführer ist nicht angeschnallt; Fahrzeugführer ist angeschnallt$\}$. Dabei wird die Anzahl gezählt (→ k), wie oft ein Fahrzeugführer nicht angeschnallt ist ($\rightarrow p = 0{,}03$).

B: Bei dieser Kontrolle sind mehr als 11 Fahrzeugführer nicht angeschnallt.
$\rightarrow k \in \{12;\ 13;\ \ldots;\ 371;\ 372\}$

Sinnvoll ist die Berechnung dieser Wahrscheinlichkeit mithilfe des Gegenereignisses.

$$P(B) = 1 - F_{372;\,0,03}(11)$$
$$= 1 - \sum_{k=0}^{11}\left(\binom{372}{k} \cdot 0{,}03^{k} \cdot 0{,}97^{372-k}\right)$$
$$\approx 0{,}440 = \underline{\underline{44{,}0\ \%}}$$

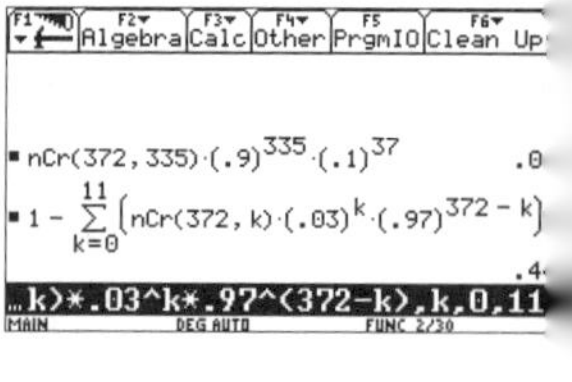

Ergebnis: Die Wahrscheinlichkeit für das Ereignis B beträgt 44,0 %.

Angabe der Höhe der zu erwartenden Einnahmen

Es muss der Erwartungswert einer binomialverteilten Zufallsgröße berechnet werden. Multipliziert man diesen Erwartungswert mit 30 €, erhält man die zu erwartenden Einnahmen.

$E = n \cdot p = 372 \cdot 0{,}03 = 11{,}16 \approx 11$

Erwartete Einnahmen $= 11 \cdot 30\,€ = \underline{\underline{330\,€}}$

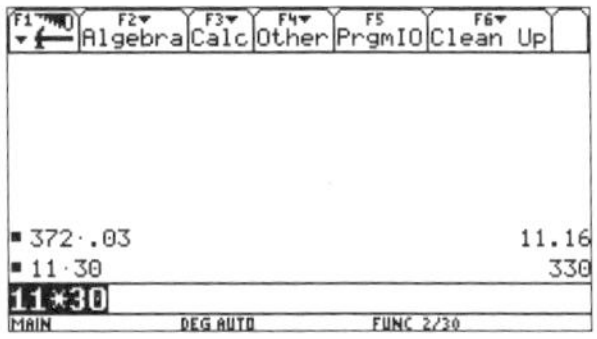

Ergebnis: Hinsichtlich der Anschnallpflicht kann man mit Einnahmen in Höhe von 330 € rechnen.

3.1.3 Äußerung zur Gültigkeit der Annahmen

Ein mehrstufiges Zufallsexperiment kann als Bernoullikette aufgefasst werden, wenn einerseits ein Versuch mit genau zwei festgelegten Ausgängen wiederholt durchgeführt wird. Diese Bedingung ist stets erfüllt. Andererseits muss die Wahrscheinlichkeit der möglichen Ausgänge bei allen Versuchsdurchführungen konstant bleiben. Durch die Information über die durchgeführte Verkehrskontrolle im Rundfunk muss man davon ausgehen, dass zumindest einige der Fahrzeugführer, die ohne Kenntnis dieser Kontrolle die zulässige Höchstgeschwindigkeit bei der Messung überschritten hätten bzw. nicht angeschnallt wären, nunmehr ihr Verhalten noch vor Erreichen der Kontrollstelle korrigieren. Damit verändern sich aber die Wahrscheinlichkeiten während der Kontrolle und man darf diesen Vorgang nicht mehr als Bernoullikette betrachten.

Sofern sich nach der Information im Rundfunk neue, aber stabile Wahrscheinlichkeiten für die Einhaltung der zulässigen Höchstgeschwindigkeit bzw. der Anschnallpflicht ergeben, könnte man ab diesem Zeitpunkt von einer (neuen) Bernoullikette sprechen.

3.2 Ermittlung einer Gleichung

Für den theoretischen Sicherheitsabstand zwischen zwei mit der Geschwindigkeit v (in $\frac{km}{h}$) fahrenden Fahrzeugen gelten folgende Werte:

v in $\frac{km}{h}$	50	75	100
Sicherheitsabstand s in m	18,6	30,5	44,3

1. Variante: Es muss die Rekonstruktion einer Gleichung der quadratischen Funktion s(v) durchgeführt werden.
In der Modellierung müssen die Koordinaten der drei Wertepaare in die allgemeine Gleichung einer ganzrationalen Funktion zweiten Grades eingesetzt werden.

Die allgemeine Gleichung einer ganzrationalen Funktion zweiten Grades ist
$f(x) = a \cdot x^2 + b \cdot x + c$
bzw. angewandt auf die Aufgabenstellung:
$s(v) = a \cdot v^2 + b \cdot v + c$

Durch Einsetzen der gegebenen Bedingungen in die Funktionsgleichung erhält man das folgende Gleichungssystem:

(I) $18{,}6 = s(50) = 50^2 a + 50b + c$

(II) $30{,}5 = s(75) = 75^2 a + 75b + c$

(III) $44{,}3 = s(100) = 100^2 a + 100b + c$

Zum Lösen dieses Gleichungssystems ist es sinnvoll, zunächst die Funktion s(v) abzuspeichern. Die Eingaben im Rechner sind dann im Display besser nachvollziehbar.

Dieses Gleichungssystem, bestehend aus drei Gleichungen mit drei Unbekannten, hat eine eindeutige Lösung:

a = 0,0015

b = 0,286

c = 0,5

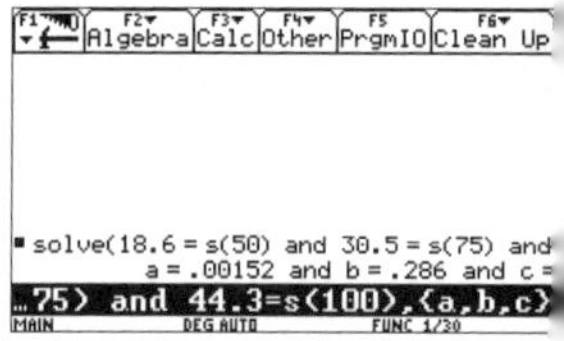

Da der Eintrag in der Befehlszeile in der Abbildung nicht vollständig lesbar ist, wird dieser hier noch einmal angegeben:
solve(18.6 = s(50) and 30.5 = s(75) and 44.3 = s(100), {a,b,c})

Alternativ können auch alle drei Gleichungen direkt eingegeben werden, d. h. ohne die oben beschriebene Abspeicherung der Funktion als s(v). Aufgrund des Umfangs der Gleichungen wird die Eingabe aber unübersichtlich.

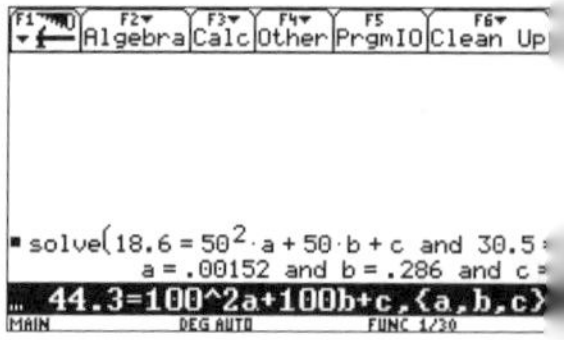

Da der Eintrag in der Befehlszeile in der Abbildung nicht vollständig lesbar ist, wird dieser hier noch einmal angegeben:
solve(18.6 = 50^2a + 50b + c and 30.5 = 75^2a + 75b + c and 44.3 = 100^2a + 100b + c, {a,b,c

Ergebnis: $\underline{\underline{s(v)=1{,}52\cdot 10^{-3}\,v^2+0{,}286v+0{,}5}}$

2. Variante: Es bietet sich zur Lösung dieser Teilaufgabe die Regression an. In der Regel erhält man bei drei gegebenen Punkten bei der Anwendung der quadratischen Regression eine Gleichung der gesuchten Funktion.

Die Regression erfolgt mithilfe des Data/Matrix-Editors. Dazu wird im Data/Matrix-Editor eine neue Tabelle angelegt.

In der Spalte **c1** werden die Geschwindigkeiten v eingetragen und in der Spalte **c2** die zugehörigen Sicherheitsabstände.

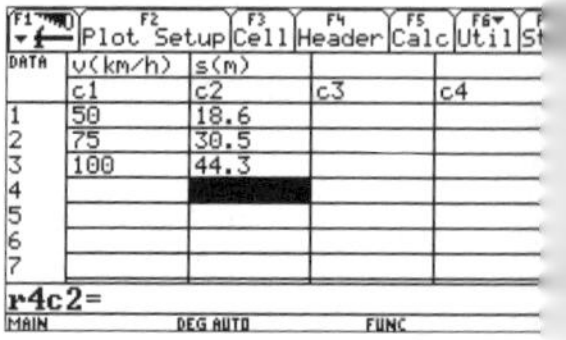

Die Regression startet man über die Taste [F5]. Im daraufhin erscheinenden Fenster wählt man unter „Calculation Type ..“ für die quadratische Regression „QuadReg“ aus.

Der V200 arbeitet nur mit den Variablen x und y, deshalb entspricht die Geschwindigkeit v dem x-Wert und der Sicherheitsabstand s dem y-Wert.

Die Argumente x bzw. v befinden sich in der Spalte **c1** und die dazugehörigen Funktionswerte y bzw. s in der Spalte **c2**.

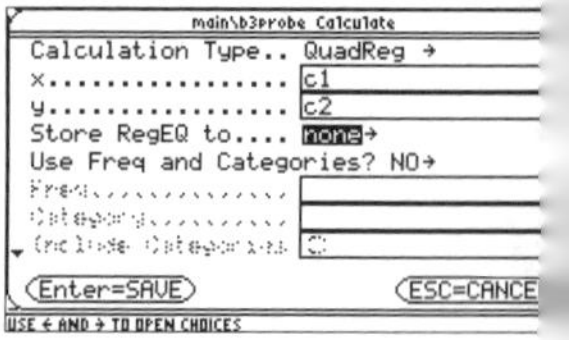

Eine Speicherung der Funktionsgleichung im y-Editor ist nicht notwendig.

Bei der durchgeführten Regression erhält man die Funktionsgleichung

$f(x)=0{,}00152 \cdot x^2+0{,}286 \cdot x+0{,}5$

bzw. angewandt auf die Aufgabenstellung:

$\underline{\underline{s(v)=0{,}00152 \cdot v^2+0{,}286v+0{,}5}}$

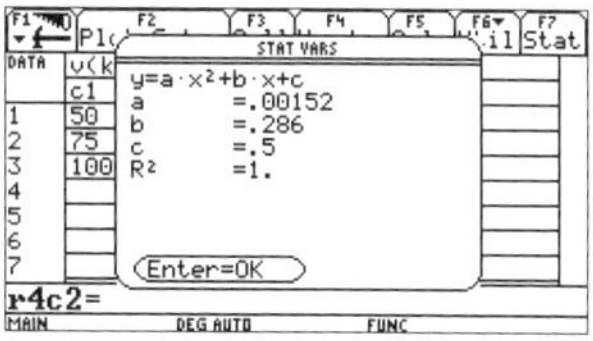

Berechnung des Sicherheitsabstandes

Für die nachfolgende Aufgabe wird die zuletzt ermittelte Funktionsgleichung

$s(v)=0{,}00152 \cdot v^2+0{,}286 \cdot v+0{,}5$

unter s(v) gespeichert.

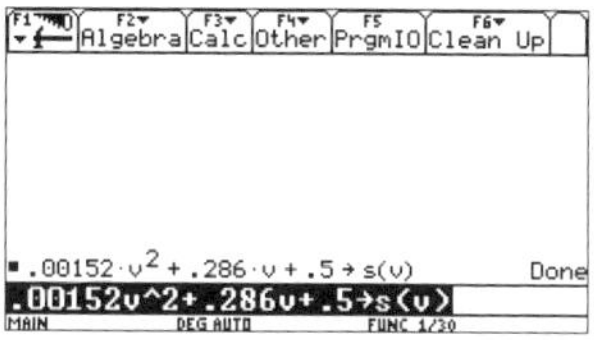

Zur Berechnung des Sicherheitsabstandes für eine Geschwindigkeit von 60 $\frac{km}{h}$ muss dieser Wert in die Gleichung s(v) eingesetzt werden:

$s(v)=0{,}00152\,v^2+0{,}286v+0{,}5$

$s(60)=\underline{\underline{23{,}13}}$

Ergebnis: Der Sicherheitsabstand für eine Geschwindigkeit von 60 $\frac{km}{h}$ beträgt rund 23,1 m.

Berechnung der Geschwindigkeit

Zur Berechnung der Geschwindigkeit, für die der Sicherheitsabstand 25 m beträgt, muss dieser Wert in die Gleichung s(v) eingesetzt und die Gleichung nach v umgestellt werden:

$25=0{,}00152v^2+0{,}286v+0{,}5$

$v_1=\underline{\underline{63{,}94}}$

$v_2=-252{,}1$ (entfällt wegen $v<0$)

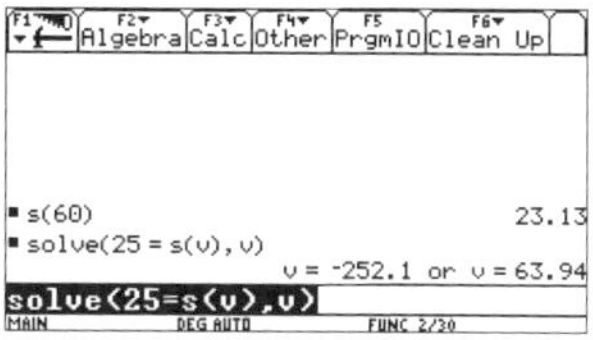

Ergebnis: Die Geschwindigkeit, für die der Sicherheitsabstand 25 m beträgt, ist rund 64 $\frac{km}{h}$.

Darstellung des Graphen von t

Die Zeit, die vergeht, bis das nächste Auto in die Baustelle einfahren kann, wird als Taktzeit bezeichnet. Für die Taktzeit gilt: $t(v)=\frac{3{,}6\cdot(4{,}5+s(v))}{v}$ (t in s, v in $\frac{km}{h}$).

Für die grafische Darstellung im Intervall $0<v\leq 100$ und einer geeigneten Achseneinteilung des Koordinatensystems werden einige Wertepaare benötigt. Berücksichtigt man, dass für $v=0$ die Funktion t(v) nicht definiert ist, bietet es sich an, die Funktionswerte für $v\in\{10; 40; 70; 100\}$ zu berechnen. Für $t\to 0$ (mit $t>0$) wird der Graph von t gegen unendlich streben.

1. Variante: Es ist sinnvoll, die Funktion zunächst als t(v) zu speichern. Anschließend erfolgt die Berechnung der Funktionswerte.

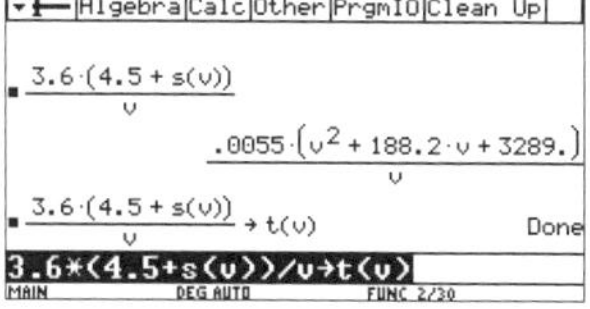

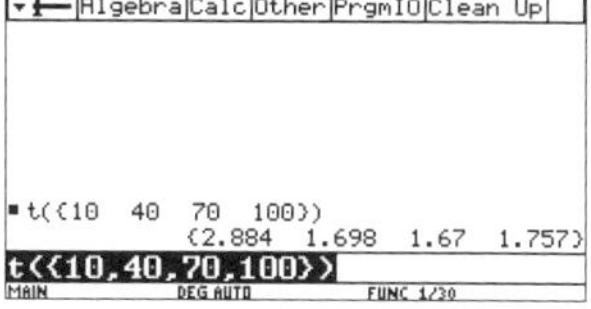

2. Variante: Für die Berechnung der Funktionswerte eignet sich auch der TABLE-Editor. Dazu muss die Funktionsgleichung in den y-Editor eingetragen werden. Zu beachten ist hierbei, dass der Eintrag als f(x) erfolgen muss, da im y-Editor stets das Argument x verwendet wird.

Entsprechend des in der Aufgabenstellung geforderten Intervalls bietet es sich an, die Funktionswerte beginnend bei $x = 10$ und mit einer Schrittweite von $\Delta x = 30$ zu berechnen. Diese Einstellungen erfolgen im TBLSET-Editor. Im TABLE-Editor kann man nun die gewünschten Funktionswerte ablesen und in eine eigene Wertetabelle übertragen.

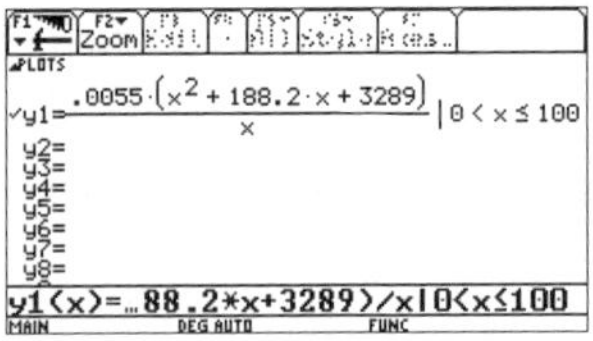

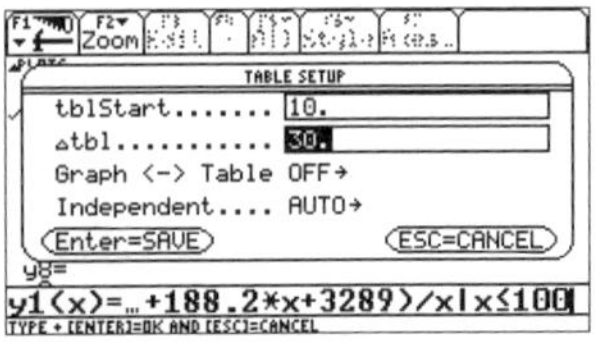

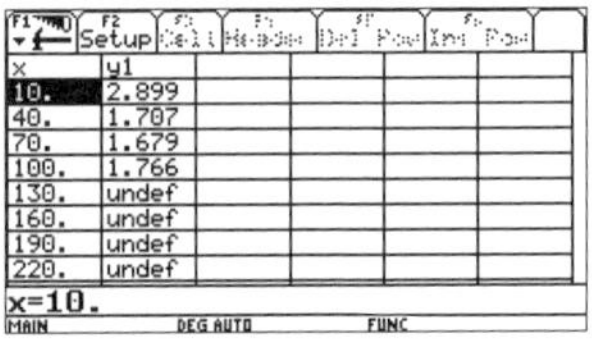

Anschließend erfolgt die grafische Darstellung (vergleichend dazu die Ansicht im Graph-Modus):

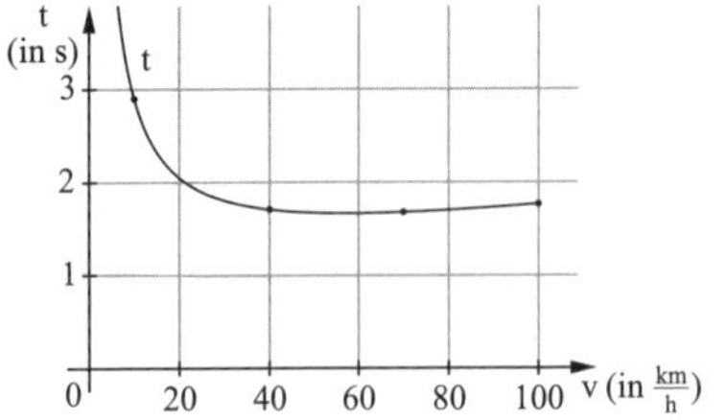

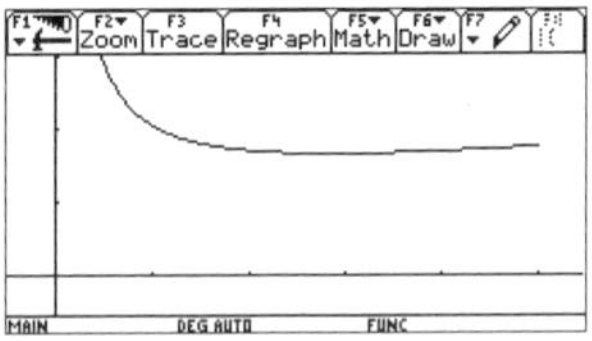

Berechnung der Geschwindigkeit, für die die Taktzeit minimal ist

Es muss die Extremstelle berechnet und der Nachweis geführt werden, dass es sich um ein Minimum handelt.

$$t(v) = \frac{0{,}0055 \cdot (v^2 + 188{,}2v + 3289)}{v}$$

$$t'(v) = \frac{0{,}0055 \cdot (v^2 - 3289)}{v^2}$$

$$t''(v) = \frac{36}{v^3}$$

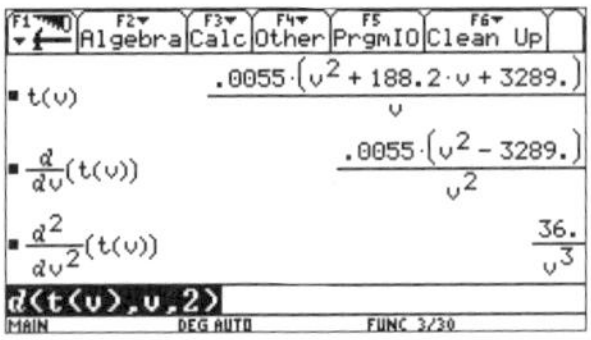

Zur Berechnung der Extremstelle wird die notwendige Bedingung für die Existenz lokaler Extremstellen verwendet.

$$t'(v_E) = 0 \quad \Rightarrow \quad v_{E1} = 57{,}35$$

$$v_{E2} = -57{,}35 \quad \text{(entfällt wegen } v < 0\text{)}$$

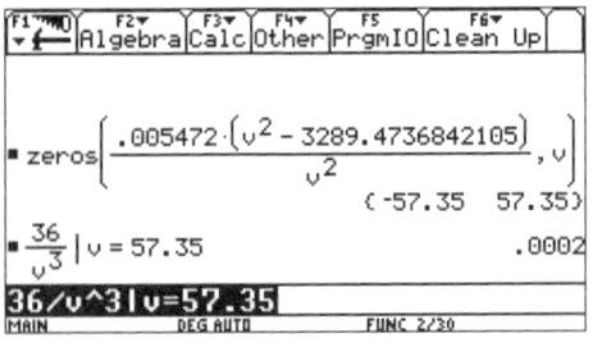

Um zu zeigen, dass an der gefundenen Stelle $v = 57{,}35$ ein Minimum vorliegt, wird die hinreichende Bedingung verwendet.

$$t''(57{,}35) = 0{,}0002 > 0 \quad \Rightarrow \quad \text{Minimum}$$

Ergebnis: Die Geschwindigkeit, für die die Taktzeit minimal ist, beträgt rund 57 $\frac{\text{km}}{\text{h}}$.

Ermittlung der Anzahl der Fahrzeuge

Die Anzahl von Fahrzeugen, die in den Baustellenbereich einfahren können, ist dann am größten, wenn die Zeit, die zwischen zwei einfahrenden Fahrzeugen vergeht, am kleinsten ist. Dabei handelt es sich aber genau um die Taktzeit t(v), für die gerade die Extremstelle, an der ein Minimum vorliegt, berechnet wurde. Die minimale Taktzeit ist somit der Funktionswert $t(v_{min})$.

$t(57{,}35) = 1{,}657$

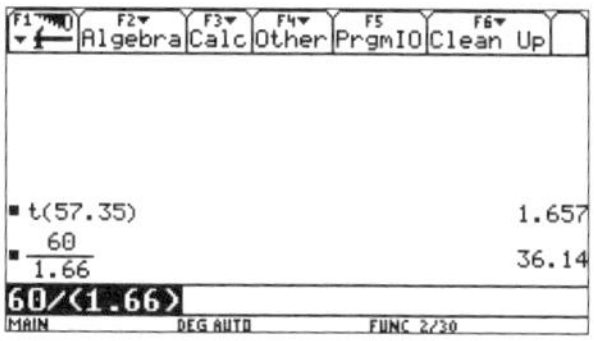

Die minimale Taktzeit beträgt 1,66 s.

Dividiert man die 60 s einer Minute durch die gerade berechnete minimale Taktzeit, erhält man die gesuchte Anzahl der Fahrzeuge.

$$\frac{60}{1{,}66} \approx \underline{\underline{36{,}1}}$$

Ergebnis: In den Baustellenbereich können maximal 36 Fahrzeuge pro Minute einfahren.

Führt man die Betrachtung für lediglich eine einzige Minute durch, so kann man in diesem speziellen Fall auf 37 Fahrzeuge als Lösung kommen, dann nämlich, wenn man genau zum Zeitpunkt $t = 0$ ein Fahrzeug einfahren ließe. Dieses 0-te Fahrzeug müsste man dann zu den 36 Fahrzeugen hinzuzählen.

Begründung

Die berechnete Geschwindigkeit, bei der die Taktzeit minimal ist, beträgt entsprechend der gemachten Modellannahmen 57 $\frac{km}{h}$. Bei dieser Geschwindigkeit wäre die maximale Anzahl von Fahrzeugen erreicht, die einen Straßenabschnitt je Zeiteinheit passieren können. Dieser Wert liegt knapp unterhalb der festgelegten Geschwindigkeitsbegrenzung auf 60 $\frac{km}{h}$. Somit ist die Geschwindigkeitsbegrenzung nicht für eventuell auftretende Staus verantwortlich.

Ergänzung: Tatsächlich zeigt jedoch die Erfahrung, dass sich an Baustellen häufiger Staus bilden. Es gibt verschiedene Gründe dafür, die sich allerdings durch die gemachten einfachen Modellannahmen nicht adäquat abbilden lassen. Generell kann aber festgestellt werden, dass eben nicht alle Fahrzeugführer mit einer konstanten Geschwindigkeit von knapp 60 $\frac{km}{h}$ in die Baustelle einfahren und diese auch mit dieser Geschwindigkeit durchfahren werden. Aus der Ansicht des Graphen von t(v) kann man entnehmen, dass sowohl ein (deutliches) Überschreiten der zulässigen Höchstgeschwindigkeit als auch ein (deutliches) Unterschreiten der zulässigen Höchstgeschwindigkeit insbesondere bei dichtem Verkehr zu einer erhöhten Taktzeit und somit zu einer Verringerung der Durchlässigkeit führen.

Mathematatik (Mecklenburg-Vorpommern): Abiturprüfung 2011
Prüfungsteil B – Wahlaufgaben mit CAS

B 1 Analysis

1 Gegeben ist eine Funktionenschar mit der Gleichung

$$f_k(x) = \frac{k}{2e^{\frac{x^2}{k}}} \text{ mit } k \in \mathbb{R},\ k > 0.$$

Ihre Graphen heißen G_k.

1.1 Berechnen Sie Lage und Art der Extrempunkte sowie die Koordinaten der Wendepunkte der Graphen G_k.
Bestimmen Sie eine Gleichung der Ortskurve der Wendepunkte der Graphen G_k.

1.2 Nun gilt als weitere Einschränkung $k \in \mathbb{N}$.
Der Graph der Funktion w mit der Gleichung $w(x) = e^{-\frac{1}{2}} \cdot x^2$ mit $x \in \mathbb{R}$ schneidet die Graphen G_k jeweils an den Stellen $a_k = -\frac{\sqrt{2k}}{2}$ und $b_k = \frac{\sqrt{2k}}{2}$.

Für jedes k schließt der jeweilige Graph G_k mit dem Graphen von w eine Fläche ein. Mit größer werdendem k wird der Umfang dieser Fläche größer.
Ermitteln Sie, ab welchem Wert von k der Umfang dieser Fläche größer als 16 LE ist.

1.3 Ein Architektenbüro entwirft einen dem Stadtbild angepassten Giebel eines Hauses. In einem Koordinatensystem wird der Giebel durch den Graphen G_8, die Geraden mit den Gleichungen $x = -5$ bzw. $x = 5$ sowie die x-Achse begrenzt. In diesen Giebel soll für ein Atelier ein möglichst großes rechteckiges Fenster eingebaut werden. Dieses Fenster liegt symmetrisch zur y-Achse und mit der Unterkante auf der x-Achse. Das Fenster soll mindestens eine Höhe von 2,50 m aufweisen (1 LE = 1 m).

Fertigen Sie eine Skizze an.
Bestimmen Sie die Maße des Fensters.

B 2 Analysis, Analytische Geometrie und Stochastik

2 Die Richtfunktechnik ist eine Möglichkeit der Datenübertragung, die heute besonders in Mobilfunknetzen eingesetzt wird. Notwendig zur effektiven Verwendung dieser Technik ist ein hindernisfreier Raum zwischen den Antennen des Senders und Empfängers. Zusätzlich zur hindernisfreien Sichtlinie zwischen den beiden Antennen muss auch die so genannte erste Fresnelzone frei von Hindernissen sein. Die erste Fresnelzone ist ein gedachter Rotationskörper mit der direkten Sichtlinie als Rotationsachse.

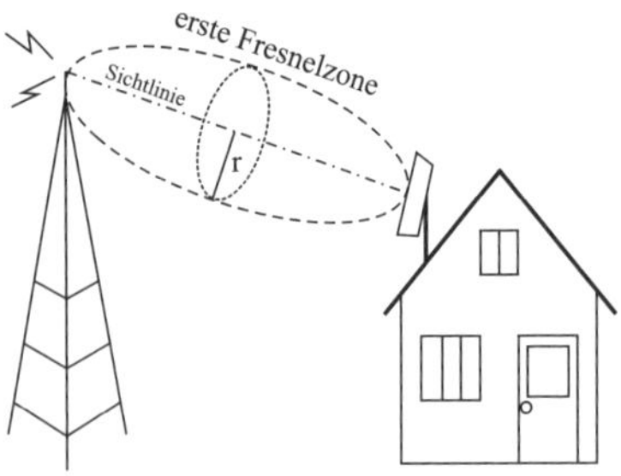

Die Größe des Rotationsradius um einen Punkt der Sichtlinie, der den Abstand a von der Sendeantenne hat, kann mithilfe der Gleichung $r_a = \sqrt{\lambda \frac{a \cdot (d-a)}{d}}$ bestimmt werden.
Dabei ist d die Länge der Sichtlinie zwischen Sender und Empfänger und λ die Wellenlänge der verwendeten Strahlung.

2.1 Zeigen Sie durch Berechnung, dass der Radius r_a genau in der Mitte zwischen den Antennen am größten ist.

2.2 Ein konkreter Fall wird in einem kartesischen Koordinatensystem betrachtet. Die Empfangsantenne befindet sich im Punkt $(800\,|\,200\,|\,25)$. Der Fußpunkt des Mastes mit der Sendeantenne hat die Koordinaten $(-700\,|\,1000\,|\,0)$. Die Sendeantenne ist in einer Höhe von 20 m angebracht (1 LE = 1 m). Es werden Wellen mit der Wellenlänge $\lambda = 0{,}125$ m verwendet.

2.2.1 Beschreiben Sie die Sichtlinie mithilfe einer Gleichung.

2.2.2 Berechnen Sie den maximalen Radius der ersten Fresnelzone, der sich genau in der Mitte zwischen den beiden Antennen befindet.

Der höchste Punkt eines Hindernisses hat die Koordinaten $(45\,|\,590\,|\,22)$.

Prüfen Sie, ob dieser Punkt innerhalb der ersten Fresnelzone liegt und dadurch Sendestörungen verursachen kann.

2.3 Andere Faktoren können auch zu Störungen der übertragenen Signale führen. Durchschnittlich rechnet man mit 0,1 % gestörter Signale. In einem Test werden 8 von 5 000 übertragenen Signalen ungenau empfangen, d. h. die Übertragungen wurden gestört. Daraufhin wird angenommen, dass der Anteil der gestörten Signale höher sei. Beurteilen Sie diese Annahme unter Berücksichtigung einer Irrtumswahrscheinlichkeit von höchstens 5 %.

Hinweise und Tipps

Teilaufgabe 1.1

- Verwenden Sie jeweils die notwendige und die hinreichende Bedingung.
- Für die Ortskurve der Wendepunkte stellen Sie die x-Koordinate des Wendepunktes nach k um und setzen dies in die y-Koordinate des Wendepunktes ein.

Teilaufgabe 1.2

- Der Umfang der Fläche ergibt sich aus der Summe zweier Bogenlängen.
- Probieren Sie systematisch verschiedene Werte für k, bis Sie den kleinsten Wert gefunden haben, für den diese Summe größer als 16 LE ist.

Teilaufgabe 1.3

- Der Flächeninhalt des Fensters soll maximal werden. Das führt zu einer Extremwertaufgabe.
- Stellen Sie die Zielfunktion und die Nebenbedingungen auf.
- Beachten Sie den Definitionsbereich der Zielfunktion.
- Untersuchen Sie die Zielfunktion auf Extremstellen.

Teilaufgabe 2.1

- Bestimmen Sie die Extremstelle mithilfe der notwendigen und hinreichenden Bedingung.

Teilaufgabe 2.2.1

- Stellen Sie eine Gleichung der Geraden auf, die die Sichtlinie enthält.
- Bedenken Sie, dass die Sichtlinie nur eine Strecke darstellt.

Teilaufgabe 2.2.2

- Berechnen Sie den Abstand zwischen der Sende- und der Empfangsantenne und setzen Sie diesen Wert in die Formel für den Radius ein.
- Überprüfen Sie, ob der Abstand des höchsten Punktes des Hindernisses von der Sichtlinie größer als der maximale Radius der ersten Fresnelzone ist.

Teilaufgabe 2.3

- Die Entscheidungsregel für den zu untersuchenden Test ergibt sich aus der Angabe, dass 8 ungenau empfangene Signale zur Annahme eines erhöhten Anteils der gestörten Signale, also zur Ablehnung der Hypothese von 0,1 % gestörter Signale, führen.
- Berechnen Sie mit diesem Ablehnungsbereich die Irrtumswahrscheinlichkeit. Gehen Sie dafür am besten zum Gegenereignis über.

Lösung

B 1 Analysis

1.1 Zunächst ist es sinnvoll, die Funktionenschar $f_k(x)$ z. B. als fk(x) zu speichern. Des Weiteren werden die ersten drei Ableitungen bestimmt.

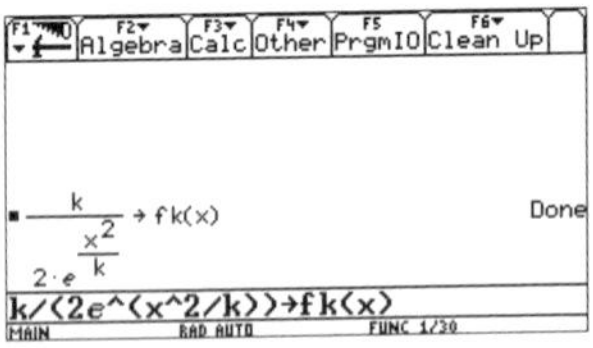

$$f_k'(x) = -x \cdot e^{\frac{-x^2}{k}}$$

$$f_k''(x) = \left(\frac{2x^2}{k} - 1\right) \cdot e^{\frac{-x^2}{k}}$$

$$f_k'''(x) = \frac{-2x(2x^2 - 3k)}{k^2} \cdot e^{\frac{-x^2}{k}}$$

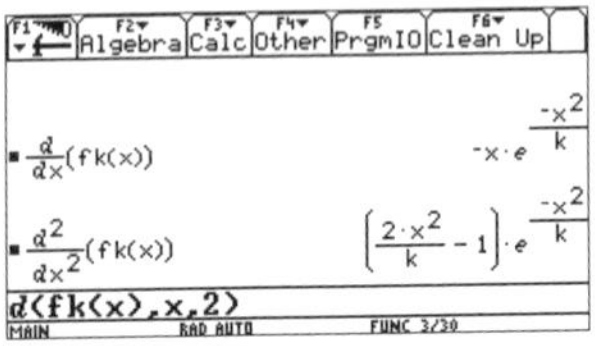

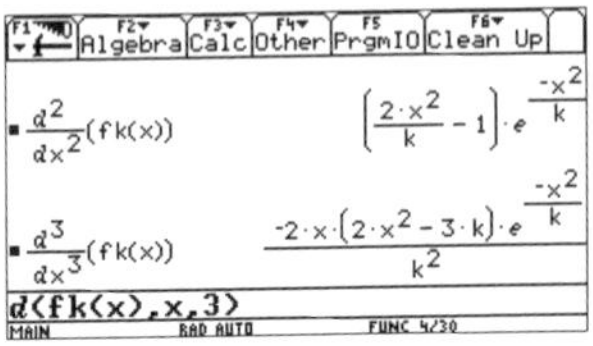

Extrempunkte

Für die Lage und Art der Extrempunkte wird die notwendige und hinreichende Bedingung benötigt.

Notwendige Bedingung: $f_k'(x_E) = 0$

Damit ergibt sich für die Lage der Extrempunkte:

$$f_k'(x_E) = 0$$

$$0 = -x_E \cdot e^{\frac{-x_E^2}{k}}$$

$$x_E = 0$$

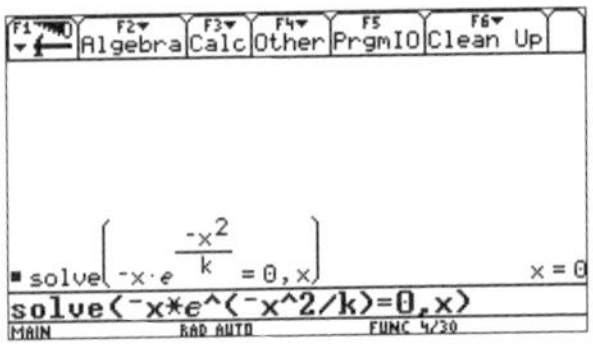

Für die Art des Extrempunktes und den Nachweis seiner Existenz wird die hinreichende Bedingung benötigt.

Hinreichende Bedingung:
$f_k'(x_E)=0 \wedge f_k''(x_E)=0$

$f_k''(0)=-1 \quad\Rightarrow\quad$ Hochpunkt

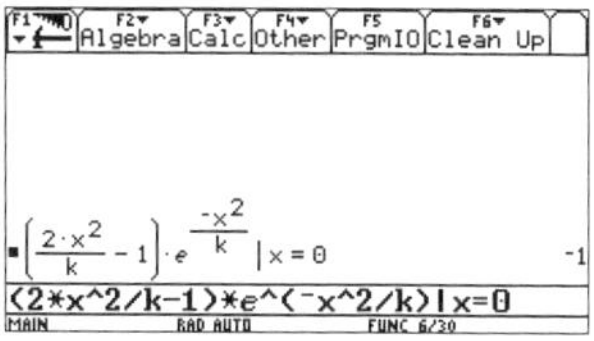

Da die zweite Ableitung an der Stelle $x_E=0$ kleiner als null ist, ist der Extrempunkt ein Hochpunkt.

Für die y-Koordinate des Extrempunktes erhält man:

$$f_k(0)=\frac{k}{2}$$

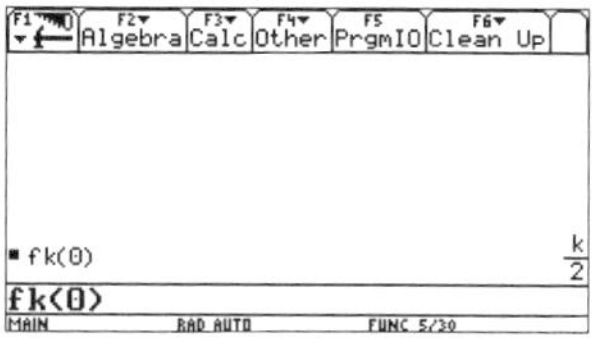

Der Hochpunkt hat die Koordinaten:

$$\underline{\underline{H\left(0\,\middle|\,\frac{k}{2}\right)}}$$

Wendepunkte
Zur Bestimmung der Koordinaten der Wendepunkte wird die notwendige Bedingung benötigt.

Notwendige Bedingung: $f_k''(x_W)=0$

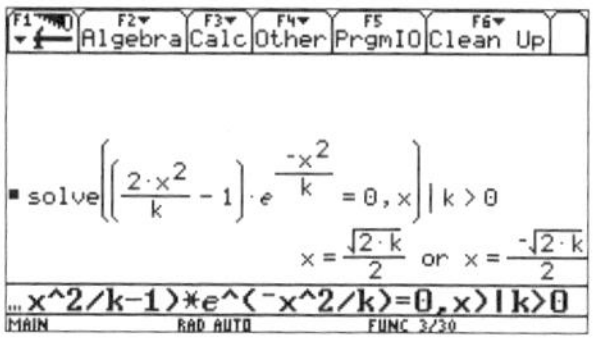

Damit ergibt sich für die Lage der Wendepunkte:

$$f_k''(x_W)=0$$

$$0=\left(\frac{2x_W^2}{k}-1\right)\cdot e^{\frac{-x_W^2}{k}}$$

$$x_W=\pm\frac{\sqrt{2k}}{2}$$

Für den Nachweis seiner Existenz wird die hinreichende Bedingung benötigt.

Hinreichende Bedingung:
$f_k''(x_W)=0 \wedge f_k'''(x_W)=0$

$$f_k'''\left(\frac{\sqrt{2k}}{2}\right)=\frac{2e^{-\frac{1}{2}}\cdot\sqrt{2}}{\sqrt{k}}\neq 0$$

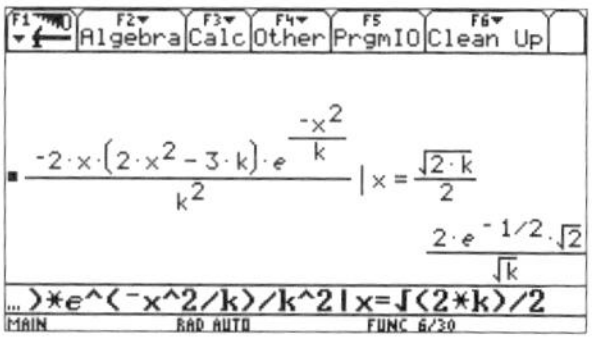

$$f_k'''\left(-\frac{\sqrt{2k}}{2}\right)=-\frac{2e^{-\frac{1}{2}}\cdot\sqrt{2}}{\sqrt{k}}\neq 0$$

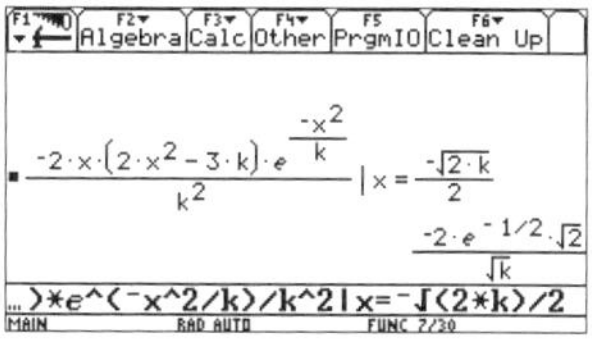

Damit existieren zwei Wendepunkte.

Für die y-Koordinate der Wendepunkte erhält man:

$$f_k\left(\pm\frac{\sqrt{2k}}{2}\right)=\frac{k}{2}e^{-\frac{1}{2}}$$

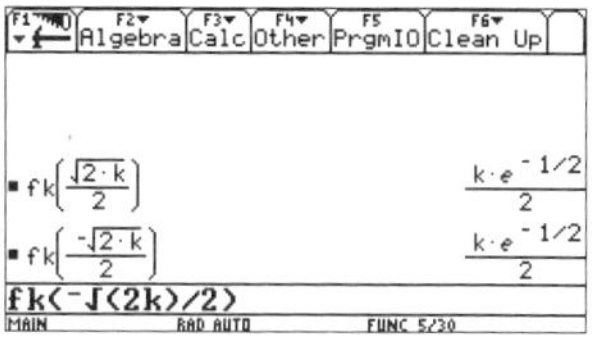

Somit haben die Wendepunkte folgende Koordinaten:

$$\underline{\underline{W_1\left(-\frac{\sqrt{2k}}{2}\,\middle|\,\frac{k}{2}e^{-\frac{1}{2}}\right)}} \text{ und } \underline{\underline{W_2\left(\frac{\sqrt{2k}}{2}\,\middle|\,\frac{k}{2}e^{-\frac{1}{2}}\right)}}$$

Ortskurve der Wendepunkte

Für die Ortskurve der Wendepunkte wird die x-Koordinate des Wendepunktes nach k umgestellt und in die y-Koordinate des Wendepunktes eingesetzt.

Umstellen der x-Koordinate nach k:

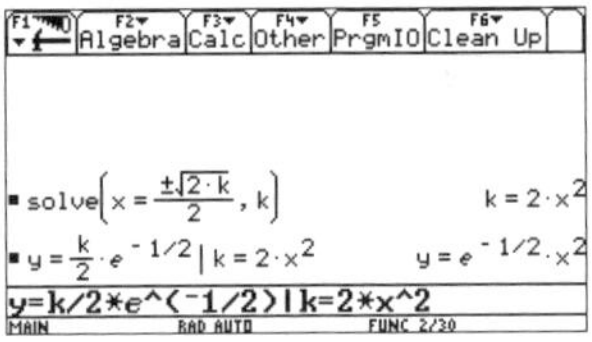

$$x = \pm\frac{\sqrt{2k}}{2} \quad\Rightarrow\quad k = 2x^2$$

Einsetzen in die y-Koordinate:

$$y = \frac{k}{2}e^{-\frac{1}{2}} \qquad (k = 2x^2)$$

$$y = \frac{2x^2}{2}e^{-\frac{1}{2}} = \frac{1}{\sqrt{e}}\cdot x^2$$

Die Gleichung der Ortskurve der Wendepunkte lautet:

$$\underline{\underline{y = \frac{1}{\sqrt{e}}\cdot x^2}}$$

1.2 Umfang der Fläche

Es soll ein k mit $k \in \mathbb{N}$ ermittelt werden, sodass der Umfang u_k der Fläche, die die Graphen der Funktionen w und f_k einschließen, größer als 16 LE wird.

In der nebenstehenden Abbildung ist der Sachverhalt mithilfe der Graphen der Funktionen w und f_5 dargestellt.

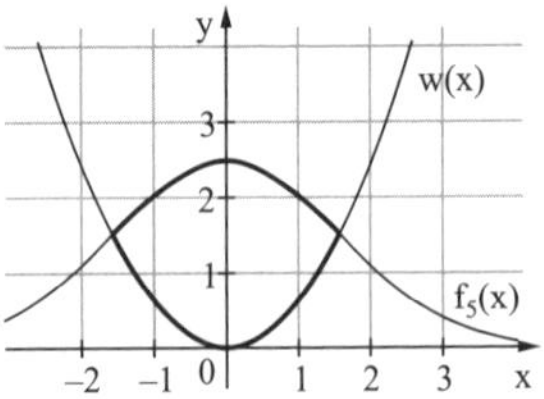

Es muss also die Bogenlänge der einzelnen Graphen zwischen den beiden Schnittstellen a_k und b_k bestimmt werden. Die Summe dieser beiden Bogenlängen muss zusammen mehr als 16 LE für gegebenes k betragen.

Sinnvollerweise sollte man hier den arcLen-Befehl aus dem Home-Menü verwenden:

$u_k = \text{arcLen}(f_k(x),x,a_k,b_k) + \text{arcLen}(w(x),x,a_k,b_k)$

Alternativ kann auch mithilfe der Formel

$$u_k = \int_{a_k}^{b_k}\sqrt{1+[f_k'(x)]^2}\,dx + \int_{a_k}^{b_k}\sqrt{1+[w'(x)]^2}\,dx$$

der Umfang berechnet werden.

Wird versucht, das k mithilfe des solve-Befehls

$$\text{solve}\left(\text{arcLen}\left(\text{fk}(x), x, -\frac{\sqrt{2\cdot k}}{2}, \frac{\sqrt{2\cdot k}}{2}\right) + \text{arcLen}\left(e^{-\frac{1}{2}}\cdot x^2, x, -\frac{\sqrt{2\cdot k}}{2}, \frac{\sqrt{2\cdot k}}{2}\right) > 16, k\right)$$

aus dem Home-Menü zu bestimmen, kommt es zu einem Speicherfehler (Error: Memory).

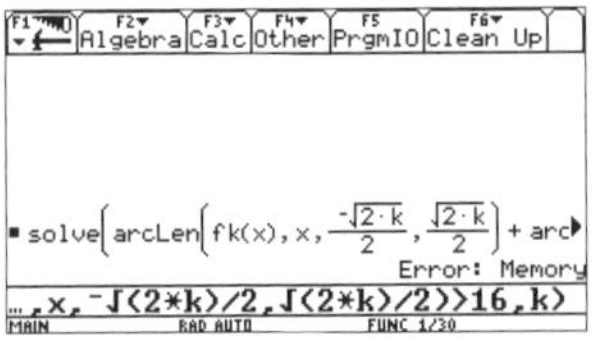

Es ist also notwendig, einen anderen Lösungsweg zu finden. Beachtet man den Operator *Ermitteln* in der Aufgabenstellung und berücksichtigt man die Angabe $k \in \mathbb{N}$ in dieser Aufgabe, so erkennt man, dass eine exakte Berechnung so, dass $u_k = 16$ LE ist, gar nicht notwendig ist. Es liegt nahe, durch geschicktes Probieren eine Lösung zu finden.

Man muss also den Umfang u_k der Fläche einzeln für ausgewählte k bestimmen und somit das k ermitteln, für das der Umfang u_k der Fläche erstmals größer als 16 LE wird.

Der Umfang u_1 für $k=1$ wird wie folgt bestimmt:

$$u_1 = \left(\text{arcLen}\left(\text{fk}(x), x, -\frac{\sqrt{2 \cdot k}}{2}, \frac{\sqrt{2 \cdot k}}{2} \right) + \text{arcLen}\left(e^{-\frac{1}{2}} \cdot x^2, x, -\frac{\sqrt{2 \cdot k}}{2}, \frac{\sqrt{2 \cdot k}}{2} \right) \right) \Bigg| k = 1$$

Für u_1 ergibt sich:

$u_1 \approx 3{,}05$ LE

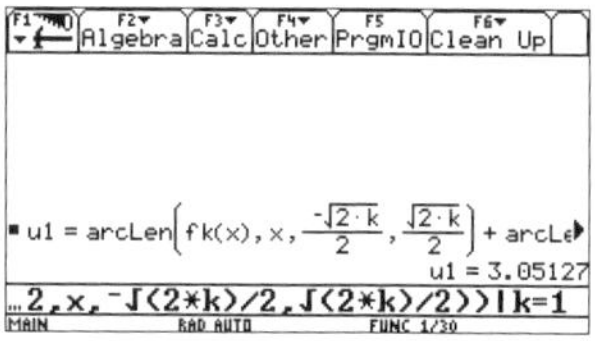

Wird das k entsprechend größer, so erhält man:

$k=2$:	$u_2 \approx 4{,}59$ LE
$k=5$:	$u_5 \approx 8{,}39$ LE
$k=10$:	$u_{10} \approx 14{,}03$ LE
$k=11$:	$u_{11} \approx 15{,}12$ LE
$k=12$:	$u_{12} \approx 16{,}20$ LE
$k=15$:	$u_{15} \approx 19{,}41$ LE

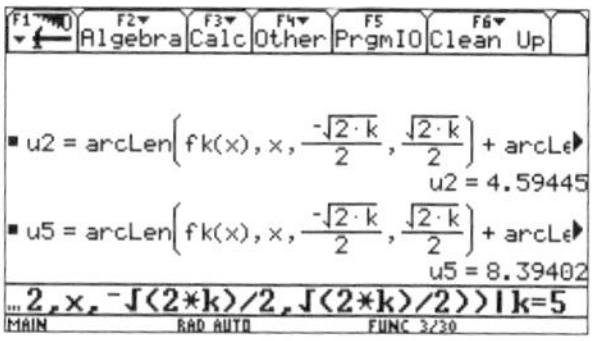

Man kann also feststellen, dass der Umfang der Fläche ab $\underline{\underline{k=12}}$ größer wird als 16 LE.

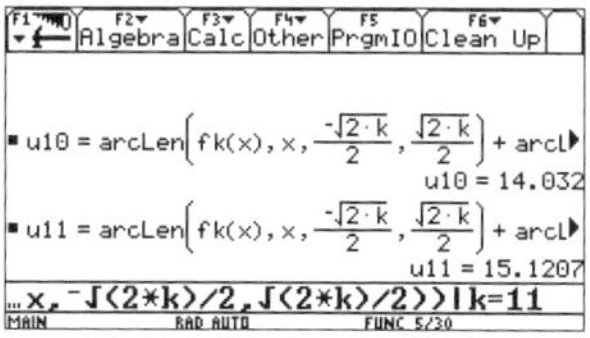

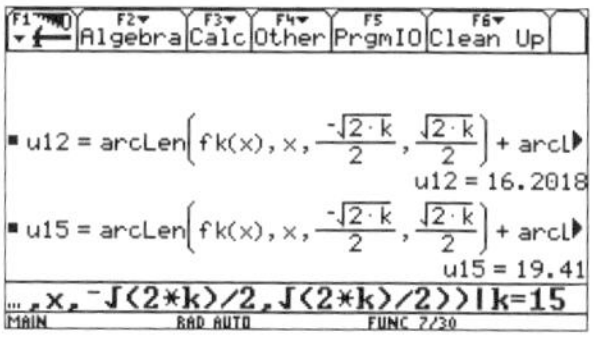

1.3 **Skizze**

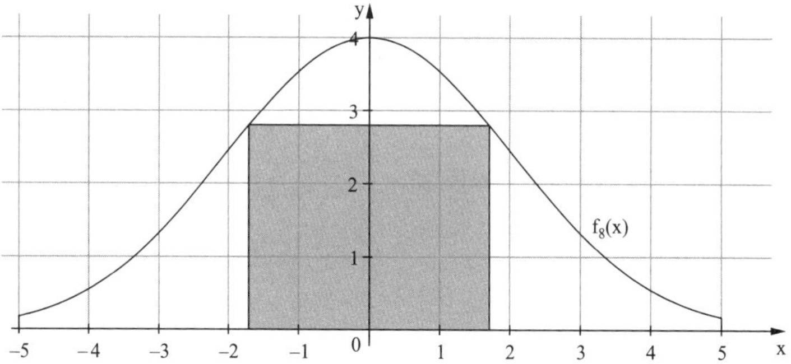

Maße des Fensters

Da das Fenster möglichst groß werden soll, muss also der Flächeninhalt des Fensters maximal werden. Dies führt zu einer Extremwertaufgabe und der folgenden Lösung.

Die Zielfunktion ist: $A(a, b) = a \cdot b$

Das Fenster hat die Breite a und die Höhe b.
Es ergeben sich die folgenden Nebenbedingungen:

$a = 2 \cdot x$ (Fenster liegt symmetrisch zur y-Achse)

$b = f_8(x)$ ($b \geq 2{,}50$)

Werden die Nebenbedingungen in die Zielfunktion eingesetzt, so erhält man:

$$A(x) = 2 \cdot x \cdot \frac{8}{2e^{\frac{x^2}{8}}}$$

$$A(x) = \frac{8x}{e^{\frac{x^2}{8}}}$$

Da die Höhe des Fensters mindestens 2,50 m sein soll, muss somit $f_8(x) \geq 2{,}50$ sein.

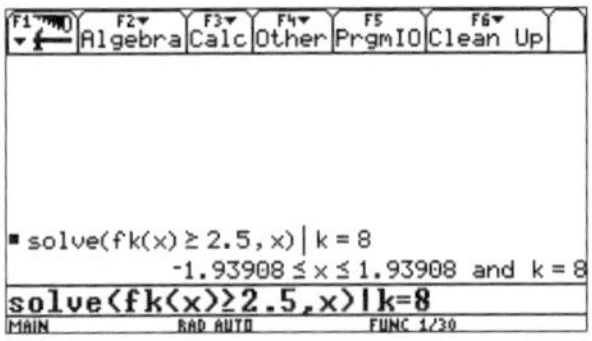

$f_8(x) \geq 2{,}50 \;\Rightarrow\; -1{,}94 \leq x \leq 1{,}94$

Aufgrund der geforderten Symmetrie des Fensters zur y-Achse ergibt sich für den Definitionsbereich der Funktion A:

D_A: $0 \leq x \leq 1{,}94$

Zunächst werden die erste und zweite Ableitung der Zielfunktion bestimmt:

$$A'(x) = (8 - 2x^2) \cdot e^{-\frac{x^2}{8}}$$

$$A''(x) = \frac{x \cdot (x^2 - 12)}{2} \cdot e^{-\frac{x^2}{8}}$$

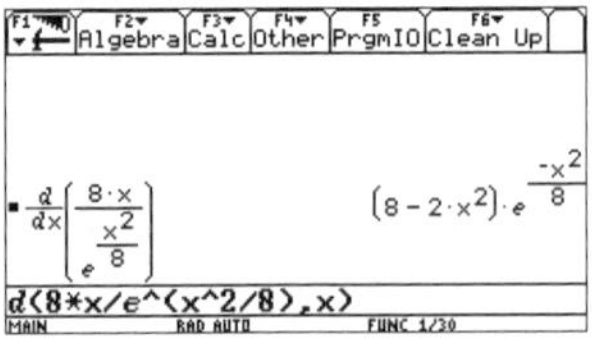

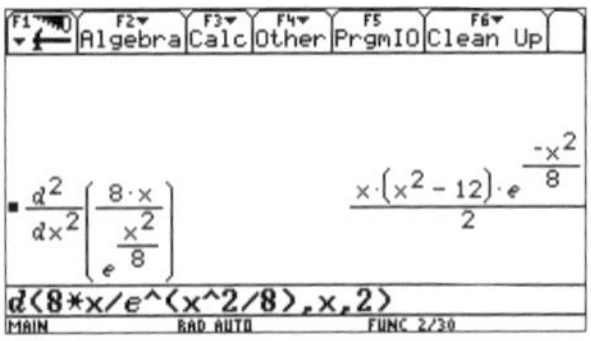

Da ein maximaler Flächeninhalt gesucht wird, werden zur Lösung die notwendige und hinreichende Bedingung für die Existenz von Extremstellen benötigt.

Notwendige Bedingung: $A'(x_E) = 0$

Für die Lage der Extrempunkte erhält man:

$A'(x_E) = 0$

$$0 = (8 - 2x_E^2) \cdot e^{-\frac{x_E^2}{8}}$$

$$x_E = \pm 2$$

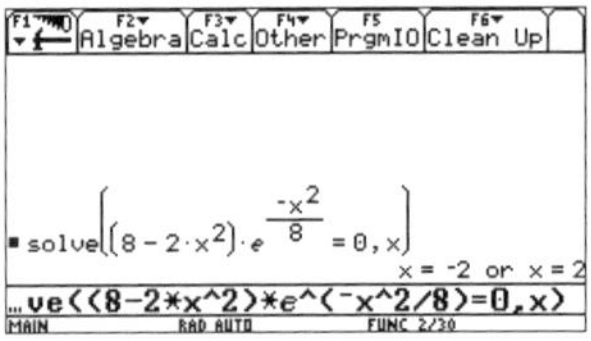

Leider gehört $x = 2$ nicht zum Definitionsbereich der Zielfunktion, der mit D_A: $0 \leq x \leq 1{,}94$ bestimmt wurde.

Eine kurze Analyse der Zielfunktion $A(x) = \frac{8x}{e^{\frac{x^2}{8}}}$ führt zur Lösung:

$A(0) = 0$

$A(1{,}94) > 0$

Es gibt innerhalb des Definitionsbereiches keinen Monotoniewechsel ($A'(x)$ ist dort nicht null), also ist $A(x)$ monoton wachsend und $A(1{,}94)$ der größte Funktionswert. Somit gibt es nur die Lösung $x = 1{,}94$.

Als Ergebnis erhält man:

Das Fenster hat eine Breite von $\underline{\underline{a = 3{,}88\text{ m}}}$ und eine Höhe von $\underline{\underline{b = 2{,}50\text{ m}}}$.

B 2 Analysis, Analytische Geometrie und Stochastik

2.1 Berechnung der Extremstelle

Es muss die Extremstelle berechnet und der Nachweis erbracht werden, dass es sich um ein Maximum handelt.

Es ist sinnvoll, die Funktionsgleichung zunächst als r(a) zu speichern.

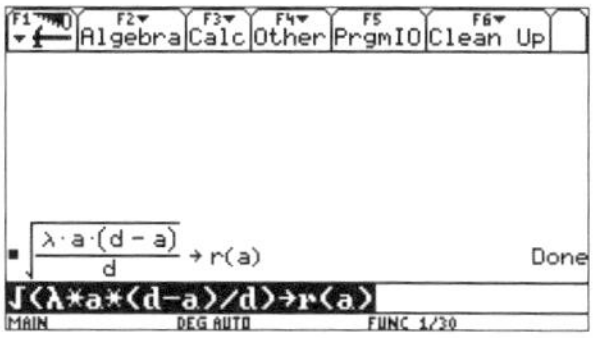

Eine schnelle Eingabe des griechischen Buchstabens λ erfolgt über die Tastenfolge [◆] [G] [L]. Eine weitere Möglichkeit ist die Nutzung des Menüs der griechischen Buchstaben unter [CHAR] (Zweitbelegung der Taste [+]).

Ermittlung der Ableitungsfunktionen:

$$r'(a) = \frac{-(2a-d)\cdot\lambda}{2\cdot\sqrt{\frac{-a\cdot(a-d)\cdot\lambda}{d}}\cdot d}$$

$$r''(a) = \frac{d\cdot\lambda}{4a\cdot(a-d)\cdot\sqrt{\frac{-a\cdot(a-d)\cdot\lambda}{d}}}$$

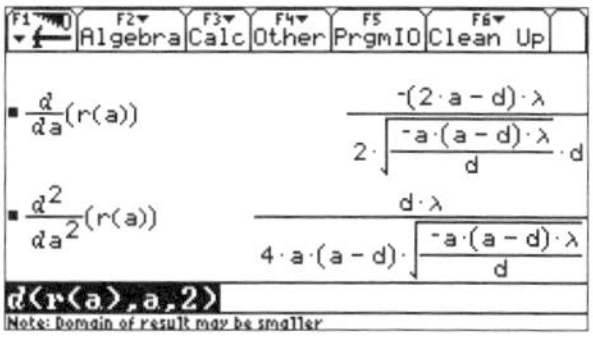

Notwendige Bedingung:

$$r'(a_E) = 0 \;\Rightarrow\; a_E = \frac{d}{2}$$

Hinreichende Bedingung:

$$r''\left(\frac{d}{2}\right) = \frac{-2\lambda}{d\cdot\sqrt{d\cdot\lambda}} < 0 \qquad \text{(wegen } \lambda \text{ und } d > 0\text{)}$$

$\Rightarrow$ Maximum

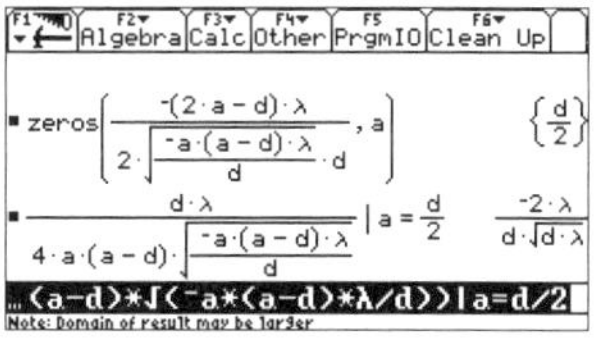

Ergebnis: Der Radius r_a ist für $a = \frac{d}{2}$, also genau in der Mitte zwischen den Antennen, am größten.

2.2

Für die Bearbeitung der Aufgaben werden nachfolgend benötigt (1 LE $\hat{=}$ 1 m):

- die Wellenlänge der verwendeten Strahlung $\lambda = 0{,}125$,
- die Koordinaten der Empfangsantenne $(800\,|\,200\,|\,25)$,
- die Koordinaten der Sendeantenne $(-700\,|\,1\,000\,|\,20)$ und
- die Koordinaten des höchsten Punktes eines Hindernisses $(45\,|\,590\,|\,22)$.

Die z-Koordinate der Sendeantenne ergibt sich aus der Angabe, dass die Sendeantenne in einer Höhe von 20 m am Mast der Sendeantenne befestigt ist.

2.2.1 Angabe einer Gleichung

Für die Angabe einer Gleichung der Strecke, die die Sichtlinie beschreibt, benötigt man den Ortsvektor eines Punktes (z. B. die Empfangsantenne) und einen Richtungsvektor dieser Strecke. Den Richtungsvektor erhält man durch Subtraktion der Koordinaten der Sende- und der Empfangsantenne. Abschließend muss der verwendete Parameter eingeschränkt werden, denn mit der Sichtlinie ist hier die Strecke zwischen Empfänger und Sender und keine Gerade gemeint.

$$\vec{g} = \begin{pmatrix} 800 \\ 200 \\ 25 \end{pmatrix} + t\cdot\begin{pmatrix} -700-800 \\ 1\,000-200 \\ 20-25 \end{pmatrix} = \begin{pmatrix} 800 \\ 200 \\ 25 \end{pmatrix} + t\cdot\begin{pmatrix} -1\,500 \\ 800 \\ -5 \end{pmatrix} \quad \text{mit } 0 \le t \le 1$$

2.2.2 **Berechnung des maximalen Radius**
Unter Verwendung der anfangs gegebenen Formel $r_a = \sqrt{\lambda \frac{a \cdot (d-a)}{d}}$ kann man den maximalen Radius der ersten Fresnelzone berechnen.

Zuvor muss der Abstand d zwischen der Sende- und der Empfangsantenne ermittelt werden. Der Abstand d ist gleich dem Betrag des Richtungsvektors in der zuletzt bestimmten Geradengleichung.

$$d = \left| \begin{pmatrix} -1\,500 \\ 800 \\ -5 \end{pmatrix} \right| = 5 \cdot \sqrt{115\,601} \approx 1\,700$$

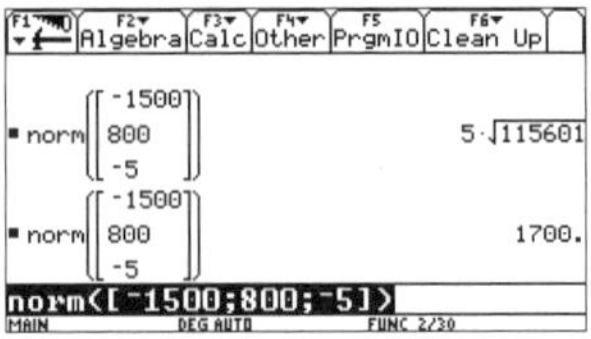

Damit sind folgende Werte bekannt:

$d = 1\,700, \quad a = \frac{d}{2} = 850, \quad \lambda = 0{,}125$

Berechnung von r:

$$r = \sqrt{0{,}125 \cdot \frac{850 \cdot (1\,700 - 850)}{1\,700}} \approx \underline{\underline{7{,}29}}$$

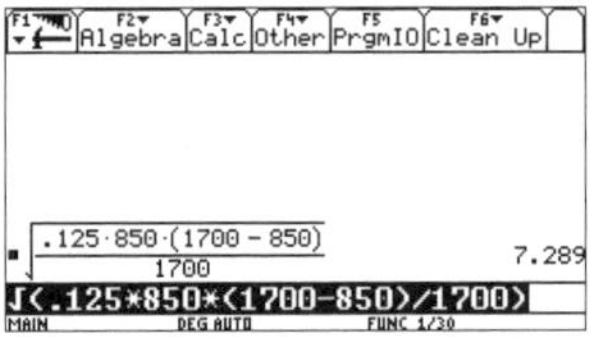

Ergebnis: Der maximale Radius der ersten Fresnelzone beträgt 7,29 m.

Überprüfung der Lage des Punktes
Hier muss zunächst der Abstand des Punktes (45 | 590 | 22) von der Sichtlinie berechnet werden. Danach ergeben sich folgende Möglichkeiten:

- Der Abstand ist größer als 7,29 LE, dann liegt der Punkt mit Sicherheit außerhalb der ersten Fresnelzone (in der Abbildung P1).
- Der Abstand ist kleiner oder gleich 7,29 LE. Dann kann der Punkt innerhalb oder außerhalb der ersten Fresnelzone liegen. Dies hängt dann von dem Radius r_a ab, den der gedachte Rotationskörper an der Stelle a hat (in der Abbildung P2 oder P3).

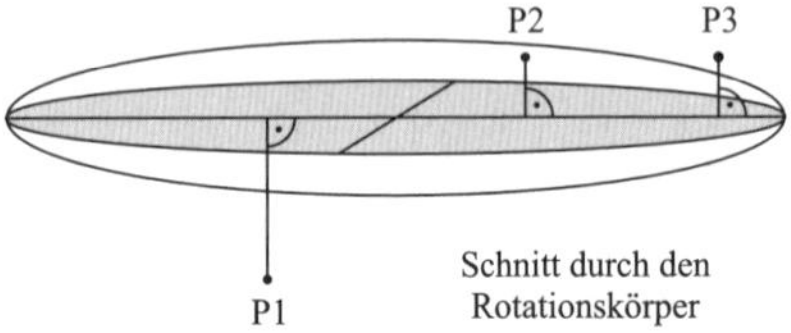

Schnitt durch den Rotationskörper

Es gibt verschiedene Möglichkeiten, um den Abstand des Punktes (45 | 590 | 22) von der Sichtlinie zu bestimmen; zwei davon sollen gezeigt werden.

1. Variante: Der Vektor der Sichtlinie und der Vektor von der Empfangsantenne zum höchsten Punkt des Hindernisses spannen ein Parallelogramm auf (siehe Bild).

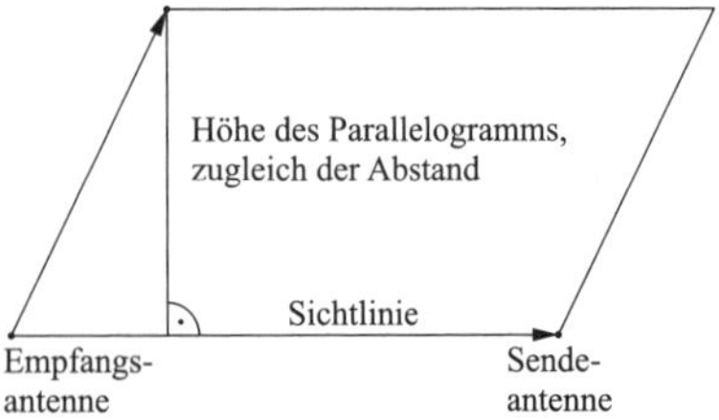

Für dieses Parallelogramm kann man den Flächeninhalt A mit dem Betrag des Kreuzproduktes aus diesen beiden Vektoren bestimmen.

Gleichzeitig gilt für den Flächeninhalt A des Parallelogramms A = Grundseite · Höhe. Die Grundseite ist hier die Länge der Sichtlinie und die Höhe des Parallelogramms ist zugleich der gesuchte Abstand.

Somit ergibt sich die folgende Lösung:
Vektor der Sichtlinie:

$$\begin{pmatrix} -1\,500 \\ 800 \\ -5 \end{pmatrix}$$

Vektor von der Empfangsantenne zum Punkt:

$$\begin{pmatrix} 45 \\ 590 \\ 22 \end{pmatrix} - \begin{pmatrix} 800 \\ 200 \\ 25 \end{pmatrix} = \begin{pmatrix} -755 \\ 390 \\ -3 \end{pmatrix}$$

$$A = \left| \begin{pmatrix} -1\,500 \\ 800 \\ -5 \end{pmatrix} \times \begin{pmatrix} -755 \\ 390 \\ -3 \end{pmatrix} \right| = \left| \begin{pmatrix} -1\,500 \\ 800 \\ -5 \end{pmatrix} \right| \cdot \text{Abstand}$$

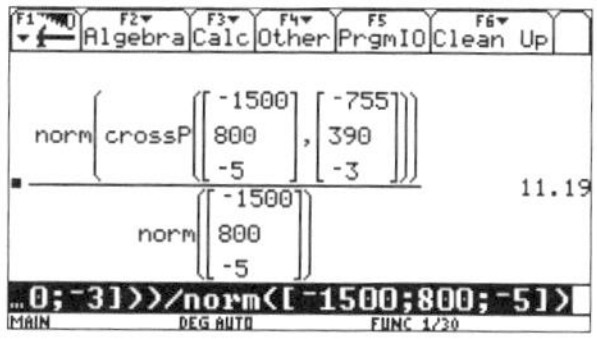

$\text{Abstand} = \underline{\underline{11{,}19}}; \quad 11{,}19 > 7{,}29$

Ergebnis: Der Abstand des höchsten Punktes des Hindernisses zur Sichtlinie beträgt 11,19 m. Damit liegt dieser Punkt außerhalb der Fresnelzone und verursacht keine Sendestörungen.

2. Variante: Die Entfernung aller Punkte der Sichtlinie vom höchsten Punkt des Hindernisses (45 | 590 | 22) wird in Abhängigkeit vom Parameter t der Geradengleichung beschrieben. Die anschließende Extremwertberechnung führt zum gesuchten Abstand.

$$\vec{g}_{\text{Sichtlinie}} = \begin{pmatrix} 800 \\ 200 \\ 25 \end{pmatrix} + t \cdot \begin{pmatrix} -1\,500 \\ 800 \\ -5 \end{pmatrix}$$

$$\text{Entfernung} = e(t) = \left| \vec{g} - \begin{pmatrix} 45 \\ 590 \\ 22 \end{pmatrix} \right| = \left| \begin{pmatrix} 755 - 1\,500\,t \\ 800\,t - 390 \\ 3 - 5\,t \end{pmatrix} \right|$$

$$e(t) = \sqrt{2\,890\,025\,t^2 - 2\,889\,030\,t + 722\,134}$$

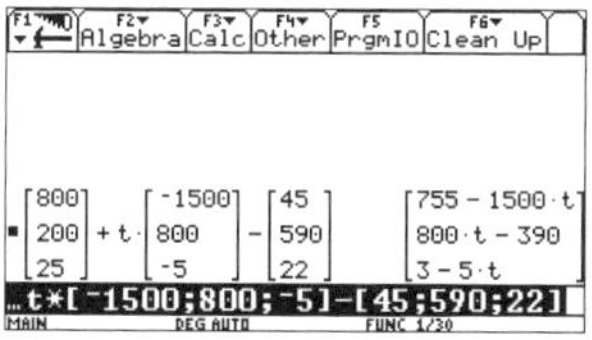

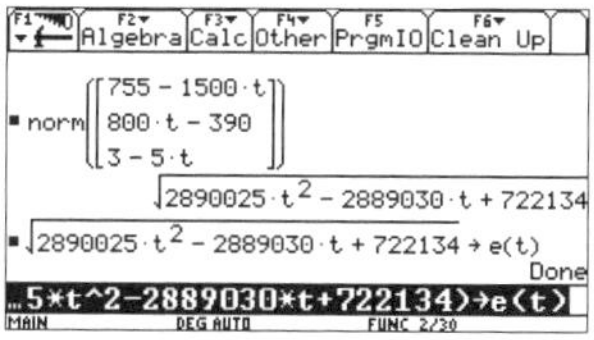

$$e'(t) = \frac{5 \cdot (578\,005 \cdot t - 288\,903)}{\sqrt{(2\,890\,025 \cdot t^2 - 2\,889\,030 \cdot t + 722\,134)}}$$ (gespeichert als e1(t))

$$e''(t) = \frac{361\,728\,125}{\sqrt{(2\,890\,025 \cdot t^2 - 2\,889\,030 \cdot t + 722\,134)^3}}$$ (gespeichert als e2(t))

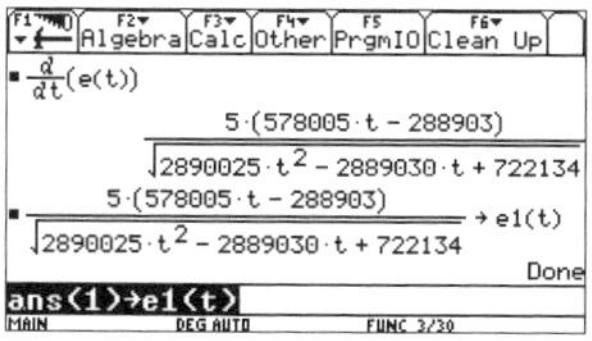

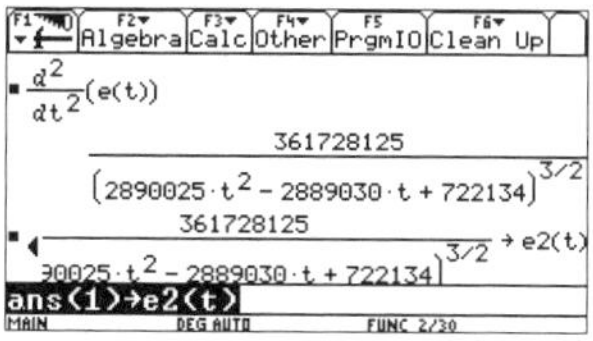

Notwendige Bedingung:

$e'(t_E) = 0 \quad \Rightarrow \quad t_E = 0{,}4998 \approx 0{,}5$

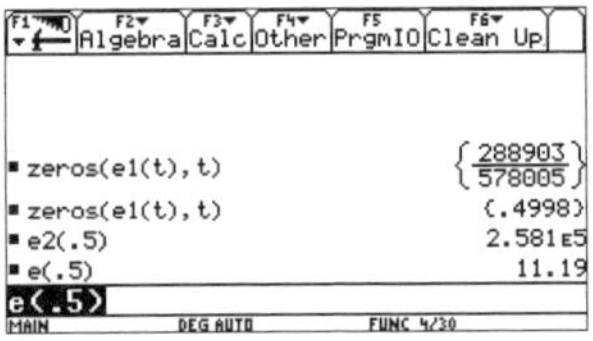

Hinreichende Bedingung:

$e''(0{,}5) = 2{,}58 \cdot 10^5 > 0 \quad \Rightarrow \quad \text{Minimum}$

Funktionswert:

$e(0{,}5) = \text{Abstand} = \underline{\underline{11{,}19}}; \qquad 11{,}19 > 7{,}29$

Ergebnis: Der Abstand des höchsten Punktes des Hindernisses zur Sichtlinie beträgt 11,19 m. Damit liegt dieser Punkt außerhalb der Fresnelzone und verursacht keine Sendestörungen.

2.3 **Beurteilung der Annahme**

Es handelt sich um eine 5 000-malige ($\rightarrow n = 5\,000$) Wiederholung eines Zufallsexperimentes mit genau zwei möglichen Ausgängen: $\Omega = \{$Signal ist fehlerfrei; Signal ist gestört$\}$. Dabei wird die Anzahl der gestörten Signale gezählt ($\rightarrow$ k). Die Wahrscheinlichkeit des Auftretens dieses Ergebnisses ist bei jeder Versuchsdurchführung konstant und beträgt 0,1 % ($\rightarrow p = 0{,}001$). Der Erwartungswert für die Anzahl der gestörten Signale bei 5 000 übertragenen Signalen kann mit $E = 5\,000 \cdot 0{,}001 = 5$ leicht berechnet werden. Die größte Wahrscheinlichkeit muss demzufolge bei $k = 5$ liegen. Es ist aber nicht auszuschließen, dass 6 oder sogar noch mehr Signale ungenau empfangen werden, wenn die Signale mit einer Wahrscheinlichkeit von nur 0,1 % gestört sind. Es ist die Aufgabe eines Tests, mithilfe einer durch eine Berechnung begründeten und festgelegten Entscheidungsregel festzustellen, ob die angenommene Wahrscheinlichkeit des Auftretens gestörter Signale bestätigt oder nicht bestätigt wird. Eine gewisse Irrtumswahrscheinlichkeit muss dabei akzeptiert werden, diese wird mit höchstens 5 % angegeben.

Festlegung der Entscheidungsregel:
Laut Aufgabenstellung wird der Wert $k = 8$ dem Ablehnungsbereich zugewiesen. Entsprechend gilt für den Annahmebereich: $k \in \{0; 1; 2; 3; 4; 5; 6; 7\}$

Berechnung der Irrtumswahrscheinlichkeit:
Die Berechnung der Irrtumswahrscheinlichkeit ergibt sich aus der Summe der Wahrscheinlichkeiten für $k \in \{8; 9; \ldots; 4\,999; 5\,000\}$. Es ist einfacher, zunächst die Wahrscheinlichkeit der Ergebnisse im Annahmebereich zu berechnen, da dieser wesentlich weniger Werte für k umfasst. Die eigentliche Irrtumswahrscheinlichkeit berechnet man danach über das Gegenereignis.

$$P(X \le 7) = \sum_{k=0}^{7} \left(\binom{5\,000}{k} \cdot 0{,}001^k \cdot 0{,}999^{5\,000-k} \right)$$

$$\approx 0{,}867$$

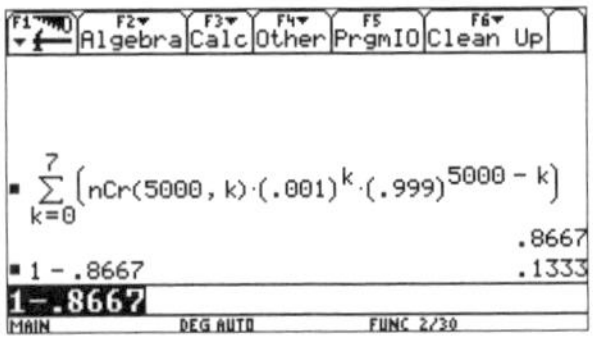

$$P(X \ge 8) \approx 1 - 0{,}867 = 0{,}133 = 13{,}3\,\% > 5\,\%$$

Der Ablehnungsbereich ist zu groß gewählt. Die Irrtumswahrscheinlichkeit ist mit über 13 % deutlich größer als die angegebenen 5 %. Die Entscheidungsregel muss so verändert werden, dass zumindest der Wert $k = 8$ zum Annahmebereich gehört.

Die Annahme, dass der Anteil der gestörten Signale höher als 0,1 % sei, ist also nicht gerechtfertigt.

Alternativ zu den Formeln der Binomialverteilung kann man auch die Formeln aus dem „Statistics with List Editor" verwenden. Für die Berechnung der summierten binomialverteilten Wahrscheinlichkeiten gibt es den Befehl binomcdf(n,p,low,up).

1 Analysis

1.1 Die Abbildung zeigt den Graphen einer Funktion f.

Kennzeichnen Sie in der Abbildung den lokalen Hochpunkt H und den lokalen Tiefpunkt T.

Skizzieren Sie in der Abbildung einen möglichen Verlauf des Graphen der ersten Ableitung von f.

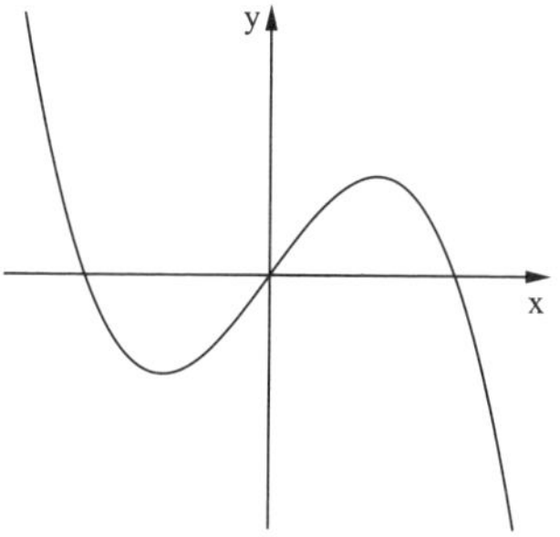

1.2 Gegeben ist die Funktion f durch die Gleichung $f(x) = \frac{1}{x} - 1,\ x \in \mathbb{R},\ x \neq 0.$
Ermitteln Sie eine Gleichung der Tangente an den Graphen von f im Punkt $P(-1\,|\,f(-1))$.

1.3 Gegeben ist die Funktion f durch die Gleichung $f(x) = 8x^3 - x - 1,\ x \in \mathbb{R}$.
Ermitteln Sie eine Gleichung der Stammfunktion F von f, für die $F(2) = 20$ gilt.

1.4 Die Abbildung zeigt den Graphen der Ableitungsfunktion f' einer Funktion f.

Prüfen Sie, ob folgende Aussagen wahr bzw. falsch sind.
Begründen Sie Ihre Entscheidungen.

A: f ist im Intervall [a; b] streng monoton wachsend.

B: Der Graph von f hat im Intervall [a; b] mindestens einen Wendepunkt.

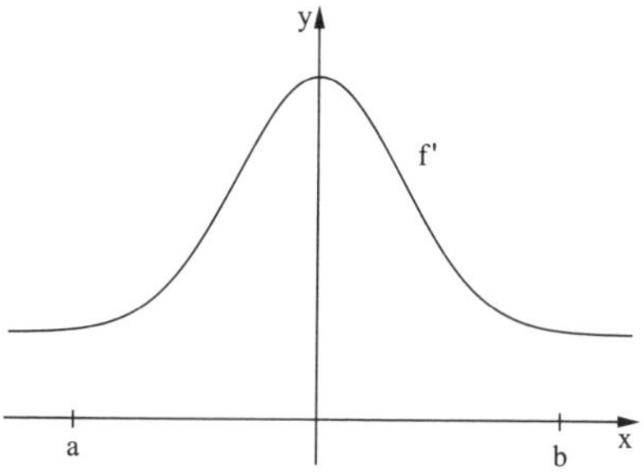

2 Analytische Geometrie

2.1 Gegeben sind in einem kartesischen Koordinatensystem die Gerade

$$g:\ \vec{x} = \begin{pmatrix} 12 \\ 4 \\ 0 \end{pmatrix} + t \cdot \begin{pmatrix} 1 \\ 1 \\ -4 \end{pmatrix},\ t \in \mathbb{R}$$

sowie die beiden Punkte $A(2\,|\,0\,|\,-8)$ und $B(1\,|\,-1\,|\,-4)$.

Zeigen Sie rechnerisch, dass A und B auf einer zu g parallelen und von g verschiedenen Geraden h liegen.

2.2 Gegeben sind im Raum eine Gerade g und ein Punkt P, der nicht auf g liegt.
Beschreiben Sie ein Verfahren zur Bestimmung des Abstandes von P zu g.

2.3 Ermitteln Sie eine Gleichung der dargestellten Ebene ε.

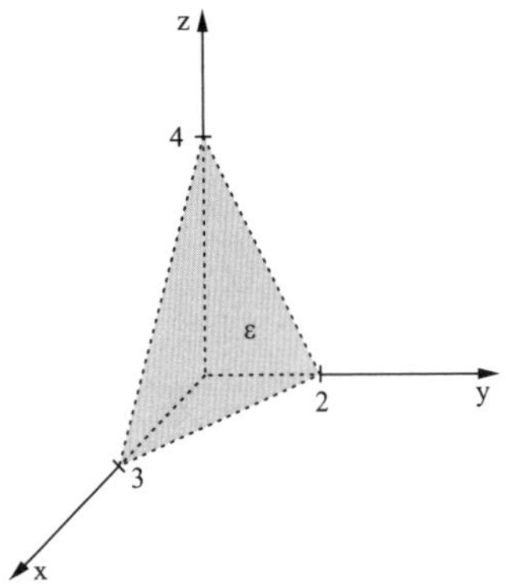

Abbildung nicht maßstäblich

3 Stochastik

Eine Urne enthält eine gelbe, vier blaue und fünf weiße Kugeln.

3.1 Aus dieser Urne werden nacheinander ohne Zurücklegen zwei Kugeln entnommen und jeweils ihre Farbe notiert.
Berechnen Sie die Wahrscheinlichkeit für das Ereignis:
Die gezogenen Kugeln haben verschiedene Farben.

3.2 Beschreiben Sie zu der angegebenen Versuchsanordnung ein Zufallsexperiment, sodass die Wahrscheinlichkeiten binomialverteilt sind.

Hinweise und Tipps

Teilaufgabe 1.1

- Verwenden Sie zum Skizzieren die beiden Extrempunkte.
- In einem Wendepunkt hat ein Graph den (betragsmäßig) größten Anstieg.

Teilaufgabe 1.2

- Berechnen Sie den Anstieg von f in P und die y-Koordinate von P.
- Setzen Sie diese Werte in die allgemeine Gleichung einer linearen Funktion ein.

Teilaufgabe 1.3

- Bestimmen Sie zunächst das unbestimmte Integral von f, also die Menge aller Stammfunktionen.
- Den Wert der Konstanten c für die gesuchte Stammfunktion erhalten Sie durch Einsetzen des gegebenen Wertepaares.

Teilaufgabe 1.4

- Welcher Zusammenhang besteht zwischen dem Monotonieverhalten und der 1. Ableitung?
- Überlegen Sie, ob die notwendige und die hinreichende Bedingung für das Vorliegen eines Wendepunkts erfüllt sind.

Teilaufgabe 2.1

- Stellen Sie eine Gleichung der Geraden durch die Punkte A und B auf.
- Zwei Geraden sind parallel, wenn ihre Richtungsvektoren linear abhängig sind.
- Weisen Sie z. B. mit einer Punktprobe nach, dass die beiden Geraden verschieden sind.

Teilaufgabe 2.2

- Mehrere Verfahren sind möglich. Es ist in jedem Fall nützlich, eine Gleichung der Geraden g aufzustellen.

Teilaufgabe 2.3

- Lesen Sie aus der Abbildung die Koordinaten der Schnittpunkte von ε mit den Koordinatenachsen ab.

Teilaufgabe 3.1

- Erstellen Sie ein Baumdiagramm und markieren Sie die Ergebnisse, die zusammen das zu betrachtende Ereignis bilden.
- Kürzer wird die Berechnung über das Gegenereignis.

Teilaufgabe 3.2

- Durch welche Parameter wird eine Binomialverteilung charakterisiert?
- Welcher Parameter muss konstant sein?

Lösung

1 Analysis

1.1 Kennzeichnung der Punkte

In der Abbildung sind der lokale Hochpunkt H und der lokale Tiefpunkt T gekennzeichnet.

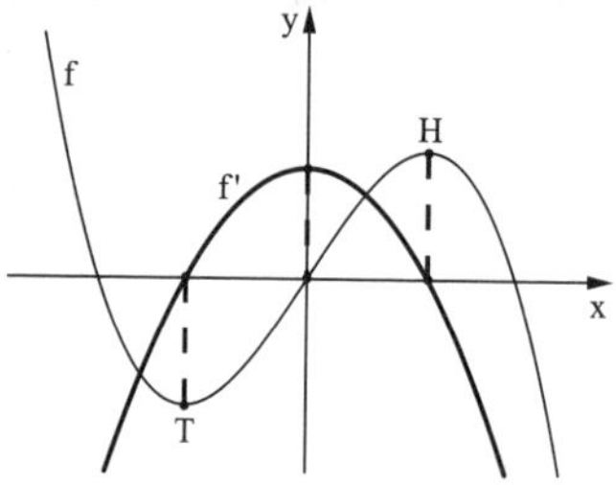

Skizzieren eines Graphen der ersten Ableitung

Zum Skizzieren eines möglichen Graphen der Ableitungsfunktion f' werden zunächst die Extrempunkte T und H benutzt. An diesen Stellen schneidet der Graph von f' die x-Achse. Da der Graph der Funktion f bis zum ersten Extrempunkt fällt, sind die Funktionswerte der Ableitungsfunktion f' bis zur ersten Nullstelle negativ. Danach steigt der Graph der Funktion f bis zum Punkt H und fällt danach wieder. Entsprechend sind die Funktionswerte von f' zunächst positiv und danach wieder negativ. Im Wendepunkt hat der Graph von f den größten Anstieg, entsprechend hat der Graph von f' an dieser Stelle seinen Extrempunkt.

1.2 Ermittlung einer Gleichung der Tangente

Berechnung des Anstiegs von f im Punkt $P(-1\,|\,f(-1))$:

$$f(x) = \frac{1}{x} - 1 = x^{-1} - 1$$

$$f'(x) = -x^{-2} = -\frac{1}{x^2}$$

$$f'(-1) = -\frac{1}{(-1)^2} = -1 \qquad \Rightarrow \quad f'(-1) = -1$$

Berechnung des Funktionswertes von f im Punkt $P(-1\,|\,f(-1))$:

$$f(-1) = \frac{1}{-1} - 1 = -1 - 1 = -2 \quad \Rightarrow \quad f(-1) = -2$$

Die Gleichung der Tangente erhält man durch Einsetzen der Koordinaten des Punktes P und des Anstiegs m an der Stelle –1 in die allgemeine Gleichung einer linearen Funktion und der anschließenden Berechnung des Wertes von n:

$$y_T = m \cdot x + n \qquad |\,\text{Einsetzen der Werte für } y_T\text{, m und x}$$

$$-2 = (-1)\cdot(-1) + n = 1 + n \qquad |-1$$

$$n = -3$$

$$\Rightarrow \quad \underline{\underline{y_T = -x - 3}}$$

1.3 Ermittlung einer Gleichung der Stammfunktion

Zunächst wird das unbestimmte Integral für die Funktion f(x) und somit die Menge aller Stammfunktionen F(x) bestimmt, um im Anschluss durch Einsetzen des gegebenen Wertepaares den Wert der Konstanten c der Stammfunktion zu berechnen.

$$\int (8x^3 - x - 1)\,dx = \frac{8}{4}x^4 - \frac{1}{2}x^2 - x + c = 2x^4 - \frac{1}{2}x^2 - x + c$$

$$F(x) = 2x^4 - \frac{1}{2}x^2 - x + c \quad \Big| \text{Einsetzen von } x = 2 \text{ und } F(2) = 20$$

$$20 = 2 \cdot 2^4 - \frac{1}{2} \cdot 2^2 - 2 + c$$

$$20 = 32 - 2 - 2 + c \quad \Big| -28$$

$$c = -8$$

$$\Rightarrow \quad \underline{\underline{F(x) = 2x^4 - \frac{1}{2}x^2 - x - 8}}$$

1.4 **Entscheidungen und Begründungen**

A: Die Aussage ist richtig, f ist im Intervall [a; b] streng monoton wachsend.

Begründung: Zwischen dem Monotonieverhalten und der 1. Ableitung einer Funktion besteht ein Zusammenhang, insbesondere gilt:
$f'(x) > 0$ für alle $x \in [a; b] \;\Rightarrow\;$ f ist in [a; b] streng monoton wachsend.
Aus der Abbildung ist ersichtlich, dass alle Funktionswerte von f' im Intervall [a; b] positiv sind.

B: Die Aussage ist richtig, der Graph von f hat im Intervall [a; b] mindestens einen Wendepunkt.

Begründung: Die notwendige Bedingung für die Existenz eines Wendepunktes ist erfüllt, denn der Graph von f' hat einen Hochpunkt, somit hat die 2. Ableitung an dieser Stelle den Wert null. Die Existenz des Hochpunktes ist zugleich auch die hinreichende Bedingung, denn durch den Wechsel des Monotonieverhaltens von f' beim Hochpunkt von steigend zu fallend sind die Funktionswerte von f'' in der Umgebung dieser Stelle erst positiv, dann negativ. Entsprechend ist der Anstieg des Graphen von f'' an dieser Stelle negativ und somit ist der Wert von f''' hier ungleich null.

2 Analytische Geometrie

2.1 **Nachweis für die Parallelität der Geraden**

Aus den gegebenen Koordinaten der Punkte A und B stellt man eine Gleichung der Geraden h_{AB} auf. Die zwei Geraden g und h sind genau dann parallel, wenn ihre Richtungsvektoren linear abhängig sind.

Aufstellen einer Geradengleichung:

$$h_{AB}\colon \vec{x} = \overrightarrow{OA} + s \cdot \overrightarrow{AB} = \begin{pmatrix} 2 \\ 0 \\ -8 \end{pmatrix} + s \cdot \begin{pmatrix} -1 \\ -1 \\ 4 \end{pmatrix} \quad \text{mit } s \in \mathbb{R}$$

Nachweis der linearen Abhängigkeit:

$$k \cdot \vec{r}_g = \vec{r}_h \quad \Rightarrow \quad k \cdot \begin{pmatrix} 1 \\ 1 \\ -4 \end{pmatrix} = \begin{pmatrix} -1 \\ -1 \\ 4 \end{pmatrix} \quad \Rightarrow \quad k = -1 \quad \Rightarrow \quad \underline{\underline{\vec{r}_g \parallel \vec{r}_h}}$$

Nachweise für die Verschiedenheit der Geraden

Es sollen zwei mögliche Nachweise gezeigt werden.

1. Variante: Mit einer Punktprobe wird nachgewiesen, dass der Punkt A der Geraden h_{AB} nicht auf der Geraden g liegt. Punktprobe:

$$\begin{pmatrix} 2 \\ 0 \\ -8 \end{pmatrix} = \begin{pmatrix} 12 \\ 4 \\ 0 \end{pmatrix} + t \cdot \begin{pmatrix} 1 \\ 1 \\ -4 \end{pmatrix} \quad \Rightarrow \quad \begin{aligned} -10 &= t \\ -4 &= t \\ 2 &= t \end{aligned} \quad \Rightarrow \quad A \notin g \quad \Rightarrow \quad \underline{\underline{g \neq h}}$$

2. Variante: Für diesen Nachweis wird der Punkt mit den Koordinaten P(12 | 4 | 0), der auf der Geraden g liegt, mit C bezeichnet. Aus der Abbildung ist ersichtlich, dass es für den Nachweis der Verschiedenheit der Geraden ausreichend ist, die lineare Unabhängigkeit der Vektoren $\overrightarrow{AB}$ und $\overrightarrow{AC}$ zu bestätigen:

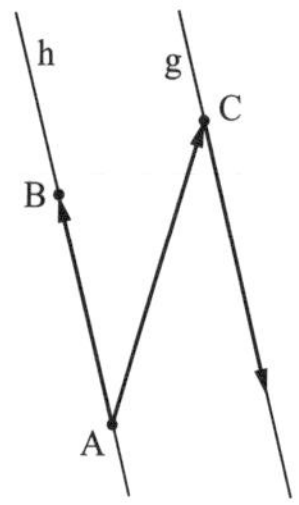

$$k \cdot \overrightarrow{AB} \neq \overrightarrow{AC}, \quad \text{denn} \quad k \cdot \begin{pmatrix} -1 \\ -1 \\ 4 \end{pmatrix} \neq \begin{pmatrix} 10 \\ 4 \\ 8 \end{pmatrix}$$

$$\Rightarrow \quad \underline{\underline{g \neq h}}$$

2.2 Beschreibung eines Verfahrens

Es sollen drei mögliche Verfahren beschrieben werden. Für alle Verfahren bietet es sich an, eine Gleichung der Geraden g aufzustellen: g: $\vec{x} = \overrightarrow{OQ} + s \cdot \vec{r}_g$ mit $s \in \mathbb{R}$

1. Variante: Der Vektor von einem beliebigen Punkt Q der Geraden g zum Punkt P und ein Richtungsvektor $\vec{r}_g$ der Geraden g spannen ein Parallelogramm auf (siehe Bild). Für dieses Parallelogramm kann man den Flächeninhalt A mit dem Betrag des Kreuzproduktes aus diesen beiden Vektoren $\vec{r}_g$ und $\overrightarrow{QP}$ bestimmen. Gleichzeitig gilt für den Flächeninhalt A des Parallelogramms A = Grundseite · Höhe. Teilt man den Flächeninhalt A durch den Betrag des Richtungsvektors $\vec{r}_g$, erhält man die Höhe des Parallelogramms und somit den gesuchten Abstand.

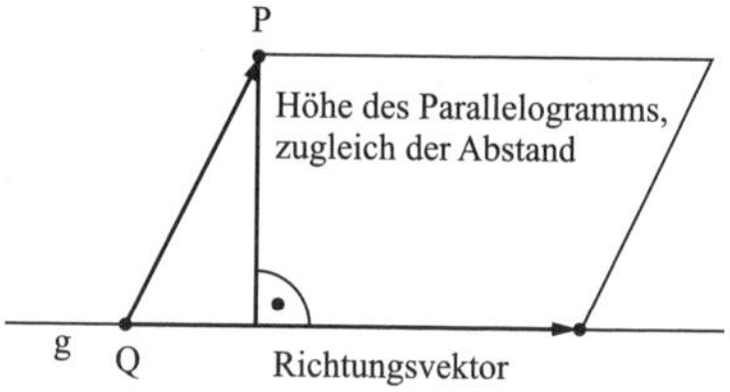

2. Variante: Aus dem Richtungsvektor $\vec{r}_g$ und den Koordinaten des Punktes P wird eine Ebene gebildet, E: $(\vec{x} - \overrightarrow{OP}) \circ \vec{r}_g = 0$. Dabei ist der Richtungsvektor $\vec{r}_g$ der Geraden g der Normalenvektor der Ebene. Durch Einsetzen der Gleichung der Geraden g für $\vec{x}$ und anschließendem Berechnen des Parameters s kann damit der Durchstoßpunkt der Geraden g durch die Ebene E ermittelt werden. Der Abstand des Durchstoßpunktes und des Punkts P entspricht dem gesuchten Abstand.

3. Variante: Alle Punkte Q der Geraden g werden mithilfe der Geradengleichung $\vec{x}$ beschrieben. Der Vektor $\overrightarrow{QP}$ mit $\overrightarrow{QP} = \overrightarrow{OP} - \vec{x}$ zeigt vom Punkt Q der Geraden auf den Punkt P. Der Betrag des Vektors $\overrightarrow{QP}$ enthält den Parameter s der Geradengleichung. Eine anschließende Extremwertberechnung („Für welchen Wert von s ist der Betrag des Vektors $\overrightarrow{QP}$ minimal?") führt zu einem Minimum des Betrages von $\overrightarrow{QP}$ und somit zum gesuchten Abstand.

2.3 Ermittlung einer Ebenengleichung

Aus der Abbildung ist ersichtlich, dass die Ebene die Koordinatenachsen jeweils an den Stellen x = 3, y = 2 und z = 4 schneidet. Die Koordinaten der zugehörigen Schnittpunkte lauten A(3 | 0 | 0), B(0 | 2 | 0) und C(0 | 0 | 4).

Zwei mögliche Lösungswege sollen gezeigt werden.

1. Variante: Mithilfe der ablesbaren Schnittstellen mit den Koordinatenachsen lässt sich die Achsenabschnittsgleichung dieser Ebene aufstellen. Achsenabschnittsgleichung:

$$\underline{\underline{\varepsilon\colon\ \frac{x}{3} + \frac{y}{2} + \frac{z}{4} - 1 = 0}}$$

2. Variante: Mithilfe der ablesbaren Koordinaten der Schnittpunkte mit den Koordinatenachsen lässt sich eine Parametergleichung dieser Ebene aufstellen.

$$\varepsilon\colon\ \vec{x} = \overrightarrow{OA} + r \cdot \overrightarrow{AB} + s \cdot \overrightarrow{AC} = \begin{pmatrix} 3 \\ 0 \\ 0 \end{pmatrix} + r \cdot \begin{pmatrix} -3 \\ 2 \\ 0 \end{pmatrix} + s \cdot \begin{pmatrix} -3 \\ 0 \\ 4 \end{pmatrix},\ r, s \in \mathbb{R}$$

3 Stochastik

3.1 Berechnung der Wahrscheinlichkeit

Der Vorgang als Baumdiagramm:

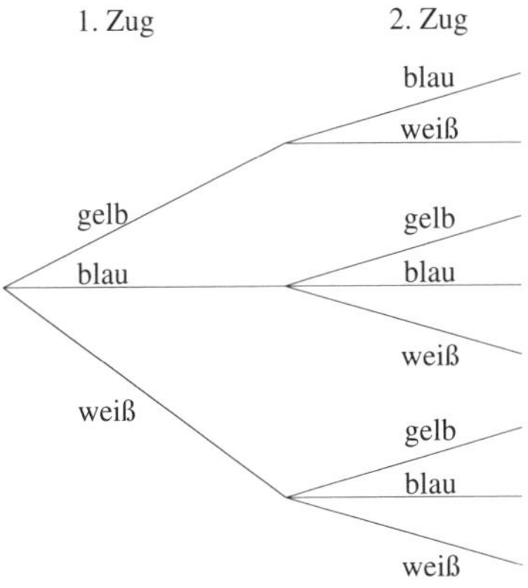

Ergebnis	Wahrscheinlichkeit	
(g; b)	$\frac{1}{10} \cdot \frac{4}{9} = \frac{4}{90}$	*
(g; w)	$\frac{1}{10} \cdot \frac{5}{9} = \frac{5}{90}$	*
(b; g)	$\frac{4}{10} \cdot \frac{1}{9} = \frac{4}{90}$	*
(b; b)	$\frac{4}{10} \cdot \frac{3}{9} = \frac{12}{90}$	
(b; w)	$\frac{4}{10} \cdot \frac{5}{9} = \frac{20}{90}$	*
(w; g)	$\frac{5}{10} \cdot \frac{1}{9} = \frac{5}{90}$	*
(w; b)	$\frac{5}{10} \cdot \frac{4}{9} = \frac{20}{90}$	*
(w; w)	$\frac{5}{10} \cdot \frac{4}{9} = \frac{20}{90}$	

Im Baumdiagramm sind alle Ergebnisse markiert (∗), die zusammen das Ereignis X bilden, dass die gezogenen Kugeln verschiedene Farben haben.

Die Berechnung der Wahrscheinlichkeit dieses Ereignisses kann durch Addition der einzelnen Wahrscheinlichkeiten erfolgen:

$$P(X) = P(g;\,b) + P(g;\,w) + P(b;\,g) + P(b;\,w) + P(w;\,g) + P(w;\,b)$$

$$= \frac{4}{90} + \frac{5}{90} + \frac{4}{90} + \frac{20}{90} + \frac{5}{90} + \frac{20}{90} = \underline{\underline{\frac{58}{90}}}$$

Kürzer wird die Berechnung über das Gegenereignis:

$$P(X) = 1 - \big(P(b;\,b) + P(w;\,w)\big) = 1 - \left(\frac{12}{90} + \frac{20}{90}\right) = \frac{90}{90} - \frac{32}{90} = \underline{\underline{\frac{58}{90}}}$$

Ergebnis: Die Wahrscheinlichkeit dafür, dass die gezogenen Kugeln verschiedene Farben haben, beträgt $\frac{58}{90}$.

3.2 Beschreibung eines Zufallsexperimentes

Eine Binomialverteilung wird durch ihre Parameter n und p charakterisiert. Dabei ist n die Anzahl der Versuchsdurchführungen und p die Wahrscheinlichkeit des Eintretens eines Ergebnisses. Wichtig dabei ist, dass p konstant sein muss.

Ein mögliches Zufallsexperiment könnte z. B. lauten:
Betrachtet wird das 10-malige Ziehen einer Kugel mit Zurücklegen, dabei wird die Anzahl der Kugeln gezählt, die gelb sind.

A 1 Analysis (25 BE)

Gegeben ist eine ganzrationale Funktion f durch die Gleichung

$$f(x) = \frac{1}{2}x^4 - 4x^2 + \frac{7}{2},\ x \in \mathbb{R}.$$

Der Graph von f ist G.

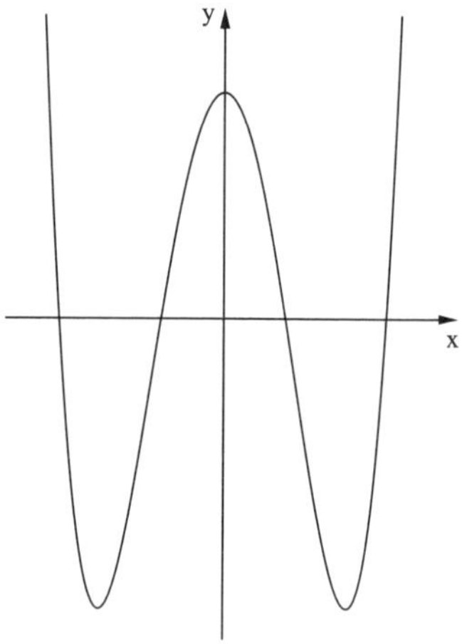

1.1 Entscheiden Sie, welche der folgenden Aussagen wahr bzw. falsch sind.
Begründen Sie Ihre Entscheidungen.

- f ist eine ganzrationale Funktion fünften Grades.
- G ist achsensymmetrisch zur y-Achse.
- G schneidet die y-Achse im Punkt $\left(0 \,\middle|\, \frac{7}{2}\right)$.
- Die Funktion F mit
  $$F(x) = \frac{1}{10}x^5 - 12x^3 + \frac{7}{2}x - 7$$
  ist eine Stammfunktion von f.

1.2 Berechnen Sie die Nullstellen von f und die Koordinaten der Extrempunkte des Graphen von f. Weisen Sie die Art der Extrema nach.
Geben Sie die Gleichungen der benötigten Ableitungen an.

1.3 Berechnen Sie den Inhalt der Fläche, die der Graph G mit der x-Achse im 1. Quadranten einschließt.
Geben Sie die Gleichung der Stammfunktion an.

1.4 Ermitteln Sie Gleichungen der Tangenten an G in den Punkten $B_1(-\sqrt{3} \mid f(-\sqrt{3}))$ und $B_2(\sqrt{3} \mid f(\sqrt{3}))$.

Berechnen Sie die Größe des Winkels, unter dem die Tangenten einander schneiden.

Die Punkte B_1 und B_2 sowie der Schnittpunkt der Tangenten sind die Eckpunkte eines Dreiecks.
Berechnen Sie den Flächeninhalt dieses Dreiecks.

1.5 Gegeben ist die Funktion h mit der Gleichung $h(x) = -4x^2 + 16x + 12,\ x \in \mathbb{R}$.
Es wird an jeder Stelle x im Intervall $0 \le x \le 2{,}5$ die Differenz $h(x) - f(x)$ gebildet.
Berechnen Sie die Stelle x, an der diese Differenz extremal wird.
Weisen Sie die Art des Extremums nach.

1.6 Im Folgenden wird die Funktionenschar f_a mit der Gleichung

$$f_a(x) = \frac{1}{2}x^4 - 4x^2 + a,\ x \in \mathbb{R},\ a \in \mathbb{R}$$

betrachtet.

1.6.1 Berechnen Sie die Werte von a, für die die Funktionen dieser Schar nur Funktionswerte haben, die größer als null sind.

1.6.2 Berechnen Sie den Wert von a, für den die Wendepunkte des Graphen der Funktion f_a auf der x-Achse liegen.

A 2 Analytische Geometrie (25 BE)

In einem kartesischen Koordinatensystem sind die Punkte $A(1\,|\,2\,|\,0)$, $B(0\,|\,5\,|\,2)$ und $C(-2\,|\,3\,|\,4)$ gegeben.
Die Ebene ε wird durch die Punkte A, B und C bestimmt.

2.1 Weisen Sie nach, dass das Dreieck ABC rechtwinklig ist.

2.2 Ermitteln Sie rechnerisch eine Koordinatengleichung der Ebene ε.
(mögliches Ergebnis für ε: $5x - y + 4z - 3 = 0$)

2.3 Bestimmen Sie die Größe des Schnittwinkels, den ε mit der z-Achse einschließt.

2.4 Gegeben ist die Punktmenge $G_t\left(2t \,\middle|\, t^2 \,\middle|\, -\frac{3}{2}\right)$ mit $t \in \mathbb{R}$.

Berechnen Sie die Koordinaten aller Punkte dieser Menge, die in der Ebene ε liegen.

2.5 Gegeben ist das Prisma ABCDEF mit der Grundfläche ABC und dem Eckpunkt $F(3\,|\,2\,|\,8)$, wobei $\overline{CF}$ eine Kante des Körpers ist.

2.5.1 Weisen Sie nach, dass das Prisma gerade ist.
Ermitteln Sie die Koordinaten der Eckpunkte D und E.

2.5.2 Stellen Sie das Prisma in einem kartesischen Koordinatensystem dar.

2.5.3 Berechnen Sie das Volumen des Prismas.

2.5.4 Der Punkt S auf der Strecke $\overline{AF}$ teilt diese in folgendem Verhältnis:
$\overline{AS} : \overline{SF} = 3 : 1$
Der Punkt S ist die Spitze der Pyramide ABCS.
Berechnen Sie den prozentualen Anteil des Volumens der Pyramide ABCS am Volumen des Prismas ABCDEF.

A 3 Analysis (25 BE)

3.1 In einem Labor wächst in einer Nährlösung eine Kultur von Einzellern heran.
Die Anzahl N der zu einem Zeitpunkt t (t in Tagen) vorhandenen Einzeller kann durch folgende Gleichung errechnet werden:

$N(t) = 200 \cdot e^{\frac{1}{2}t},\ t \in \mathbb{R},\ 0 \le t \le 5$

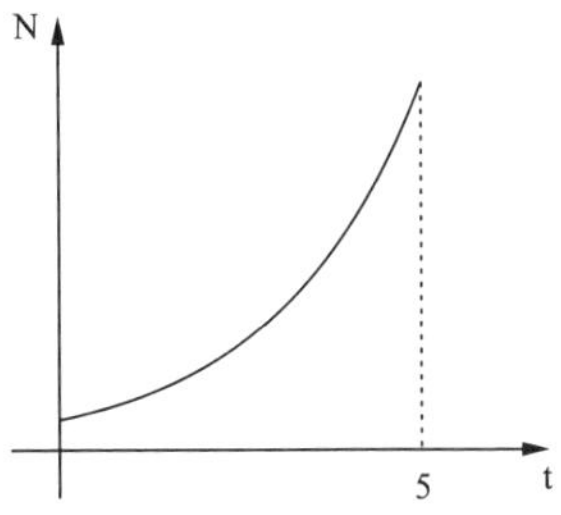

3.1.1 Ermitteln Sie die Anzahl der Einzeller zu Beginn $(t=0)$ und am Ende der Beobachtung $(t=5)$.

Berechnen Sie, zu welchem Zeitpunkt t etwa 80 % der Höchstanzahl an Einzellern erreicht wurde.

3.1.2 Die erste Ableitung der Funktion N zu einem Zeitpunkt t ist die Änderungsrate.

Geben Sie den Wert der Änderungsrate zum Zeitpunkt $t_1 = 2$ an.

Errechnen Sie, zu welchem Zeitpunkt t_2 die Änderungsrate den Wert 200 annimmt.

Die mittlere Änderungsrate wird als Anstieg der Sekante des Graphen durch die Punkte $A(0 \mid N(0))$ und $B(5 \mid N(5))$ festgelegt.

Bestimmen Sie den Zeitpunkt t_3, an dem die Änderungsrate $N'(t_3)$ der mittleren Änderungsrate entspricht.

3.1.3 Durch Einwirkung eines Zellgiftes verläuft das Wachstum der Einzelleranzahl ab dem Zeitpunkt $t_4 = 5$ mit der aktuellen Änderungsrate linear weiter.
Ermitteln Sie die Gleichung dieser linearen Funktion.
Berechnen Sie, wie viele Einzeller ohne Einwirkung des Zellgiftes zusätzlich zum Zeitpunkt $t_5 = 6$ vorhanden wären.

3.2 Im Folgenden wird eine Funktionenschar f_a betrachtet mit der Gleichung

$f_a(x) = 200 \cdot e^{a \cdot x}, \; x \in \mathbb{R}, a \in \mathbb{N}.$

3.2.1 Berechnen Sie den Wert von a, für den gilt: $f_a\left(\frac{1}{4}\right) = 423{,}40$

3.2.2 Berechnen Sie den Wert von a, für den bei jeder Stelle x der Funktionswert mit dem Wert der ersten Ableitung übereinstimmt.

Geben Sie an, warum diese Übereinstimmung bei dem berechneten Wert von a für alle folgenden Ableitungen gilt.

3.2.3 Ermitteln Sie in Abhängigkeit von a den Inhalt der Fläche, die vom Graphen von f_a, der x-Achse und den Geraden $x = 0$ und $x = a$ begrenzt wird.

Hinweise und Tipps

Teilaufgabe 1.1

- Für die Begründungen müssen Sie auch rechnen.

Teilaufgabe 1.2

- Zur Berechnung der Nullstellen ist die Substitution $z = x^2$ hilfreich.
- Verwenden Sie bei der Ermittlung der Extremstellen die notwendige und die hinreichende Bedingung. Berechnen Sie auch die Koordinaten der Extrempunkte.
- Vergessen Sie nicht, die Ableitungsfunktionen anzugeben.

Teilaufgabe 1.3

- Die Fläche liegt vollständig oberhalb der x-Achse.

Teilaufgabe 1.4

- Zum Aufstellen von Tangentengleichungen benötigen Sie den Anstieg der Funktion und die Koordinaten des Berührpunktes.
- Den Schnittwinkel erhalten Sie über die Innenwinkelsumme des Dreiecks, dessen Flächeninhalt Sie anschließend ausrechnen müssen.
- Nutzen Sie aus, dass das Dreieck gleichschenklig ist. Zur Berechnung der Höhe brauchen Sie die Koordinaten des Schnittpunktes der Tangenten.

Teilaufgabe 1.5

- Stellen Sie die Zielfunktion auf und suchen Sie das Extremum.

Teilaufgabe 1.6.1

- Da die Funktion f zur Schar gehört, können Sie die bisherigen Ergebnisse nutzen.
- Alternativ können Sie die Werte für a berechnen, für die f_a keine Nullstellen besitzt.

Teilaufgabe 1.6.2

- Berechnen Sie die Wendepunkte formal.
- Was muss gelten, damit ein Punkt auf der x-Achse liegt?

Teilaufgabe 2.1

- Sie benötigen die Richtungsvektoren der Dreiecksseiten.
- Ob Vektoren senkrecht aufeinander stehen, überprüft man mit dem Skalarprodukt.

Teilaufgabe 2.2

- Bestimmen Sie mithilfe des Kreuzprodukts zunächst einen Normalenvektor der Ebene.
- Den fehlenden Koeffizienten erhalten Sie durch Einsetzen der Koordinaten eines Punktes.

Teilaufgabe 2.3

- Bestimmen Sie den Winkel zwischen dem Normalenvektor der Ebene und dem Richtungsvektor der z-Achse mit dem Skalarprodukt.
- Diesen Wert müssen Sie dann noch von 90° subtrahieren.

Teilaufgabe 2.4

- Setzen Sie die Koordinaten der Punkte in die Ebenengleichung ein.
- Lösen Sie die entstehende quadratische Gleichung mit der Lösungsformel.

Teilaufgabe 2.5.1

- Ein Prisma ist gerade, wenn die Seitenkanten senkrecht auf der Grundfläche stehen.
- Zur Berechnung der Punktkoordinaten können Sie den Vektor $\overrightarrow{CF}$ nutzen.

Teilaufgabe 2.5.2

- Fertigen Sie ein Schrägbild an.

Teilaufgabe 2.5.3

- Wenn Sie die Volumenformel verwenden wollen, müssen Sie den Flächeninhalt des rechtwinkligen Dreiecks ABC und die Höhe des Prismas, also die Länge von $\overrightarrow{CF}$ berechnen.
- Alternativ können Sie mit dem Spatprodukt arbeiten.

Teilaufgabe 2.5.4

- Das Volumen der Pyramide ABCS können Sie ausrechnen, indem Sie die Koordinaten von S ermitteln und damit die Höhe der Pyramide.
- Da aber nur nach dem prozentualen Anteil gefragt ist, können Sie auch die Tatsache nutzen, dass das Pyramidenvolumen ein Drittel des Volumens des „zugehörigen“ Prismas beträgt.

Teilaufgabe 3.1.1

- Berechnen Sie die Funktionswerte N(0) und N(5).
- Die Höchstanzahl an Einzellern ist am Ende der Beobachtung vorhanden. Stellen Sie die entsprechende Gleichung auf und verwenden Sie zur Lösung die Logarithmengesetze.

Teilaufgabe 3.1.2

Denken Sie beim Ableiten an die Kettenregel.

Teilaufgabe 3.1.3

Der Graph der gesuchten linearen Funktion ist eine Tangente an den Graphen von N(t).

Die zusätzliche Anzahl der Einzeller ergibt sich aus der Differenz zweier Funktionswerte.

Teilaufgabe 3.2.1

Lösen Sie die Gleichung mithilfe der Logarithmengesetze.

Teilaufgabe 3.2.2

Für welchen Wert von a entfällt die Kettenregel?

Teilaufgabe 3.2.3

Die Graphen der Schar besitzen keine Nullstellen und liegen oberhalb der x-Achse.

Verwenden Sie beim Integrieren eine lineare Substitution.

Lösung

A 1 Analysis

Gegeben ist die ganzrationale Funktion f durch die Gleichung

$$f(x) = \frac{1}{2}x^4 - 4x^2 + \frac{7}{2},\ x \in \mathbb{R}.$$

1.1 **Entscheidungen und Begründungen**

- Die Aussage ist falsch, f ist keine ganzrationale Funktion fünften Grades.
  Begründung: Der höchste Exponent von x ist 4 und nicht 5.
- Die Aussage ist wahr, G ist achsensymmetrisch zur y-Achse.
  Begründung: Alle in der Funktionsgleichung vorkommenden Exponenten von x sind gerade.

  Alternative Begründung:
  Eine Funktion ist achsensymmetrisch zur y-Achse, wenn für alle $x \in \mathbb{R}$ gilt:
  $f(-x) = f(x)$

  $$f(-x) = \frac{1}{2}(-x)^4 - 4(-x)^2 + \frac{7}{2} = \frac{1}{2}x^4 - 4x^2 + \frac{7}{2} = f(x)$$
- Die Aussage ist wahr, G schneidet die y-Achse im Punkt $\left(0 \mid \frac{7}{2}\right)$.

  Begründung: $f(0) = \frac{1}{2} \cdot 0^4 - 4 \cdot 0^2 + \frac{7}{2} = \frac{7}{2}$
- Die Aussage ist falsch, bei der Integration ist der Koeffizient des zweiten Summanden ein anderer.
  Begründung: Die allgemeine Stammfunktion ist $F(x) = \frac{1}{10}x^5 - \frac{4}{3}x^3 + \frac{7}{2}x + c$.

1.2 **Berechnung der Nullstellen**

$$0=\frac{1}{2}x^4-4x^2+\frac{7}{2} \qquad |\text{Substitution } z=x^2$$

$$0=\frac{1}{2}z^2-4z+\frac{7}{2} \qquad |\cdot 2$$

$$0=z^2-8z+7$$

$$z_{1;2}=4\pm\sqrt{16-7}=4\pm 3 \quad\Rightarrow\quad z_1=7,\ z_2=1$$

$$z=7=x^2 \quad\Rightarrow\quad \underline{\underline{x_{01}=-\sqrt{7}}},\ \underline{\underline{x_{02}=\sqrt{7}}}$$

$$z=1=x^2 \quad\Rightarrow\quad \underline{\underline{x_{03}=-1}},\ \underline{\underline{x_{04}=1}}$$

Berechnung der Extrempunkte

Ermittlung der Ableitungsfunktionen:

$\underline{\underline{f'(x)=2x^3-8x}}$, $\underline{\underline{f''(x)=6x^2-8}}$

Notwendige Bedingung für die Existenz von Extrempunkten:

$f'(x)=0$

$$0=2x^3-8x=x\cdot(2x^2-8)$$

Es gilt, dass ein Produkt null ist, wenn ein Faktor gleich null ist oder beide Faktoren gleichzeitig null sind.

$x_{E_1}=0$

$$0=2x^2-8 \qquad |:2$$

$$0=x^2-4 \qquad |+4 \quad |\sqrt{\ }$$

$x_{E_2}=-2,\quad x_{E_3}=2$

Ergänzend wird für die hinreichende Bedingung $f''(x_E)$ bestimmt:

$f''(0)=6\cdot 0^2-8=-8<0 \quad\Rightarrow$ An der Stelle x_{E_1} befindet sich ein Hochpunkt.

$f''(-2)=6\cdot(-2)^2-8=16>0 \quad\Rightarrow$ An der Stelle x_{E_2} befindet sich ein Tiefpunkt.

$f''(2)=6\cdot 2^2-8=16>0 \quad\Rightarrow$ An der Stelle x_{E_3} befindet sich ein Tiefpunkt.

Es werden noch die Funktionswerte an den Stellen x_{E_1}, x_{E_2} und x_{E_3} berechnet:

$f(0)=\frac{7}{2}=3{,}5$ (vgl. Aufgabe 1.1)

$$f(-2)=\frac{1}{2}\cdot(-2)^4-4\cdot(-2)^2+\frac{7}{2}=8-16+\frac{7}{2}=-\frac{9}{2}=-4{,}5$$

$$f(2)=\frac{1}{2}\cdot 2^4-4\cdot 2^2+\frac{7}{2}=8-16+\frac{7}{2}=-\frac{9}{2}=-4{,}5$$

Damit ergeben sich folgende Koordinaten für die Extrempunkte:

$\underline{\underline{H(0\,|\,3{,}5)}}$, $\underline{\underline{T_1(-2\,|\,-4{,}5)}}$, $\underline{\underline{T_2(2\,|\,-4{,}5)}}$

1.3 **Berechnung des Flächeninhalts**

Die grafische Darstellung der gesuchten Fläche verdeutlicht, dass die linke Intervallgrenze $a = 0$ und die rechte Intervallgrenze die in der Aufgabe 1.2 berechnete Nullstelle $x_{04} = 1$ ist. Die Fläche liegt vollständig oberhalb der x-Achse, folglich ist der gesuchte Inhalt der Fläche gleich dem bestimmten Integral der Funktion f im Intervall von 0 bis 1.

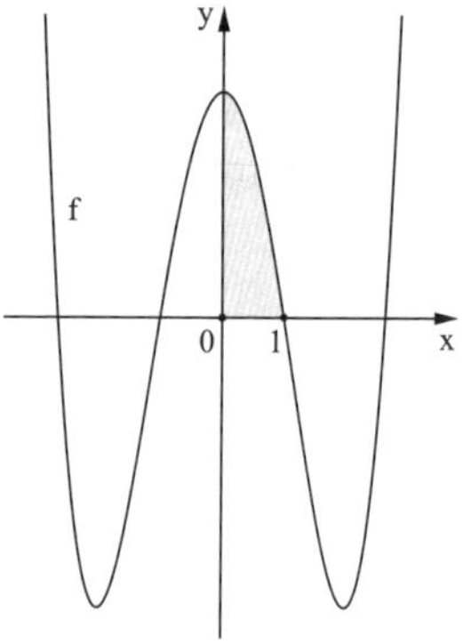

$$A = \int_0^1 \left(\frac{1}{2}x^4 - 4x^2 + \frac{7}{2}\right) dx \quad \Big| \text{Stammfunktion bilden}$$

$$= \left[\frac{1}{10}x^5 - \frac{4}{3}x^3 + \frac{7}{2}x\right]_0^1 \quad \Big| F(b) - F(a)$$

$$= \frac{1}{10} - \frac{4}{3} + \frac{7}{2} - 0$$

$$A = \frac{3 - 40 + 105}{30} = \frac{68}{30} = \frac{34}{15} \approx \underline{\underline{2{,}27 \text{ FE}}}$$

Dabei wurde als Stammfunktion benutzt:

$$\underline{\underline{F(x) = \frac{1}{10}x^5 - \frac{4}{3}x^3 + \frac{7}{2}x}}$$

Ergebnis: Der Inhalt der Fläche beträgt 2,27 Flächeneinheiten.

1.4 **Ermittlung von Gleichungen der Tangenten**

Zunächst wird die Gleichung der Tangente für $B_1(-\sqrt{3} \mid f(-\sqrt{3}))$ ermittelt. Der Anstieg der Tangente entspricht dem Anstieg der Funktion an dieser Stelle.

$$f'(x) = 2x^3 - 8x$$

$$f'(-\sqrt{3}) = 2 \cdot (-\sqrt{3})^3 - 8 \cdot (-\sqrt{3}) = -2 \cdot 3\sqrt{3} + 8\sqrt{3} = 2\sqrt{3}$$

Berechnung des Funktionswertes von f an der Stelle $-\sqrt{3}$:

$$f(-\sqrt{3}) = \frac{1}{2} \cdot (-\sqrt{3})^4 - 4 \cdot (-\sqrt{3})^2 + \frac{7}{2} = \frac{9}{2} - 12 + \frac{7}{2} = -4$$

Die Gleichung der Tangente erhält man durch Einsetzen der Koordinaten des Punktes B_1 und des Anstieges an der Stelle $-\sqrt{3}$ in die allgemeine Gleichung einer linearen Funktion und der anschließenden Berechnung des Wertes von n:

$$y_{T1} = m \cdot x + n \quad \Big| \text{Einsetzen der Werte für y, m und x}$$

$$-4 = 2\sqrt{3} \cdot (-\sqrt{3}) + n = -6 + n \quad \Big| +6$$

$$n = 2$$

$$\underline{\underline{y_{T1} = 2\sqrt{3} \cdot x + 2}}$$

Die Gleichung der Tangente an $B_2(\sqrt{3} \mid f(\sqrt{3}))$ wird ebenso ermittelt. Es ergibt sich:

Anstieg: $f'(\sqrt{3}) = 2 \cdot (\sqrt{3})^3 - 8 \cdot \sqrt{3} = 2 \cdot 3\sqrt{3} - 8\sqrt{3} = -2\sqrt{3}$

Funktionswert an der Stelle $\sqrt{3}$:

$$f(\sqrt{3}) = \frac{1}{2} \cdot (\sqrt{3})^4 - 4 \cdot (\sqrt{3})^2 + \frac{7}{2} = \frac{9}{2} - 12 + \frac{7}{2} = -4$$

Gleichung der Tangente:

$y_{T2} = m \cdot x + n$ | Einsetzen der Werte für y, m und x

$-4 = -2\sqrt{3} \cdot \sqrt{3} + n = -6 + n$ | +6

$n = 2$

$\underline{\underline{y_{T2} = -2\sqrt{3} \cdot x + 2}}$

Berechnung der Winkelgröße

Über die Beziehung $\tan(\alpha) = m$ lässt sich der Schnittwinkel einer Geraden mit der x-Achse berechnen. Dies wird zunächst für beide Tangenten getan.

Für y_{T1}: $\tan(\alpha_1) = 2\sqrt{3} \quad \Rightarrow \quad \alpha_1 \approx 73{,}9°$

Für y_{T2}: $\tan(\alpha_2) = -2\sqrt{3} \quad \Rightarrow \quad \alpha_2 \approx -73{,}9°$

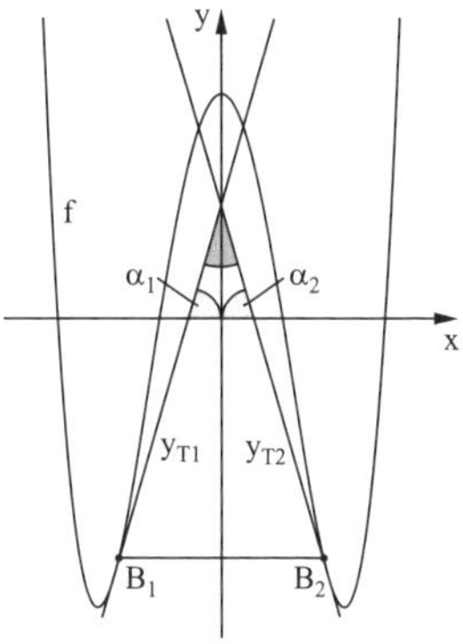

In der Abbildung sind die beiden berechneten Winkel eingezeichnet. Diese Winkel und der Schnittwinkel der Tangenten sind nach dem Innenwinkelsatz für Dreiecke zusammen 180° groß. Daraus ergibt sich der Ansatz:

Schnittwinkel $\approx 180° - 2 \cdot 73{,}9°$

$\underline{\underline{\text{Schnittwinkel} \approx 32{,}2°}}$

Berechnung des Flächeninhalts des Dreiecks

Die Punkte B_1 und B_2 haben denselben Abstand zur y-Achse (gleicher Betrag der x-Werte) und liegen auf einer parallel zur x-Achse verlaufenden Dreiecksseite (gleiche y-Werte). Somit bilden die Punkte B_1, B_2 und der Schnittpunkt der Tangenten ein gleichschenkliges Dreieck, denn der Schnittpunkt $(0|2)$ der Tangenten liegt auf der Mittelsenkrechten der Dreiecksseite, die von B_1 und B_2 gebildet wird.

Unter Verwendung der Formel $A_D = \frac{1}{2}gh$ zur Berechnung des Flächeninhaltes A_D eines Dreiecks mit der Grundseite $g = \overline{B_1B_2} = 2\sqrt{3}$ und der Höhe $h = |y_{B_1}| + 2 = |-4| + 2 = 6$ erhält man:

$$A_D = \frac{1}{2} \cdot 2\sqrt{3} \cdot 6 = 6\sqrt{3} \approx \underline{\underline{10{,}4\text{ FE}}}$$

Ergebnis: Der gesuchte Flächeninhalt beträgt 10,4 Flächeneinheiten.

1.5 **Extremum**

Zur Lösung dieser Extremwertaufgabe wird die Zielfunktion aufgestellt und nach dem Extremum dieser Zielfunktion gesucht. In der nebenstehenden Abbildung sind die Graphen der Funktionen h(x) und f(x) sowie verschiedene Strecken d_x dargestellt, wobei die Länge von d_x der Differenz $h(x) - f(x)$ an verschiedenen Stellen x im Intervall $0 \le x \le 2{,}5$ entspricht.

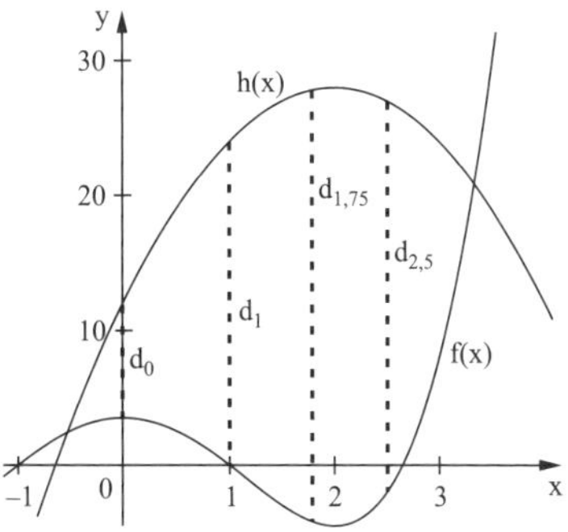

Aufstellen der Zielfunktion:

$d(x) = h(x) - f(x)$

$d(x) = -4x^2 + 16x + 12 - \left(\frac{1}{2}x^4 - 4x^2 + \frac{7}{2}\right)$ $\quad|$ Auflösen der Klammer

$d(x) = -4x^2 + 16x + 12 - \frac{1}{2}x^4 + 4x^2 - \frac{7}{2}$ $\quad|$ Zusammenfassen

$d(x) = -\frac{1}{2}x^4 + 16x + \frac{17}{2}$

Berechnung der Ableitungsfunktionen:

$d'(x) = -2x^3 + 16, \quad d''(x) = -6x^2$

Notwendige Bedingung für die Existenz von Extrempunkten:

$d'(x) = 0$

$0 = -2x^3 + 16 \quad |+2x^3 \quad |:2$

$x^3 = 8 \Rightarrow x_E = 2$

Ergänzend wird für die hinreichende Bedingung $d''(x_E)$ bestimmt:

$d''(2) = -6 \cdot 2^2 = -24 < 0 \Rightarrow$ Maximum

Ergebnis: An der Stelle $x = 2$ wird die Differenz $h(x) - f(x)$ maximal.

1.6.1 **Funktionswerte größer als null**

Zwei Varianten sollen gezeigt werden.

1. Variante: Wählt man in der Gleichung $f_a(x) = \frac{1}{2}x^4 - 4x^2 + a$ für a den Wert $\frac{7}{2}$, so erhält man die Funktion f(x), für die bereits in der Aufgabe 1.2 die y-Koordinate der Tiefpunkte berechnet wurde ($y = -4{,}5$). Der Wert a muss also lediglich um mehr als 4,5 vergrößert werden, damit die Tiefpunkte oberhalb der x-Achse liegen:

$a > \frac{7}{2} + 4{,}5 = 8$

2. Variante: Auch in dieser Variante ist es hilfreich die Ähnlichkeiten zur zuletzt bearbeiteten Funktion f(x) zu erkennen. Die Graphen von $f_a(x)$ müssen durch ein ausreichend großes a so weit nach oben verschoben werden, dass keine Nullstellen mehr existieren. Dazu werden die Nullstellen formal berechnet.

$0 = \frac{1}{2}x^4 - 4x^2 + a \quad |$ Substitution $z = x^2$

$0 = \frac{1}{2}z^2 - 4z + a \quad |\cdot 2$

$0 = z^2 - 8z + 2a$

$z_{1;2} = 4 \pm \sqrt{16 - 2a}$

In der Wurzel muss der Wert für a so gewählt werden, dass die Diskriminante negativ wird. Somit hat die Funktion $f_a(x)$ keine Nullstellen mehr und alle Funktionswerte liegen oberhalb der x-Achse.

$16 - 2a < 0 \quad |+2a \quad |:2$

$a > 8$

Ergebnis: Für $a > 8$ liegen alle Funktionswerte von $f_a(x)$ oberhalb der x-Achse.

1.6.2 **Wendepunkte auf der x-Achse**

Die Wendepunkte werden formal berechnet. Bei der Bestimmung ihres Funktionswertes wird der Wert für a dann so gewählt, dass der Funktionswert null wird.

Ermittlung der Ableitungsfunktionen:

$f_a'(x) = 2x^3 - 8x, \; f_a''(x) = 6x^2 - 8, \; f_a'''(x) = 12x$

Notwendige Bedingung für die Existenz von Wendepunkten:

$$f_a''(x) = 0 = 6x^2 - 8 \qquad \Big| :6$$

$$0 = x^2 - \frac{4}{3} \qquad \Big| +\frac{4}{3} \quad \Big| \sqrt{}$$

$$x_{W_{1;2}} = \pm\sqrt{\frac{4}{3}} = \pm\frac{2}{3}\sqrt{3}$$

Ergänzend wird für die hinreichende Bedingung $f_a'''(x_W)$ bestimmt:

$f_a'''\left(\pm\frac{2}{3}\sqrt{3}\right) = 12 \cdot \left(\pm\frac{2}{3}\sqrt{3}\right) \neq 0 \;\Rightarrow$ Bei $x_{W_{1;2}}$ befinden sich die Wendepunkte.

Es werden noch die Funktionswerte an den Stellen $x_{W_{1;2}}$ berechnet:

$$f_a(x_{W_{1;2}}) = \frac{1}{2} \cdot \left(\pm\frac{2}{3}\sqrt{3}\right)^4 - 4 \cdot \left(\pm\frac{2}{3}\sqrt{3}\right)^2 + a = \frac{1}{2} \cdot \frac{16}{9} - 4 \cdot \frac{4}{3} + a = \frac{8}{9} - \frac{16}{3} + a = -\frac{40}{9} + a$$

$$f_a(x_{W_{1;2}}) = 0$$

$$-\frac{40}{9} + a = 0 \qquad \Big| +\frac{40}{9}$$

$$a = \frac{40}{9}$$

Ergebnis: Für $a = \frac{40}{9}$ liegen die Wendepunkte des Graphen von $f_a(x)$ auf der x-Achse.

A 2 Analytische Geometrie

2.1 **Nachweis der Rechtwinkligkeit des Dreiecks ABC**

Ein Dreieck ist rechtwinklig, wenn das Skalarprodukt der Vektoren zweier Seiten gleich null ist. Dazu werden die Richtungsvektoren $\overrightarrow{AB}$, $\overrightarrow{BC}$ und $\overrightarrow{CA}$ benötigt.

Die Richtungsvektoren erhält man, indem man die Ortsvektoren voneinander subtrahiert, z. B. $\overrightarrow{AB} = \overrightarrow{OB} - \overrightarrow{OA}$.

Die Richtungsvektoren sind:

$\overrightarrow{AB} = \overrightarrow{OB} - \overrightarrow{OA}$, $\quad \overrightarrow{BC} = \overrightarrow{OC} - \overrightarrow{OB}$, $\quad \overrightarrow{CA} = \overrightarrow{OA} - \overrightarrow{OC}$,

$$\overrightarrow{AB} = \begin{pmatrix} 0 \\ 5 \\ 2 \end{pmatrix} - \begin{pmatrix} 1 \\ 2 \\ 0 \end{pmatrix} = \begin{pmatrix} -1 \\ 3 \\ 2 \end{pmatrix} \quad \overrightarrow{BC} = \begin{pmatrix} -2 \\ 3 \\ 4 \end{pmatrix} - \begin{pmatrix} 0 \\ 5 \\ 2 \end{pmatrix} = \begin{pmatrix} -2 \\ -2 \\ 2 \end{pmatrix} \quad \overrightarrow{CA} = \begin{pmatrix} 1 \\ 2 \\ 0 \end{pmatrix} - \begin{pmatrix} -2 \\ 3 \\ 4 \end{pmatrix} = \begin{pmatrix} 3 \\ -1 \\ -4 \end{pmatrix}$$

Jetzt wird mithilfe des Skalarproduktes überprüft, ob die Vektoren senkrecht aufeinander stehen:

$$\overrightarrow{AB} \circ \overrightarrow{BC} = \begin{pmatrix} -1 \\ 3 \\ 2 \end{pmatrix} \circ \begin{pmatrix} -2 \\ -2 \\ 2 \end{pmatrix} = (-1) \cdot (-2) + 3 \cdot (-2) + 2 \cdot 2 = 0$$

Damit erübrigen sich weitere Berechnungen.

Das Dreieck ABC hat bei B einen rechten Winkel.

2.2 **Koordinatengleichung der Ebene ε**

Um eine Koordinatengleichung der Ebene ε, in der sich die Punkte A, B und C befinden, zu ermitteln, muss man zunächst einen Normalenvektor dieser Ebene bestimmen. Ein Normalenvektor steht senkrecht auf der Ebene und seine Koordinaten sind die Koeffizienten a, b, c der Koordinatengleichung $a \cdot x + b \cdot y + c \cdot z - d = 0$ dieser Ebene. Ein Normalenvektor kann z. B. als Kreuzprodukt der Vektoren $\overrightarrow{AB}$ und $\overrightarrow{BC}$ (siehe Aufgabe 2.1) bestimmt werden.

Für das Kreuzprodukt ergibt sich:

$$\vec{n}_\varepsilon = \overrightarrow{AB} \times \overrightarrow{BC} = \begin{pmatrix} -1 \\ 3 \\ 2 \end{pmatrix} \times \begin{pmatrix} -2 \\ -2 \\ 2 \end{pmatrix} = \begin{pmatrix} 3 \cdot 2 - 2 \cdot (-2) \\ 2 \cdot (-2) - (-1) \cdot 2 \\ -1 \cdot (-2) - 3 \cdot (-2) \end{pmatrix} = \begin{pmatrix} 10 \\ -2 \\ 8 \end{pmatrix} = 2 \cdot \begin{pmatrix} 5 \\ -1 \\ 4 \end{pmatrix}$$

Werden die Koeffizienten des vereinfachten Normalenvektors eingesetzt, so ergibt sich:

$5x - y + 4z - d = 0$

Mit dem Einsetzen der Koordinaten z. B. des Punktes A erhält man den Wert von d:

$$5 \cdot 1 - 2 + 0 - d = 0 \quad |+d$$
$$d = 3$$

Damit ergibt sich als eine mögliche Lösung für die Koordinatenform:

$\underline{\underline{5x - y + 4z - 3 = 0}}$

2.3 **Schnittwinkel der Ebene ε mit der z-Achse**

Ein Normalenvektor der Ebene ε wurde bereits in der Aufgabe 2.2 bestimmt:

$$\vec{n}_\varepsilon = \begin{pmatrix} 5 \\ -1 \\ 4 \end{pmatrix}$$

Ein Richtungsvektor der z-Achse könnte z. B. lauten:

$$\vec{r}_z = \begin{pmatrix} 0 \\ 0 \\ 1 \end{pmatrix}$$

Der Winkel zwischen dem Normalenvektor der Ebene ε und dem Richtungsvektor der z-Achse wird mithilfe des Skalarproduktes bestimmt.

$$\vec{n}_\varepsilon \circ \vec{r}_z = |\vec{n}_\varepsilon| \cdot |\vec{r}_z| \cdot \cos \measuredangle(\vec{n}_\varepsilon, \vec{r}_z)$$

$$\cos \measuredangle(\vec{n}_\varepsilon, \vec{r}_z) = \frac{\vec{n}_\varepsilon \circ \vec{r}_z}{|\vec{n}_\varepsilon| \cdot |\vec{r}_z|}$$

$$\cos \measuredangle(\vec{n}_\varepsilon, \vec{r}_z) = \frac{\begin{pmatrix} 5 \\ -1 \\ 4 \end{pmatrix} \circ \begin{pmatrix} 0 \\ 0 \\ 1 \end{pmatrix}}{\left|\begin{pmatrix} 5 \\ -1 \\ 4 \end{pmatrix}\right| \cdot \left|\begin{pmatrix} 0 \\ 0 \\ 1 \end{pmatrix}\right|} = \frac{5 \cdot 0 + (-1) \cdot 0 + 4 \cdot 1}{\sqrt{5^2 + (-1)^2 + 4^2} \cdot \sqrt{0^2 + 0^2 + 1^2}} = \frac{4}{\sqrt{42} \cdot 1} \approx 0{,}6172$$

$$\measuredangle(\vec{n}_\varepsilon, \vec{r}_z) \approx 51{,}89°$$

Der Winkel zwischen dem Normalenvektor der Ebene und der z-Achse beträgt rund 51,9°. Da aber der Winkel zwischen der Ebene und der z-Achse gesucht ist, muss der obige Winkel von 90° abgezogen werden. Man erhält:

$90° - 51{,}9° = \underline{\underline{38{,}1°}}$

Ergebnis: Der Schnittwinkel der Ebene ε mit der z-Achse beträgt rund 38,1°.

2.4 **Berechnung der Koordinaten der Punkte**

Da die Punkte $G_t\left(2t \mid t^2 \mid -\frac{3}{2}\right)$ Punkte der Ebene ε sein sollen, werden die Koordinaten der Punkte G_t in die Koordinatengleichung $5x - y + 4z - 3 = 0$ der Ebene ε (siehe Aufgabe 2.2) eingesetzt. Man erhält:

$$5 \cdot (2t) - t^2 + 4 \cdot \left(-\frac{3}{2}\right) - 3 = 0$$

Wenn man diese Gleichung nach t auflöst, so ergibt sich:

$$-t^2 + 10t - 9 = 0 \qquad \mid \cdot (-1)$$

$$t^2 - 10t + 9 = 0 \qquad \mid \text{Lösungsformel für quadratische Gleichungen}$$

$$t_{1;2} = -\frac{-10}{2} \pm \sqrt{\left(\frac{-10}{2}\right)^2 - 9}$$

$$t_{1;2} = 5 \pm \sqrt{25 - 9} = 5 \pm 4 \quad \Rightarrow \quad t_1 = 1 \text{ und } t_2 = 9$$

Man erhält zwei Lösungen $t_1 = 1$ und $t_2 = 9$. Werden diese beiden Werte in G_t eingesetzt, so erhält man die gesuchten Punkte:

$$G_1\left(2 \cdot 1 \mid 1^2 \mid -\frac{3}{2}\right) \Rightarrow \underline{\underline{G_1\left(2 \mid 1 \mid -\frac{3}{2}\right)}}; \quad G_9\left(2 \cdot 9 \mid 9^2 \mid -\frac{3}{2}\right) \Rightarrow \underline{\underline{G_9\left(18 \mid 81 \mid -\frac{3}{2}\right)}}$$

2.5.1 **Nachweis gerades Prisma**

Ein Prisma ist gerade, wenn die Seitenkanten senkrecht auf der Grundfläche stehen. Zum Führen dieses Nachweises gibt es verschiedene Möglichkeiten.

1. Variante: Es wurde in der Aufgabe 2.2 ein Normalenvektor der Ebene ε, in der die Punkte A, B und C liegen, bestimmt.

Die Seitenkante $\overline{CF}$ steht senkrecht auf der Grundfläche ABC, wenn der Vektor $\overrightarrow{CF}$ ein Vielfaches des Normalenvektors $\vec{n}_\varepsilon$ der Ebene ε ist:

$$\overrightarrow{CF} = \begin{pmatrix} 3 \\ 2 \\ 8 \end{pmatrix} - \begin{pmatrix} -2 \\ 3 \\ 4 \end{pmatrix} = \begin{pmatrix} 5 \\ -1 \\ 4 \end{pmatrix}, \quad \vec{n}_\varepsilon = \begin{pmatrix} 5 \\ -1 \\ 4 \end{pmatrix}$$

Somit ist bereits zu erkennen, dass der Normalenvektor der Ebene ε und der Vektor $\overrightarrow{CF}$ identisch sind. Daraus folgt: Die Kante $\overline{CF}$ und die Grundfläche ABC stehen senkrecht aufeinander. Das Prisma ist gerade.

2. Variante: Für den Nachweis, dass eine Kante senkrecht auf der Grundfläche steht, muss gezeigt werden, dass ein Kantenvektor mit mindestens zwei linear unabhängigen Vektoren aus der Grundfläche jeweils einen rechten Winkel bildet.

Mithilfe des Skalarproduktes kann man die Rechtwinkligkeit überprüfen.

Ist das Skalarprodukt z. B. der Vektoren $\overrightarrow{AC}$ und $\overrightarrow{CF}$ sowie $\overrightarrow{BC}$ und $\overrightarrow{CF}$ jeweils gleich null, dann stehen die entsprechenden Vektoren senkrecht aufeinander und das Prisma ist gerade.

$$\overrightarrow{AC} \circ \overrightarrow{CF} = \begin{pmatrix} -3 \\ 1 \\ 4 \end{pmatrix} \circ \begin{pmatrix} 5 \\ -1 \\ 4 \end{pmatrix} = (-3) \cdot 5 + 1 \cdot (-1) + 4 \cdot 4 = -15 - 1 + 16 = 0$$

$$\overrightarrow{BC} \circ \overrightarrow{CF} = \begin{pmatrix} -2 \\ -2 \\ 2 \end{pmatrix} \circ \begin{pmatrix} 5 \\ -1 \\ 4 \end{pmatrix} = (-2) \cdot 5 + (-2) \cdot (-1) + 2 \cdot 4 = -10 + 2 + 8 = 0$$

Daraus folgt, dass die Kanten $\overline{CF}$ und $\overline{AC}$ sowie die Kanten $\overline{CF}$ und $\overline{BC}$ des Prismas ABCDEF senkrecht aufeinander stehen. Das Prisma ist gerade.

Ermitteln der Koordinaten der Punkte D und E

Da es sich bei dem Körper um ein Prisma handelt, können die Koordinaten der Punkte z. B. folgendermaßen bestimmt werden:

Punkt D: $\overrightarrow{OD} = \overrightarrow{OA} + \overrightarrow{CF} = \begin{pmatrix} 1 \\ 2 \\ 0 \end{pmatrix} + \begin{pmatrix} 5 \\ -1 \\ 4 \end{pmatrix} = \begin{pmatrix} 6 \\ 1 \\ 4 \end{pmatrix}$

Punkt E: $\overrightarrow{OE} = \overrightarrow{OB} + \overrightarrow{CF} = \begin{pmatrix} 0 \\ 5 \\ 2 \end{pmatrix} + \begin{pmatrix} 5 \\ -1 \\ 4 \end{pmatrix} = \begin{pmatrix} 5 \\ 4 \\ 6 \end{pmatrix}$

Somit ergeben sich für den Punkt D die Koordinaten $\underline{\underline{D(6|1|4)}}$ und die Koordinaten des Punktes E lauten $\underline{\underline{E(5|4|6)}}$.

2.5.2 Grafische Darstellung

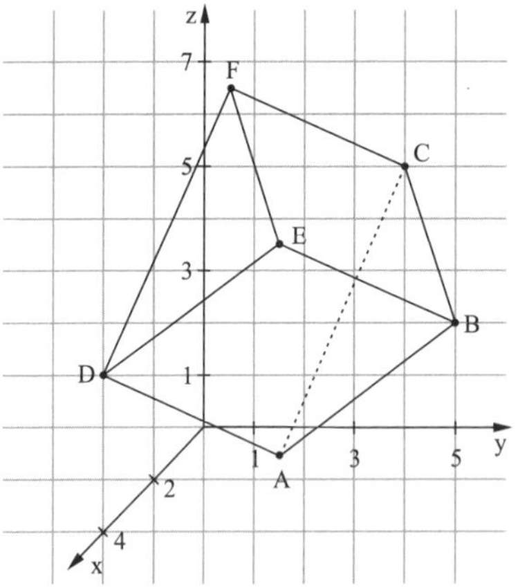

2.5.3 Berechnung des Volumens

Zur Bestimmung des Volumens sind folgende Varianten möglich.

1. Variante: Das Volumen V wird mit der Formel $V = A_G \cdot h$ berechnet.
Die Grundfläche ist ein Dreieck.
Da bereits bekannt ist, dass bei B ein rechter Winkel vorhanden ist, kann man den Flächeninhalt des Dreiecks mithilfe der Beträge der Kathetenvektoren $\overrightarrow{AB}$ und $\overrightarrow{BC}$ berechnen:

$$A_{ABC} = \frac{1}{2} \cdot |\overrightarrow{AB}| \cdot |\overrightarrow{BC}| = \frac{1}{2} \cdot \left| \begin{pmatrix} -1 \\ 3 \\ 2 \end{pmatrix} \right| \cdot \left| \begin{pmatrix} -2 \\ -2 \\ 2 \end{pmatrix} \right|$$

$$= \frac{1}{2} \cdot \sqrt{(-1)^2 + 3^2 + 2^2} \cdot \sqrt{(-2)^2 + (-2)^2 + 2^2}$$

$$= \frac{1}{2} \cdot \sqrt{14} \cdot \sqrt{12} = \frac{1}{2} \cdot \sqrt{168} = \frac{1}{2} \cdot \sqrt{4 \cdot 42} = \frac{1}{2} \cdot 2 \cdot \sqrt{42}$$

$$A_{ABC} = \sqrt{42} \approx 6{,}48 \text{ FE}$$

Der Flächeninhalt des Dreiecks ABC beträgt rund 6,48 Flächeneinheiten.

Jetzt muss für die Berechnung des Volumens die Höhe des Prismas bestimmt werden. Da das Prisma gerade ist (Nachweis siehe Aufgabe 2.5.1), ist die Höhe gleich der Länge der Kante $\overline{CF}$. Damit ergibt sich für die Höhe h:

$$h = |\overrightarrow{CF}| = \left|\begin{pmatrix}5\\-1\\4\end{pmatrix}\right| = \sqrt{5^2+(-1)^2+4^2} = \sqrt{42} \approx 6{,}48 \text{ LE}$$

Damit kann man das Volumen des Prismas berechnen:

$$V = A_G \cdot h = \sqrt{42}\cdot\sqrt{42} = \underline{\underline{42 \text{ VE}}}$$

Ergebnis: Das Prisma hat ein Volumen von 42 VE.

2. Variante: Der Betrag des Spatproduktes der Vektoren $\overrightarrow{AB}$, $\overrightarrow{BC}$ und $\overrightarrow{BE}$ ist das Volumen des von diesen Vektoren aufgespannten Spats (Parallelepiped). Da die Grundfläche ein Dreieck und kein Parallelogramm ist, muss das Volumen des Spats noch halbiert werden, um das Volumen des Prismas zu erhalten.

$$V = \frac{1}{2}\cdot\left|\left(\overrightarrow{BE}\circ(\overrightarrow{AB}\times\overrightarrow{BC})\right)\right| = \frac{1}{2}\cdot\left|\begin{pmatrix}5\\-1\\4\end{pmatrix}\circ\left(\begin{pmatrix}-1\\3\\2\end{pmatrix}\times\begin{pmatrix}-2\\-2\\2\end{pmatrix}\right)\right|$$

$$= \frac{1}{2}\cdot\left|\begin{pmatrix}5\\-1\\4\end{pmatrix}\circ\left(\begin{pmatrix}3\cdot2-2\cdot(-2)\\2\cdot(-2)-(-1)\cdot2\\-1\cdot(-2)-3\cdot(-2)\end{pmatrix}\right)\right| = \frac{1}{2}\cdot\left|\begin{pmatrix}5\\-1\\4\end{pmatrix}\circ\begin{pmatrix}10\\-2\\8\end{pmatrix}\right|$$

$$= \frac{1}{2}\cdot|5\cdot10+(-1)\cdot(-2)+4\cdot8| = \frac{1}{2}\cdot|84|$$

$$\underline{\underline{V = 42 \text{ VE}}}$$

Ergebnis: Das Prisma hat ein Volumen von 42 VE.

2.5.4 Berechnung des prozentualen Anteils

Für die Berechnung des prozentualen Anteils gibt es verschiedene Möglichkeiten.

1. Variante: Das Volumen einer Pyramide beträgt ein Drittel des Volumens eines Prismas, sofern die Grundflächen identisch sind und sich die Spitze der Pyramide in der Ebene der Deckfläche des Prismas befindet.

$$V_{Pyramide} = \frac{1}{3}V_{Prisma}$$

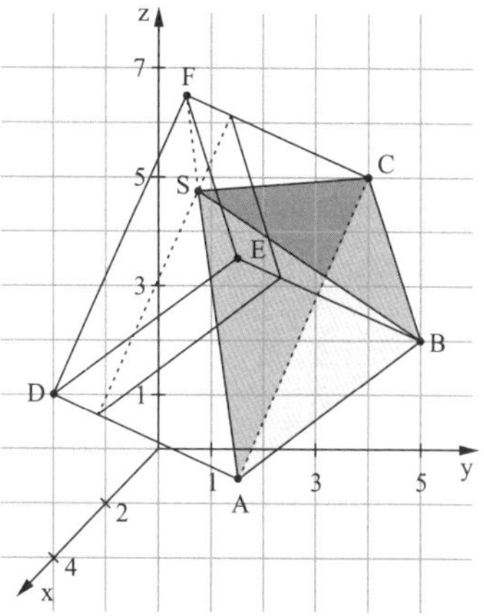

In diesem Fall muss jedoch beachtet werden, dass es sich bei dem Prisma nicht mehr um ABCDEF handelt, sondern um ein Prisma, dessen Deckfläche den Punkt S enthält. Dieses Prisma hat gegenüber ABCDEF eine geringere Höhe.

Da der Punkt S die Diagonale $\overline{AF}$ des Prismas im Verhältnis von 3 : 1 teilt, beträgt die Höhe des neuen Prismas nur $\frac{3}{4}$ der Höhe des Prismas ABCDEF, entsprechend beträgt das Volumen des neuen Prismas nur $\frac{3}{4}$ des Volumens des Prismas ABCDEF.

Somit ergibt sich für das Volumen der Pyramide ABCS:

$$V_{\text{Pyramide}} = \frac{1}{3} V_{\text{neues Prisma}} = \frac{1}{3} \cdot \frac{3}{4} \cdot V_{\text{Prisma ABCDEF}} = \frac{1}{4} \cdot V_{\text{Prisma ABCDEF}}$$

Ergebnis: Die Pyramide nimmt 25 % vom Volumen des Prismas ein.

2. *Variante:* Zunächst werden die Koordinaten der Spitze S der Pyramide ABCS ermittelt. Dazu wird die Gleichung der Geraden aufgestellt, auf der die Kante $\overline{AF}$ liegt:

$$g_{\overline{AF}}: \ \vec{x} = \overrightarrow{OA} + r \cdot \overrightarrow{AF} = \begin{pmatrix} 1 \\ 2 \\ 0 \end{pmatrix} + r \cdot \begin{pmatrix} 2 \\ 0 \\ 8 \end{pmatrix}$$

Da der Punkt S der Pyramide die Raumdiagonale $\overline{AF}$ des Prismas im Verhältnis von 3 : 1 teilt, ist der Parameter $r = \frac{3}{4}$:

$$\overrightarrow{OS} = \begin{pmatrix} 1 \\ 2 \\ 0 \end{pmatrix} + \frac{3}{4} \cdot \begin{pmatrix} 2 \\ 0 \\ 8 \end{pmatrix} = \begin{pmatrix} 2{,}5 \\ 2 \\ 6 \end{pmatrix}$$

Die Koordinaten des Punktes S sind $S(2{,}5 \mid 2 \mid 6)$.

Die Höhe h der Pyramide ist der Abstand des Punktes S von der Grundfläche ABC, diese Grundfläche liegt in der Ebene ε. Um den Abstand zu ermitteln, wird die folgende Formel verwendet:

$$\text{Abstand} = \left| \frac{\overrightarrow{AS} \circ \vec{n}_\varepsilon}{|\vec{n}_\varepsilon|} \right|$$

$$= \left| \frac{\begin{pmatrix} 1{,}5 \\ 0 \\ 6 \end{pmatrix} \circ \begin{pmatrix} 5 \\ -1 \\ 4 \end{pmatrix}}{\left| \begin{pmatrix} 5 \\ -1 \\ 4 \end{pmatrix} \right|} \right| = \left| \frac{1{,}5 \cdot 5 + 0 \cdot (-1) + 6 \cdot 4}{\sqrt{5^2 + (-1)^2 + 4^2}} \right|$$

$$= \frac{31{,}5}{\sqrt{42}} = \frac{3}{4}\sqrt{42} \text{ LE}$$

Die Höhe der Pyramide beträgt:

$$h = \frac{3}{4}\sqrt{42} \text{ LE}$$

Somit ergibt sich für das Volumen der Pyramide:

$$V = \frac{1}{3} A_G \cdot h$$

$$= \frac{1}{3} \cdot \sqrt{42} \cdot \frac{3}{4} \cdot \sqrt{42}$$

$$V = 10{,}5 \text{ VE}$$

Für den prozentualen Anteil ergibt sich:

$$\frac{10{,}5 \text{ VE}}{42 \text{ VE}} \cdot 100\,\% = \underline{\underline{25\,\%}}$$

Ergebnis: Die Pyramide nimmt 25 % vom Volumen des Prismas ein.

A 3 Analysis

3.1 Gegeben ist die Funktion N(t) zur Berechnung der Anzahl der vorhandenen Einzeller durch die Gleichung $N(t) = 200 \cdot e^{\frac{1}{2}t}$, $t \in \mathbb{R}$, $0 \leq t \leq 5$.

3.1.1 **Ermittlung der Anzahl der Einzeller**
Es gilt, die Funktionswerte N(0) und N(5) zu berechnen:

$$\underline{\underline{N(0)}} = 200 \cdot e^{\frac{1}{2} \cdot 0} = 200 \cdot 1 = \underline{\underline{200}}$$

$$\underline{\underline{N(5)}} = 200 \cdot e^{\frac{5}{2}} \approx \underline{\underline{2436}}$$

Berechnung des Zeitpunkts
Die Höchstanzahl an Einzellern ist zum Zeitpunkt $t = 5$ (am Ende der Beobachtung) vorhanden.
Gesucht ist der Zeitpunkt t, für den gilt: $N(t) = 0{,}8 \cdot 200 \cdot e^{\frac{5}{2}}$

$$200 \cdot e^{\frac{1}{2}t} = 0{,}8 \cdot 200 \cdot e^{\frac{5}{2}} \quad |:200$$

$$e^{\frac{1}{2}t} = 0{,}8 \cdot e^{\frac{5}{2}} \quad |\ln$$

$$\ln(e^{\frac{1}{2}t}) = \ln(0{,}8 \cdot e^{\frac{5}{2}}) \quad |\text{Umformen } (\ln u^r = r \cdot \ln u)$$

$$\frac{1}{2}t \cdot \ln(e) = \ln(0{,}8 \cdot e^{\frac{5}{2}}) \quad |\ln(e) = 1$$

$$\frac{1}{2}t = \ln(0{,}8 \cdot e^{\frac{5}{2}}) \quad |\text{Umformen } (\ln(u \cdot v) = \ln u + \ln v)$$

$$\frac{1}{2}t = \ln(0{,}8) + \ln(e^{\frac{5}{2}}) = \ln(0{,}8) + \frac{5}{2} \quad |\cdot 2$$

$$t = 2 \cdot \ln(0{,}8) + 5 \approx 4{,}55$$

Ergebnis: Nach etwa 4 Tagen und 13 Stunden sind 80 % der Höchstanzahl an Einzellern vorhanden.

3.1.2 **Änderungsrate zum Zeitpunkt $t_1 = 2$**
Es muss die Ableitungsfunktion N'(t) gebildet und der Wert N'(2) berechnet werden. Bei der Ableitungsfunktion muss die Kettenregel berücksichtigt werden.

$$N(t) = 200 \cdot e^{\frac{1}{2}t}, \quad N'(t) = 200 \cdot e^{\frac{1}{2}t} \cdot \frac{1}{2} = 100 \cdot e^{\frac{1}{2}t}$$

$$N'(2) = 100 \cdot e^{\frac{1}{2} \cdot 2} = 100 \cdot e \approx \underline{\underline{272}}$$

Ergebnis: Die Änderungsrate zum Zeitpunkt $t_1 = 2$ beträgt rund 272.

Berechnung des Zeitpunkts t_2
Gesucht ist der Zeitpunkt t, für den gilt: $N'(t) = 200$

$$200 = 100 \cdot e^{\frac{1}{2}t} \quad |:100 \quad |\ln$$

$$\ln(2) = \frac{1}{2}t \quad |\cdot 2$$

$$t = 2 \cdot \ln(2) \approx \underline{\underline{1{,}39}}$$

Ergebnis: Nach etwa 1 Tag und 9 Stunden hat die Änderungsrate den Wert 200.

Berechnung des Zeitpunkts t_3

Die nebenstehende Abbildung dient der Verdeutlichung des Problems.

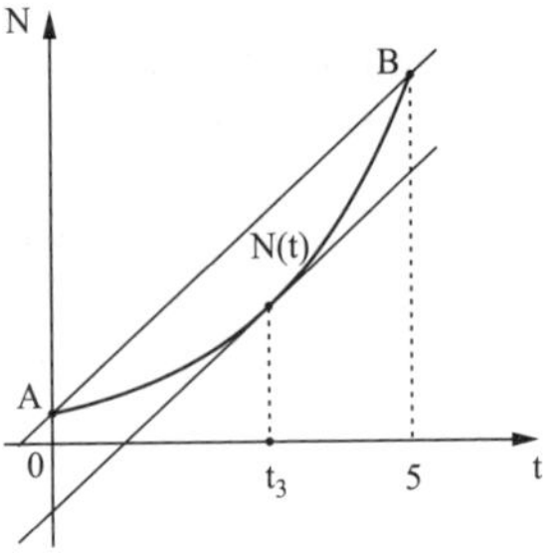

Gesucht ist genau die Stelle t_3, an der der Tangentenanstieg so groß ist wie der Anstieg der Sekante, die durch A und B verläuft. Die y-Koordinaten der Punkte A und B wurden in der Aufgabe 3.1.1 berechnet und die Ableitungsfunktion N'(t) wurde am Anfang dieser Teilaufgabe bestimmt.

Berechnung des Anstiegs der Sekante:

$$m = \frac{y_2 - y_1}{x_2 - x_1} = \frac{y_B - y_A}{x_B - x_A} \approx \frac{2436 - 200}{5 - 0} = 447,2$$

Berechnung der Stelle t_3:

$$N'(t) = 100 \cdot e^{\frac{1}{2}t} = 447,2 \qquad |:100 \quad |\ln$$

$$\frac{1}{2}t = \ln(4,472) \qquad |\cdot 2$$

$$\underline{\underline{t \approx 3}}$$

Ergebnis: Nach etwa 3 Tagen hat die Änderungsrate den mittleren Wert erreicht.

3.1.3 **Ermittlung der Gleichung der linearen Funktion**

Der Graph dieser linearen Funktion g ist für $t \geq t_4 = 5$ die Tangente an den Graphen von N(t) an der Stelle 5. Die Gleichung dieser Tangente erhält man durch Einsetzen der Koordinaten des Punktes $(5 \mid N(5))$ (vgl. Aufgabe 3.1.1) und des Anstiegs an der Stelle 5 in die allgemeine Gleichung einer linearen Funktion und der anschließenden Berechnung des Wertes von n. Die Ableitungsfunktion N'(t) wurde in der Aufgabe 3.1.2 bestimmt.

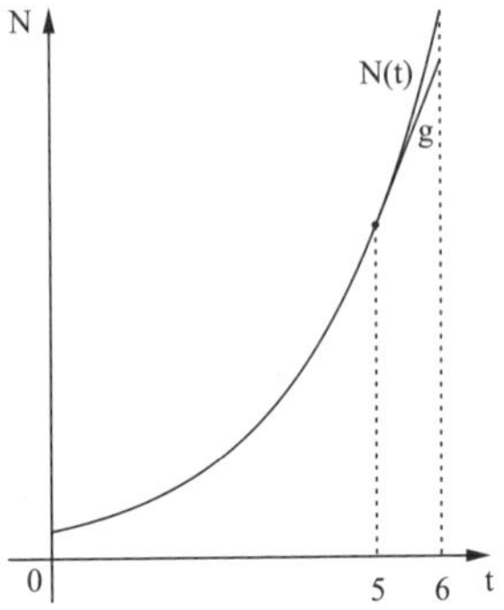

Berechnung des Anstiegs von f im Punkt $(5 \mid N(5))$:

$$N'(t) = 100 \cdot e^{\frac{1}{2}t}$$

$$N'(5) = 100 \cdot e^{\frac{5}{2}} \approx 1218$$

Aufstellen der Gleichung:

$$g(t) = m \cdot t + n \qquad |\text{Einsetzen der Werte für } y = g(t), \text{ m und t}$$

$$200 \cdot e^{\frac{5}{2}} = 100 \cdot e^{\frac{5}{2}} \cdot 5 + n \qquad |-500 \cdot e^{\frac{5}{2}}$$

$$n = -300 \cdot e^{\frac{5}{2}} \approx -3655$$

$$\underline{\underline{g(t) = 100 \cdot e^{\frac{5}{2}} \cdot t - 300 \cdot e^{\frac{5}{2}} \approx 1218t - 3655}}$$

Berechnung der Differenz der Anzahl der Einzeller
Die gesuchte zusätzliche Anzahl der Einzeller ergibt sich aus der Differenz der Funktionswerte N(6) – g(6).

$N(6) - g(6) = 200 \cdot e^{\frac{1}{2} \cdot 6} - (100 \cdot e^{\frac{5}{2}} \cdot 6 - 300 \cdot e^{\frac{5}{2}})$ | Zusammenfassen

$N(6) - g(6) = 200 \cdot e^3 - 300 \cdot e^{\frac{5}{2}} \approx \underline{\underline{362}}$

Ergebnis: Ohne die Einwirkung des Zellgiftes wären 362 Einzeller mehr vorhanden.

3.2 Gegeben ist die Funktionenschar f_a mit der Gleichung $f_a(x) = 200 \cdot e^{a \cdot x}$, $x \in \mathbb{R}, a \in \mathbb{N}$.

3.2.1 **Berechnung des Wertes von a**

$200 \cdot e^{a \cdot \frac{1}{4}} = 423{,}40$ | : 200 | ln

$\frac{1}{4} a = \ln(2{,}117)$ | · 4

$\underline{\underline{a = 3}}$

3.2.2 **Berechnung des Wertes von a**

$f_a(x) = f'_a(x)$

$200 \cdot e^{a \cdot x} = 200 \cdot e^{a \cdot x} \cdot a$ | : $(200 \cdot e^{a \cdot x})$

$\underline{\underline{a = 1}}$

Begründung
Für $a = 1$ ist $f_1(x) = 200 \cdot e^x$.
Wenn jetzt die Ableitungen gebildet werden, so entfällt hier die Kettenregel.
Der konstante Faktor bleibt erhalten und die Ableitung von e^x ist e^x. So sind die Funktion und ihre Ableitungen stets identisch.

3.2.3 **Bestimmung des Inhalts der Fläche**
Alle Graphen der Schar besitzen keine Nullstellen und weiterhin liegen alle Graphen der Schar oberhalb der x-Achse. Demzufolge kann man den gesuchten Inhalt der Fläche direkt mit dem bestimmten Integral von $f_a(x)$ berechnen:

$A = \int_0^a (200 \cdot e^{a \cdot x})\, dx$ | $a \cdot x = z$ (lineare Substitution mit $dx = \frac{1}{a} dz$)

$= \int_0^a \frac{1}{a} (200 \cdot e^z)\, dz$ | Stammfunktion bilden

$= \left[\frac{1}{a} \cdot 200 \cdot e^{a \cdot x} \right]_0^a$ | F(b) – F(a)

$= \left(\frac{200}{a} \cdot e^{a^2} \right) - \left(\frac{200}{a} \cdot e^0 \right)$ | Zusammenfassen

$\underline{\underline{A = \frac{200}{a} (e^{a^2} - 1) \text{ FE}}}$

B 1 Analysis und Stochastik (20 BE)

Gegeben ist die Funktion f durch die Gleichung

$f(x) = x \cdot \sqrt{4-x},\ \ x \in D_f.$

Der Graph von f ist K.

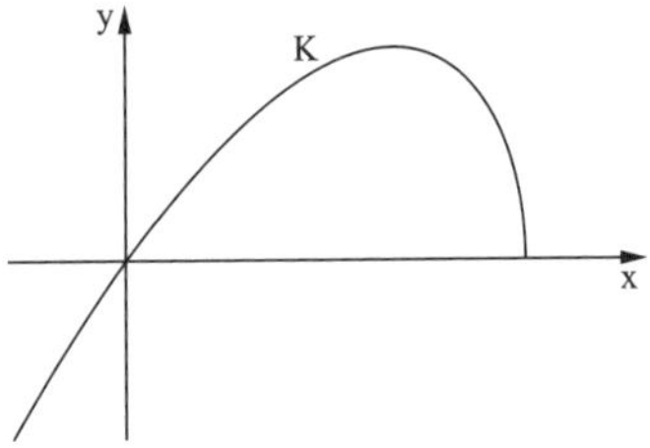

1.1 Geben Sie den Definitionsbereich D_f an.
K besitzt genau einen Hochpunkt H.
Ermitteln Sie rechnerisch die Koordinaten von H.
Geben Sie die Gleichung der benötigten Ableitungsfunktion an.
Weisen Sie rechnerisch die Art des Extremums nach.

1.2 K und die x-Achse schließen eine Fläche vollständig ein. Bei der Drehung dieser Fläche um die x-Achse entsteht ein Rotationskörper.
Berechnen Sie dessen Volumen.

1.3 Die x-Achse, die Gerade $x = 4$ und die Tangente an K im Koordinatenursprung begrenzen ein Dreieck. K verläuft innerhalb des Dreiecks und zerlegt dieses in zwei Teilflächen.
Ermitteln Sie das Verhältnis der Flächeninhalte dieser Teilflächen.
Die Gleichung einer Stammfunktion von f lautet:

$$F(x) = \left(\frac{2}{5}x^2 - \frac{8}{5}x\right) \cdot \sqrt{4-x} - \frac{16}{15}\sqrt{(4-x)^3}$$

1.4 Eine Firma stellt die Rotationskörper aus Stahl für den Einbau in eine Maschine her. Von den Rotationskörpern sind durchschnittlich 14 % defekt.

1.4.1 Berechnen Sie die Wahrscheinlichkeiten folgender Ereignisse.
A: Höchstens ein Rotationskörper ist defekt, wenn der laufenden Produktion sechs Rotationskörper entnommen werden.
B: Höchstens ein Rotationskörper ist defekt, wenn man einer bereits produzierten Tageseinheit von 100 Stück, die genau 14 defekte Teile enthält, sechs Stück entnimmt.

1.4.2 Der Pressesprecher der Firma behauptet, dass ein Rotationskörper mit mindestens 80 %-iger Wahrscheinlichkeit das erste Betriebsjahr ohne Defekt übersteht. Die Anzahl der fehlerhaften Rotationskörper wird als binomialverteilt angenommen.
Diese Behauptung soll anhand einer Stichprobe vom Umfang 50 überprüft werden.
Ermitteln Sie den Ablehnungsbereich bei einer Irrtumswahrscheinlichkeit von 8 %.

Tabelle der Binomialverteilung (Summenfunktion) für $n = 50$ und $p = 0{,}8$

k	31	32	33	34	35	36	37	38	39	40
$F_{50;\,0,8}(k)$	0,0025	0,0063	0,0144	0,0308	0,0607	0,1106	0,1861	0,2893	0,4164	0,5563

B 2 Analytische Geometrie (20 BE)

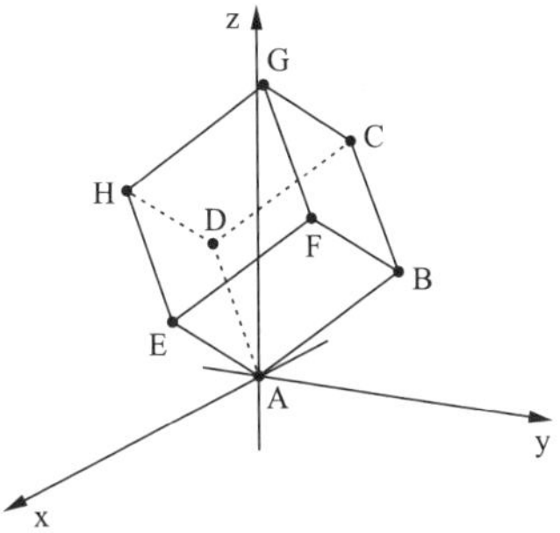

Gegeben sind die Koordinaten der Punkte $A(0|0|0)$, $B(-3|5|4)$, $C(-6|0|8)$ und $D(-3|-5|4)$.

2.1 Zeigen Sie, dass die vier Punkte A, B, C und D in einer Ebene ε liegen.
Bestimmen Sie die Größe des Winkels, den die Ebene ε und die xy-Ebene einschließen.

2.2 Weisen Sie nach, dass das Viereck ABCD ein Quadrat ist.

2.3 Bestimmen Sie die Koordinaten des Punktes E so, dass die Vierecke EFGH und ABCD gegenüberliegende Seitenflächen eines Würfels sind und alle Punkte nicht negative z-Koordinaten besitzen.
(Zur Kontrolle: $E(4\sqrt{2}\,|\,0\,|\,3\sqrt{2})$)

2.4 Der Würfel ist das Modell eines Erdrotationsbeobachtungskubus (siehe Abbildung oben rechts).

2.4.1 Der Kubus wurde zum sicheren Stand 40 cm tief in den Erdboden eingelassen (1 LE entspricht 10 cm).
Die Erdoberfläche verläuft im Koordinatensystem parallel zur xy-Ebene.
Berechnen Sie das Verhältnis des im Boden befindlichen Volumens zum Gesamtvolumen.

2.4.2 Parallele Lichtstrahlen haben die Richtung $\vec{a} = \begin{pmatrix} -1 \\ 0 \\ -2 \end{pmatrix}$ und fallen durch eine Bohrung im Punkt P der Seitenfläche EFGH, sodass sie auf den Mittelpunkt der Fläche ABCD treffen.
Bestimmen Sie die Koordinaten des Punktes P.

Hinweise und Tipps

Teilaufgabe 1.1

- Betrachten Sie den Radikanden.
- Beim Ableiten brauchen Sie die Produkt- und die Kettenregel.
- Verwenden Sie dann die notwendige und die hinreichende Bedingung für Extrempunkte.
- Für den Nachweis der Art können Sie auch eine Monotonieuntersuchung durchführen.

Teilaufgabe 1.2

- Die Intervallgrenzen der Integration sind die Nullstellen der Funktion f.

Teilaufgabe 1.3

- Bestimmen Sie zunächst die Tangentengleichung. Nutzen Sie dabei aus, dass diese durch den Ursprung verläuft.
- Den Inhalt der Fläche, die K mit der x-Achse einschließt, können Sie mithilfe der gegebenen Stammfunktion durch Integration berechnen.
- Den Inhalt der oberen Teilfläche erhalten Sie als Differenz zum Flächeninhalt des Dreiecks.

Teilaufgabe 1.4.1

- Überlegen Sie, ob der Sachverhalt als Bernoulli-Kette interpretiert werden kann.
- Wenn durch das Nichtzurücklegen die Konstanz der Wahrscheinlichkeit nicht mehr erfüllt ist, verwendet man das Modell „Ziehen ohne Zurücklegen" bzw. die hypergeometrische Verteilung.

Teilaufgabe 1.4.2

- Der Annahmebereich muss gerade so groß sein, dass die Gesamtwahrscheinlichkeit des Ablehnungsbereichs nicht größer als 0,08 ist, sodass das Signifikanzniveau eingehalten wird.

Teilaufgabe 2.1

- Stellen Sie zunächst mithilfe von drei der vier Punkte eine Ebenengleichung in Normalenform auf. Prüfen Sie dann, ob auch der vierte Punkt ein Punkt dieser Ebene ist.
- Den Neigungswinkel bestimmt man mithilfe des Skalarproduktes.

Teilaufgabe 2.2

- In einem Quadrat sind alle Seiten gleich lang und die Seiten stehen senkrecht aufeinander.
- Ob Vektoren senkrecht aufeinander stehen, überprüft man mit dem Skalarprodukt.

Teilaufgabe 2.3

- Alle Kanten eines Würfels sind gleich lang und stehen senkrecht aufeinander.
- Addieren Sie zum Ortsvektor des Punktes A ein geeignetes Vielfaches des Normaleneinheitsvektors der Ebene, die die Fläche ABCD enthält.

Teilaufgabe 2.4.1

- Die Erdoberfläche schneidet vom Würfel eine dreiseitige Pyramide ab.
- Mit A, B und D kennen Sie die Koordinaten von drei Eckpunkten der Pyramide. Der vierte liegt auf der Kante $\overline{AE}$.
- Das Volumen einer Pyramide können Sie mit dem Spatprodukt berechnen.

Teilaufgabe 2.4.2

- Bestimmen Sie den Mittelpunkt der Fläche ABCD. Bei einem Quadrat ist dieser zugleich der Mittelpunkt einer jeden Diagonalen.
- Stellen Sie eine Gleichung der Geraden auf, auf der der Lichtstrahl verläuft.
- Der Punkt P ist der Schnittpunkt dieser Geraden mit der Ebene, in der die Fläche EFGH liegt.
- Beim Aufstellen der Ebenengleichung können Sie ausnutzen, dass diese Ebene parallel zu der Ebene ist, die die Fläche ABCD enthält.

Lösung

B 1 Analysis und Stochastik

Gegeben ist die Funktion f durch die Gleichung $f(x) = x \cdot \sqrt{4-x}, \; x \in D_f$.
Der Graph von f ist K.

1.1 Definitionsbereich

Maßgeblich für eine Einschränkung des Definitionsbereichs ist der Wurzelausdruck, für den Radikanden sind nur Werte zugelassen, die größer oder gleich null sind.

$$4 - x \geq 0 \qquad |+x$$

$$x \leq 4$$

$$\underline{\underline{D_f = \{x \in \mathbb{R},\; x \leq 4\}}}$$

Koordinaten des Hochpunktes

Ermittlung der Ableitungsfunktion:

Das Produkt $x \cdot \sqrt{4-x}$ wird nach der Produktregel differenziert und für den Wurzelausdruck selbst benötigt man die Kettenregel.

$$u(x) = x, \qquad u'(x) = 1$$

$$v(x) = \sqrt{4-x} = (4-x)^{\frac{1}{2}}, \qquad v'(x) = \frac{1}{2} \cdot (4-x)^{-\frac{1}{2}} \cdot (-1) = -\frac{1}{2 \cdot \sqrt{4-x}}$$

$$f'(x) = u' \cdot v + u \cdot v' = \sqrt{4-x} - \frac{x}{2 \cdot \sqrt{4-x}}$$

Diesen Funktionsterm kann man noch weiter vereinfachen:

$$f'(x) = \sqrt{4-x} - \frac{x}{2 \cdot \sqrt{4-x}} \qquad |\text{Hauptnenner bilden}$$

$$f'(x) = \frac{2 \cdot (4-x)}{2 \cdot \sqrt{4-x}} - \frac{x}{2 \cdot \sqrt{4-x}} \qquad |\text{Zusammenfassen}$$

$$f'(x) = \frac{8-3x}{2 \cdot \sqrt{4-x}}$$

Notwendige Bedingung für die Existenz von Extrempunkten: $f'(x) = 0$

$$f'(x) = \frac{8-3x}{2 \cdot \sqrt{4-x}} = 0$$

Der Nenner ist stets größer als null, daher wird nur der Zähler betrachtet.

$$0 = 8 - 3x \qquad |+3x \qquad |:3$$

$$x_E = \frac{8}{3} \approx 2{,}67$$

Es wird noch der Funktionswert an der Stelle x_E berechnet:

$$f\left(\frac{8}{3}\right) = \frac{8}{3} \cdot \sqrt{4 - \frac{8}{3}} \qquad |\text{Zusammenfassen und Nenner rational machen}$$

$$f\left(\frac{8}{3}\right) = \frac{8}{3} \cdot \sqrt{\frac{4}{3}} = \frac{8 \cdot \sqrt{4} \cdot \sqrt{3}}{3 \cdot \sqrt{3} \cdot \sqrt{3}} = \frac{16}{9} \cdot \sqrt{3} \approx 3{,}08$$

Damit ergeben sich folgende Koordinaten für den Hochpunkt:

$$H\left(\frac{8}{3}\,\middle|\,\frac{16}{9}\sqrt{3}\right) \text{ bzw. } H(2{,}67\,|\,3{,}08)$$

Rechnerischer Nachweis der Art des Extremums
Für diesen Nachweis sollen zwei Varianten gezeigt werden.

Variante 1: Da laut Aufgabenstellung genau ein Hochpunkt existiert und die notwendige Bedingung für genau eine Stelle erfüllt wird, gibt es neben x_E keine weitere Extremstelle, insbesondere gibt es daher auch nur einen Wechsel des Monotonieverhaltens von f. Zwischen dem Monotonieverhalten und der 1. Ableitung einer Funktion besteht ein Zusammenhang, insbesondere gilt:

$f'(x) > 0$ für alle $x \in [a; b] \Rightarrow$ f ist in [a; b] streng monoton wachsend.

$f'(x) < 0$ für alle $x \in [a; b] \Rightarrow$ f ist in [a; b] streng monoton fallend.

Es genügt daher, an einer Stelle, die kleiner als x_E ist (z. B. $x = 0$), und an einer Stelle, die größer als x_E ist (z. B. $x = 3$), die Ableitungen zu berechnen. Aus dem Vorzeichen dieser Ableitungswerte lässt sich das Monotonieverhalten ableiten und daraus die Art des Extremums.

$$f'(0) = \frac{8-3\cdot 0}{2\cdot\sqrt{4-0}} = \frac{8}{2\cdot\sqrt{4}} = 2 > 0 \quad \Rightarrow \text{ f ist streng monoton steigend für } x < x_E.$$

$$f'(3) = \frac{8-3\cdot 3}{2\cdot\sqrt{4-3}} = \frac{-1}{2\cdot\sqrt{1}} = -\frac{1}{2} < 0 \quad \Rightarrow \text{ f ist streng monoton fallend für } x > x_E.$$

Ergebnis: Es handelt sich bei dem Extremum um ein Maximum.

Variante 2: Für die hinreichende Bedingung wird noch $f''(x_E)$ gebildet.
Ermittlung der 2. Ableitungsfunktion:

$$f'(x) = \frac{8-3x}{2\cdot\sqrt{4-x}}$$

Dieser Quotient wird nach der Quotientenregel differenziert und für den Wurzelausdruck im Nenner benötigt man die Kettenregel:

$u(x) = 8-3x, \qquad u'(x) = -3$

$v(x) = 2\cdot\sqrt{4-x} = 2\cdot(4-x)^{\frac{1}{2}}, \qquad v'(x) = 2\cdot\frac{1}{2}\cdot(4-x)^{-\frac{1}{2}}\cdot(-1) = -\frac{1}{\sqrt{4-x}}$

$(v(x))^2 = 2^2\cdot(4-x) = 16-4x$

$$f''(x) = \frac{u'\cdot v - u\cdot v'}{v^2} = \frac{-3\cdot 2\cdot\sqrt{4-x} - (8-3x)\cdot\left(-\frac{1}{\sqrt{4-x}}\right)}{16-4x}$$

Diesen Funktionsterm kann man noch weiter vereinfachen, indem im Zähler der Hauptnenner gebildet und anschließend zusammengefasst wird:

$$f''(x) = \frac{\frac{-3\cdot 2\cdot(4-x)+(8-3x)}{\sqrt{4-x}}}{16-4x} = \frac{-24+6x+8-3x}{\sqrt{4-x}\cdot(16-4x)} = \frac{3x-16}{\sqrt{4-x}\cdot(16-4x)}$$

$$f''\left(\frac{8}{3}\right) = \frac{3\cdot\frac{8}{3}-16}{\sqrt{4-\frac{8}{3}}\cdot\left(16-4\cdot\frac{8}{3}\right)} = \frac{-8}{\sqrt{\frac{4}{3}}\cdot\frac{16}{3}} < 0 \Rightarrow \underline{\underline{\text{Maximum}}}$$

1.2 **Rotationsvolumen**

Für die Berechnung des Rotationsvolumens ist es notwendig, die Nullstellen der Funktion f und somit die Intervallgrenzen a und b für die Integration zu bestimmen.

Berechnung der Nullstellen:

$f(x) = 0 = x \cdot \sqrt{4-x}$

Es gilt, dass ein Produkt null ist, wenn ein Faktor gleich null ist oder beide Faktoren gleichzeitig null sind.

$x_1 = 0 \;\Rightarrow\; a = 0$

$0 = \sqrt{4-x} \qquad |\,(\,)^2 \;|+x$

$x_2 = 4 \;\Rightarrow\; b = 4$

Berechnung des Rotationsvolumens:

$$V_x = \pi \cdot \int_0^4 (f(x))^2\,dx = \pi \cdot \int_0^4 (x \cdot \sqrt{4-x})^2\,dx \qquad |\text{Vereinfachen}$$

$$V_x = \pi \cdot \int_0^4 (x^2 \cdot (4-x))\,dx = \pi \cdot \int_0^4 (4x^2 - x^3)\,dx \qquad |\text{Stammfunktion bilden}$$

$$V_x = \pi \cdot \left[\frac{4}{3}x^3 - \frac{1}{4}x^4\right]_0^4 \qquad |F(4)-F(0)$$

$$V_x = \pi \cdot \left(\left(\frac{4}{3} \cdot 4^3 - \frac{1}{4} \cdot 4^4\right) - 0\right) = \pi \cdot \left(\frac{256}{3} - 64\right) = \pi \cdot \frac{256-192}{3} = \frac{64}{3}\pi \approx \underline{\underline{67{,}0\text{ VE}}}$$

Ergebnis: Das Volumen des Rotationskörpers beträgt rund 67 Volumeneinheiten.

1.3 **Verhältnis der Flächeninhalte der Teilflächen**

Die nebenstehende Abbildung verdeutlicht den Sachverhalt. Zunächst wird die Gleichung der Tangente y_T bestimmt. Anschließend müssen der Flächeninhalt des Dreiecks A_D und der Inhalt der Fläche A_K berechnet werden, die K mit der x-Achse einschließt. Die obere Teilfläche ergibt sich aus der Differenz $A_D - A_K$.

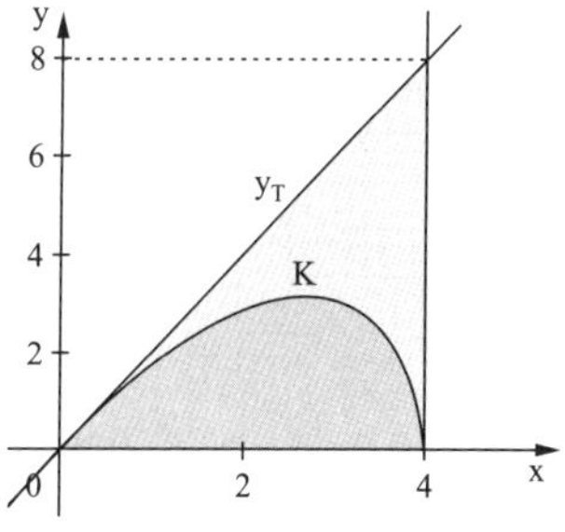

Bestimmung der Tangentengleichung:
Bei der Tangente handelt es sich um eine Ursprungsgerade, die durch die allgemeine Form $y = m \cdot x$ beschrieben werden kann.

Für die Bestimmung von m erfolgt die Berechnung des Anstiegs von f an der Stelle $x = 0$. Die Ableitungsfunktion wurde bereits in der Aufgabe 1.1 berechnet.

$$f'(x) = \frac{8-3x}{2 \cdot \sqrt{4-x}}$$

$$m = f'(0) = \frac{8-3\cdot 0}{2 \cdot \sqrt{4-0}} = \frac{8}{2 \cdot 2} = 2 \;\Rightarrow\; y_T = 2x$$

Flächeninhalt des Dreiecks:
Bei diesem Dreieck handelt es sich um ein rechtwinkliges Dreieck, dessen Katheten 4 bzw. 8 Längeneinheiten lang sind (Nullstellen bei 0 und 4 und $y_T(4)=8$):

$$A_D = \frac{1}{2}\cdot x\cdot y = \frac{1}{2}\cdot 4\cdot 8 = 16\text{ FE}$$

Inhalt der Fläche, die K mit der x-Achse einschließt:
Die Gleichung einer Stammfunktion ist in der Aufgabenstellung gegeben.

$$A_K = \int_0^4 f(x)\,dx = \left[\left(\frac{2}{5}x^2-\frac{8}{5}x\right)\cdot\sqrt{4-x}-\frac{16}{15}\sqrt{(4-x)^3}\right]_0^4$$

$$A_K = \left(\left(\frac{2}{5}\cdot 4^2-\frac{8}{5}\cdot 4\right)\cdot\sqrt{4-4}-\frac{16}{15}\sqrt{(4-4)^3}\right)-\left(\left(\frac{2}{5}\cdot 0^2-\frac{8}{5}\cdot 0\right)\cdot\sqrt{4-0}-\frac{16}{15}\sqrt{(4-0)^3}\right)$$

$$A_K = \frac{16}{15}\sqrt{64} = \frac{128}{15}\text{ FE}$$

Berechnung des Inhalts der oberen Teilfläche:

$$A_{oben} = A_D - A_K = 16 - \frac{128}{15} = \frac{240-128}{15} = \frac{112}{15}\text{ FE}$$

Verhältnis der Flächeninhalte:

$$\frac{A_{oben}}{A_K} = \frac{112}{15} : \frac{128}{15} = \frac{112}{128} = \frac{56}{64} = \underline{\underline{\frac{7}{8}}}$$

Ergebnis: Das Verhältnis der Teilflächen beträgt 7 : 8.

1.4.1 **Berechnung der Wahrscheinlichkeiten**

Dieser Sachverhalt wird als eine Bernoulli-Kette interpretiert.
Es handelt sich jeweils um eine 6-malige ($\rightarrow n=6$) Wiederholung eines Zufallsexperimentes mit genau zwei möglichen Ausgängen: $\Omega=\{$Rotationskörper ist defekt; Rotationskörper ist nicht defekt$\}$. Dabei wird die Anzahl gezählt ($\rightarrow k$), wie oft ein Rotationskörper defekt ist. Weiterhin ist die Wahrscheinlichkeit ($\rightarrow p=0{,}14$) des Auftretens dieses Ergebnisses bei jeder Versuchsdurchführung konstant (→ Bernoulli-Experiment).

A: Höchstens ein Rotationskörper ist defekt.
$\rightarrow k \in \{0;\,1\}$

$$P(A) = F_{6;\,0{,}14}(1) = B_{6;\,0{,}14}(0) + B_{6;\,0{,}14}(1)$$

$$P(A) = \binom{6}{0}\cdot 0{,}14^0\cdot 0{,}86^6 + \binom{6}{1}\cdot 0{,}14^1\cdot 0{,}86^5$$

$$P(A) = 1\cdot 1\cdot 0{,}86^6 + 6\cdot 0{,}14\cdot 0{,}86^5 \approx 0{,}7997 \approx 0{,}800 = \underline{\underline{80\,\%}}$$

Ergebnis: Die Wahrscheinlichkeit für das Ereignis A beträgt rund 80 %.

B: Höchstens einer der sechs von 100 Stück entnommenen Rotationskörper ist defekt.
Es stellt sich die Frage, ob dieser Sachverhalt noch als eine Bernoulli-Kette interpretiert werden kann. An den Parametern n, p und k ändert sich nichts, jedoch ist die Menge der Rotationskörper mit 100 bereits so klein, dass sich das Nichtzurücklegen der jeweils entnommenen Rotationskörper merklich auswirken könnte. Streng genommen ist die Konstanz der Wahrscheinlichkeit p nicht mehr erfüllt.

Zur Lösung sollen zwei Modelle entwickelt werden.

1. Variante: Pfadregel, 6-maliges Ziehen ohne Zurücklegen
Nach der Pfadregel für ein mehrstufiges Zufallsexperiment ist die Wahrscheinlichkeit eines Ergebnisses gleich dem Produkt der Wahrscheinlichkeiten in den einzelnen Stufen entlang eines solchen Pfades. Es stehen anfänglich 14 defekte und 86 nicht defekte Rotationskörper zur zufälligen Auswahl zur Verfügung.
Die Fälle kein bzw. ein defekter Rotationskörper werden separat betrachtet.

$P(k=0)$:
Hierbei werden ausschließlich nicht defekte Rotationskörper entnommen. Dafür stehen nacheinander 86, dann 85, 84, 83, 82, 81 Körper zur Verfügung. Die Gesamtzahl der Rotationskörper reduziert sich ebenso von 100 auf 99, dann 98 usw. bis auf 95:

$$P(k=0)=\frac{86}{100}\cdot\frac{85}{99}\cdot\frac{84}{98}\cdot\frac{83}{97}\cdot\frac{82}{96}\cdot\frac{81}{95}\approx 0{,}3944\approx 0{,}394=39{,}4\ \%$$

$P(k=1)$:
Hierbei werden fünf nicht defekte Rotationskörper entnommen. Dafür stehen nacheinander 86, dann 85, 84, 83, 82 Körper zur Verfügung. Weiterhin wird einer von 14 defekten Rotationskörpern entnommen. Die Gesamtzahl der Rotationskörper reduziert sich weiterhin von 100 auf 99, dann 98 usw. bis auf 95. Wichtig ist ein weiterer Faktor 6, der die verschiedenen Zugmöglichkeiten widerspiegelt, denn es ist egal, ob der defekte Körper im ersten, im zweiten oder … im letzten Zug gezogen wird:

$$P(k=1)=6\cdot\frac{14}{100}\cdot\frac{86}{99}\cdot\frac{85}{98}\cdot\frac{84}{97}\cdot\frac{83}{96}\cdot\frac{82}{95}\approx 0{,}4090\approx 0{,}409=40{,}9\ \%$$

$$P(B)=0{,}4090+0{,}3944=0{,}8034=\underline{\underline{80{,}34\ \%}}$$

Ergebnis: Die Wahrscheinlichkeit für das Ereignis B beträgt rund 80 %.

2. Variante: Hypergeometrische Verteilung
Dieser Sachverhalt kann auch mit der hypergeometrischen Verteilung modelliert werden. Gezählt werden die defekten Rotationskörper $m=k$.

Defekte Körper:	$M=14$	Anzahl der Körper:	$N=100$
Nicht defekte Körper:	$N-M=86$	Anzahl der Ziehungen:	$n=6$

$$P(k=0)=\frac{\binom{M}{m}\cdot\binom{N-M}{n-m}}{\binom{N}{n}}=\frac{\binom{14}{0}\cdot\binom{100-14}{6-0}}{\binom{100}{6}}=\frac{\binom{14}{0}\cdot\binom{86}{6}}{\binom{100}{6}}\approx 0{,}3944\approx 0{,}394=39{,}4\ \%$$

$$P(k=1)=\frac{\binom{14}{1}\cdot\binom{100-14}{6-1}}{\binom{100}{6}}=\frac{\binom{14}{1}\cdot\binom{86}{5}}{\binom{100}{6}}\approx 0{,}4090\approx 0{,}409=40{,}9\ \%$$

$$P(B)=0{,}4090+0{,}3944=0{,}8034=\underline{\underline{80{,}34\ \%}}$$

Ergebnis: Die Wahrscheinlichkeit für das Ereignis B beträgt rund 80 %.

1.4.2 **Ablehnungsbereich**
Es handelt sich um eine 50-malige ($\rightarrow n=50$) Wiederholung eines Zufallsexperimentes mit genau zwei möglichen Ausgängen: $\Omega=\{\text{ohne Defekt; mit Defekt}\}$. Dabei wird die Anzahl der Rotationskörper ohne Defekt gezählt ($\rightarrow k$). Die Wahrscheinlichkeit des Auftretens dieses Ergebnisses ist bei jeder Versuchsdurchführung konstant und beträgt 80 % ($\rightarrow p=0{,}80$). Der Erwartungswert für die Anzahl der Körper ohne Defekt bei 50 geprüften Körpern kann mit $E=50\cdot 0{,}80=40$ leicht berechnet werden. Die größte

Wahrscheinlichkeit muss demzufolge bei $k = 40$ liegen. Es ist aber nicht auszuschließen, dass auch weniger Körper ohne Defekt bleiben. Es ist die Aufgabe eines Tests, mithilfe einer Entscheidungsregel festzustellen, ob die angenommene Wahrscheinlichkeit des Auftretens defekter Rotationskörper bestätigt oder nicht bestätigt wird. Eine gewisse Irrtumswahrscheinlichkeit muss dabei akzeptiert werden, diese wird mit 8 % angegeben.

Festlegung der Entscheidungsregel:
Da als Irrtumswahrscheinlichkeit 8 % vorgegeben sind, darf die Summe der Wahrscheinlichkeiten des Auftretens defekter Körper für den Ablehnungsbereich höchstens diesen Wert annehmen.
Aus der Tabelle kann man entnehmen, dass

$F_{50;\,0,8}(35) = 0{,}0607$ und $F_{50;\,0,8}(36) = 0{,}1106$ beträgt.

Demzufolge gilt für den Ablehnungsbereich $\underline{\underline{k \in \{0;\,1;\,2;\ldots;\,35\}}}$.

B 2 Analytische Geometrie

2.1 Nachweis, dass die Punkte A, B, C und D in einer Ebene liegen

Um den Nachweis zu führen, wird zunächst mithilfe von drei Punkten, z. B. A, B und C, eine Ebenengleichung aufgestellt. Anschließend wird überprüft, ob der vierte Punkt D ebenfalls Punkt der Ebene ist.
Da im zweiten Teil der Aufgabe ein Winkel bestimmt werden soll, wird gleich die Koordinatengleichung der Ebene aufgestellt.
Um eine Koordinatengleichung der Ebene ε, in der z. B. die Punkte A, B und C liegen, zu ermitteln, muss man zunächst einen Normalenvektor der Ebene bestimmen. Ein Normalenvektor steht senkrecht auf der Ebene und seine Koordinaten sind die Koeffizienten a, b, c der Koordinatengleichung $a \cdot x + b \cdot y + c \cdot z - d = 0$ dieser Ebene.
Ein Normalenvektor kann z. B. als Kreuzprodukt der Vektoren $\overrightarrow{AB}$ und $\overrightarrow{AC}$ bestimmt werden. Die Richtungsvektoren sind:

$$\overrightarrow{AB} = \overrightarrow{OB} - \overrightarrow{OA} = \begin{pmatrix} -3 \\ 5 \\ 4 \end{pmatrix} - \begin{pmatrix} 0 \\ 0 \\ 0 \end{pmatrix} = \begin{pmatrix} -3 \\ 5 \\ 4 \end{pmatrix} \text{ und } \overrightarrow{AC} = \overrightarrow{OC} - \overrightarrow{OA} = \begin{pmatrix} -6 \\ 0 \\ 8 \end{pmatrix} - \begin{pmatrix} 0 \\ 0 \\ 0 \end{pmatrix} = \begin{pmatrix} -6 \\ 0 \\ 8 \end{pmatrix}$$

Für das Kreuzprodukt ergibt sich:

$$\vec{n}_\varepsilon = \overrightarrow{AB} \times \overrightarrow{AC} = \begin{pmatrix} -3 \\ 5 \\ 4 \end{pmatrix} \times \begin{pmatrix} -6 \\ 0 \\ 8 \end{pmatrix} = \begin{pmatrix} 5 \cdot 8 - 4 \cdot 0 \\ 4 \cdot (-6) - (-3) \cdot 8 \\ -3 \cdot 0 - 5 \cdot (-6) \end{pmatrix} = \begin{pmatrix} 40 \\ 0 \\ 30 \end{pmatrix} = 10 \cdot \begin{pmatrix} 4 \\ 0 \\ 3 \end{pmatrix}$$

Werden die Koeffizienten des vereinfachten Normalenvektors eingesetzt, so ergibt sich:
$4x + 3z - d = 0$

Mit dem Einsetzen der Koordinaten z. B. des Punktes A erhält man den Wert von d:

$$4 \cdot 0 + 3 \cdot 0 - d = 0 \qquad | + d$$
$$d = 0$$

Damit ergibt sich als eine mögliche Lösung für die Koordinatenform $4x + 3z = 0$.

Jetzt wird überprüft, ob der Punkt D ebenfalls Punkt der Ebene ε ist. Dazu werden die Koordinaten des Punktes in die Ebenengleichung eingesetzt:

$$4 \cdot (-3) + 3 \cdot 4 = 0$$
$$0 = 0$$

Das bedeutet: Der Punkt D ist auch Punkt der Ebene ε.
Somit liegen alle Punkte A, B, C und D in der Ebene ε.

Neigungswinkel der Ebene ε
Ein Normalenvektor der xy-Ebene könnte z. B. $\vec{n}_{xy} = \begin{pmatrix} 0 \\ 0 \\ 1 \end{pmatrix}$ lauten.

Der Winkel zwischen den beiden Normalenvektoren $\vec{n}_\varepsilon$ und $\vec{n}_{xy}$ wird mithilfe des Skalarproduktes bestimmt:

$$\vec{n}_\varepsilon \circ \vec{n}_{xy} = |\vec{n}_\varepsilon| \cdot |\vec{n}_{xy}| \cdot \cos\measuredangle(\vec{n}_\varepsilon, \vec{n}_{xy})$$

$$\cos\measuredangle(\vec{n}_\varepsilon, \vec{n}_{xy}) = \frac{\vec{n}_\varepsilon \circ \vec{n}_{xy}}{|\vec{n}_\varepsilon| \cdot |\vec{n}_{xy}|}$$

$$\cos\measuredangle(\vec{n}_\varepsilon, \vec{n}_{xy}) = \frac{\begin{pmatrix} 4 \\ 0 \\ 3 \end{pmatrix} \circ \begin{pmatrix} 0 \\ 0 \\ 1 \end{pmatrix}}{\left|\begin{pmatrix} 4 \\ 0 \\ 3 \end{pmatrix}\right| \cdot \left|\begin{pmatrix} 0 \\ 0 \\ 1 \end{pmatrix}\right|} = \frac{4 \cdot 0 + 0 \cdot 0 + 3 \cdot 1}{\sqrt{4^2 + 0^2 + 3^2} \cdot \sqrt{0^2 + 0^2 + 1^2}} = \frac{3}{5 \cdot 1} = \frac{3}{5}$$

$$\measuredangle(\vec{n}_\varepsilon, \vec{n}_{xy}) \approx \underline{\underline{53{,}13°}}$$

Ergebnis: Der Neigungswinkel der Ebene ε gegenüber der xy-Ebene beträgt rund 53,13°.

2.2 **Nachweis**
In einem Quadrat sind alle Seiten gleich lang und die Seiten stehen senkrecht aufeinander.
Zunächst werden die Richtungsvektoren aufgestellt:

$$\overrightarrow{AB} = \begin{pmatrix} -3 \\ 5 \\ 4 \end{pmatrix}, \ \overrightarrow{BC} = \begin{pmatrix} -3 \\ -5 \\ 4 \end{pmatrix}, \ \overrightarrow{CD} = \begin{pmatrix} 3 \\ -5 \\ -4 \end{pmatrix} \text{ und } \overrightarrow{DA} = \begin{pmatrix} 3 \\ 5 \\ -4 \end{pmatrix}$$

Da die Koeffizienten aller Richtungsvektoren bis auf die Vorzeichen identisch sind, sind alle Vektoren gleich lang.

Es bleibt nur noch zu prüfen, ob zwei Seiten senkrecht aufeinander stehen. Dies wird mithilfe des Skalarproduktes untersucht. Ist das Skalarprodukt zweier Vektoren null, so stehen die entsprechenden Seiten des Vierecks senkrecht aufeinander.

$$\overrightarrow{AB} \circ \overrightarrow{BC} = \begin{pmatrix} -3 \\ 5 \\ 4 \end{pmatrix} \circ \begin{pmatrix} -3 \\ -5 \\ 4 \end{pmatrix} = (-3) \cdot (-3) + 5 \cdot (-5) + 4 \cdot 4 = 9 - 25 + 16 = 0$$

Da das Skalarprodukt zweier Vektoren null ist, stehen die entsprechenden Seiten senkrecht aufeinander.

Das Viereck ABCD ist ein Quadrat.

2.3 **Bestimmung der Koordinaten des Punktes E**
Der Körper ABCDEFGH soll ein Würfel mit den gegenüberliegenden Seitenflächen ABCD und EFGH sein (siehe Zeichnung in der Aufgabenstellung).
Alle Kanten eines Würfels sind gleich lang und stehen senkrecht aufeinander.
Damit die Kante $\overline{AE}$ senkrecht auf der Fläche ABCD steht, wird ein Normalenvektor der Ebene ε benötigt. Die Ebene ε enthält die Fläche ABCD. Ein Normalenvektor wurde bereits in der Aufgabe 2.1 mit $\vec{n}_\varepsilon = \begin{pmatrix} 4 \\ 0 \\ 3 \end{pmatrix}$ ermittelt.

Die Koordinaten des Punktes E erhält man, indem man ein Vielfaches des Normaleneinheitsvektors zum Ortsvektor des Punktes A addiert. Das Vielfache entspricht der Kantenlänge des Würfels.

Berechnung der Kantenlänge des Würfels:

$$|\overrightarrow{AB}| = \sqrt{(-3)^2 + 5^2 + 4^2} = \sqrt{50} \approx 7{,}07$$

Es ergibt sich:

$$\overrightarrow{OE} = \overrightarrow{OA} + \sqrt{50} \cdot \frac{\vec{\eta}_\varepsilon}{|\vec{\eta}_\varepsilon|} = \begin{pmatrix} 0 \\ 0 \\ 0 \end{pmatrix} + \sqrt{50} \cdot \frac{\begin{pmatrix} 4 \\ 0 \\ 3 \end{pmatrix}}{\sqrt{4^2 + 0^2 + 3^2}} = \sqrt{2} \cdot \begin{pmatrix} 4 \\ 0 \\ 3 \end{pmatrix}$$

Die Koordinaten des Punktes E sind $\underline{\underline{E(4\sqrt{2}\,|\,0\,|\,3\sqrt{2})}}$.

2.4.1 **Berechnung des Volumenverhältnisses**

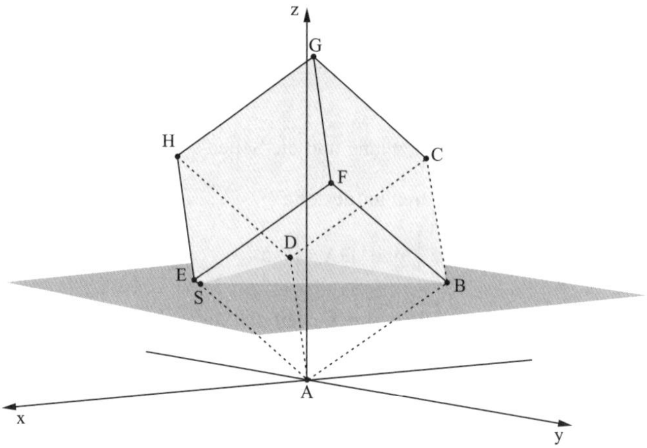

Der Würfel wird 40 cm tief eingegraben. Die Erdoberfläche verläuft parallel zur xy-Ebene und laut Aufgabenstellung entspricht eine Längeneinheit 10 cm. Somit ist der Würfel bis z=4 eingegraben.
Da die z-Koordinaten der Punkte B und D den Wert vier haben, sind sie Punkte des im Boden befindlichen Teilkörpers, ebenso wie der Punkt A. Ein weiterer Punkt S dieses Körpers, der ebenfalls die z-Koordinate vier hat, liegt auf der Kante $\overline{AE}$, denn die z-Koordinate von E ist größer als vier.
Die Ebene, in der sich die Erdoberfläche befindet, schneidet somit vom Würfel eine dreiseitige Pyramide ab. Das Volumen dieser Pyramide ist zu bestimmen.

Man erhält:

$$\overrightarrow{OS} = \overrightarrow{OA} + r \cdot \overrightarrow{AE}$$

$$\begin{pmatrix} x \\ y \\ 4 \end{pmatrix} = r \cdot \begin{pmatrix} 4\sqrt{2} \\ 0 \\ 3\sqrt{2} \end{pmatrix}$$

Aus der letzten Zeile ergibt sich durch Umstellen $r = \frac{4}{3\sqrt{2}}$.

Die y-Koordinate bleibt bei null.

Für die x-Koordinate erhält man:

$$x = \frac{4}{3\sqrt{2}} \cdot 4\sqrt{2} = \frac{16}{3}$$

Der Punkt S hat die Koordinaten $S\left(\frac{16}{3} \,\middle|\, 0 \,\middle|\, 4\right)$.

Das Volumen der Pyramide ABDS wird mithilfe des Spatproduktes ermittelt.
Das Spatprodukt ist dem Betrage nach gleich dem Volumen des von den Vektoren $\overrightarrow{AB}$, $\overrightarrow{AD}$ und $\overrightarrow{AS}$ aufgespannten Spats.
Da die Pyramide ein Dreieck als Grundfläche hat, muss das Spatprodukt halbiert werden. Außerdem muss das Spatprodukt noch mit dem Faktor $\frac{1}{3}$ multipliziert werden, da eine Pyramide nur ein Drittel des Volumens einnimmt, das ein Quader mit der gleichen Grundfläche und derselben Höhe besitzt.
Somit ist das Volumen der Pyramide ABDS:

$$V_{ABDS} = \frac{1}{2} \cdot \frac{1}{3} \cdot \left| \left((\overrightarrow{AB} \times \overrightarrow{AD}) \circ \overrightarrow{AS} \right) \right|$$

Da die Punkte A, B, C und D in einer Ebene liegen und gleichzeitig ein Quadrat bilden (Grundfläche des Würfels), ist das Kreuzprodukt $\overrightarrow{AB} \times \overrightarrow{AD}$ genauso groß wie das Kreuzprodukt aus den Vektoren $\overrightarrow{AB}$ und $\overrightarrow{AC}$ (siehe Aufgabe 2.1).

Es ergibt sich:

$$V_{ABDS} = \frac{1}{6} \cdot \left| \left(\begin{pmatrix} -3 \\ 5 \\ 4 \end{pmatrix} \times \begin{pmatrix} -3 \\ -5 \\ 4 \end{pmatrix} \right) \circ \begin{pmatrix} \frac{16}{3} \\ 0 \\ 4 \end{pmatrix} \right| = \frac{1}{6} \cdot \left| \begin{pmatrix} 40 \\ 0 \\ 30 \end{pmatrix} \circ \begin{pmatrix} \frac{16}{3} \\ 0 \\ 4 \end{pmatrix} \right| = \frac{1}{6} \cdot \left| 40 \cdot \frac{16}{3} + 0 + 30 \cdot 4 \right|$$

$$V_{ABDS} = \frac{500}{9} \approx 55{,}56 \text{ VE}$$

Das Volumen des Würfels beträgt:

$$V_{Würfel} = \left(|\overrightarrow{AB}| \right)^3 = \left(\sqrt{50} \right)^3 = 250\sqrt{2} \approx 353{,}55 \text{ VE}$$

Das Verhältnis der Volumina ist:

$$\frac{V_{ABDS}}{V_{Würfel}} = \frac{\frac{500}{9}}{250\sqrt{2}} = \frac{2}{9\sqrt{2}} = \frac{\sqrt{2}}{9} \approx \underline{\underline{1:6{,}36}}$$

Ergebnis: Das Verhältnis des im Boden befindlichen Volumens zum Gesamtvolumen beträgt $\sqrt{2}:9$ (oder 1:6,36).

2.4.2 Bestimmung der Koordinaten des Durchstoßpunktes P

Da die Lichtstrahlen die Richtung $\vec{a} = \begin{pmatrix} -1 \\ 0 \\ -2 \end{pmatrix}$ haben und auf den Mittelpunkt der Fläche ABCD treffen, muss zunächst der Mittelpunkt der Fläche ABCD ermittelt werden.

Die Fläche ABCD ist ein Quadrat (siehe Aufgabe 2.2) und der Mittelpunkt der Fläche ist auch gleichzeitig der Mittelpunkt der Diagonalen $\overline{AC}$.

Man erhält:

$$M_{\overline{AC}}\left(\frac{x_A+x_C}{2}\,\middle|\,\frac{y_A+y_C}{2}\,\middle|\,\frac{z_A+z_C}{2}\right)$$

$$M_{\overline{AC}}\left(\frac{0+(-6)}{2}\,\middle|\,\frac{0+0}{2}\,\middle|\,\frac{0+8}{2}\right)$$

$$M_{\overline{AC}}(-3\,|\,0\,|\,4)$$

Eine Gleichung der Geraden, auf der der Lichtstrahl verläuft, lautet:

$$g\colon\ \vec{x}=\begin{pmatrix}-3\\0\\4\end{pmatrix}+t\cdot\begin{pmatrix}-1\\0\\-2\end{pmatrix}\quad \text{mit } t\in\mathbb{R}$$

Eine Gleichung der Ebene, in der die Fläche EFGH liegt, muss bestimmt werden. Da diese Ebene parallel zur Ebene ε verläuft, in der die Fläche ABCD liegt, sind auch die Normalenvektoren der Ebenen identisch:

$$\vec{n}=\vec{n}_{\varepsilon}=\begin{pmatrix}4\\0\\3\end{pmatrix}$$

Werden die Koeffizienten des Normalenvektors eingesetzt, so ergibt sich:

$$4x+3z-d=0$$

Mit dem Einsetzen der Koordinaten z. B. des Punktes E erhält man den Wert von d:

$$4\cdot 4\sqrt{2}+3\cdot 3\sqrt{2}-d=0 \qquad |+d$$

$$d=25\sqrt{2}$$

Damit ergibt sich als eine mögliche Lösung für die Ebenengleichung:

$$4x+3z-25\sqrt{2}=0$$

Um die Koordinaten des Durchstoßpunktes P zu bestimmen, wird die Geradengleichung $\begin{pmatrix}x\\y\\z\end{pmatrix}=\begin{pmatrix}-3\\0\\4\end{pmatrix}+t\cdot\begin{pmatrix}-1\\0\\-2\end{pmatrix}$ in die Ebenengleichung $4x+3z-25\sqrt{2}=0$ eingesetzt und nach t aufgelöst. Man erhält:

$$4\cdot(-3-t)+3\cdot(4-2t)-25\sqrt{2}=0$$

$$-12-4t+12-6t-25\sqrt{2}=0$$

$$-10t-25\sqrt{2}=0 \qquad |+25\sqrt{2}$$

$$-10t=25\sqrt{2} \qquad |:(-10)$$

$$t=-\frac{5}{2}\sqrt{2}$$

Der Parameter t wird in die Geradengleichung eingesetzt.

$$\begin{pmatrix}x\\y\\z\end{pmatrix}=\begin{pmatrix}-3\\0\\4\end{pmatrix}-\frac{5}{2}\sqrt{2}\cdot\begin{pmatrix}-1\\0\\-2\end{pmatrix}=\begin{pmatrix}-3+\frac{5}{2}\sqrt{2}\\0\\4+5\sqrt{2}\end{pmatrix}\approx\begin{pmatrix}0{,}54\\0\\11{,}07\end{pmatrix}$$

Die Bohrung befindet sich im Punkt $\underline{\underline{P(0{,}54\,|\,0\,|\,11{,}07)}}$.

Mathematik (Mecklenburg-Vorpommern): Abiturprüfung 2012
Prüfungsteil A – Pflichtaufgaben mit CAS

A 1 Analysis

1 Gegeben ist eine Funktion f durch die Gleichung

$$f(x) = \frac{2}{x^2+1} - 1 \text{ mit } x \in \mathbb{R}.$$

Ihr Graph heißt F.

1.1 Geben Sie die Nullstellen der Funktion f an.
Untersuchen Sie F auf die Existenz von Extrem- und Wendepunkten.
Ermitteln Sie gegebenenfalls deren Koordinaten.
Geben Sie eine Gleichung der Asymptote von F an.
Zeichnen Sie F im Intervall $-4 \le x \le 4$ in ein geeignetes Koordinatensystem.

1.2 Die x-Achse und F begrenzen eine Fläche vollständig.
Berechnen Sie den Inhalt dieser Fläche.

1.3 Die Punkte $R(-u \mid f(-u))$, $S(0 \mid 0)$ und $T(u \mid f(u))$ mit $0 < u < 1$ bestimmen ein Dreieck.
Berechnen Sie den Wert von u so, dass die Dreiecksfläche maximal wird.

1.4 Bestimmen Sie die Gleichungen derjenigen Tangenten an F, die Ursprungsgeraden sind.

1.5 Gegeben ist die Funktionenschar g_p mit der Gleichung $g_p(x) = -px^2 + p$ mit $x, p \in \mathbb{R}$ und $p > 0$.
Jeder Graph von g_p hat Schnittpunkte mit F. Deren Anzahl ist abhängig von p.

Bestimmen Sie für jeden der folgenden Fälle je einen Wert für p.
(a) Die Graphen haben genau zwei Schnittpunkte.
(b) Die Graphen haben genau drei Schnittpunkte.
(c) Die Graphen haben genau vier Schnittpunkte.

A 2 Analytische Geometrie

2 In einem kartesischen Koordinatensystem ist ein ebenflächig begrenzter Körper K mit den Eckpunkten

$A(2 \mid -4 \mid 0)$, $B(0 \mid 4 \mid -2)$, $C(0 \mid 4 \mid 2)$ und $D(-2 \mid -4 \mid 0)$

gegeben.

Er besitzt die vier Begrenzungsflächen ABC, ACD, ABD und BCD.

2.1 Stellen Sie K grafisch dar.

2.2 Weisen Sie nach, dass alle Begrenzungsflächen des Körpers zueinander kongruent sind.

Prüfen Sie, ob diese Dreiecke
- gleichschenklig
- rechtwinklig

sind.

Berechnen Sie für eine der Begrenzungsflächen den Flächeninhalt.
Berechnen Sie den Neigungswinkel zwischen den Begrenzungsflächen ABC und ACD.

2.3 Die Mittelpunkte der Kanten AB, AC, DB und DC liegen in einer gemeinsamen Ebene. Beschreiben Sie die besondere Lage dieser Ebene im Koordinatensystem.

2.4 Berechnen Sie den Abstand des Punktes C von der Ebene ABD. Berechnen Sie das Volumen des Körpers K.

2.5 Gegeben sind Körper K_t durch die Punkte $A(2|-4|0)$, $B_t(0|t|-2)$, $C_t(0|t|2)$ und $D(-2|-4|0)$.

Prüfen Sie, ob es einen Wert für t gibt, sodass die Begrenzungsfläche AB_tC_t des Körpers K_t rechtwinklig ist.

A 3 Analysis und Stochastik

3.1 Gegeben sind die Funktionen g, f und h mit den Gleichungen

$g(x) = 3{,}7$

$f(x) = 0{,}135x^3 - 8{,}12x^2 + 161{,}8x - 1065{,}3$

$h(x) = -0{,}0272x + 2{,}19$ mit $x \in \mathbb{R}$.

Ihre Graphen heißen G, F und H.

3.1.1 Berechnen Sie die Koordinaten und die Art der Extrempunkte von F.

3.1.2 Beschreiben Sie das Krümmungsverhalten von F.

3.1.3 Stellen Sie in einem kartesischen Koordinatensystem die Graphen der Funktionen g, f und h jeweils in diesen Intervallen dar:

G: $0 \le x \le 18{,}5$ F: $18{,}5 \le x \le 21{,}6$ H: $21{,}6 \le x \le 30{,}5$

3.1.4 Eine weitere Funktion w ist folgendermaßen definiert:

$$w(x) = \begin{cases} g(x) & \text{für } 0 \le x < 18{,}5 \\ f(x) & \text{für } 18{,}5 \le x \le 21{,}6 \\ h(x) & \text{für } 21{,}6 < x \le 30{,}5 \end{cases}$$ Es gilt: (1 LE = 1 cm)

Bei der Rotation des Graphen von w um die x-Achse entsteht ein Körper, der näherungsweise der äußeren Form einer Flasche entspricht.
Berechnen Sie das Volumen dieses Rotationskörpers.
Auf dem Etikett dieser Flasche ist die Füllmenge mit 700 $m\ell$ angegeben. Geben Sie zwei Gründe für mögliche Abweichungen des von Ihnen berechneten Rotationsvolumens von der angegebenen Füllmenge an.

3.2 Flaschen werden in zwei Abfüllanlagen maschinell befüllt. Die Einhaltung der angestrebten Füllmenge von 700 $m\ell$ soll überprüft werden, dazu wurden je 7 Flaschen der laufenden Produktion entnommen und deren Inhalt gemessen.

Anlage A	716 $m\ell$	692 $m\ell$	712 $m\ell$	702 $m\ell$	706 $m\ell$	701 $m\ell$	714 $m\ell$
Anlage B	707 $m\ell$	695 $m\ell$	726 $m\ell$	684 $m\ell$	688 $m\ell$	711 $m\ell$	692 $m\ell$

3.2.1 Ermitteln Sie für beide Abfüllanlagen jeweils das arithmetische Mittel und die Standardabweichung der Füllmengen.
Beurteilen Sie die Einhaltung der angestrebten Füllmenge bei beiden Anlagen.

3.2.2 Flaschen, deren Füllmengen um mehr als 20 $m\ell$ von der angegebenen Füllmenge abweichen, werden aussortiert. Langfristige Beobachtungen haben ergeben, dass dies bei 0,1 % aller abgefüllten Flaschen der Fall ist.

Berechnen Sie die Wahrscheinlichkeiten für folgende Ereignisse:
A: Genau 3 von 1 000 abgefüllten Flaschen werden deshalb aussortiert.
B: Weniger als 3 von 1 000 abgefüllten Flaschen werden deshalb aussortiert.

Hinweise und Tipps

Teilaufgabe 1.1
- Untersuchen Sie jeweils, ob die notwendige und die hinreichende Bedingung erfüllt sind.
- Berechnen Sie auch die Funktionswerte an den Extrem- und Wendestellen.
- Welche Asymptoten kann F überhaupt haben?
- Verwenden Sie für die grafische Darstellung die zuvor gewonnenen Resultate.

Teilaufgabe 1.2
- Die Grenzen des Integrals haben Sie bereits ermittelt.

Teilaufgabe 1.3
- Stellen Sie die Zielfunktion und die Nebenbedingung auf.
- Die Zielfunktion ist die Formel zur Berechnung des Flächeninhaltes eines Dreiecks.
- Die Nebenbedingung ist die Gleichung der Funktion f.

Teilaufgabe 1.4
- Ursprungsgeraden werden durch Gleichungen der Form $y = m \cdot x$ beschrieben.
- Bei Tangenten entspricht der Anstieg m der ersten Ableitung der Funktion f.

Teilaufgabe 1.5
- Sie können die Aufgabe grafisch oder algebraisch lösen.
- Lassen Sie sich neben F mehrere Beispielgraphen anzeigen und zählen Sie die Schnittpunkte.
- Alternativ können Sie die Schnittstellen und damit auch deren Anzahl berechnen. Beim Lösen der Gleichung sollten Sie die Bedingung $p > 0$ aufnehmen.

Teilaufgabe 2.1
- Fertigen Sie ein Schrägbild an.

Teilaufgabe 2.2
- Nutzen Sie beim Nachweis der Kongruenz einen der vier Kongruenzsätze für Dreiecke.
- Wenn Sie den Kongruenzsatz „sss" verwenden, haben Sie damit zugleich die Gleichschenkligkeit überprüft.
- Zwei Vektoren stehen rechtwinklig aufeinander, wenn das Skalarprodukt null ergibt.
- Mit dem Vektorprodukt kann der Flächeninhalt von Parallelogrammen berechnet werden. Der Flächeninhalt eines Dreiecks ist halb so groß.
- Zur Berechnung des Neigungswinkels benötigen Sie Normalenvektoren von zwei Ebenen. Der Winkel ergibt sich dann mithilfe des Skalarprodukts.

Teilaufgabe 2.3
- Bestimmen Sie zunächst die Mittelpunkte der Kanten.
- Was fällt Ihnen bei den Koordinaten der Mittelpunkte auf?

Teilaufgabe 2.4

- Verwenden Sie die Formel zur Berechnung des Abstands eines Punktes von einer Ebene.
- Den dafür nötigen Normalenvektor berechnen Sie mit einem Vektorprodukt.
- Bei dem Körper K handelt es sich um eine Pyramide.
- Den Inhalt der Grundfläche haben Sie in Aufgabe 2.2 berechnet, die Höhe entspricht dem soeben berechneten Abstand.

Teilaufgabe 2.5

- Nutzen Sie aus, dass die Dreiecke weiterhin gleichschenklig sind.
- Gehen Sie wie in Aufgabe 2.2 vor.
- Damit ein Körper vorliegt, dürfen die vier Punkte nicht in einer Ebene liegen.

Teilaufgabe 3.1.1

- Untersuchen Sie, ob die notwendige und die hinreichende Bedingung erfüllt sind.

Teilaufgabe 3.1.2

- Warum hat F genau einen Wendepunkt?
- Das Krümmungsverhalten können Sie grafisch oder algebraisch ermitteln.

Teilaufgabe 3.1.3

- Beachten Sie die angegebenen Intervalle.
- Die Darstellungen der konstanten Funktion g und der linearen Funktion h sind einfach.
- Verwenden Sie zum Darstellen von F die Koordinaten der Extrem- und Wendestellen.

Teilaufgabe 3.1.4

- Bei der Rotation entstehen drei Volumina. Sie sollen deren Summe berechnen.
- Was wurde bei der Berechnung des Volumens im Vergleich zu einer realen Flasche nicht berücksichtigt?

Teilaufgabe 3.2.1

- Speichern Sie die gegebenen Daten in einer Tabelle ab und lassen Sie den CAS-Rechner die Parameter berechnen.
- Welche Bedeutung haben die Werte der jeweiligen Parameter?

Teilaufgabe 3.2.2

- Interpretieren Sie den Sachverhalt als Bernoulli-Kette.

Lösung

A1 Analysis

Zunächst ist es sinnvoll, die Gleichung der Funktion f unter f(x) zu speichern.

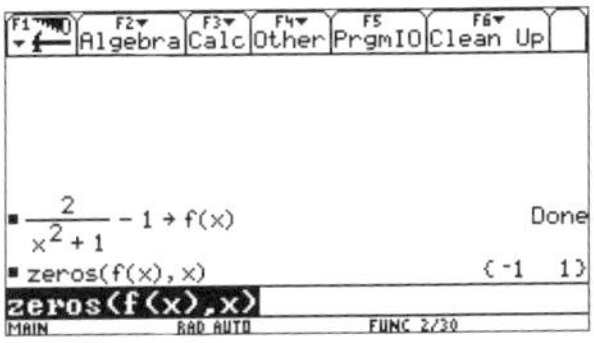

1.1 Nullstellen

$0 = f(x) \Rightarrow \underline{\underline{x_{01} = -1;\; x_{02} = 1}}$

Existenz von Extrem- und Wendepunkten

Es muss untersucht werden, ob jeweils die notwendige und die hinreichende Bedingung erfüllt sind. Es ist sinnvoll, zunächst die drei Ableitungen zu bilden und diese z. B. als f1(x), f2(x) bzw. f3(x) zu speichern.

Ermittlung der Ableitungsfunktionen:

$$f'(x) = \frac{-4x}{(x^2+1)^2};\quad f''(x) = \frac{4(3x^2-1)}{(x^2+1)^3};$$

$$f'''(x) = \frac{-48x(x^2-1)}{(x^2+1)^4}$$

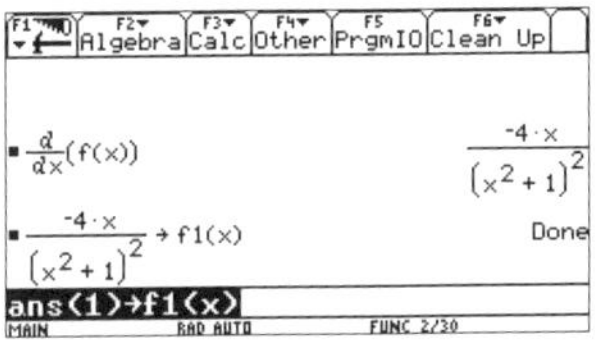

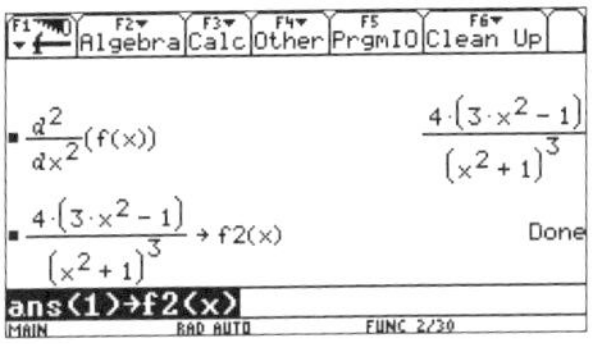

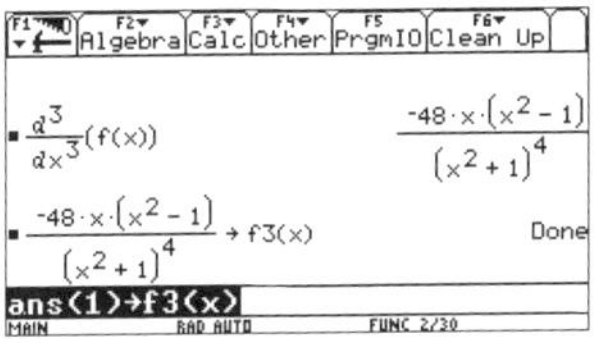

Notwendige Bedingung für die Existenz von Extrempunkten:

$f'(x) = 0 \Rightarrow x_E = 0$

Ergänzend wird für die hinreichende Bedingung $f''(x_E)$ bestimmt:

$f''(0) = -4 < 0$

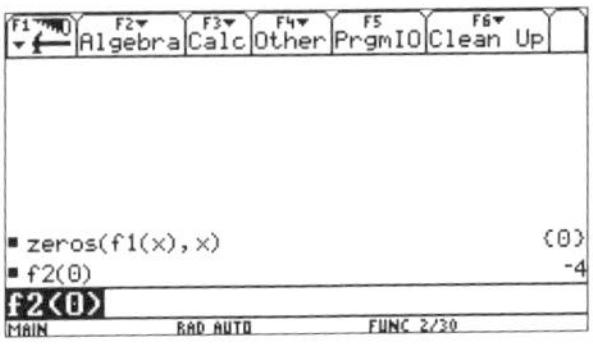

$\Rightarrow$ An der Stelle $\underline{\underline{x_E = 0}}$ befindet sich ein Hochpunkt.

Notwendige Bedingung für die Existenz von Wendepunkten:

$f''(x) = 0$

$$\Rightarrow\; x_{W1} = \frac{-\sqrt{3}}{3} \approx -0{,}58;\quad x_{W2} = \frac{\sqrt{3}}{3} \approx 0{,}58$$

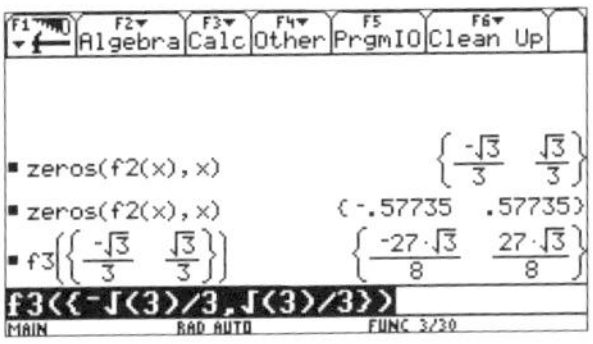

Ergänzend wird für die hinreichende Bedingung $f'''(x_{W1})$ bzw. $f'''(x_{W2})$ bestimmt:

$$f'''\left(\frac{-\sqrt{3}}{3}\right) = \frac{-27\sqrt{3}}{8} \neq 0 \;\Rightarrow\; \text{An der Stelle } \underline{\underline{x_{W1} = \frac{-\sqrt{3}}{3}}} \text{ befindet sich ein Wendepunkt.}$$

$$f'''\left(\frac{\sqrt{3}}{3}\right) = \frac{27\sqrt{3}}{8} \neq 0 \;\Rightarrow\; \text{An der Stelle } \underline{\underline{x_{W2} = \frac{\sqrt{3}}{3}}} \text{ befindet sich ein Wendepunkt.}$$

Koordinaten des Extrempunktes und der Wendepunkte

Es werden noch die Funktionswerte an den Stellen x_E, x_{W1} und x_{W2} berechnet:

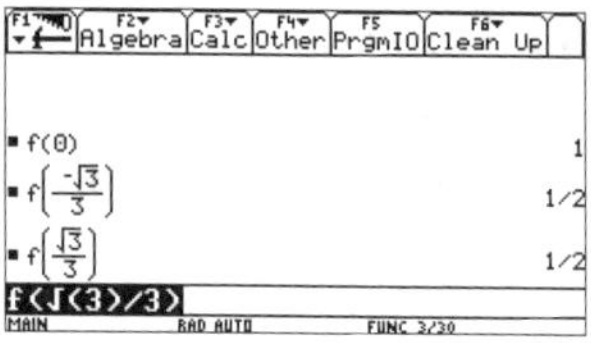

$$f(0)=1;\ f\left(\frac{-\sqrt{3}}{3}\right)=\frac{1}{2};\ f\left(\frac{\sqrt{3}}{3}\right)=\frac{1}{2}$$

Damit ergeben sich folgende Koordinaten für den Extrempunkt und die Wendepunkte:

$$\underline{\underline{H(0\,|\,1)}};\ \underline{\underline{W_1\left(\frac{-\sqrt{3}}{3}\,\middle|\,\frac{1}{2}\right)}};\ \underline{\underline{W_2\left(\frac{\sqrt{3}}{3}\,\middle|\,\frac{1}{2}\right)}}$$

Gleichung der Asymptote

Prinzipiell gibt es waagerechte, senkrechte und schräge Asymptoten.
Dieser Graph F kann keine senkrechte Asymptote besitzen, da der Definitionsbereich alle reellen Zahlen umfasst und somit z. B. keine Unstetigkeitsstellen existieren. Sofern F eine waagerechte Asymptote besitzt, kann auch keine schräge Asymptote auftreten.

Daher wird zuerst das Verhalten der Funktion f im Unendlichen untersucht:

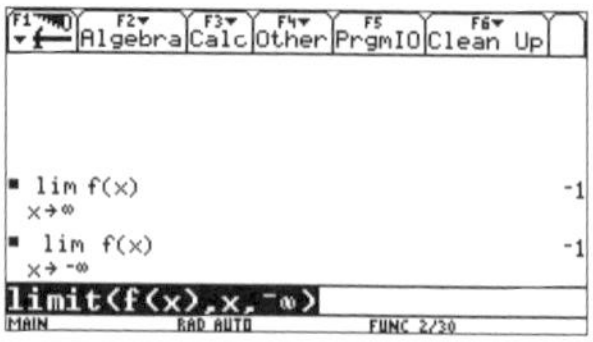

$$\lim_{x\to\infty} f(x)=-1;\quad \lim_{x\to-\infty} f(x)=-1$$

Ergebnis: Die Gleichung der waagerechten Asymptote lautet $\underline{\underline{y=-1}}$.

Grafische Darstellung

In der grafischen Darstellung sollen die zuvor ermittelten Nullstellen, der Extrempunkt, die Wendestellen und die Annäherung an die waagerechte Asymptote erkennbar sein. Weiterhin muss das angegebene Intervall beachtet werden (vergleichend dazu die Ansicht im Graph-Modus).

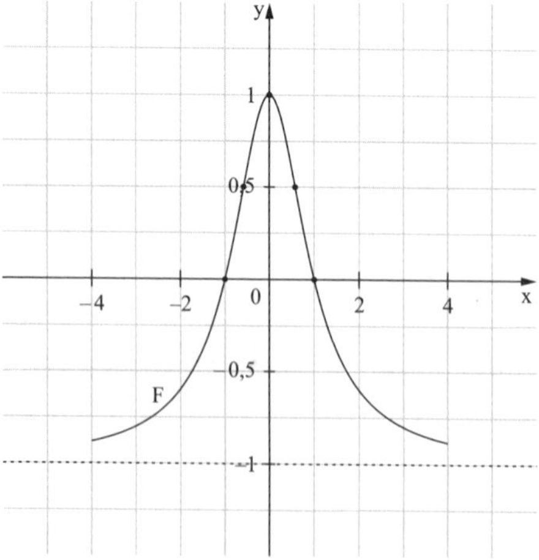

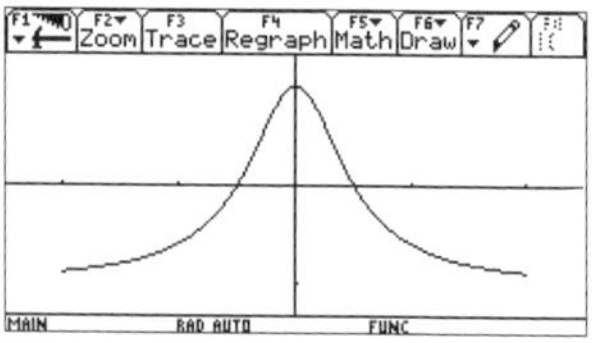

1.2 **Berechnung des Flächeninhaltes**

In der grafischen Darstellung aus der Aufgabe 1.1 ist die Fläche, deren Inhalt berechnet werden muss, erkennbar. Sie liegt im I. und im II. Quadranten. Die Nullstellen von F wurden bereits ebenso in der Aufgabe 1.1 mit $x_{01} = -1$ und $x_{02} = 1$ bestimmt.

$$\int_{-1}^{1} f(x)\,dx = \pi - 2 \approx \underline{\underline{1{,}14}}$$

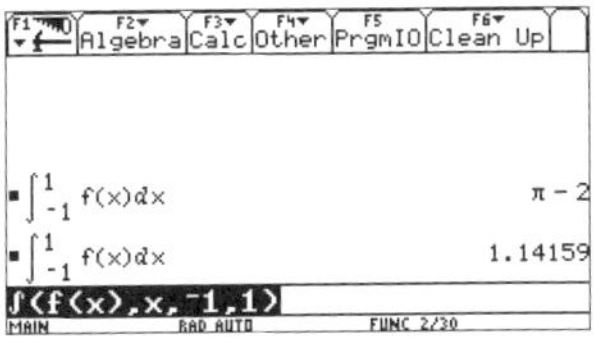

Ergebnis: Der Inhalt der Fläche beträgt rund 1,14 Flächeneinheiten.

1.3 **Extremwertberechnung**

Die Zielfunktion ist die Formel zur Berechnung des Flächeninhaltes eines Dreiecks mithilfe einer Grundseite und ihrer zugehörigen Höhe.

Die Grundseite ist die Strecke $\overline{RT}$ mit der Länge $2 \cdot u$ und die Höhe hat als Länge die y-Koordinate der Punkte R bzw. T, also $f(-u)$ bzw. $f(u)$.

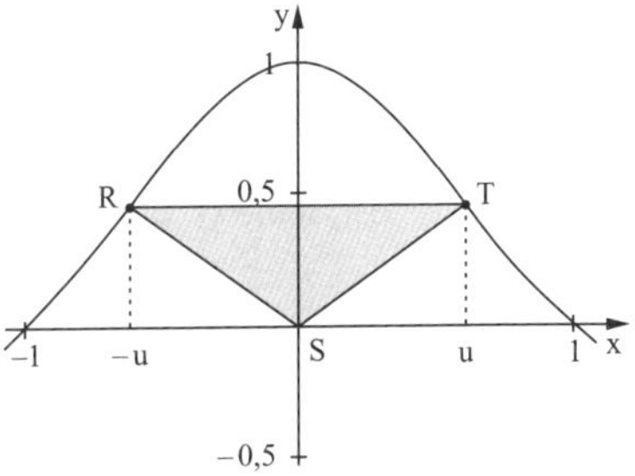

Als Nebenbedingung wird die Gleichung der Funktion f benutzt.

Zielfunktion:

$$A = \frac{1}{2} \cdot g \cdot h_g = \frac{1}{2} \cdot (2u) \cdot f(u)$$

Nebenbedingung:

$$f(u) = \frac{2}{u^2 + 1} - 1$$

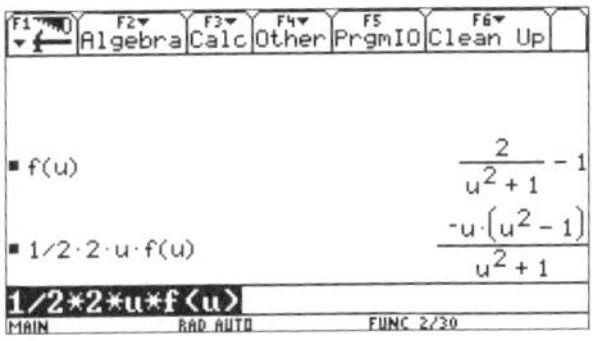

Einsetzen der Nebenbedingung in die Zielfunktion:

$$A(u) = \frac{-u \cdot (u^2 - 1)}{u^2 + 1}$$

Ermittlung der Ableitungsfunktionen:

$$A'(u) = \frac{-(u^4 + 4u^2 - 1)}{(u^2 + 1)^2}$$

$$A''(u) = \frac{4u\,(u^2 - 3)}{(u^2 + 1)^3}$$

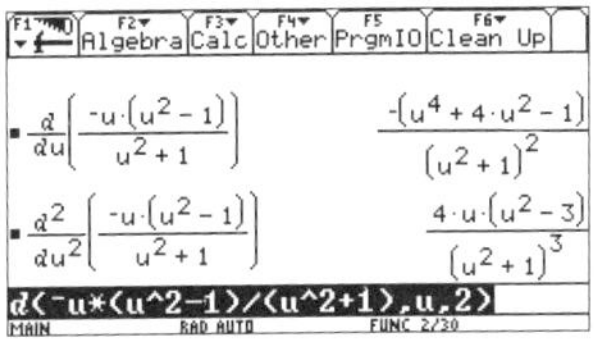

Notwendige Bedingung für die Existenz eines Maximums:

$$A'(u) = 0 \;\Rightarrow\; u_E = \sqrt{\sqrt{5} - 2} \approx 0{,}49$$

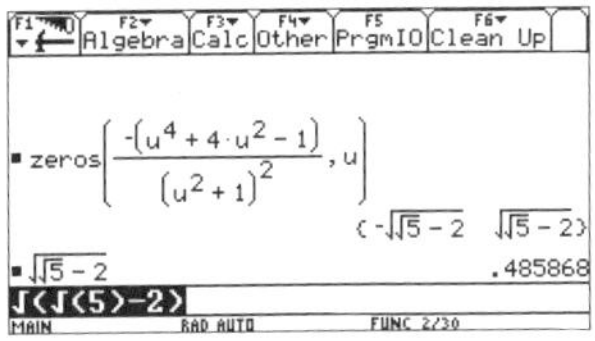

Die negative Lösung $u_E = -\sqrt{\sqrt{5} - 2}$ entfällt, da laut Aufgabenstellung $0 < u < 1$ gilt.

Ergänzend wird für die hinreichende Bedingung $A''(u_E)$ bestimmt:

$$A''\left(\sqrt{\sqrt{5}-2}\right) \approx -2{,}84 < 0 \quad \Rightarrow \quad \text{Maximum}$$

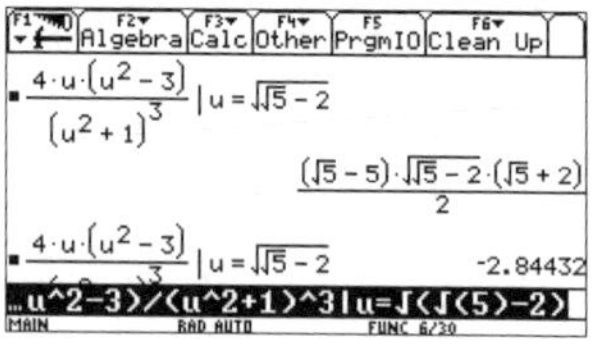

Ergebnis: Für $\underline{\underline{u_E = \sqrt{\sqrt{5}-2}}}$ wird die Dreiecksfläche maximal.

1.4 **Gleichungen der Ursprungsgeraden**

Ursprungsgeraden werden durch Gleichungen der Form $y = m \cdot x$ beschrieben.
Der Anstieg m derjenigen Ursprungsgerade, die zugleich Tangente an F ist, kann mit

$$m = \frac{f(x)}{x}$$

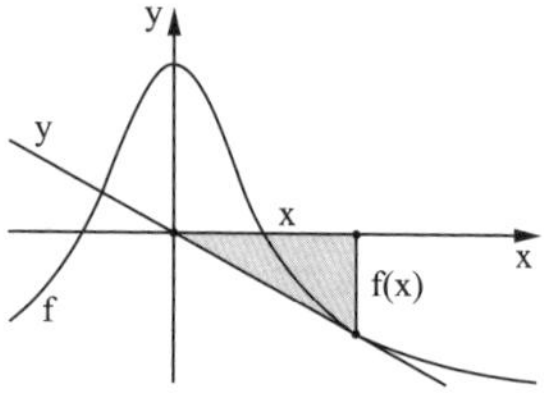

(Anstiegsdreieck) berechnet werden. Zugleich ist dieser Anstieg m die erste Ableitung der Funktion f an der Stelle x, entsprechend gilt:

$$m = f'(x)$$

Daraus ergibt sich der Ansatz:

$$f'(x) = \frac{f(x)}{x}$$

Die Lösung der Gleichung

$$\frac{-4x}{(x^2+1)^2} = \frac{-(x^2-1)}{x \cdot (x^2+1)}$$

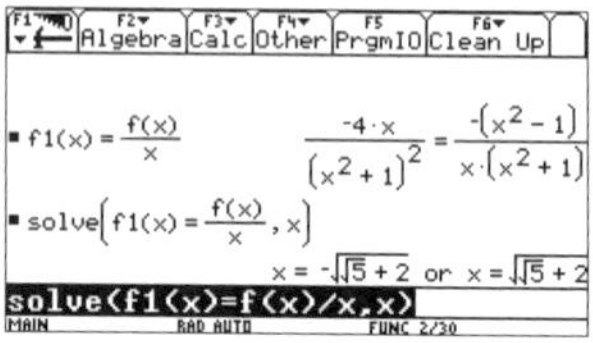

führt zu zwei Stellen

$$x_1 = -\sqrt{\sqrt{5}+2} \text{ und } x_2 = \sqrt{\sqrt{5}+2}.$$

Die Abbildung verdeutlicht, dass es offensichtlich zwei Lösungen gibt, nämlich y_1 und y_2.

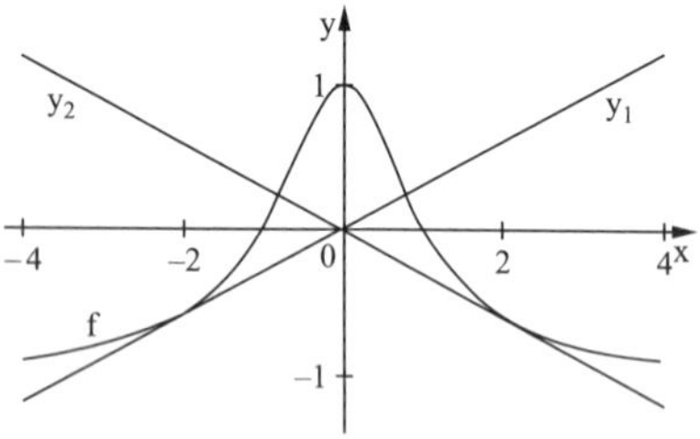

Die Berechnungen der Anstiege von f an den Stellen x_1 und x_2 ergeben m_1 und m_2:

$$m_1 = f'\left(-\sqrt{\sqrt{5}+2}\right) \approx 0{,}3$$

$$m_2 = f'\left(\sqrt{\sqrt{5}+2}\right) \approx -0{,}3$$

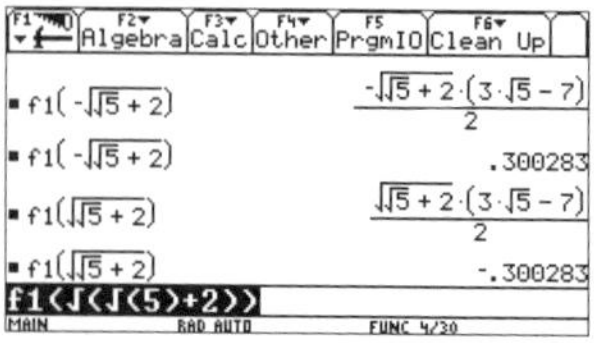

Ergebnis: Die Gleichungen der Ursprungsgeraden lauten $\underline{\underline{y_1 = 0{,}3x}}$ und $\underline{\underline{y_2 = -0{,}3x}}$.

1.5 Bestimmung der Werte für p

Der Operator „Bestimmen“ lässt sowohl eine grafische als auch eine rechnerische Lösung zu. Da jeweils nur ein Wert für p angegeben werden soll, ist eine exakte Fallunterscheidung nicht notwendig.

1. Variante – grafische Lösung
Es werden neben F verschiedene Beispielgraphen von $g_p(x)$ dargestellt und man versucht dadurch Lösungen zu finden. Gemäß der Einschränkung für p mit $p > 0$ (es handelt sich also stets um nach unten geöffnete Parabeln) werden verschiedene Werte für p ausgewählt. Für eine bessere Übersichtlichkeit sollten aber nicht zu viele Graphen gleichzeitig dargestellt werden.

Für sehr kleine Werte von p (die Parabel ist gestaucht) existieren deutlich erkennbar vier Schnittpunkte. Die Beispielabbildung zeigt den Graphen von $g_p(x)$ mit $\mathbf{p = 0{,}1}$.

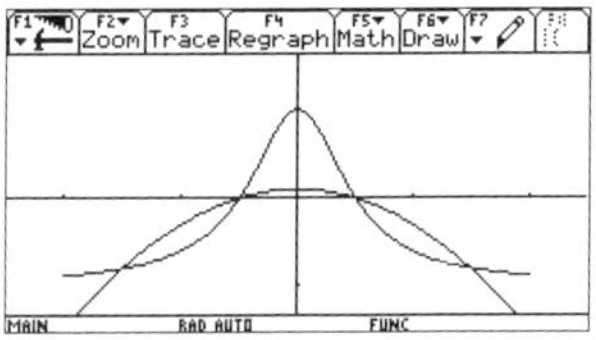

Für den Sonderfall $p = 0{,}5$ gibt es aber nur zwei Lösungen.

Für Werte von p, die größer als eins sind (die Parabel ist gestreckt), existieren deutlich erkennbar zwei Schnittpunkte. Die Beispielabbildung zeigt den Graphen von $g_p(x)$ mit $\mathbf{p = 1{,}5}$.

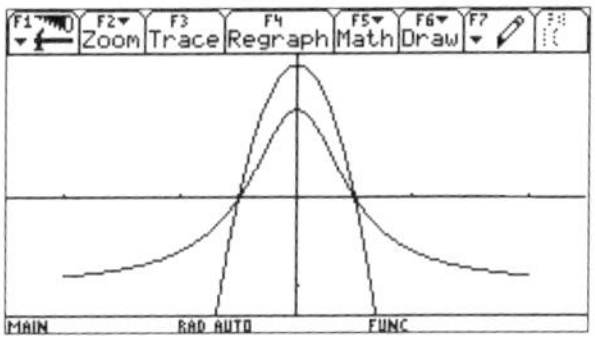

Für den Wert $p = 1$ existieren drei Schnittpunkte. Da dies der einzige Wert ist, für den es drei Schnittpunkte gibt, erfordert das Finden dieser Lösung ein wenig mehr experimentelles Geschick. Die Beispielabbildung zeigt den Graphen von $g_p(x)$ mit $\mathbf{p = 1}$.

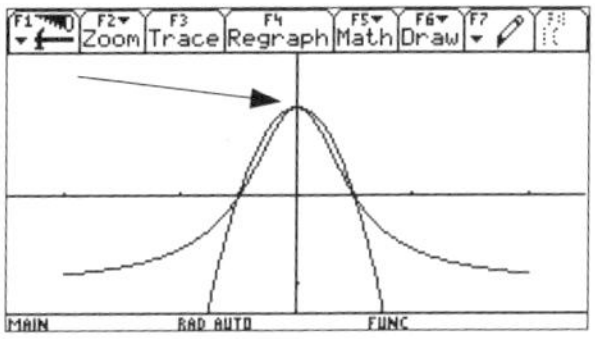

Diese grafische Darstellung lässt zwar vermuten, dass bei $x = 0$ ein Schnittpunkt existiert (siehe Pfeil), zur Absicherung kann aber z. B. ein Blick in die Wertetabelle dienen.

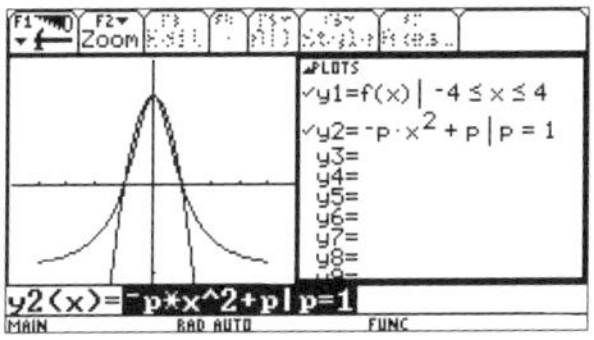

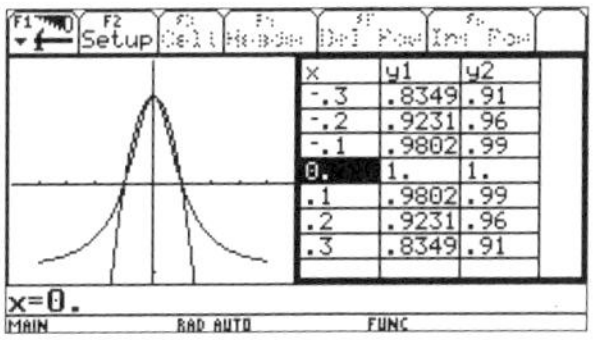

Eine *mögliche Lösung* lautet somit: Für $p = 0{,}1$ existieren genau vier Schnittpunkte, für $p = 1{,}5$ existieren genau zwei Schnittpunkte und für $p = 1$ existieren genau drei Schnittpunkte.

2. Variante – algebraische Lösung
Die Berechnung der Schnittstellen – und somit zugleich der Anzahl der Schnittstellen – erfolgt durch Gleichsetzen der Funktionsgleichungen von f(x) und $g_p(x)$.

Die angezeigte Lösung sieht auf den ersten Blick sehr unübersichtlich aus. Zur besseren Lesbarkeit sollte der Zusatz $p > 0$ als Bedingung beim Lösen der Gleichung aufgenommen werden.

$$f(x) = -p \cdot x^2 + p$$

$$\Rightarrow \begin{cases} x_1 = \dfrac{-\sqrt{1-p}}{\sqrt{p}} \text{ und } \dfrac{p-1}{p} \leq 0 \\ x_2 = \dfrac{\sqrt{1-p}}{\sqrt{p}} \text{ und } \dfrac{p-1}{p} \leq 0 \\ x_3 = -1 \\ x_4 = 1 \end{cases}$$

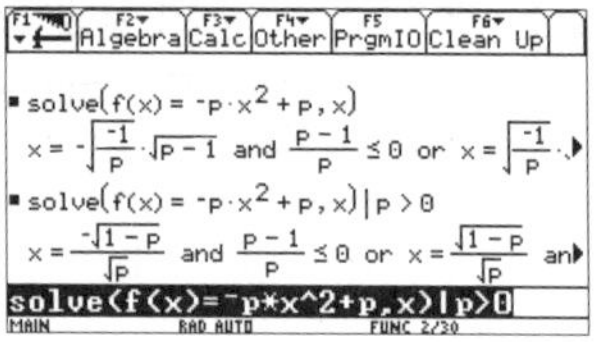

Die ersten beiden Lösungen sind nur möglich, wenn $p \leq 1$ gilt. Jedoch gilt es zwei Spezialfälle zu beachten:

$$p = 0{,}5: \quad x_1 = \frac{-\sqrt{1-0{,}5}}{\sqrt{0{,}5}} = -1 = x_3 \quad \text{und} \quad x_2 = \frac{\sqrt{1-0{,}5}}{\sqrt{0{,}5}} = 1 = x_4$$

$$p = 1: \quad x_1 = \frac{-\sqrt{1-1}}{\sqrt{1}} = 0 \quad \text{und} \quad x_2 = \frac{\sqrt{1-1}}{\sqrt{1}} = 0 = x_1$$

Eine *mögliche Lösung* lautet somit:
Für $p < 1$ und $p \neq 0{,}5$ existieren genau vier Schnittpunkte; Beispiel: $p = 0{,}1$.
Für $p = 1$ existieren genau drei Schnittpunkte.
Für $p > 1$ und für $p = 0{,}5$ existieren genau zwei Schnittpunkte; Beispiel: $p = 1{,}5$.

A 2 Analytische Geometrie

2.1 Grafische Darstellung

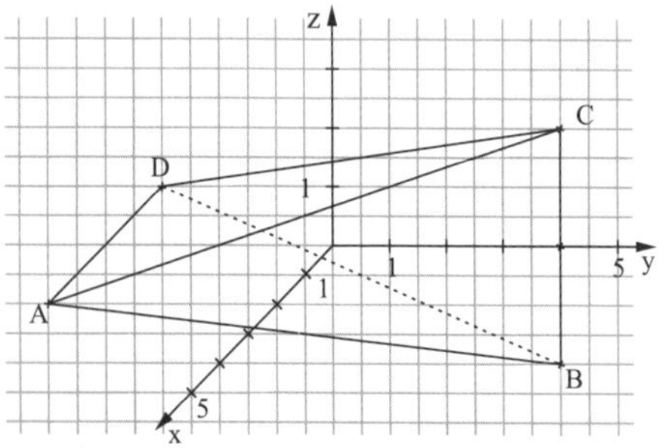

2.2 Nachweis der Kongruenz

In zueinander kongruenten Flächen sind alle einander entsprechenden Strecken und Winkel gleich groß. Es ist jedoch nicht notwendig, den Nachweis für alle Strecken und Winkel zu führen, denn es gibt für Dreiecke vier Kongruenzsätze (in Kurzform: sss, sws, wsw, SsW), nach denen es genügt, die Gleichheit von jeweils drei Strecken bzw. Winkeln nachzuweisen. Weiterhin ist in der analytischen Geometrie der Aufwand für die Berechnung der Länge einer Seite geringer als für die Berechnung der Größe eines Winkels.

Deshalb bietet sich hier der Kongruenzsatz sss an. Er lautet:

Zwei Dreiecke sind kongruent, wenn sie in den Längen entsprechender Seiten übereinstimmen.

Um die Längen der Dreiecksseiten zu bestimmen, werden zunächst die Richtungsvektoren ermittelt:

$$\overrightarrow{AB} = \overrightarrow{OB} - \overrightarrow{OA} = \begin{pmatrix} 0 \\ 4 \\ -2 \end{pmatrix} - \begin{pmatrix} 2 \\ -4 \\ 0 \end{pmatrix} = \begin{pmatrix} -2 \\ 8 \\ -2 \end{pmatrix}$$

Für die anderen Richtungsvektoren ergibt sich somit:

$$\overrightarrow{AC} = \begin{pmatrix} -2 \\ 8 \\ 2 \end{pmatrix}, \ \overrightarrow{AD} = \begin{pmatrix} -4 \\ 0 \\ 0 \end{pmatrix}, \ \overrightarrow{BC} = \begin{pmatrix} 0 \\ 0 \\ 4 \end{pmatrix}, \ \overrightarrow{BD} = \begin{pmatrix} -2 \\ -8 \\ 2 \end{pmatrix}, \ \overrightarrow{CD} = \begin{pmatrix} -2 \\ -8 \\ -2 \end{pmatrix}$$

Der Vektor $\overrightarrow{AC}$ hat die Länge:

$$|\overrightarrow{AC}| = \sqrt{x^2 + y^2 + z^2} = \sqrt{(-2)^2 + 8^2 + 2^2}$$
$$= \sqrt{72} = 6 \cdot \sqrt{2}$$

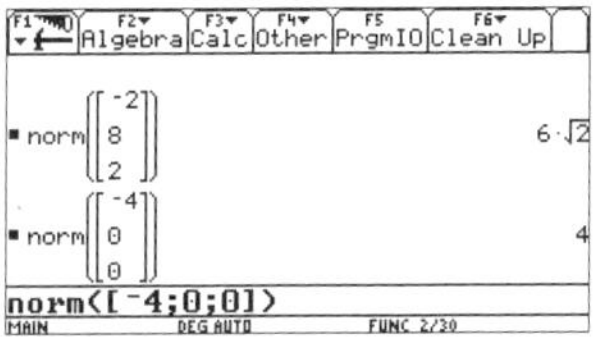

Die Vektoren $\overrightarrow{AB}$, $\overrightarrow{BD}$ und $\overrightarrow{CD}$ haben ebenfalls die gleiche Länge wie der Vektor $\overrightarrow{AC}$, da sich ihre Komponenten nur um das Vorzeichen unterscheiden.

Der Vektor $\overrightarrow{AD}$ hat die Länge:

$$|\overrightarrow{AD}| = \sqrt{(-4)^2 + 0^2 + 0^2} = \sqrt{16} = 4$$

Der Vektor $\overrightarrow{BC}$ hat die gleiche Länge wie der Vektor $\overrightarrow{AD}$.

Die Seiten AB, AC, BD und CD haben die gleiche Länge. Ebenso sind die Seiten AD und BC gleich lang.

Das Dreieck ABC enthält die gleich langen Seiten AB und AC sowie die kürzere Seite BC. Das Dreieck ABD enthält die gleich langen Seiten AB und BD sowie die kürzere Seite AD. Das Dreieck ACD enthält die gleich langen Seiten AC und CD sowie die kürzere Seite AD. Das Dreieck BCD enthält die gleich langen Seiten BD und CD sowie die kürzere Seite BC.

Damit enthalten alle Dreiecke jeweils zwei der vier gleich langen Seiten und eine der beiden kürzeren Seiten.
Alle Begrenzungsflächen des Körpers K sind somit nach „sss" kongruent zueinander.

Prüfen der Dreiecke
Alle Dreiecke sind gleichschenklig, da sie jeweils aus zwei der vier gleich langen Seiten AB, AC, BD und CD bestehen.

Sind die Dreiecke auch rechtwinklig?
Da die Dreiecke gleichschenklig sind, können die Basiswinkel keine rechten Winkel sein. Wenn die Dreiecke rechtwinklig sein sollen, müssen die beiden gleich langen Seiten den rechten Winkel bilden. Im Dreieck ABC sind z. B. die beiden Seiten AB und AC gleich lang und müssten den rechten Winkel $\measuredangle$BAC bilden.

Die Rechtwinkligkeit z. B. des Dreiecks ABC wird mithilfe des Skalarproduktes überprüft. Zwei Vektoren stehen rechtwinklig aufeinander, wenn das Skalarprodukt null ergibt.

$$\overrightarrow{AB} \circ \overrightarrow{AC} = \begin{pmatrix} -2 \\ 8 \\ -2 \end{pmatrix} \circ \begin{pmatrix} -2 \\ 8 \\ 2 \end{pmatrix} = (-2) \cdot (-2) + 8 \cdot 8 + (-2) \cdot 2$$
$$= 4 + 64 - 4 = 64 \neq 0$$

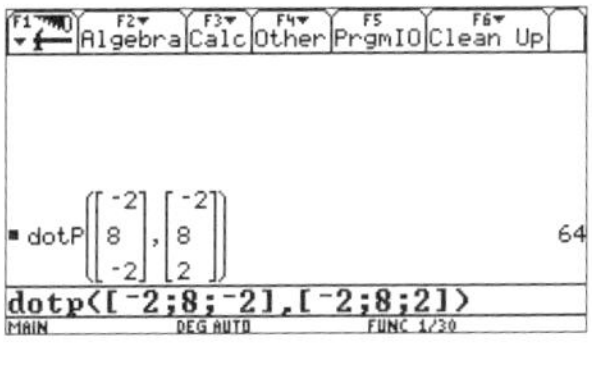

Ergebnis: Die Dreiecke sind nicht rechtwinklig.

Berechnung des Flächeninhaltes

Durch die Vektoren $\overrightarrow{AB}$ und $\overrightarrow{AC}$ wird ein Parallelogramm aufgespannt. Der Betrag des zu dieser Ebene gehörenden Normalenvektors, der durch $\overrightarrow{AB} \times \overrightarrow{AC}$ gebildet wird, ist ein Maß für den Flächeninhalt des Parallelogramms. Der Flächeninhalt des Dreiecks ABC ist halb so groß wie der Flächeninhalt des Parallelogramms. Damit ergibt sich für den Flächeninhalt des Dreiecks ABC:

$$A = \frac{1}{2} \cdot |\overrightarrow{AB} \times \overrightarrow{AC}| = \frac{1}{2} \cdot \left| \begin{pmatrix} -2 \\ 8 \\ -2 \end{pmatrix} \times \begin{pmatrix} -2 \\ 8 \\ 2 \end{pmatrix} \right| = \frac{1}{2} \cdot \left| \begin{pmatrix} 32 \\ 8 \\ 0 \end{pmatrix} \right|$$

$$= \frac{1}{2} \cdot \sqrt{32^2 + 8^2 + 0^2} = \frac{1}{2} \cdot 8 \cdot \sqrt{17} = 4 \cdot \sqrt{17}$$

$$\approx \underline{\underline{16{,}49 \text{ FE}}}$$

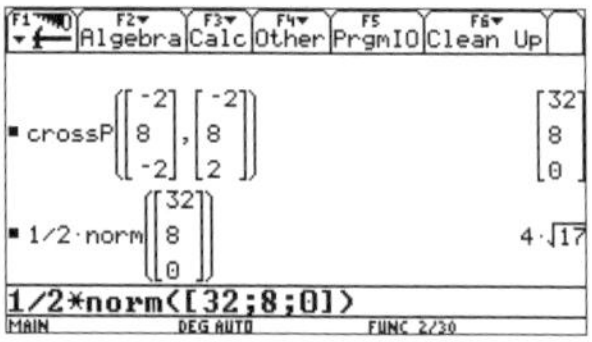

Ergebnis: Das Dreieck ABC und somit alle Begrenzungsflächen haben einen Flächeninhalt von jeweils rund 16,5 FE.

Berechnung des Neigungswinkels

Um den Neigungswinkel zwischen den Dreiecken ABC und ACD berechnen zu können, benötigt man einen Normalenvektor der Ebene, die durch die Punkte A, B und C bestimmt wird, sowie einen Normalenvektor der Ebene, in der das Dreieck ACD liegt.

Ein Normalenvektor der Ebene, in der das Dreieck ABC liegt, wurde bereits oben bestimmt:

$$\vec{n}_{ABC} = \begin{pmatrix} 32 \\ 8 \\ 0 \end{pmatrix} = 8 \cdot \begin{pmatrix} 4 \\ 1 \\ 0 \end{pmatrix}$$

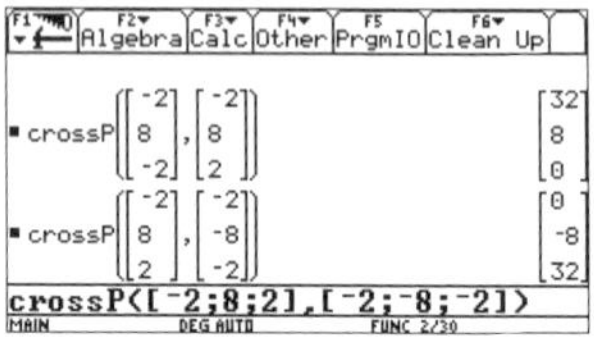

Ein Normalenvektor der Ebene, in der das Dreieck ACD liegt, ist:

$$\vec{n}_{ACD} = \overrightarrow{AC} \times \overrightarrow{CD} = \begin{pmatrix} -2 \\ 8 \\ 2 \end{pmatrix} \times \begin{pmatrix} -2 \\ -8 \\ -2 \end{pmatrix} = \begin{pmatrix} 0 \\ -8 \\ 32 \end{pmatrix} = 8 \cdot \begin{pmatrix} 0 \\ -1 \\ 4 \end{pmatrix}$$

Jetzt wird der Winkel zwischen den beiden Normalenvektoren $\vec{n}_{ABC}$ und $\vec{n}_{ACD}$ bestimmt. Dazu wird das Skalarprodukt verwendet:

$$\vec{n}_{ABC} \circ \vec{n}_{ACD} = |\vec{n}_{ABC}| \cdot |\vec{n}_{ACD}| \cdot \cos\measuredangle(\vec{n}_{ABC}, \vec{n}_{ACD})$$

Durch Umstellen und Einsetzen erhält man:

$$\cos\measuredangle(\vec{n}_{ABC}, \vec{n}_{ACD}) = \frac{\vec{n}_{ABC} \circ \vec{n}_{ACD}}{|\vec{n}_{ABC}| \cdot |\vec{n}_{ACD}|}$$

$$\cos\measuredangle(\vec{n}_{ABC}, \vec{n}_{ACD}) = -\frac{1}{17}$$

$$\measuredangle(\vec{n}_{ABC}, \vec{n}_{ACD}) \approx 93{,}37°$$

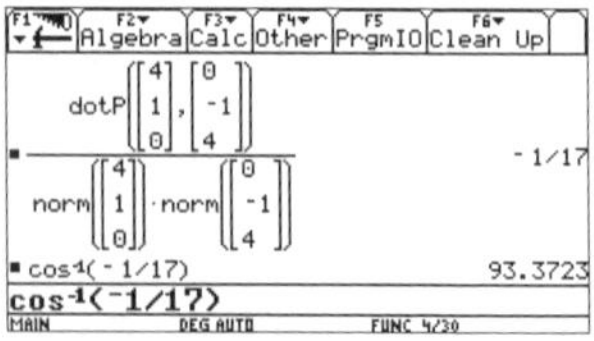

Bei Schnittwinkeln ist es üblich, den Winkel anzugeben, der kleiner als 90° ist:

$$180° - 93{,}37° = \underline{\underline{86{,}63°}}$$

Ergebnis: Der Winkel zwischen den Begrenzungsflächen ABC und ACD beträgt 86,63°.

2.3 Beschreibung der besonderen Lage der Ebene

Die Mittelpunkte der Kanten werden zunächst bestimmt, um daraus die besondere Lage der Ebene zu bestimmen.

Der Mittelpunkt der Kante AB wird folgendermaßen ermittelt:

$$M_{AB}\left(\frac{x_A + x_B}{2} \,\middle|\, \frac{y_A + y_B}{2} \,\middle|\, \frac{z_A + z_B}{2}\right)$$

$$M_{AB}\left(\frac{2+0}{2} \,\middle|\, \frac{-4+4}{2} \,\middle|\, \frac{0+(-2)}{2}\right)$$

$$M_{AB}(1\,|\,0\,|\,-1)$$

Die anderen Mittelpunkte werden ebenso bestimmt:

$$M_{AC}\left(\frac{2+0}{2} \,\middle|\, \frac{-4+4}{2} \,\middle|\, \frac{0+2}{2}\right) \Rightarrow M_{AC}(1\,|\,0\,|\,1);$$

$$M_{DB}\left(\frac{-2+0}{2} \,\middle|\, \frac{-4+4}{2} \,\middle|\, \frac{0+(-2)}{2}\right) \Rightarrow M_{DB}(-1\,|\,0\,|\,-1);$$

$$M_{DC}\left(\frac{-2+0}{2} \,\middle|\, \frac{-4+4}{2} \,\middle|\, \frac{0+2}{2}\right) \Rightarrow M_{DC}(-1\,|\,0\,|\,1)$$

Die y-Koordinate aller Mittelpunkte ist null, somit liegt die gemeinsame Ebene durch alle Mittelpunkte der Kanten AB, AC, DB und DC in der xz-Ebene.

2.4 Berechnung des Abstandes

Die Berechnung des Abstandes des Punktes C von der Ebene ABD könnte z. B. mithilfe der Formel

$$\text{Abstand} = \left| (\vec{x} - \vec{p}) \circ \frac{\vec{\eta}}{|\vec{\eta}|} \right|$$

erfolgen. Dabei ist der Vektor $\vec{x}$ der Ortsvektor zu einem Punkt der Ebene, z. B. $\overrightarrow{OA}$, der Vektor $\vec{p}$ der Ortsvektor zum Punkt C und $\vec{\eta}$ ein Normalenvektor der Ebene.

Ein Normalenvektor der Ebene ABD kann wie folgt bestimmt werden:

$$\vec{\eta} = \overrightarrow{AB} \times \overrightarrow{AD} = \begin{pmatrix} -2 \\ 8 \\ -2 \end{pmatrix} \times \begin{pmatrix} -4 \\ 0 \\ 0 \end{pmatrix} = \begin{pmatrix} 0 \\ 8 \\ 32 \end{pmatrix} = 8 \cdot \begin{pmatrix} 0 \\ 1 \\ 4 \end{pmatrix}$$

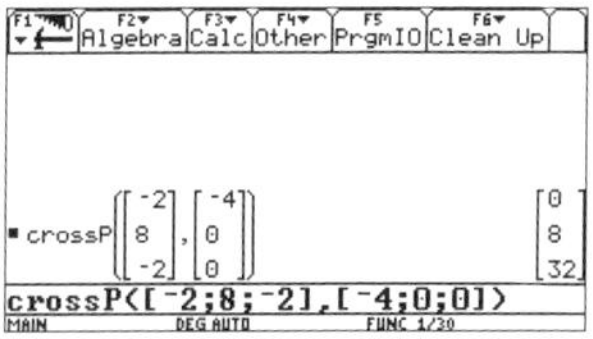

Damit ergibt sich für den Abstand:

$$\text{Abstand} = \left| (\overrightarrow{OA} - \overrightarrow{OC}) \circ \frac{\vec{\eta}}{|\vec{\eta}|} \right|$$

$$\text{Abstand} = \left| \left(\begin{pmatrix} 2 \\ -4 \\ 0 \end{pmatrix} - \begin{pmatrix} 0 \\ 4 \\ 2 \end{pmatrix} \right) \circ \frac{\begin{pmatrix} 0 \\ 1 \\ 4 \end{pmatrix}}{\left| \begin{pmatrix} 0 \\ 1 \\ 4 \end{pmatrix} \right|} \right|$$

$$\text{Abstand} = \frac{16}{\sqrt{17}} \approx \underline{\underline{3{,}88 \text{ LE}}}$$

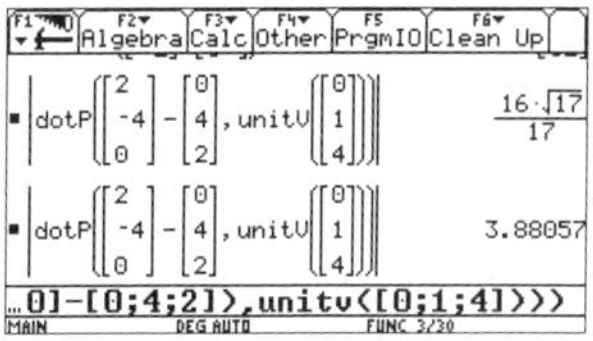

Ergebnis: Der Punkt C hat von der Ebene ABD einen Abstand von rund 3,88 LE.

Berechnung des Volumens

Bei dem Körper K handelt es sich um eine Pyramide. Ihr Volumen V kann mithilfe der Formel

$$V = \frac{1}{3} \cdot A_G \cdot h$$

ermittelt werden.

Der Inhalt A_G der Grundfläche wurde bereits in der Aufgabe 2.2 berechnet:

$$A_G = 4 \cdot \sqrt{17} \text{ FE}$$

Die Höhe h der Pyramide ABDC wurde bereits oben bestimmt (Abstand des Punktes C von der Ebene ABD):

$$h = \frac{16}{\sqrt{17}} \text{ LE}$$

Somit ergibt sich für das Volumen:

$$V = \frac{1}{3} \cdot A_G \cdot h = \frac{1}{3} \cdot 4 \cdot \sqrt{17} \cdot \frac{16}{\sqrt{17}} = \frac{64}{3} \approx \underline{\underline{21{,}33 \text{ VE}}}$$

Ergebnis: Der Körper K hat ein Volumen von rund 21,33 VE.

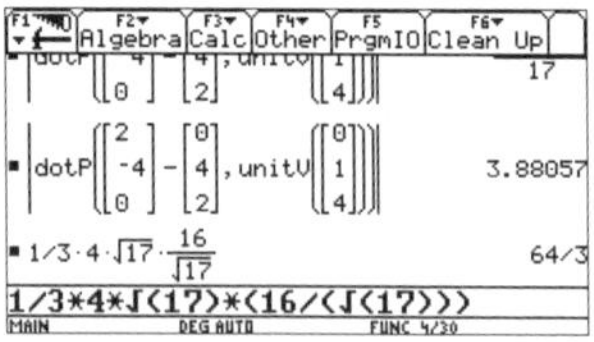

2.5 **Prüfen auf Rechtwinkligkeit**

Es wird wie in Aufgabe 2.2 die Rechtwinkligkeit nur für den Winkel $\measuredangle B_tAC_t$ untersucht, da ein Koordinatenvergleich zeigt, dass das Dreieck AB_tC_t weiterhin gleichschenklig mit den gleich langen Seiten AB_t und AC_t ist:

$$\overrightarrow{AB_t} = \begin{pmatrix} -2 \\ t+4 \\ -2 \end{pmatrix} \text{ bzw. } \overrightarrow{AC_t} = \begin{pmatrix} -2 \\ t+4 \\ 2 \end{pmatrix}$$

Die Rechtwinkligkeit des Dreiecks wird mithilfe des Skalarproduktes überprüft.

$$\begin{aligned} \overrightarrow{AB_t} \circ \overrightarrow{AC_t} &= \begin{pmatrix} -2 \\ t+4 \\ -2 \end{pmatrix} \circ \begin{pmatrix} -2 \\ t+4 \\ 2 \end{pmatrix} \\ &= (-2) \cdot (-2) + (t+4) \cdot (t+4) + (-2) \cdot 2 \\ &= 4 + (t+4)^2 - 4 \\ &= (t+4)^2 \end{aligned}$$

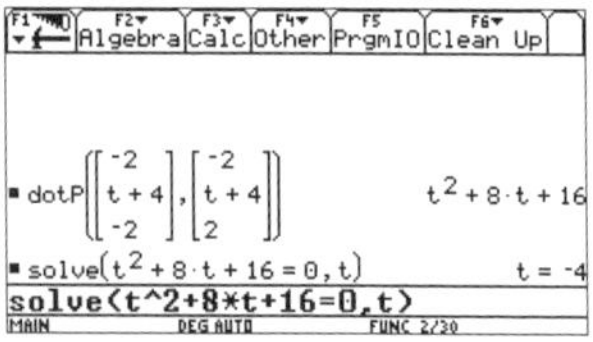

Wenn die Begrenzungsfläche AB_tC_t rechtwinklig sein soll, muss das Skalarprodukt null ergeben.
Für welchen Wert von t ist das Skalarprodukt null?

$$0 = (t+4)^2$$

$$t = -4$$

Somit ergeben sich für die Eckpunkte des Körpers K_{-4} die folgenden Koordinaten:
$A(2\,|-4\,|\,0)$, $B_{-4}(0\,|-4\,|-2)$, $C_{-4}(0\,|-4\,|\,2)$ und $D(-2\,|-4\,|\,0)$

Da die y-Koordinaten aller Punkte denselben Wert −4 haben, liegen alle Punkte in einer Ebene. Damit gibt es also den Körper K_{-4} nicht.

Ergebnis: Es gibt keinen Wert für t, sodass die Begrenzungsfläche AB_tC_t des Körpers K_t rechtwinklig ist.

A 3 Analysis und Stochastik

3.1 Zunächst ist es sinnvoll, die Funktionsgleichungen g(x), f(x) und h(x) zu speichern.

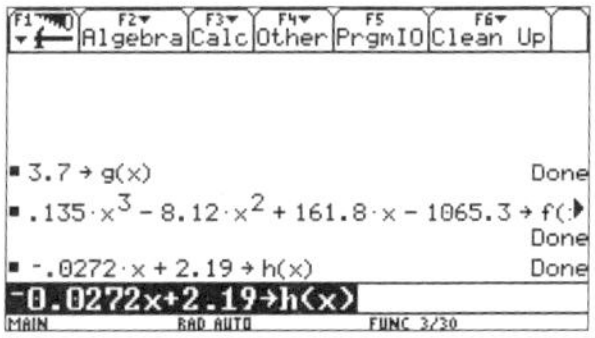

3.1.1 Extrempunkte von F

Es werden die ersten beiden Ableitungen der Funktion f gebildet und z. B. als f1(x) und f2(x) gespeichert.

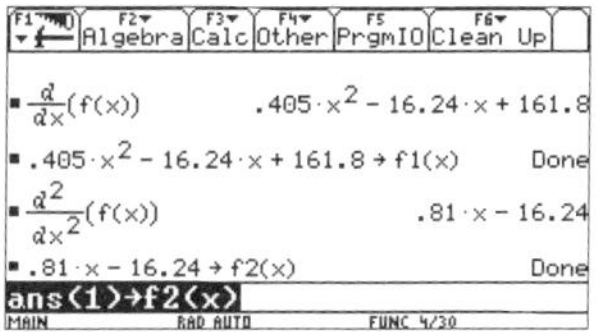

Ermittlung der Ableitungsfunktionen:

$f'(x) = 0,405x^2 - 16,24x + 161,8;$

$f''(x) = 0,81x - 16,24$

Notwendige Bedingung für die Existenz von Extrempunkten:

$f'(x) = 0 \quad \Rightarrow \quad x_{E1} \approx 18,48$ und $x_{E2} \approx 21,62$

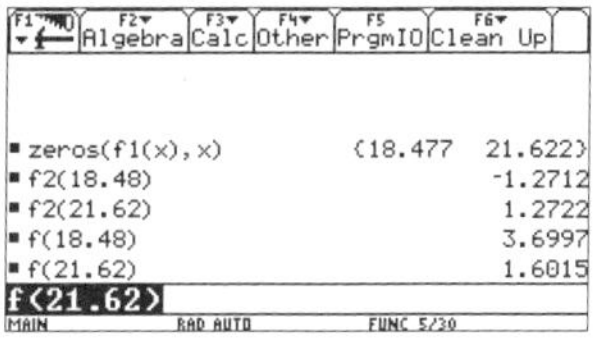

Ergänzend werden für die hinreichende Bedingung die zweiten Ableitungen an den Stellen x_{E1} bzw. x_{E2} bestimmt:

$f''(18,48) \approx -1,27 < 0$

$\Rightarrow$ An der Stelle $x_{E1} = 18,48$ befindet sich ein Hochpunkt.

$f''(21,62) \approx 1,27 > 0$

$\Rightarrow$ An der Stelle $x_{E2} = 21,62$ befindet sich ein Tiefpunkt.

Es werden noch die Funktionswerte an den Stellen x_{E1} bzw. x_{E2} berechnet:

$f(18,48) \approx 3,70; \quad f(21,62) \approx 1,60$

Damit ergeben sich folgende Koordinaten für die Extrempunkte:

$\underline{\underline{H(18,48 \mid 3,70)}}; \quad \underline{\underline{T(21,62 \mid 1,60)}}$

3.1.2 Beschreibung des Krümmungsverhaltens von F

Das Krümmungsverhalten wechselt bei stetigen Funktionen immer bei den Wendepunkten. Der Graph F besitzt genau einen Wendepunkt, da es sich bei der Funktion f um eine ganzrationale Funktion dritten Grades handelt und in der Aufgabe 3.1.1 bereits der Nachweis erbracht wurde, dass F einen Hoch- und einen Tiefpunkt besitzt. Dazwischen muss der Wendepunkt liegen.

Nachfolgend kann diese Aufgabe grafisch oder algebraisch gelöst werden.

1. Variante – grafische Lösung

Im Graph-Modus wird über die Tastenfolge [F5] (Math) und [8] (Inflection) der Wendepunkt bestimmt. Zugleich kann man das Krümmungsverhalten vor bzw. nach dem Wendepunkt sehen.

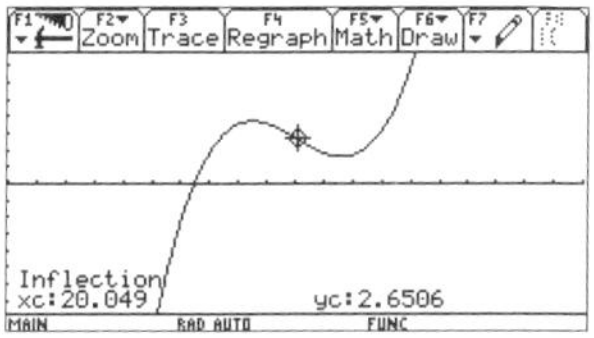

2. Variante – algebraische Lösung

Die Wendestelle berechnet man mit der Nullstelle der zweiten Ableitung. Auf den Nachweis der hinreichenden Bedingung kann man aus den eingangs genannten Gründen verzichten.

$f''(x) = 0 \quad \Rightarrow \quad x_W \approx 20{,}05$

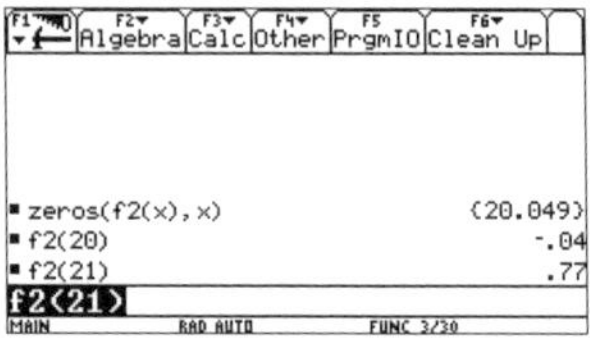

Weiterhin kann man durch die Berechnung der zweiten Ableitung für jeweils einen Wert, der kleiner als 20,05 ist, und entsprechend für einen Wert, der größer als 20,05 ist, das Krümmungsverhalten von F berechnen:

$f''(20) = -0{,}04 < 0 \quad \Rightarrow \quad$ rechtsgekrümmt

$f''(21) = 0{,}77 > 0 \quad \Rightarrow \quad$ linksgekrümmt

Ergebnis: Der Graph von F ist bis zur Wendestelle bei $x_W \approx 20{,}05$ rechtsgekrümmt, danach linksgekrümmt.

3.1.3 Grafische Darstellung

In der grafischen Darstellung müssen die angegebenen Intervalle beachtet werden. Da es sich bei der Funktion g um eine konstante Funktion handelt, ist die Darstellung von G einfach. Für F kann man in guter Näherung die bereits ermittelten Koordinaten der Extrempunkte sowie der Wendestelle nutzen.

Die Funktion h ist eine lineare Funktion, für die Darstellung von H müssen daher die Koordinaten zweier Punkte bekannt sein. Die Berechnung von zwei Funktionswerten könnte z. B. an den Intervallgrenzen erfolgen:

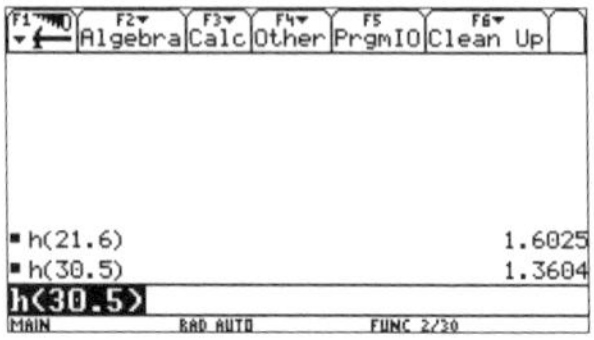

$h(21{,}6) \approx 1{,}60$ und $h(30{,}5) \approx 1{,}36$

(vergleichend dazu die Ansicht im Graph-Modus des V200)

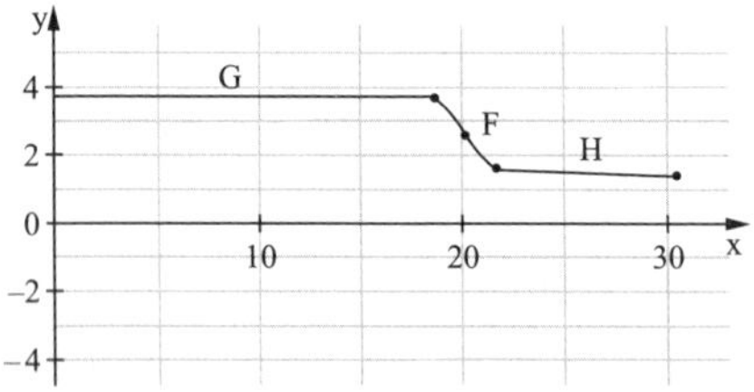

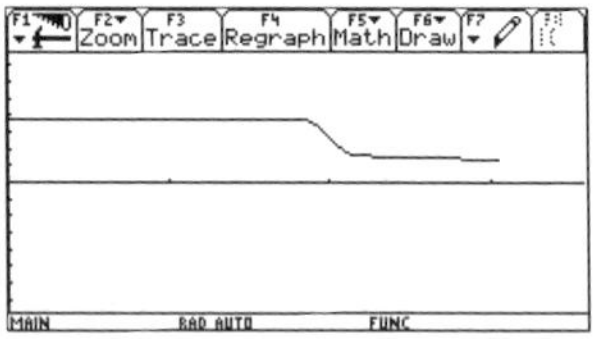

Ein Zusatz, wie z. B. „+ x – x“, ist für die Funktion g beim V200 notwendig, damit die Intervalleinschränkung wirksam werden kann.

Nach der Festlegung von x_{min} und x_{max} werden durch den Befehl „ZoomSqr“ (Tastenfolge [F2] [5]) die Werte y_{min} und y_{max} so festgelegt, dass eine Längeneinheit in senkrechter Richtung genauso lang wird wie eine Längeneinheit in waagerechter Richtung. Die Darstellung wird somit verzerrungsfrei.

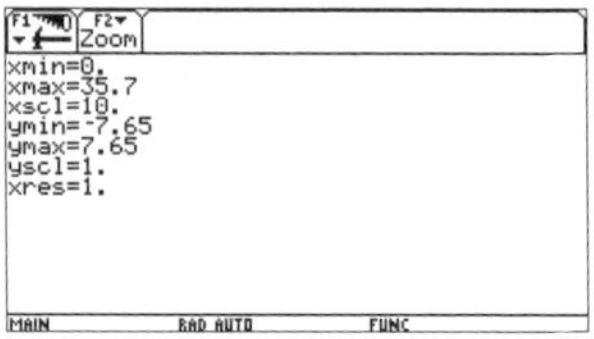

3.1.4 **Volumen des Rotationskörpers**

Bei der Rotation entstehen drei Volumina, deren Summe berechnet werden soll.

$$V_{rot\,G}:\ \pi\cdot\int_{0}^{18,5}(g(x))^2\,dx\approx 795,7$$

$$V_{rot\,F}:\ \pi\cdot\int_{18,5}^{21,6}(f(x))^2\,dx\approx 73,5$$

$$V_{rot\,H}:\ \pi\cdot\int_{21,6}^{30,5}(h(x))^2\,dx=61,5$$

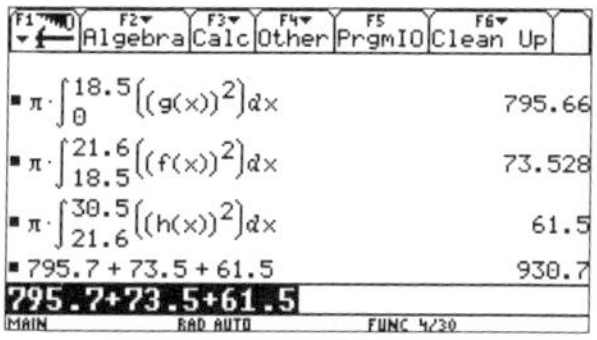

$$\Rightarrow\quad V_{ges}=795,7\ cm^3+73,5\ cm^3+61,5\ cm^3=930,7\ cm^3\approx \underline{\underline{931\ m\ell}}$$

Ergebnis: Das Volumen dieses Rotationskörpers beträgt rund 931 *mℓ*.

Die untenstehende Grafik zeigt die Graphen F, G und H sowie deren an der x-Achse gespiegelten Funktionen.
Diese Grafik dient dem besseren Verständnis, wie der entstehende Rotationskörper aussieht.

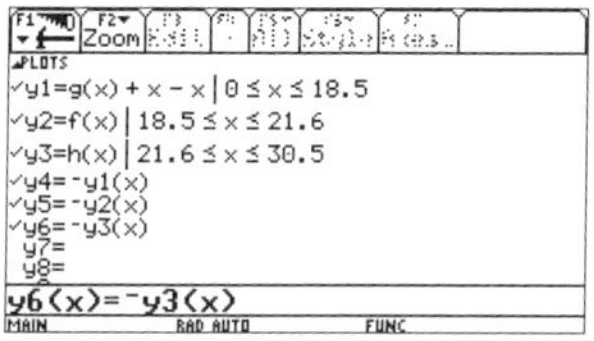

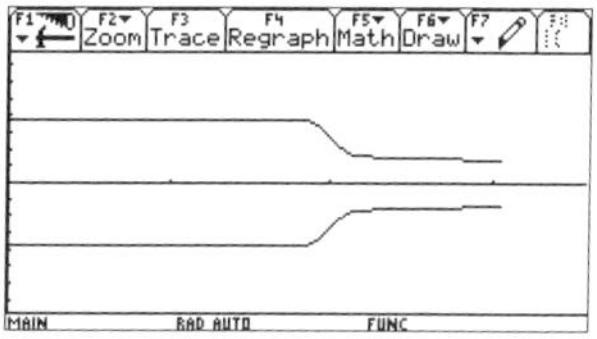

Gründe für Abweichungen

Der Rotationskörper beschreibt die äußere Form einer Flasche. Nicht berücksichtigt wurden die Wandstärke sowie der Boden der Flasche. Dadurch verringert sich das im Innern zur Verfügung stehende Volumen. Weiterhin werden Flaschen in der Regel nicht bis zum Rand befüllt. Auch dadurch kann begründet werden, dass die angegebene Füllmenge von 700 *mℓ* kleiner als das berechnete Volumen des Rotationskörpers ist.

3.2.1 **Berechnung der Parameter**

Für die Bearbeitung der Aufgabe ist es sinnvoll, die gegebenen Daten in einer Tabelle abzuspeichern und mit dem CAS-Rechner die Parameter berechnen zu lassen. Dazu bietet sich die Nutzung des Data/Matrix-Editors an, dieses wird nachfolgend gezeigt.

Im Data/Matrix-Editor wird eine Tabelle angelegt und z. B. mit „Flaschen“ bezeichnet. In den Spalten **c1** bzw. **c2** werden die gemessenen Füllmengen der Flaschen von der Anlage A bzw. von der Anlage B eingetragen.

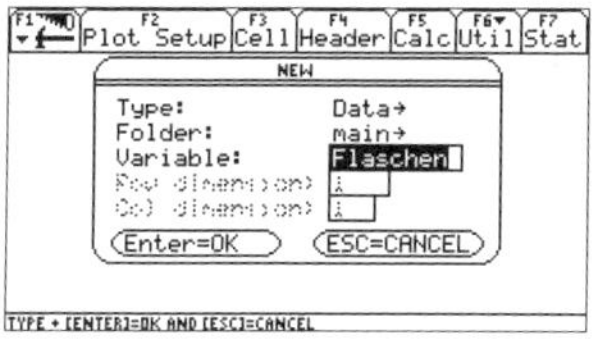

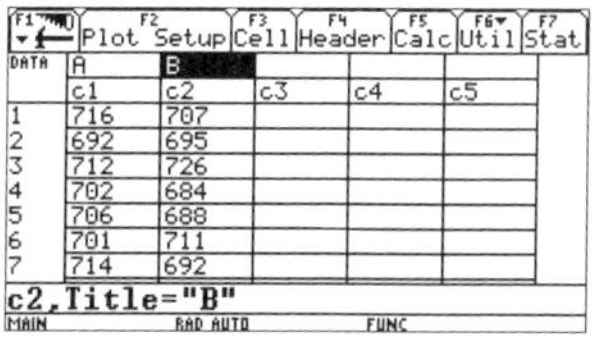

Die Bestimmung der gesuchten Werte wird mit [F5] (Calc) gestartet. Im anschließend erscheinenden Fenster wählt man als „Calculation Type“ den Eintrag [1] (OneVar) aus und ordnet dem „x“ die Werte aus der Spalte **c1** für die anstehenden Berechnungen zu. Anschließend wiederholt man das Vorgehen mit den Werten aus der Spalte **c2**.

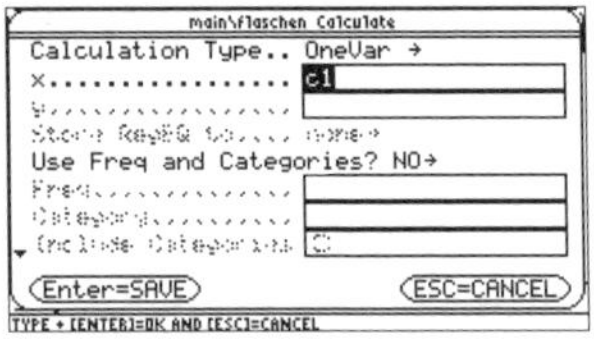

Bild mit den Ergebnissen für die Anlage A (Spalte **c1**)

Bild mit den Ergebnissen für die Anlage B (Spalte **c2**)

Ergebnis:

	Arithmetisches Mittel $\overline{x}$ in $m\ell$	Standardabweichung *(bei Stichproben)* S in $m\ell$	Standardabweichung *(bei Grundgesamtheiten)* σ in $m\ell$
Anlage A	706	8,5	7,9
Anlage B	700	14,9	13,8

oder

Der Unterschied zwischen der Standardabweichung bei einer Stichprobe und der Standardabweichung bei der Betrachtung der Grundgesamtheit wird in der Regel im Unterricht nicht thematisiert. Daher genügt die Angabe einer der beiden Lösungen.
Auch die Speicherung der Werte der Anlage A als Liste, z. B. als **list_a**, der anschließenden Eingabe des Befehls „OneVar **list_a**“ und dem abschließenden Aufruf des Befehls „ShowStat“ zeigt die geforderten Werte.
Für die Berechnung der Werte kann ebenfalls die Applikation „Statistics with List Editor“ verwendet werden, deren Verfügbarkeit natürlich gewährleistet sein muss.

Beurteilung

Die Füllmenge wird durch die Anlage B im Mittel nahezu exakt eingehalten, bei der Anlage A werden durchschnittlich ca. 6 $m\ell$ zu viel abgefüllt. In diesem Punkt ist die Anlage B besser. Jedoch ist die mittlere Abweichung der Füllmengen vom Mittelwert bei der Anlage B größer als bei der Anlage A. Insbesondere tritt daher bei der Anlage B im Vergleich zur Anlage A ein erhöhtes Risiko auf, dass Flaschen zu stark vom angestrebten Füllstand abweichen.

3.2.2 **Berechnung der Wahrscheinlichkeiten**

Dieser Sachverhalt wird als eine Bernoulli-Kette interpretiert.
Es handelt sich jeweils um eine 1 000-malige ($\rightarrow n = 1\,000$) Wiederholung eines Zufallsexperimentes mit genau zwei möglichen Ausgängen: $\Omega = \{$Flasche wird aussortiert; Flasche wird nicht aussortiert$\}$. Dabei wird die Anzahl gezählt ($\rightarrow k$), wie oft eine Flasche aussortiert wird. Weiterhin ist die Wahrscheinlichkeit ($\rightarrow p = 0{,}001$) des Auftretens dieses Ergebnisses bei jeder Versuchsdurchführung konstant ($\rightarrow$ Bernoulli-Experiment).

A: Bei dieser Kontrolle werden genau 3 Flaschen aussortiert.
$\rightarrow k = 3$

$$P(A) = B_{1\,000;\,0{,}001}(3) = \binom{1\,000}{3} \cdot 0{,}001^3 \cdot 0{,}999^{997}$$
$$\approx 0{,}0613 = \underline{\underline{6{,}13\,\%}}$$

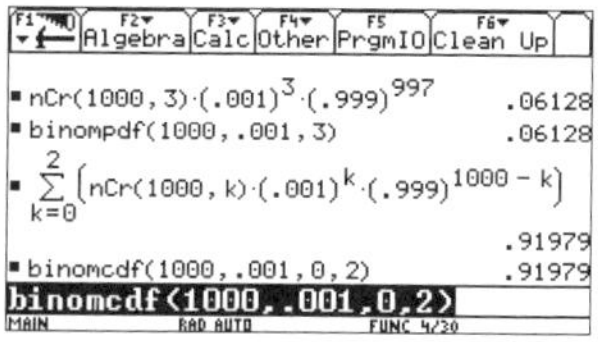

Ergebnis: Die Wahrscheinlichkeit für das Ereignis A beträgt rund 6,1 %.

B: Bei dieser Kontrolle werden weniger als 3 Flaschen aussortiert.
$\rightarrow k \in \{0;\,1;\,2\}$

$$P(B) = F_{1\,000;\,0{,}001}(2) = \sum_{k=0}^{2} \left(\binom{1\,000}{k} \cdot 0{,}001^k \cdot 0{,}999^{1\,000-k} \right)$$
$$\approx 0{,}920 = \underline{\underline{92{,}0\,\%}}$$

Ergebnis: Die Wahrscheinlichkeit für das Ereignis B beträgt 92,0 %.

Alternativ zu den Formeln der Binomialverteilung kann man auch die Formeln „binompdf(n,p,k)“ und „binomcdf(n,p,low,up)“ aus dem „Statistics with List Editor“ verwenden.

B1 Analysis

1.1 Gegeben ist eine Funktionenschar f_a mit der Gleichung

$$f_a(x) = \frac{a}{1+30e^{-0,2x}} + 0,5 \text{ mit } a, x \in \mathbb{R}, a > 0.$$

1.1.1 Untersuchen Sie die Graphen von f_a auf gegebenenfalls vorhandene Schnittpunkte mit den Koordinatenachsen, Extrem- und Wendepunkte.
Geben Sie auch jeweils die Koordinaten an.
Geben Sie die Gleichung der Ortskurve der Wendepunkte an.
Bestimmen Sie die Gleichungen der Asymptoten.

1.1.2 Für $a = 40$ schließen der Graph von f_{40}, die Koordinatenachsen und die Gerade mit der Gleichung $x = 50$ eine Fläche F ein.

Die Punkte $A(0\,|\,0)$ und $P(50\,|\,f_{40}(50))$ sind Eckpunkte eines Rechtecks, dessen Seiten parallel zu den Koordinatenachsen liegen.

Ermitteln Sie rechnerisch, wie viel Prozent der Rechteckfläche auf die Fläche F entfallen.

1.2 Auf einem Versuchsgelände wurde zu Forschungszwecken das Höhenwachstum einer bestimmten Grassorte beobachtet. In der Tabelle sind die Durchschnittswerte der Messungen der Höhe des Grases h (in cm) zu ausgewählten Zeitpunkten t (in h) ab Beginn der Beobachtung angegeben.

t in h	0	3	7	10	15	24	36	48
h in cm	1,8	2,8	5,3	8,4	16,5	32,6	39,6	40,4

1.2.1 Stellen Sie die Wertepaare der Tabelle in einem Koordinatensystem grafisch dar.
Zur Beschreibung der Höhe des Grases kann die Funktion h mit der Gleichung

$$h(t) = \frac{40}{1+30e^{-0,2t}} + 0,5 \text{ mit } t \geq 0$$

verwendet werden.
Berechnen Sie die durchschnittliche Höhe des Grases nach 20 Stunden sowie den Zeitpunkt, zu dem etwa 20 cm Höhe erreicht sind.
Beurteilen Sie die Aussage: Höhen über 45 cm sind nicht möglich.

1.2.2 Führen Sie mit den gegebenen Messwerten eine exponentielle Regression durch und geben Sie die Gleichung der Regressionsfunktion an.
Beurteilen Sie die Brauchbarkeit der ermittelten Funktion hinsichtlich der Darstellung der Messwerte und des zu erwartenden weiteren Wachstums.

B2 Analytische Geometrie und Stochastik

2 Ein Carport wird direkt an einer Hauswand aufgestellt. In einem kartesischen Koordinatensystem hat das Carportdach die Eckpunkte
$A(3\,|\,0\,|\,2,5)$, $B(3\,|\,4\,|\,2,3)$, $C(-3,5\,|\,4\,|\,2,3)$ und $D(-3,5\,|\,0\,|\,2,5)$.
Die Hauswand befindet sich in der xz-Ebene. Die Stellfläche für das Auto befindet sich in der xy-Ebene. Eine Längeneinheit ist ein Meter.

2.1 Erstellen Sie eine Koordinatengleichung der Ebene, in der die Punkte A, B und C liegen, und zeigen Sie, dass der Punkt D ebenfalls Punkt dieser Ebene ist.

Damit das Regenwasser auf dem Carportdach von der Hauswand weg geführt werden kann, muss dieses eine horizontale Neigung von mindestens 2,5° haben. Überprüfen Sie, ob dies gewährleistet ist.

2.2 Im Punkt $M(0|0|5)$ befindet sich die Spitze eines Blitzableiters.

Die Sonnenstrahlen verlaufen in Richtung des Vektors $\begin{pmatrix} -1{,}35 \\ 1 \\ -1 \end{pmatrix}$.

Untersuchen Sie, ob der Schatten der Spitze des Blitzableiters auf das Carportdach fällt.

2.3 Für die Dachverblendung des Carports sollen quadratische Schieferplatten montiert werden. Der Hersteller der Schieferplatten gibt an, dass durch Fertigung und Transport mit einem Anteil defekter Platten von 5 % zu rechnen ist. Überprüfen Sie, ob die Behauptung des Herstellers mit einem Signifikanzniveau von 0,05 korrekt ist, wenn in einer Teillieferung von 200 Platten höchstens 15 defekt sind.

2.4 Im hinteren Teil des Carports wird mithilfe von Brettern und Schrauben ein Abstellraum geschaffen.

2.4.1 Die Bretter werden maschinell zugesägt und mit Bohrungen für die Schrauben versehen.
Bei der Endkontrolle wird festgestellt, dass 5 % der Bretter falsch zugesägt wurden und 0,2 % falsch zugesägt und fehlerhaft gebohrt wurden. Die Fehler treten unabhängig voneinander auf.

Bestimmen Sie die Wahrscheinlichkeit, mit der ein Brett richtig zugesägt aber falsch gebohrt wurde.

2.4.2 Beim Erstellen des Abstellraumes werden Schrauben zur Befestigung der Bretter benötigt. Der Anteil fehlerhafter Schrauben ist binomialverteilt mit den Parametern $\mu = 25$ und $\sigma = 4{,}9371$.

Berechnen Sie den Anteil der fehlerhaften Schrauben.

Hinweise und Tipps

Teilaufgabe 1.1.1

- Denken Sie an die Einschränkung des Bereiches für den Parameter a.
- Verwenden Sie die notwendigen und hinreichenden Bedingungen für Extrem- und Wendepunkte.
- Welche Besonderheit liegt bei den Koordinaten der Wendepunkte vor und was bedeutet das für die Ortskurve?
- Welche Asymptoten gibt es?

Teilaufgabe 1.1.2

- Berechnen Sie den Inhalt der Fläche F mithilfe eines bestimmten Integrals.
- Für die Rechteckfläche benötigen Sie die y-Koordinate des Punktes P.

Teilaufgabe 1.2.1

- Fassen Sie die Wertepaare der Tabelle als Punktkoordinaten auf.
- Bei den beiden Berechnungen müssen Sie erkennen, ob t oder h(t) gegeben ist.
- Zur Beurteilung der Aussage sollten Sie einen Grenzwert ausrechnen.
- Bedenken Sie aber auch, dass hier nur ein mathematisches Modell betrachtet wird.

Teilaufgabe 1.2.2

- Bestimmen Sie die Regressionsfunktion mit dem CAS und lassen Sie sich den Graphen zusammen mit den Wertepaaren anzeigen.
- Liegen die Wertepaare dicht am Graphen der Regressionsfunktion?
- Vergleichen Sie das Krümmungsverhalten der Exponentialfunktion mit dem erwarteten Verlauf.

Teilaufgabe 2.1

- Bestimmen Sie zunächst einen Normalenvektor der Ebene.
- Machen Sie dann eine Punktprobe.
- Die horizontale Neigung der Ebene ist der Neigungswinkel bezüglich der xy-Ebene.
- Winkel bestimmt man mithilfe des Skalarproduktes.

Teilaufgabe 2.2

- Stellen Sie die Gleichung der Geraden auf, auf der der Schatten liegt.
- Bestimmen Sie den Durchstoßpunkt dieser Geraden durch die Ebene, in der sich das Dach befindet.

Teilaufgabe 2.3

- Interpretieren Sie den Sachverhalt als Bernoulli-Kette.
- Um sich einen Überblick über die Wahrscheinlichkeitsverteilung zu verschaffen, können Sie die Wahrscheinlichkeiten vom CAS ausrechnen und darstellen lassen.
- Der Annahmebereich muss gerade so groß sein, dass die Gesamtwahrscheinlichkeit des Ablehnungsbereichs nicht größer als 0,05 ist, sodass das Signifikanzniveau eingehalten wird.
- Formulieren Sie abschließend die Entscheidungsregel.

Teilaufgabe 2.4.1

- Zeichnen Sie ein zweistufiges Baumdiagramm.

Teilaufgabe 2.4.2

- Setzen Sie den Wert des Erwartungswertes in die Formel zur Berechnung der Standardabweichung ein.
- Lösen Sie die entstehende Gleichung mit dem CAS nach der unbekannten Größe p auf.

Lösung

B 1 Analysis

1.1.1 Zunächst ist es sinnvoll, die Gleichung der Funktionenschar $f_a(x)$ z. B. als fa(x) zu speichern.

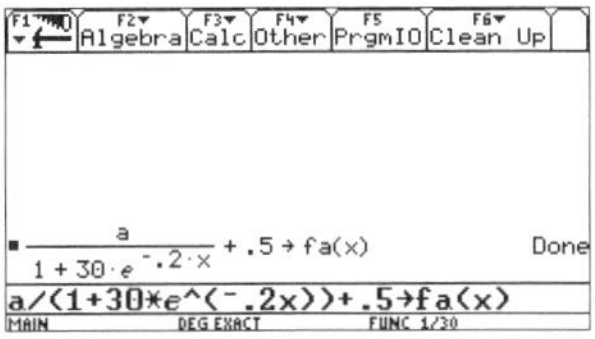

Des Weiteren werden die ersten drei Ableitungen bestimmt:

$$f_a'(x) = \frac{6 \cdot a \cdot e^{0,2x}}{(e^{0,2x} + 30)^2}$$

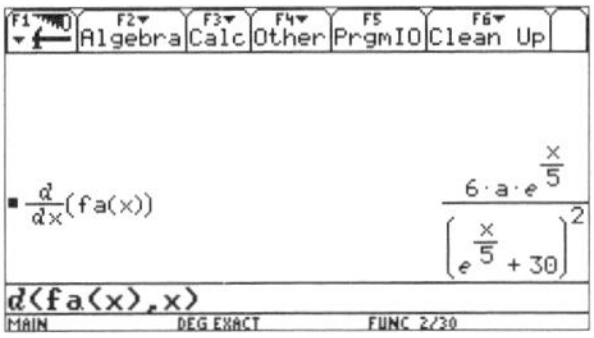

$$f_a''(x) = \frac{-6 \cdot a \cdot e^{0,2x} \cdot (e^{0,2x} - 30)}{5 \cdot (e^{0,2x} + 30)^3}$$

$$f_a'''(x) = \frac{6 \cdot a \cdot e^{0,2x} \cdot (e^{0,4x} - 120e^{0,2x} + 900)}{25 \cdot (e^{0,2x} + 30)^4}$$

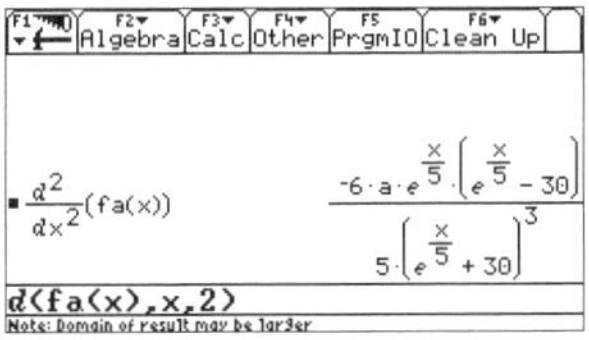

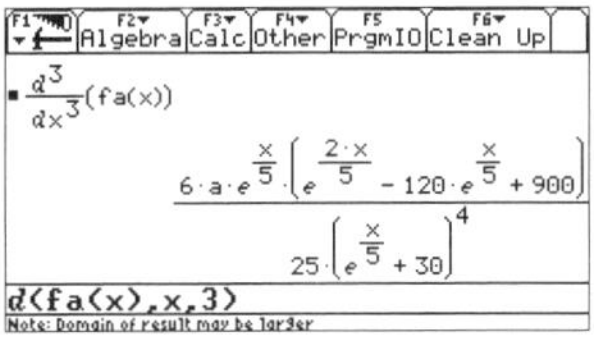

Schnittpunkte mit den Koordinatenachsen

Schnittpunkt mit der x-Achse

$f_a(x) = 0$

Falls keine Einschränkungen in der Berechnung vorgenommen werden, erhält man:

$$x = 5 \cdot \ln\left(\frac{-30}{2a+1}\right) \text{ und } \frac{1}{2a+1} < 0$$

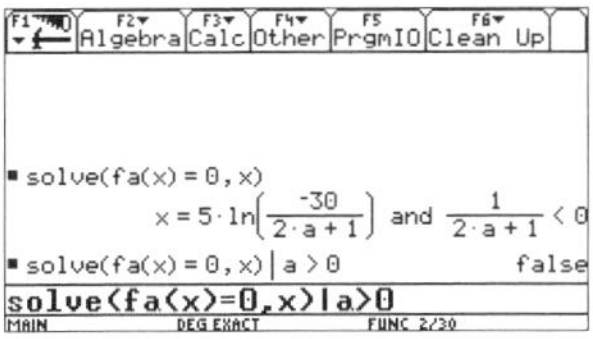

Da in der Definition der Funktion $a > 0$ festgelegt wurde, kann der Term $\frac{1}{2a+1}$ niemals kleiner als null werden.
Wird diese Einschränkung $(a > 0)$ gleich bei der Berechnung mit eingegeben, so erhält man „false" als Ergebnis.

Ergebnis: Es gibt keinen Schnittpunkt mit der x-Achse.

Schnittpunkt mit der y-Achse
Die x-Koordinate des Schnittpunktes ist null.
Die y-Koordinate wird berechnet:

$$f_a(0) = \frac{a}{31} + \frac{1}{2}$$

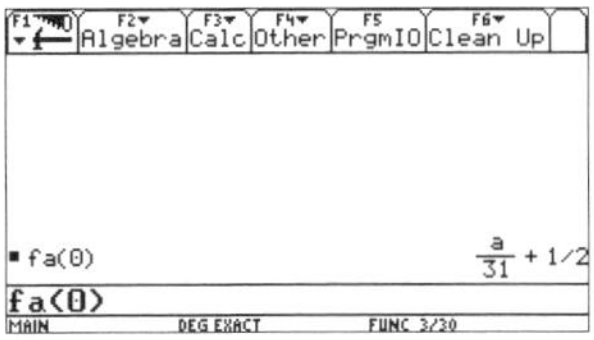

Ergebnis: Die Koordinaten des Schnittpunktes mit der y-Achse sind $S_y\left(0 \,\middle|\, \frac{a}{31} + \frac{1}{2}\right)$.

Extrempunkte
Für die Lage und die Art der Extrempunkte werden die notwendige und gegebenenfalls die hinreichende Bedingung benötigt.

Notwendige Bedingung: $f_a'(x_E)=0$

Damit ergibt sich mit der Einschränkung $a>0$ für die Lage der Extrempunkte:

$f_a'(x_E)=0$

$$0=\frac{6\cdot a\cdot e^{0,2x_E}}{(e^{0,2x_E}+30)^2}$$

$$L=\varnothing$$

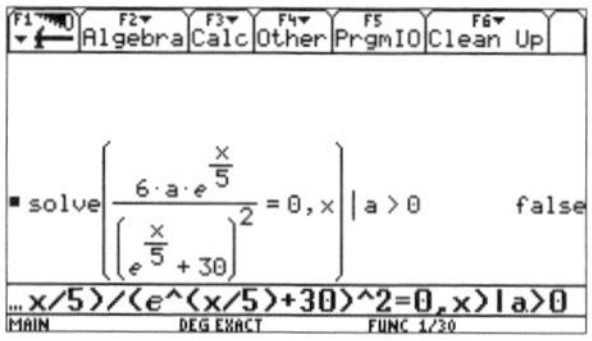

Ergebnis: Die Funktion f_a hat keine Extrempunkte.

Wendepunkte
Zur Bestimmung der Koordinaten möglicher Wendepunkte wird die notwendige Bedingung benötigt.

Notwendige Bedingung: $f_a''(x_W)=0$

Damit ergibt sich mit der Einschränkung $a>0$ für die Lage der Wendepunkte:

$f_a''(x_W)=0$

$$0=\frac{-6\cdot a\cdot e^{0,2x_W}\cdot(e^{0,2x_W}-30)}{5\cdot(e^{0,2x_W}+30)^3}$$

$$x_W=5\cdot\ln(30)$$

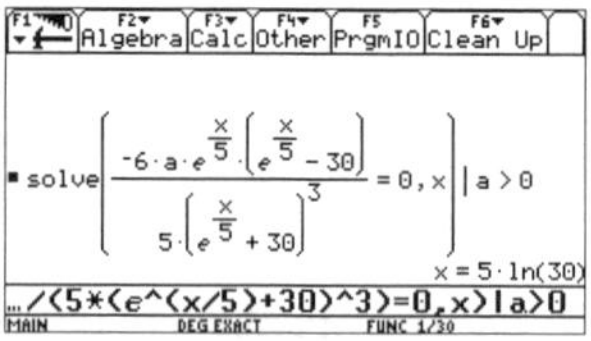

Für den Nachweis der Existenz wird die hinreichende Bedingung benötigt:

$f_a''(x_W)=0\ \wedge\ f_a'''(x_W)=0$

$$f_a'''(5\cdot\ln(30))=-\frac{a}{1\,000}\neq 0$$

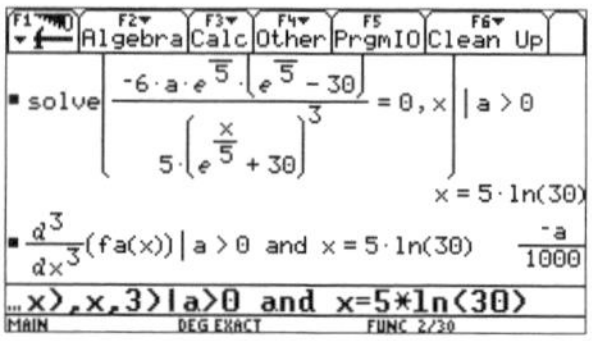

Damit existieren Wendepunkte.

Für die y-Koordinate der Wendepunkte erhält man:

$$f_a(5\cdot\ln(30))=\frac{a}{2}+\frac{1}{2}$$

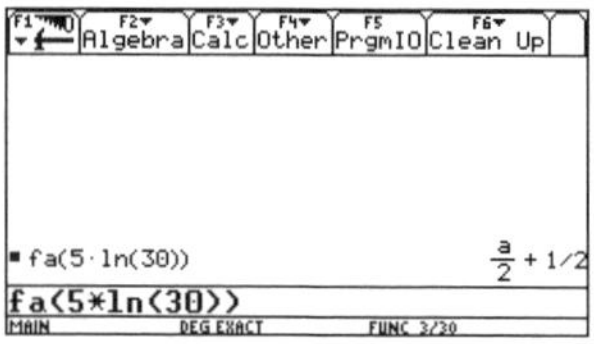

Ergebnis: Die Koordinaten der Wendepunkte sind $W\left(5\cdot\ln(30)\,\middle|\,\frac{a}{2}+\frac{1}{2}\right)$.

Ortskurve der Wendepunkte
Für die Ortskurve der Wendepunkte wird die x-Koordinate der Wendepunkte nach dem Scharparameter a umgestellt und in die y-Koordinate der Wendepunkte eingesetzt.
Da die x-Koordinate der Wendepunkte keinen Scharparameter a enthält, ist dies nicht möglich. Es ist aber so, dass alle Wendepunkte der Kurvenschar dieselbe x-Koordinate haben und nur die y-Koordinate sich ändert. Demzufolge liegen alle Wendepunkte der Funktionenschar auf einer Geraden parallel zur y-Achse.

Ergebnis: Die Gleichung der Ortskurve lautet $x=5\cdot\ln(30)$.

Gleichung der Asymptoten

Prinzipiell gibt es waagerechte, senkrechte und schräge Asymptoten.
Dieser Graph kann aber keine senkrechte Asymptote besitzen, da der Definitionsbereich alle reellen Zahlen umfasst und somit z. B. keine Unstetigkeitsstellen existieren. Sofern der Graph eine waagerechte Asymptote besitzt, kann auch keine schräge Asymptote auftreten. Daher wird zuerst das Verhalten der Funktion f im Unendlichen untersucht:

$$\lim_{x \to -\infty} f_a(x) = \frac{1}{2}$$

$$\lim_{x \to \infty} f_a(x) = a + \frac{1}{2}$$

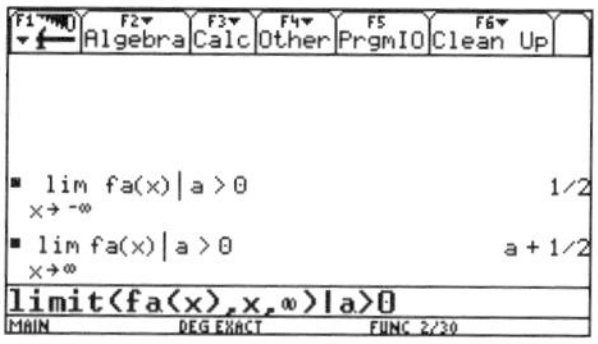

Ergebnis: Die Gleichungen der Asymptoten lauten

$\underline{\underline{y = \frac{1}{2}}}$ und $\underline{\underline{y = a + \frac{1}{2}}}$.

1.1.2 **Berechnung der Fläche**

Um den prozentualen Anteil der Fläche F an der Rechteckfläche zu ermitteln, werden zunächst die Flächen einzeln bestimmt. Der Scharparameter ist mit a = 40 festgelegt.

Die nebenstehende Grafik soll den Sachverhalt verdeutlichen.

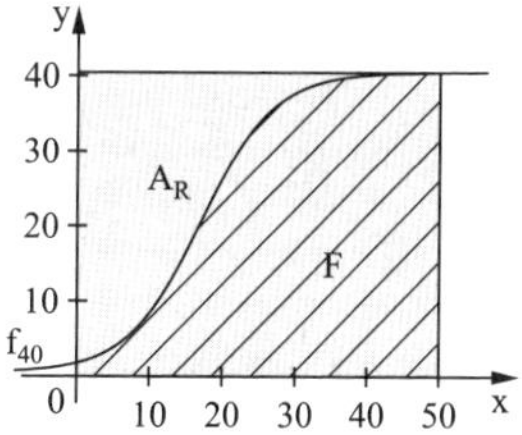

Fläche F

Die Größe des Inhalts der Fläche F lässt sich mithilfe des bestimmten Integrals der Funktion f_{40} in den Grenzen von 0 bis 50 berechnen:

$$F = \int_0^{50} f_{40}(x)\,dx = 1\,338{,}47 \text{ FE}$$

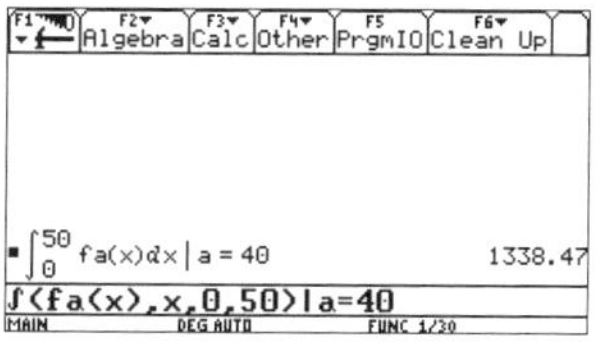

Rechteckfläche A_R

Um den Inhalt der Rechteckfläche berechnen zu können, muss die y-Koordinate des Punktes P bestimmt werden:

$f_{40}(50) \approx 40{,}45$

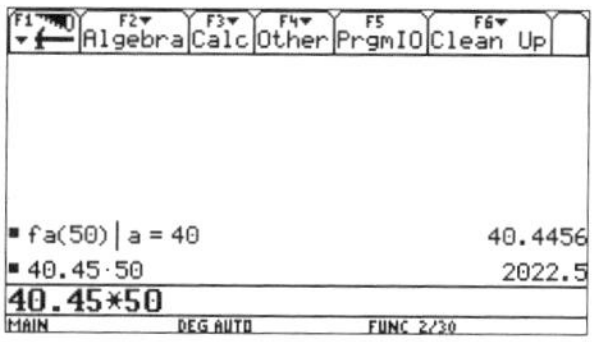

Für den Inhalt der Rechteckfläche ergibt sich somit:

$A_R = \text{Länge} \cdot \text{Breite}$

$A_R = 50 \cdot 40{,}45 = 2\,022{,}5$ FE

Prozentualer Anteil

Für den prozentualen Anteil erhält man:

$$p = \frac{F}{A_R} = \frac{1\,338{,}47}{2\,022{,}5} \approx \underline{\underline{0{,}6618}}$$

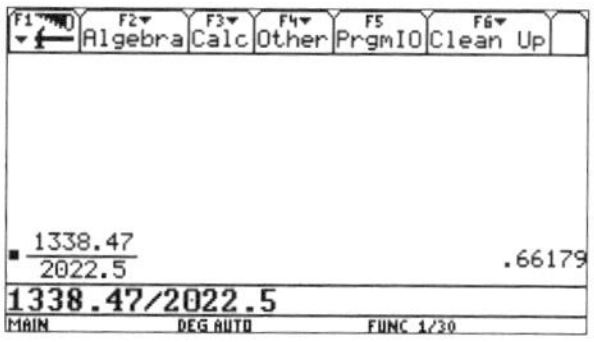

Ergebnis: Die Fläche F hat an der Rechteckfläche einen Anteil von rund 66,2 %.

1.2.1 Grafische Darstellung

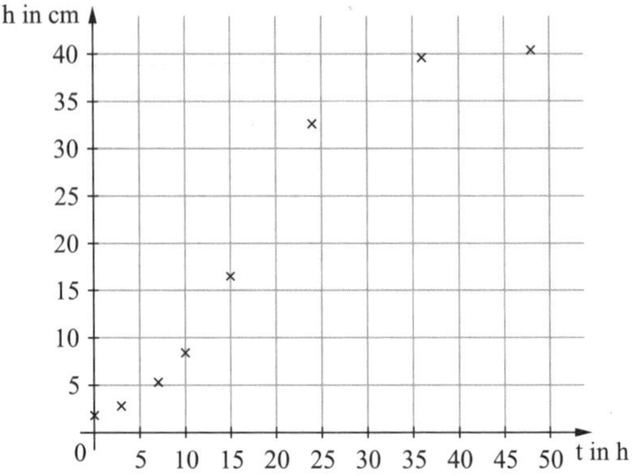

Berechnungen
Zunächst wird die Funktionsgleichung h(t) gespeichert.

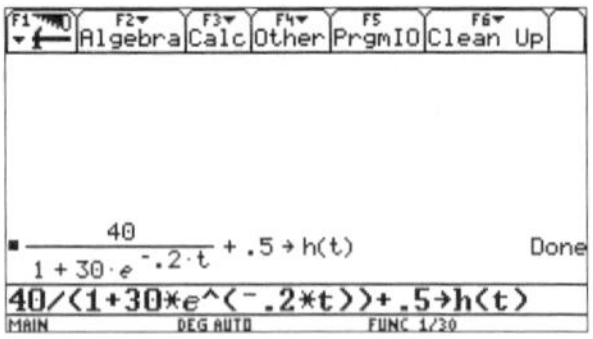

Höhe des Grases nach 20 Stunden
Damit ist t = 20:

$h(20) \approx \underline{\underline{26{,}32}}$

Ergebnis: Nach 20 Stunden hat das Gras eine Höhe von rund 26,3 cm.

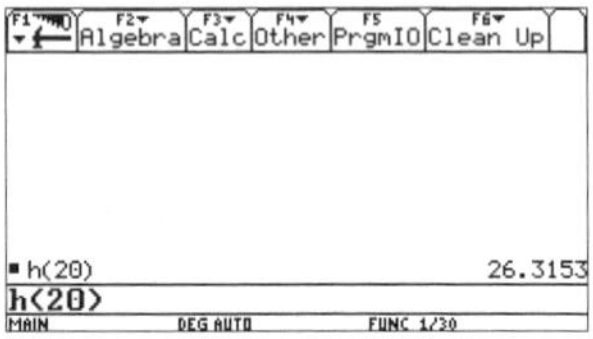

Zeitpunkt, zu dem das Gras die Höhe von 20 cm hat
Es muss die Gleichung h(t) = 20 nach t aufgelöst werden:

$h(t) = 20 \quad \Rightarrow \quad \underline{\underline{t \approx 16{,}756}}$

Ergebnis: Das Gras hat nach ca. 16 Stunden und 45 Minuten eine Höhe von 20 cm erreicht.

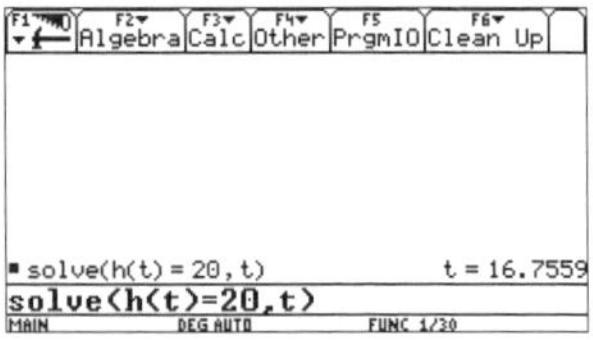

Beurteilung der Aussage
Um die Aussage beurteilen zu können, muss der Grenzwert der Funktion h für t gegen unendlich ermittelt werden:

$$\lim_{t \to \infty} h(t) = 40{,}5$$

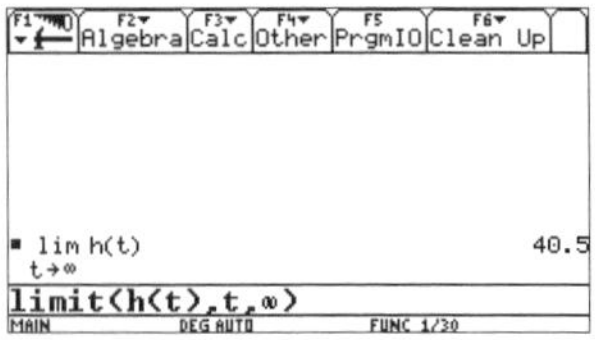

Die Funktion h hat kein Extremum, denn sie entspricht der Funktion f_{40} und diese hat kein Extremum (siehe Aufgabe 1.1).

Da die Funktion h kein Extremum hat und der Grenzwert für t gegen unendlich 40,5 beträgt, kann die Aussage wie folgt beurteilt werden:
Für die große Fläche des Versuchsgeländes kann man feststellen, dass die Grashalme dieser Sorte im Mittel nicht über 40,5 cm lang werden. Bezogen auf die Gesamtfläche kann man der Aussage vertrauen. Dabei muss die Richtigkeit der Aussage auf einzelne Grashalme nicht unbedingt zutreffen, denn in der Natur wird es immer einzelne Exemplare dieser Grassorte geben, deren Halme auch Höhen über 45 cm erreichen können.

1.2.2 **Regression**

Die Regression erfolgt mithilfe des Data/Matrix-Editors. Dazu wird im Data/Matrix-Editor eine neue Tabelle angelegt.
In der Spalte **c1** wird die Zeit in Stunden (t in h) eingetragen und in der Spalte **c2** die Höhe in Zentimeter (h in cm).

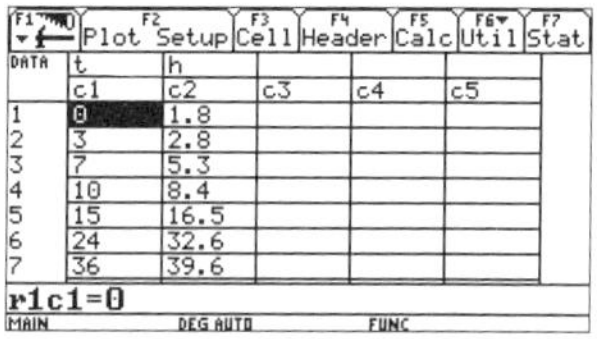

Es soll eine exponentielle Regression durchgeführt werden. Um die Gleichung der Exponentialfunktion herauszufinden, startet man die Regression über die Taste [F5]. Im daraufhin erscheinenden Fenster wählt man unter „Calculation Type" die exponentielle Regressionsfunktion „ExpReg".

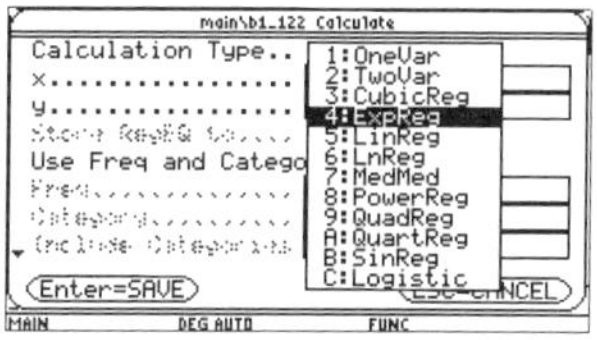

Die t-Werte befinden sich in der Spalte **c1** und die dazugehörigen h-Werte in der Spalte **c2**.
Um im weiteren Verlauf der Aufgabe die Brauchbarkeit zu beurteilen, wird die Funktion unter „Store RegEQ to" z. B. als y1(x) gespeichert.

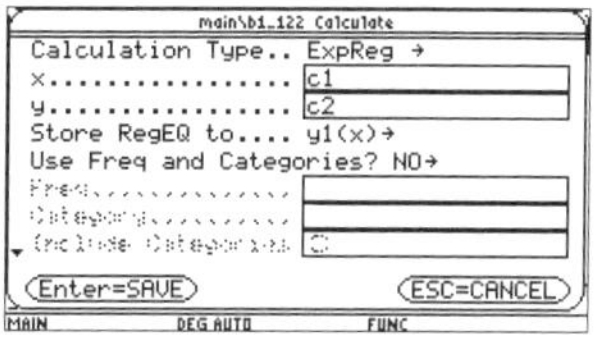

Der V200 arbeitet nur mit den Variablen x und y, deshalb entspricht die Zeit t dem x-Wert und die Höhe h dem y-Wert.

Man erhält die Gleichung der Exponentialfunktion

$h_{reg}(t) = 3{,}38 \cdot 1{,}07^t$.

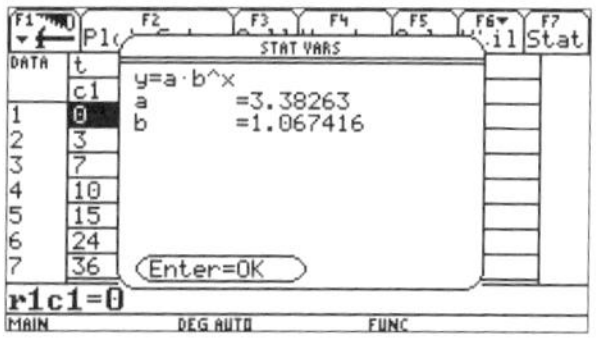

Diese Funktionsgleichung wird als y1(x) gespeichert.

Um die gewonnene Funktion auf ihre Brauchbarkeit zu untersuchen, werden die Punkte und der Graph der Funktion in einem Koordinatensystem dargestellt.

Um die Wertepaare im Data/Matrix-Editor als Punkte darzustellen, wird das „Plot Setup" über die Taste [F2] aufgerufen. Über die Taste [F1] wird der „Plot" definiert.

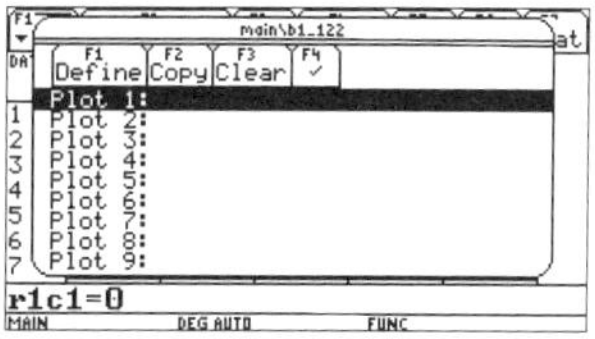

Als „Plot Type" ist Scatter zu wählen und mit „Mark" wählt man das Aussehen der Punkte in der grafischen Darstellung.
Die x-Werte befinden sich in der Spalte **c1** und die dazugehörigen y-Werte in der Spalte **c2**. Durch Betätigen der [ENTER]-Taste werden die Angaben übernommen.

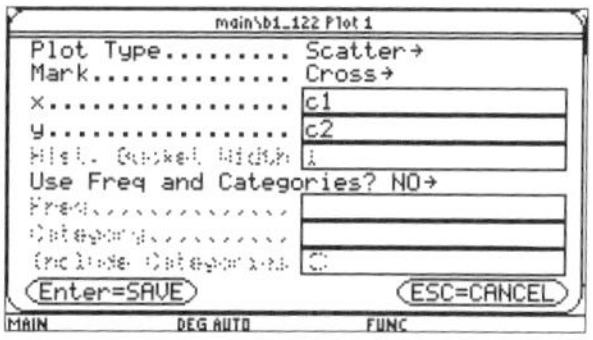

Im „Y=Editor“ kann man sich den Plot und die Gleichung der Exponentialfunktion y1 noch einmal ansehen und zur grafischen Darstellung auswählen.
Für die grafische Darstellung muss ein geeigneter Ausschnitt aus dem Koordinatensystem gewählt werden.

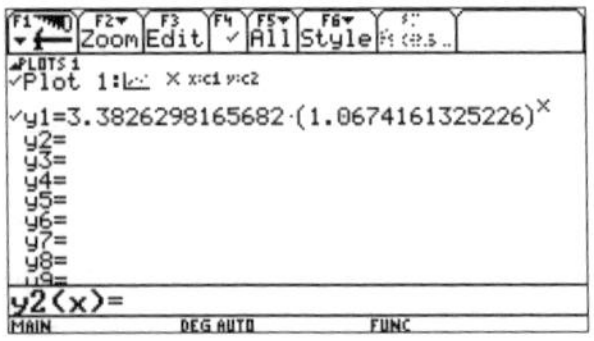

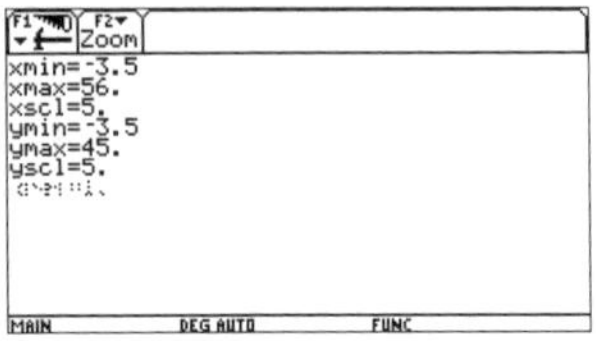

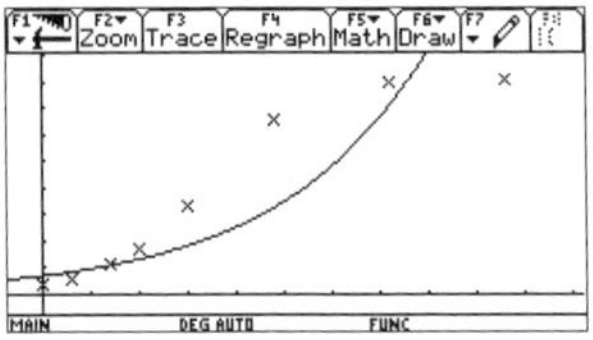

Beurteilung der Brauchbarkeit
Zur Beurteilung der Brauchbarkeit der Exponentialfunktion werden die Wertepaare und der Graph der Regressionsfunktion h_{reg} gemeinsam in einem Grafikfenster dargestellt. Anhand der Darstellung und des zu erwartenden weiteren Wachstums kann eine Interpretation der Brauchbarkeit vorgenommen werden.

Die Wertepaare bis etwa 10 Stunden liegen noch relativ dicht am Graphen der Funktion h_{reg}. Für die Wertepaare ab etwa 10 Stunden gilt dies nicht mehr. Außerdem entspricht das Krümmungsverhalten der Exponentialfunktion nicht dem erwarteten Verlauf, den die Lage der Wertepaare vorgibt.
Wenn man das weitere Wachstum der Grassorte mit der Exponentialfunktion beschreiben sollte, dann müssten die Grashalme unendlich groß werden. Dies entspricht aber nicht dem tatsächlichen Wachstumsverhalten der Grassorte.
Somit kann die Exponentialfunktion h_{reg} den zugrunde liegenden Sachverhalt nicht widerspiegeln.

B 2 Analytische Geometrie und Stochastik

2.1 Koordinatengleichung der Ebene

Um eine Koordinatengleichung der Ebene, in der sich die Punkte A, B und C befinden, zu ermitteln, muss man zunächst einen Normalenvektor der Ebene bestimmen. Ein Normalenvektor steht senkrecht auf der Ebene und seine Koordinaten sind die Koeffizienten a, b, c der Koordinatengleichung $a \cdot x + b \cdot y + c \cdot z - d = 0$ dieser Ebene. Der Normalenvektor kann z. B. als Kreuzprodukt der Vektoren $\overrightarrow{AB}$ und $\overrightarrow{AC}$ bestimmt werden. Die Richtungsvektoren sind:

$$\overrightarrow{AB} = \begin{pmatrix} 0 \\ 4 \\ -0{,}2 \end{pmatrix} \text{ und } \overrightarrow{AC} = \begin{pmatrix} -6{,}5 \\ 4 \\ -0{,}2 \end{pmatrix}$$

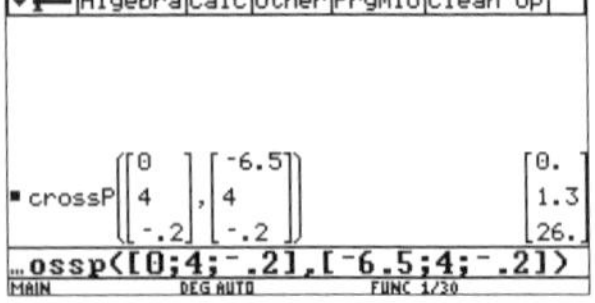

Für das Kreuzprodukt ergibt sich:

$$\vec{n}_{ABC} = \overrightarrow{AB} \times \overrightarrow{AC} = \begin{pmatrix} 0 \\ 4 \\ -0{,}2 \end{pmatrix} \times \begin{pmatrix} -6{,}5 \\ 4 \\ -0{,}2 \end{pmatrix} = \begin{pmatrix} 0 \\ 1{,}3 \\ 26 \end{pmatrix}$$

Eine Koordinatengleichung lautet vorerst:

$1{,}3y + 26z - d = 0$

Mit dem Einsetzen der Koordinaten z. B. des Punktes A erhält man den Wert von d:

$$1{,}3\cdot 0+26\cdot 2{,}5-d=0$$
$$d=65$$

Damit ergibt sich als eine mögliche Lösung für die Koordinatenform:

$$\underline{\underline{1{,}3y+26z-65=0}}$$

Um zu zeigen, dass der Punkt D ebenfalls zur Ebene gehört, braucht man diesen nur in die Ebenengleichung einzusetzen und die Gleichung muss eine wahre Aussage ergeben:

$$1{,}3\cdot 0+26\cdot 2{,}5-65=0$$
$$0=0$$

Der Punkt D ist ebenfalls Punkt der Ebene.

Neigungswinkel der Ebene

Die horizontale Neigung der Ebene ist der Neigungswinkel der Ebene bezüglich der xy-Ebene.

Ein Normalenvektor der xy-Ebene könnte z. B. $\vec{n}_{xy}=\begin{pmatrix}0\\0\\1\end{pmatrix}$ lauten.

Der Winkel zwischen den beiden Normalenvektoren $\vec{n}_{ABC}$ und $\vec{n}_{xy}$ wird mithilfe des Skalarproduktes bestimmt:

$$\vec{n}_{ABC}\circ\vec{n}_{xy}=|\vec{n}_{ABC}|\cdot|\vec{n}_{xy}|\cdot\cos\measuredangle(\vec{n}_{ABC},\vec{n}_{xy})$$

$$\cos\measuredangle(\vec{n}_{ABC},\vec{n}_{xy})=\frac{\vec{n}_{ABC}\circ\vec{n}_{xy}}{|\vec{n}_{ABC}|\cdot|\vec{n}_{xy}|}$$

$$\cos\measuredangle(\vec{n}_{ABC},\vec{n}_{xy})\approx 0{,}99875$$

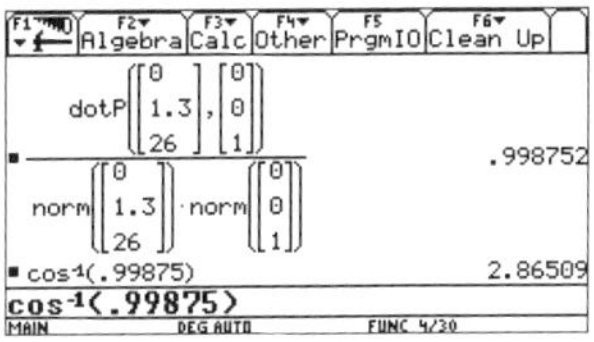

$$\measuredangle(\vec{n}_{ABC},\vec{n}_{xy})\approx 2{,}87°$$

Der Neigungswinkel der Ebene gegenüber der xy-Ebene beträgt rund 2,87°.

Damit ist erst der Neigungswinkel überprüft. Jetzt bleibt nur noch die Frage zu klären, ob das Regenwasser vom Haus wegfließt.
Die Hauswand befindet sich in der xz-Ebene. Die y-Koordinaten der Punkte A und D sind null. Somit gehören diese Punkte nicht nur zum Carportdach, sondern sind auch Punkte der Hauswand. Die z-Koordinaten der Punkte A und D betragen 2,5. Die Punkte B und C sind die anderen Eckpunkte des Carportdaches. Deren z-Koordinaten betragen 2,3. Die Punkte B und C haben eine geringere Höhe als die Punkte A und D, somit fließt das Regenwasser von der Hauswand weg.

2.2 **Lageuntersuchung**

Von der Spitze M(0 | 0 | 5) des Blitzableiters fällt der Schatten in Richtung $\begin{pmatrix}-1{,}35\\1\\-1\end{pmatrix}$.
Damit liegt der Schatten auf der Geraden g mit der Gleichung:

$$g\colon\ \vec{x}=\begin{pmatrix}0\\0\\5\end{pmatrix}+r\cdot\begin{pmatrix}-1{,}35\\1\\-1\end{pmatrix}$$

Um zu überprüfen, ob der Schatten der Spitze des Blitzableiters auf das Carportdach fällt, wird der Durchstoßpunkt der Geraden g durch die Ebene, in der sich das Dach befindet, bestimmt.

Dazu wird die Geradengleichung von g in die Ebenengleichung $1{,}3y+26z-65=0$ (aus der Aufgabe 2.1) eingesetzt:

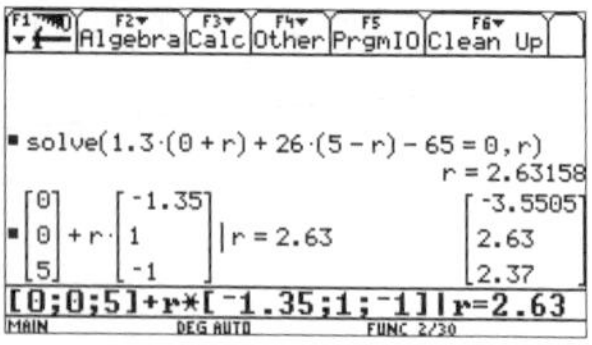

$$1{,}3\cdot(0+r)+26\cdot(5-r)-65=0$$
$$r\approx 2{,}63$$

Wird $r\approx 2{,}63$ in die Geradengleichung von g eingesetzt, so erhält man die Koordinaten des Durchstoßpunktes:

$$\vec{x}=\begin{pmatrix}0\\0\\5\end{pmatrix}+2{,}63\cdot\begin{pmatrix}-1{,}35\\1\\-1\end{pmatrix}=\begin{pmatrix}-3{,}55\\2{,}63\\2{,}37\end{pmatrix}$$

Der Durchstoßpunkt hat die Koordinaten DS(–3,55 | 2,63 | 2,37).

Die x-Koordinate des Durchstoßpunktes ist –3,55.

Die x-Koordinaten aller Punkte des Carportdaches liegen zwischen 3 und –3,5. Somit befindet sich der Durchstoßpunkt nicht innerhalb des Carportdaches.

Ergebnis: Der Schatten der Spitze des Blitzableiters fällt nicht auf das Carportdach.

2.3 **Überprüfen der Herstelleraussage**

Dieser Sachverhalt wird als eine Bernoulli-Kette interpretiert.
Die Anzahl der Versuchsdurchführungen beträgt 200 ($\rightarrow n=200$). Der angenommene Anteil der beschädigten Schieferplatten beträgt 5 % ($\rightarrow p=0{,}05$).
Der Erwartungswert für die Anzahl der beschädigten Schieferplatten bei 200 zufällig ausgewählten Platten kann mit $E=200\cdot 0{,}05=10$ leicht berechnet werden. Die größte Wahrscheinlichkeit muss demzufolge bei $k=10$ liegen. Es ist aber nicht auszuschließen, dass vielleicht auch 15 oder sogar noch mehr beschädigte Platten bei diesem Test gefunden werden, selbst wenn die Ausschussquote tatsächlich 5 % beträgt. Es ist die Aufgabe eines Tests, mithilfe einer durch eine Berechnung begründeten und festgelegten Entscheidungsregel festzustellen, ob der angenommene Anteil defekter Platten bestätigt oder nicht bestätigt wird. Eine gewisse Irrtumswahrscheinlichkeit muss man aber bei jedem Test akzeptieren, diese wird in der Aufgabe mit einem Signifikanzniveau von 0,05 angegeben.

Um zunächst einen Überblick über die Wahrscheinlichkeitsverteilung zu erhalten, werden die Wahrscheinlichkeiten mithilfe des Data/Matrix-Editors ermittelt.
In der Spalte **c1** werden die einzelnen Werte für k mithilfe des Befehls seq(n, n, 0, 200) eingetragen. In der Spalte **c2** stehen die einzelnen binomialen Wahrscheinlichkeiten. Dazu wurde die Formel binompdf(200, 0.05, **c1**) verwendet.
Beim Betrachten der Wahrscheinlichkeiten stellt man fest, dass für $k>25$ die Wahrscheinlichkeit kleiner als 10^{-6} ist. Außerdem dauern die Berechnungen lange. Demzufolge sollte der Bereich für die Berechnung bis maximal $k=30$ gewählt werden. Die Formel in der Spalte **c1** wird in seq(n, n, 0, 30) geändert. Alle Berechnungen in der Spalte **c2** werden automatisch angepasst.

Die nachfolgenden Bilder zeigen den Data/Matrix-Editor, die Plot-Definition, den Window-Bereich und die grafische Darstellung.

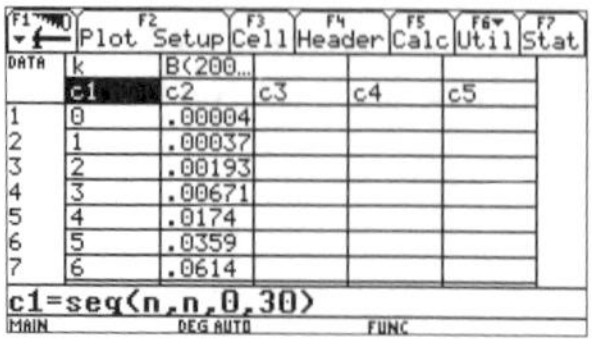

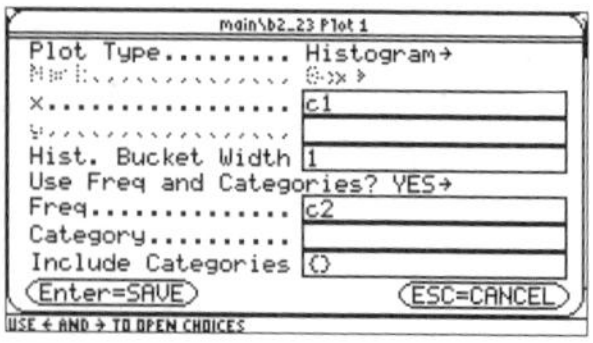

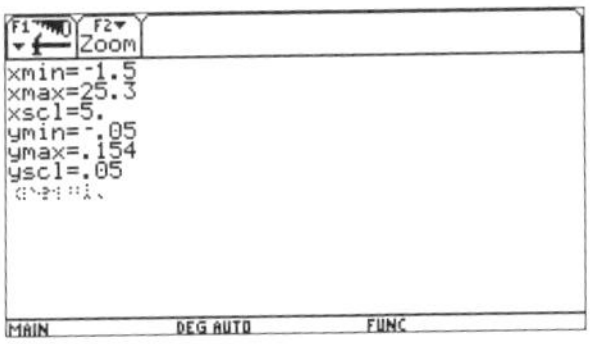

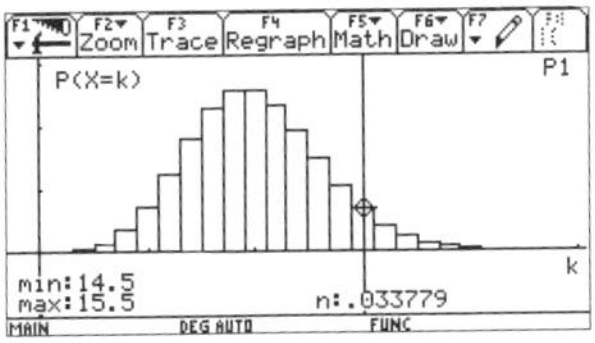

In der grafischen Darstellung ist mithilfe von Trace [F3] zu erkennen, dass für k = 15 die binomiale Wahrscheinlichkeit rund 0,0338 groß ist.

Festlegung der Entscheidungsregel
Der Annahmebereich sollte nicht zu groß gehalten werden, damit auch geringe Abweichungen in der Ausschussquote überhaupt erkannt werden können. Andererseits darf die Gesamtwahrscheinlichkeit des Ablehnungsbereiches nicht größer als 0,05 sein, damit das angestrebte Signifikanzniveau eingehalten wird.

$$1 - P(X \le 14) = 1 - \sum_{k=0}^{14}\left(\binom{200}{k} \cdot 0{,}05^{k} \cdot 0{,}95^{200-k}\right) \approx 0{,}0781 > 0{,}05$$

$$1 - P(X \le 15) = 1 - \sum_{k=0}^{15}\left(\binom{200}{k} \cdot 0{,}05^{k} \cdot 0{,}95^{200-k}\right) \approx 0{,}0444 < 0{,}05$$

$$1 - P(X \le 16) = 1 - \sum_{k=0}^{16}\left(\binom{200}{k} \cdot 0{,}05^{k} \cdot 0{,}95^{200-k}\right) \approx 0{,}0238 < 0{,}05$$

Erstmals wird das geforderte Signifikanzniveau erreicht, wenn als Annahmebereich $k \in \{0; \ldots; 15\}$ gewählt wird.

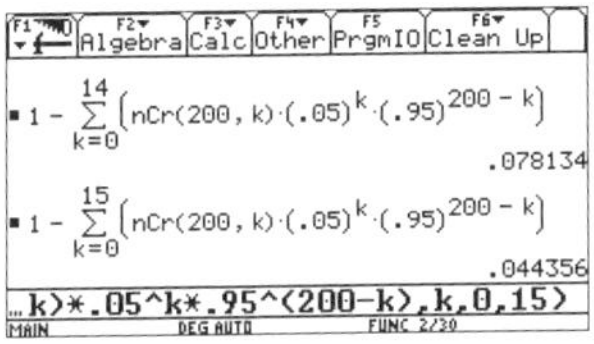

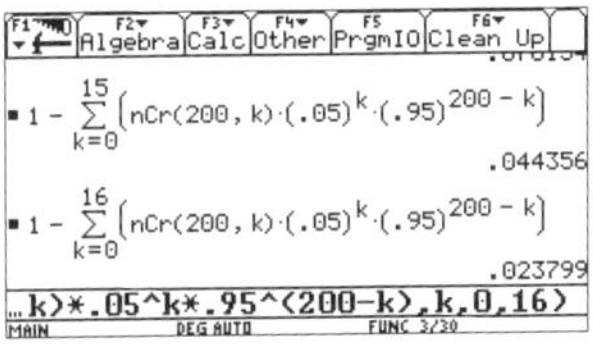

Damit ergibt sich die folgende Entscheidungsregel: „Der Behauptung des Herstellers kann man zustimmen, wenn höchstens 15 beschädigte Schieferplatten bei diesem Test gefunden werden."
Da in einer Teillieferung von 200 Schieferplatten höchstens 15 defekt sind, kann man der Aussage des Herstellers vertrauen.

2.4.1 **Bestimmung der Wahrscheinlichkeit**

Die Berechnung der Wahrscheinlichkeit kann mithilfe eines zweistufigen Baumdiagramms erfolgen. Dabei werden folgende Abkürzungen verwendet:

rs – richtig gesägt
fs – falsch gesägt
rb – richtig gebohrt
fb – falsch gebohrt

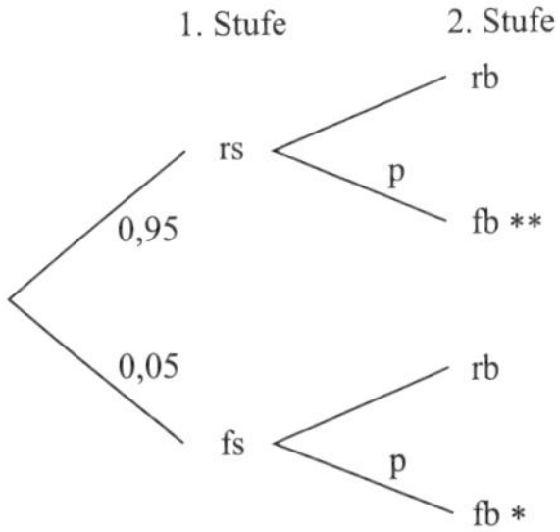

Die Wahrscheinlichkeit, dass falsch gebohrt wurde, sei p. Mit einer Wahrscheinlichkeit von 0,002 wurde das Brett falsch zugesägt und falsch gebohrt.

Zunächst muss die Wahrscheinlichkeit bestimmt werden, mit der ein Brett falsch gebohrt wurde. Zur Berechnung dieser Wahrscheinlichkeit wird der mit * markierte Pfad benutzt:

$P(fs; fb) = 0{,}05 \cdot p = 0{,}002$

$p = 0{,}04$

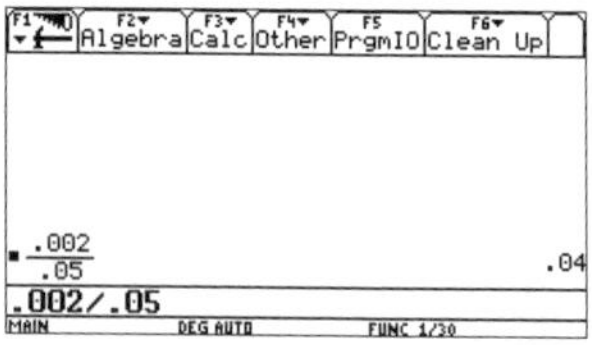

Laut Aufgabenstellung soll die Wahrscheinlichkeit bestimmt werden, mit der ein Brett richtig zugesägt, aber falsch gebohrt wurde.
Zur Berechnung dieser Wahrscheinlichkeit wird der mit ** markierte Pfad benutzt. Damit ergibt sich:

$P(rs; fb) = 0{,}95 \cdot 0{,}04 = \underline{\underline{0{,}038}}$

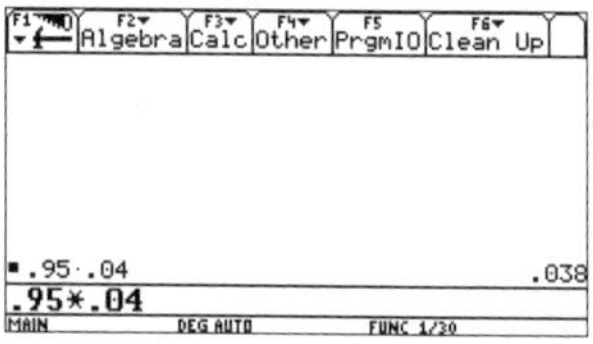

Ergebnis: Die Wahrscheinlichkeit, mit der das Brett richtig zugesägt, aber falsch gebohrt wurde, beträgt 3,8 %.

2.4.2 **Berechnung des Anteils**

Der Anteil der fehlerhaften Schrauben ist laut Aufgabenstellung binomialverteilt. Zur Berechnung der beiden Parameter Erwartungswert μ und Standardabweichung σ kann man die Formeln $\mu = n \cdot p$ und $\sigma = \sqrt{n \cdot p \cdot (1-p)}$ verwenden. Dabei ist n die Anzahl der Schrauben und p der Anteil der fehlerhaften Schrauben.

Ersetzt man in der Formel zur Berechnung der Standardabweichung den Term $n \cdot p$ durch den Erwartungswert $\mu = 25$, so lässt sich der Anteil der fehlerhaften Schrauben p leicht berechnen:

$4{,}9371 = \sqrt{25 \cdot (1-p)} \quad \Rightarrow \quad \underline{\underline{p \approx 0{,}025}}$

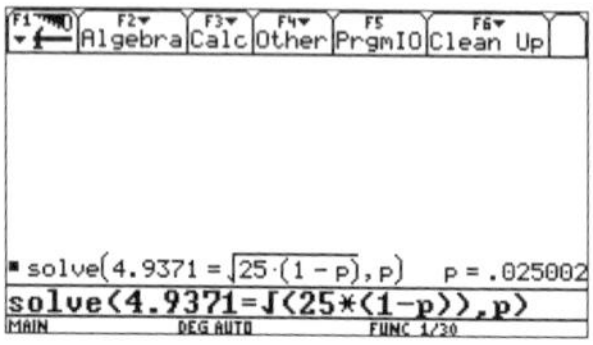

Ergebnis: Der Anteil der fehlerhaften Schrauben beträgt rund 2,5 %.

Falls die Formeln $\mu = n \cdot p$ und $\sigma = \sqrt{n \cdot p \cdot (1-p)}$ mit den entsprechenden Werten von $\mu = 25$ und $\sigma = 4{,}9371$ ohne weitere Einschränkungen oder Einsetzungen verwendet werden, berechnet der V200 die Werte für n und p nicht.
Um aber doch zu den Ergebnissen zu kommen, gibt es verschiedene Möglichkeiten.

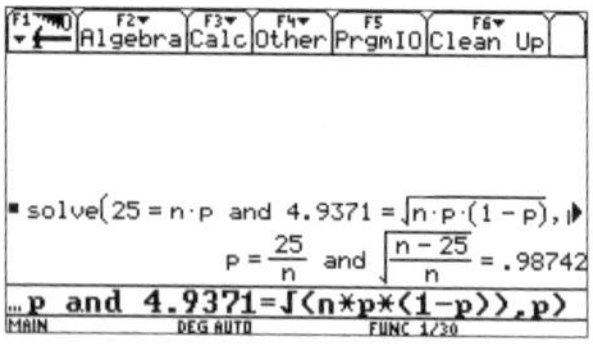

1. Variante

Der Term $n \cdot p$ in der Standardabweichung $\sigma = \sqrt{n \cdot p \cdot (1-p)}$ wird durch den Wert 25 ersetzt und die einzige Gleichung $4{,}9371 = \sqrt{25 \cdot (1-p)}$ wird gelöst (siehe obige Lösung).

2. Variante

Wenn man die Gleichung für die Standardabweichung quadriert, so ergibt sich eine Gleichung für die Varianz, die keine Wurzel mehr enthält:

$(4{,}9371)^2 = n \cdot p \cdot (1-p)$

Diese Gleichung wird nun gemeinsam mit der Gleichung $25 = n \cdot p$ für den Erwartungswert gelöst.

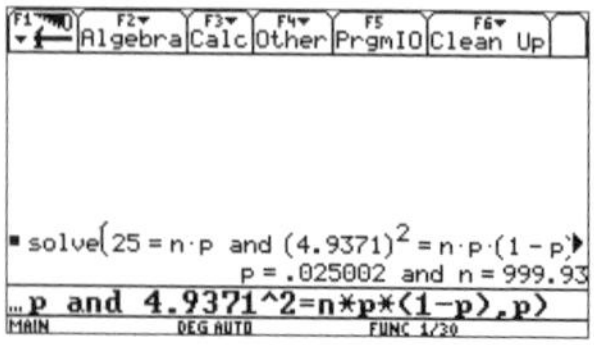

Mathematik (Mecklenburg-Vorpommern): Abiturprüfung 2013
Prüfungsteil A0 – Pflichtaufgaben ohne Rechenhilfsmittel

1 Analysis

1.1 Gegeben ist eine Zahlenfolge (a_n) mit $a_n = 2 \cdot n - 5$ mit $n \in \mathbb{N}, n > 0$.

Geben Sie die ersten fünf Folgenglieder an und stellen Sie diese grafisch dar.

Begründen Sie, dass die Zahlenfolge monoton steigend ist.

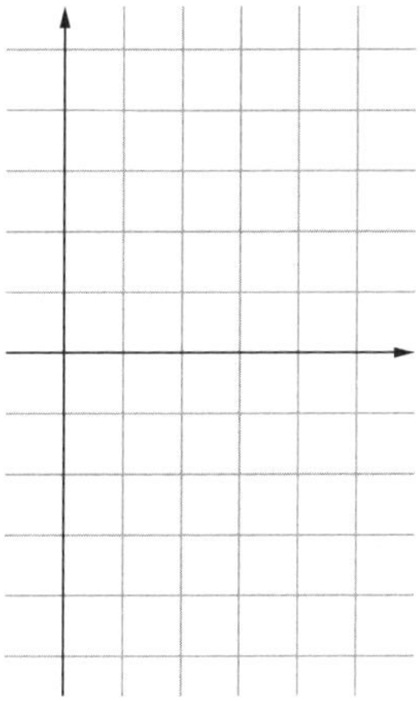

1.2 Gegeben ist die Funktion f mit $f(x) = -3x^2 + 12x - 9$ mit $x \in \mathbb{R}$.

Berechnen Sie die Nullstellen von f.

Bestimmen Sie den Anstieg des Graphen an der Stelle $x = \frac{1}{2}$.

Ermitteln Sie den Inhalt der Fläche, die vom Graphen von f, der x-Achse im Intervall [1; 2] und der Gerade mit der Gleichung $x = 2$ eingeschlossen wird.

1.3 Von einer Funktion f sind folgende Eigenschaften gegeben:
f ist für alle x mit $x \in \mathbb{R}$ definiert und differenzierbar.
f ist für alle x mit $x \in \mathbb{R}$ streng monoton wachsend.

Begründen Sie, dass f keine lokalen Extrema besitzt.

1.4 Von einer ganzrationalen Funktion f dritten Grades sind folgende Eigenschaften bekannt:
(1) Nullstellen von f sind 2 und 5.
(2) Der Hochpunkt des Graphen ist $H(1\,|\,4)$.

Geben Sie ein Gleichungssystem mit vier Gleichungen an, das die Bestimmung einer Gleichung der Funktion f eindeutig ermöglicht.

Hinweis: Das Gleichungssystem muss nicht gelöst werden.

2 Analytische Geometrie

2.1 Gegeben ist ein Viereck ABCD mit den Eckpunkten $A(1\,|\,-3\,|\,4)$, $B(5\,|\,0\,|\,5)$, $C(6\,|\,-2\,|\,7)$ und $D(2\,|\,-5\,|\,6)$.

Zeigen Sie, dass ABCD ein Rechteck ist.

Bestimmen Sie den Flächeninhalt von ABCD.

2.2 Gegeben sind die Vektoren $\vec{a} = \begin{pmatrix} t \\ 0 \\ 0 \end{pmatrix}$ und $\vec{b} = \begin{pmatrix} 0 \\ t \\ 0 \end{pmatrix}$ mit $t \in \mathbb{R}, t \neq 0$.

Prüfen Sie die Aussagen und begründen Sie jeweils Ihr Ergebnis.
A: Die Vektoren $\vec{a}$ und $\vec{b}$ stehen senkrecht aufeinander.
B: Der Betrag des Vektors $\vec{a} - \vec{b}$ ist unabhängig von t.

3 Stochastik

In einer Urne befinden sich sechs rote und vier grüne Kugeln.
Es werden nacheinander zwei Kugeln ohne Zurücklegen zufällig gezogen.

Zeichnen Sie ein vollständiges Baumdiagramm.

Ermitteln Sie die Wahrscheinlichkeiten folgender Ereignisse:
A: Es wurden genau zwei grüne Kugeln gezogen.
B: Höchstens eine rote Kugel wurde gezogen.

Formulieren Sie das Gegenereignis zum Ereignis C.
C: Es wird mindestens eine rote Kugel gezogen.

Hinweise und Tipps

Teilaufgabe 1.1

- Setzen Sie für n die Zahlen 1, 2, 3, 4 und 5 ein.
- Beschriften Sie bei der grafischen Darstellung auch die Koordinatenachsen.
- Eine Zahlenfolge ist monoton steigend, wenn die Differenz zweier aufeinanderfolgender Glieder der Zahlenfolge größer oder gleich null ist.

Teilaufgabe 1.2

- Verwenden Sie zur Nullstellenberechnung die Lösungsformel für quadratische Gleichungen.
- Den Anstieg eines Graphen erhält man mithilfe der ersten Ableitung.
- Berechnen Sie den Flächeninhalt mit einem bestimmten Integral.

Teilaufgabe 1.3

- Was passiert mit dem Vorzeichen der Ableitung in der Umgebung einer Extremstelle?

Teilaufgabe 1.4

- Aus jeder der beiden Eigenschaften erhalten Sie zwei Gleichungen.

Teilaufgabe 2.1

- In einem Rechteck sind gegenüberliegende Seiten gleich lang und parallel. Außerdem sind alle Innenwinkel rechte Winkel.
- Die Rechtwinkligkeit kann mit dem Skalarprodukt untersucht werden.
- Der Flächeninhalt eines Rechteckes wird bestimmt durch Länge mal Breite.

Teilaufgabe 2.2

- Bestimmen Sie das Skalarprodukt $\vec{a} \circ \vec{b}$ und den Betrag des Vektors $\vec{a} - \vec{b}$.

Teilaufgabe 3

- Das Baumdiagramm hat zwei Stufen. Beachten Sie, dass ohne Zurücklegen gezogen wird.
- Verwenden Sie zur Berechnung der Wahrscheinlichkeiten die Pfadregeln.

Lösung

1 Analysis

1.1 Angabe der Glieder der Zahlenfolge

Für die Glieder der Zahlenfolge (a_n) mit der Gleichung $a_n = 2 \cdot n - 5$ ergibt sich somit:

$\underline{\underline{a_1}} = 2 \cdot 1 - 5 = \underline{\underline{-3}}$, $\underline{\underline{a_2 = -1}}$, $\underline{\underline{a_3 = 1}}$, $\underline{\underline{a_4 = 3}}$ und $\underline{\underline{a_5 = 5}}$

Grafische Darstellung

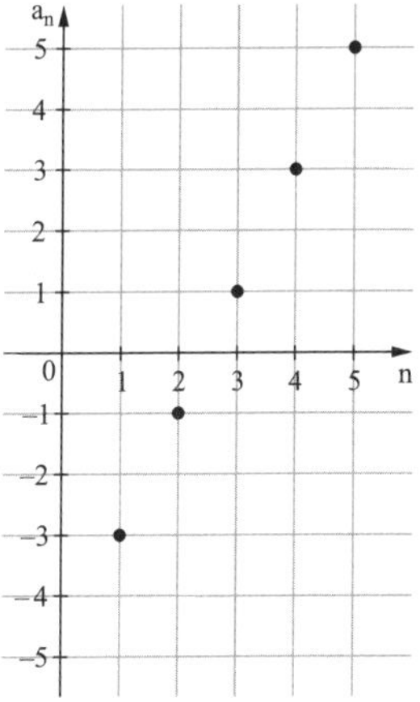

Begründung der Monotonie

Um die Monotonie der Zahlenfolge zu begründen, gibt es verschiedene Möglichkeiten.

1. Variante:

Eine Zahlenfolge ist monoton steigend, wenn die Differenz zweier aufeinanderfolgender Glieder der Zahlenfolge größer oder gleich null ist, d. h.:

$a_{n+1} - a_n \geq 0$

Für die Differenz ergibt sich:

$$\begin{aligned} a_{n+1} - a_n &= 2 \cdot (n+1) - 5 - (2n - 5) \\ &= 2n + 2 - 5 - 2n + 5 \\ &= 2 \end{aligned}$$

Da die Differenz größer als null ist, ist die Zahlenfolge monoton steigend.

2. Variante:

Die Zahlenfolge kann auch als spezielle lineare Funktion f mit der Gleichung $f(x) = 2x - 5$ mit $x \in \mathbb{N}$, $x > 0$ interpretiert werden.

Da der Anstieg m der linearen Funktion f den Wert zwei hat und m somit größer als null ist, ist die lineare Funktion monoton steigend. Da die lineare Funktion monoton steigend ist, ist auch die Zahlenfolge monoton steigend.

3. Variante:

Es soll gezeigt werden, dass es sich bei der Zahlenfolge um eine arithmetische Zahlenfolge mit der allgemeinen Gleichung $a_n = a_1 + (n-1) \cdot d$ handelt. Ist der Parameter d größer als null, so ist die Zahlenfolge monoton steigend.

$a_n = 2n - 5$ | einfügen einer Null $(-2+2)$

$a_n = 2n - 2 + 2 - 5$ | ausklammern und zusammenfassen

$a_n = 2 \cdot (n-1) - 3$ | Term sortieren

$a_n = -3 + (n-1) \cdot 2$

Dabei sind $a_1 = -3$ und $d = 2$.

Da der Wert von d größer als null ist, ist die Zahlenfolge monoton steigend.

1.2 **Nullstellen**

Um die Nullstellen zu berechnen, wird der Funktionsterm von f gleich null gesetzt und nach x aufgelöst:

$f(x) = 0$

$0 = -3x^2 + 12x - 9$ | $:(-3)$

$0 = x^2 - 4x + 3$ | Lösungsformel für quadratische Gleichungen: $p = -4, \ q = 3$

$$x_{1;2} = -\frac{p}{2} \pm \sqrt{\left(\frac{p}{2}\right)^2 - q}$$

$$x_{1;2} = -\frac{-4}{2} \pm \sqrt{\left(\frac{-4}{2}\right)^2 - 3} = 2 \pm \sqrt{4-3} = 2 \pm 1$$

$x_1 = 1; \quad x_2 = 3$

Man erhält die Nullstellen $\underline{\underline{x_1 = 1}}$ und $\underline{\underline{x_2 = 3}}$.

Anstieg

Um den Anstieg des Graphen der Funktion f zu bestimmen, wird zunächst die erste Ableitung ermittelt:

$f(x) = -3x^2 + 12x - 9$

$f'(x) = -6x + 12$

Durch Einsetzen des x-Wertes in die erste Ableitung der Funktion f erhält man den Anstieg des Graphen der Funktion an dieser Stelle:

$$f'\left(\frac{1}{2}\right) = -6 \cdot \frac{1}{2} + 12 = -3 + 12 = \underline{\underline{9}}$$

Der Graph der Funktion f hat an der Stelle $x = \frac{1}{2}$ den Anstieg 9.

Flächeninhalt

Die Fläche A wird vom Graphen von f, der x-Achse und der Gerade $x = 2$ vollständig eingeschlossen.

Der Inhalt der Fläche wird mit dem bestimmten Integral im Intervall [1; 2] berechnet.

$A = \int_1^2 (-3x^2 + 12x - 9)\,dx$ | Stammfunktion F erstellen

$= \left[-x^3 + 6x^2 - 9x\right]_1^2$ | $F(b) - F(a)$

$= (-2^3 + 6 \cdot 2^2 - 9 \cdot 2) - (-1^3 + 6 \cdot 1^2 - 9 \cdot 1)$

$= -8 + 24 - 18 - (-1 + 6 - 9)$

$\underline{\underline{A = 2}}$

Der Inhalt der Fläche beträgt 2.

1.3 **Begründung**

Eine (stückweise streng monotone) Funktion f hat an der Stelle x_0 ein lokales Extremum, wenn die Ableitungsfunktion f' in einer Umgebung von x_0 von $f'(x) > 0$ zu $f'(x) < 0$ (bei einem Maximum) oder von $f'(x) < 0$ zu $f'(x) > 0$ (bei einem Minimum) wechselt (siehe nebenstehende Abbildung).

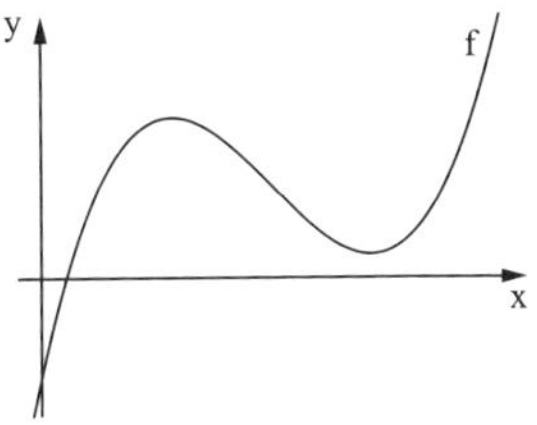

Da die Funktion f laut Aufgabenstellung im gesamten Definitionsbereich streng monoton wachsend sein soll (es gilt $f'(x) \geq 0$ für alle x mit $x \in \mathbb{R}$), kann es keine Stelle x mit $f'(x) < 0$ geben.

Die Funktion hat kein lokales Extremum.

Alternative Begründung: Ohne Verwendung der Ableitung
Eine Funktion f heißt für alle x mit $x \in \mathbb{R}$ streng monoton wachsend, wenn für alle x_a und x_b mit $x_a < x_b$ aus dem Definitionsbereich der Funktion f gilt:
$f(x_a) < f(x_b)$

Es wird nun gezeigt, dass die Funktion f aufgrund der streng wachsenden Monotonie kein lokales Minimum und kein lokales Maximum haben kann.

Angenommen, die Funktion f besitzt an der Stelle x_0 ein lokales Minimum.
So gibt es ein x_1 aus der Umgebung von x_0 mit $x_1 < x_0$, aber wegen des angenommen Minimums an der Stelle x_0 gilt für die Funktionswerte:
$f(x_1) > f(x_0)$
Dies widerspricht der streng wachsenden Monotonie-Eigenschaft der Funktion f.
Die Funktion f hat kein lokales Minimum.

Angenommen, die Funktion f besitzt stattdessen an der Stelle x_0 ein lokales Maximum.
So gibt es ein x_1 aus der Umgebung von x_0 mit $x_0 < x_1$, aber wegen des angenommen Maximums an der Stelle x_0 gilt für die Funktionswerte:
$f(x_0) > f(x_1)$
Dies widerspricht der streng wachsenden Monotonie-Eigenschaft der Funktion f.
Die Funktion f hat kein lokales Maximum.

Somit ist gezeigt, dass die Funktion f kein lokales Extremum besitzt.

1.4 **Gleichungssystem**

Die allgemeine Gleichung einer ganzrationalen Funktion dritten Grades lautet:

$f(x) = a \cdot x^3 + b \cdot x^2 + c \cdot x + d$

Da in der Eigenschaft (2) von einem Hochpunkt geredet wird, wird auch die erste Ableitung $f'(x) = 3a \cdot x^2 + 2b \cdot x + c$ benötigt.
Die Eigenschaft (1) „Nullstellen von f sind 2 und 5." wird mathematisch in $f(2) = 0$ und $f(5) = 0$ übertragen (siehe Gleichungen I und II).
In der Eigenschaft (2) sind die Informationen „Punkt H mit den Koordinaten $H(1\,|\,4)$" und „Punkt H ist Hochpunkt des Graphen" enthalten. Diese Informationen werden übertragen in $f(1) = 4$ und $f'(1) = 0$ (siehe Gleichungen III und IV).

Damit ergibt sich das folgende Gleichungssystem:

I $\quad f(2) = 0$
II $\quad f(5) = 0$
III $\quad f(1) = 4$
IV $\quad f'(1) = 0$

2 Analytische Geometrie

2.1 ABCD Rechteck

In einem Rechteck sind gegenüberliegende Seiten gleich lang und parallel. Außerdem sind alle Innenwinkel rechte Winkel.

Um zu zeigen, dass es sich bei dem Viereck ABCD um ein Rechteck handelt, müssen zunächst die Richtungsvektoren $\overrightarrow{AB}$, $\overrightarrow{BC}$, $\overrightarrow{CD}$ und $\overrightarrow{DA}$ aufgestellt werden.

Die Richtungsvektoren sind:

$$\overrightarrow{AB} = \overrightarrow{OB} - \overrightarrow{OA} = \begin{pmatrix} 5 \\ 0 \\ 5 \end{pmatrix} - \begin{pmatrix} 1 \\ -3 \\ 4 \end{pmatrix} = \begin{pmatrix} 4 \\ 3 \\ 1 \end{pmatrix}, \quad \overrightarrow{BC} = \overrightarrow{OC} - \overrightarrow{OB} = \begin{pmatrix} 6 \\ -2 \\ 7 \end{pmatrix} - \begin{pmatrix} 5 \\ 0 \\ 5 \end{pmatrix} = \begin{pmatrix} 1 \\ -2 \\ 2 \end{pmatrix},$$

$$\overrightarrow{CD} = \overrightarrow{OD} - \overrightarrow{OC} = \begin{pmatrix} 2 \\ -5 \\ 6 \end{pmatrix} - \begin{pmatrix} 6 \\ -2 \\ 7 \end{pmatrix} = \begin{pmatrix} -4 \\ -3 \\ -1 \end{pmatrix}, \quad \overrightarrow{DA} = \overrightarrow{OA} - \overrightarrow{OD} = \begin{pmatrix} 1 \\ -3 \\ 4 \end{pmatrix} - \begin{pmatrix} 2 \\ -5 \\ 6 \end{pmatrix} = \begin{pmatrix} -1 \\ 2 \\ -2 \end{pmatrix}$$

Da $\overrightarrow{AB} = -\overrightarrow{CD}$ und $\overrightarrow{BC} = -\overrightarrow{DA}$ ist, sind die gegenüberliegenden Seiten parallel und gleich lang.

Um die Rechtwinkligkeit der Innenwinkel zu überprüfen, wird untersucht, ob zwei Seiten, z. B. $\overline{AB}$ und $\overline{BC}$, senkrecht aufeinander stehen. Dies erfolgt mithilfe des Skalarproduktes:

$$\overrightarrow{AB} \circ \overrightarrow{BC} = \begin{pmatrix} 4 \\ 3 \\ 1 \end{pmatrix} \circ \begin{pmatrix} 1 \\ -2 \\ 2 \end{pmatrix} = 4 \cdot 1 + 3 \cdot (-2) + 1 \cdot 2 = 0$$

Somit ist das Viereck ABCD ein Rechteck.

Flächeninhalt

Der Flächeninhalt eines Rechteckes wird bestimmt durch Länge mal Breite:

$$A = a \cdot b$$

$$A = |\overrightarrow{AB}| \cdot |\overrightarrow{BC}| = \left|\begin{pmatrix} 4 \\ 3 \\ 1 \end{pmatrix}\right| \cdot \left|\begin{pmatrix} 1 \\ -2 \\ 2 \end{pmatrix}\right|$$

$$= \sqrt{4^2 + 3^2 + 1^2} \cdot \sqrt{1^2 + (-2)^2 + 2^2} = \sqrt{26} \cdot \sqrt{9}$$

$$\underline{\underline{A = 3 \cdot \sqrt{26}}}$$

Das Rechteck ABCD hat einen Flächeninhalt von $3 \cdot \sqrt{26}$.

2.2 Prüfen und Begründen

Aussage A:

Wenn die Vektoren $\vec{a}$ und $\vec{b}$ senkrecht aufeinander stehen sollen, dann muss das Skalarprodukt der beiden Vektoren null ergeben.

$$\vec{a} \circ \vec{b} = \begin{pmatrix} t \\ 0 \\ 0 \end{pmatrix} \circ \begin{pmatrix} 0 \\ t \\ 0 \end{pmatrix} = t \cdot 0 + 0 \cdot t + 0 \cdot 0 = 0$$

Da das Skalarprodukt null ergibt, stehen die beiden Vektoren senkrecht aufeinander.

Die Aussage A ist $\underline{\underline{\text{wahr}}}$.

Aussage B:
Zunächst wird der Vektor $\vec{a} - \vec{b}$ bestimmt:

$$\vec{a} - \vec{b} = \begin{pmatrix} t \\ 0 \\ 0 \end{pmatrix} - \begin{pmatrix} 0 \\ t \\ 0 \end{pmatrix} = \begin{pmatrix} t \\ -t \\ 0 \end{pmatrix}$$

Jetzt wird der Betrag des Vektors ermittelt:

$$|\vec{a} - \vec{b}| = \left| \begin{pmatrix} t \\ -t \\ 0 \end{pmatrix} \right| = \sqrt{t^2 + (-t)^2 + 0^2} = \sqrt{2 \cdot t^2} = \sqrt{2} \cdot |t|$$

Für verschiedene Werte von t ist der Betrag des Vektors $\vec{a} - \vec{b}$ unterschiedlich groß. Der Betrag des Vektors ist somit abhängig vom Parameter t.

Die Aussage B ist falsch.

3 Stochastik

Baumdiagramm
Es werden folgende Abkürzungen verwendet:
r – rote Kugel
g – grüne Kugel

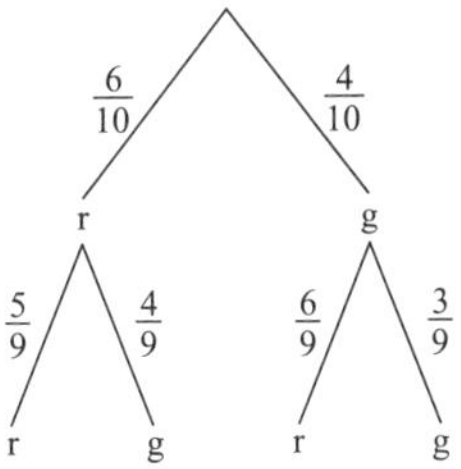

Berechnung der Wahrscheinlichkeiten
Ereignis A:

$$P(A) = P(gg) = \frac{4}{10} \cdot \frac{3}{9} = \frac{12}{90} = \underline{\underline{\frac{2}{15}}}$$

Die Wahrscheinlichkeit, dass genau zwei grüne Kugeln gezogen werden, beträgt $\frac{2}{15}$.

Ereignis B:
Die Berechnung dieses Ereignisses kann durch Addition der einzelnen Wahrscheinlichkeiten erfolgen:

$$P(B) = P(gg) + P(gr) + P(rg) = \frac{4}{10} \cdot \frac{3}{9} + \frac{4}{10} \cdot \frac{6}{9} + \frac{6}{10} \cdot \frac{4}{9} = \frac{2}{15} + \frac{4}{15} + \frac{4}{15} = \frac{10}{15} = \underline{\underline{\frac{2}{3}}}$$

Kürzer wird die Berechnung über das Gegenereignis:

$$P(B) = 1 - P(rr) = 1 - \frac{6}{10} \cdot \frac{5}{9} = 1 - \frac{1}{3} = \underline{\underline{\frac{2}{3}}}$$

Die Wahrscheinlichkeit, dass höchstens eine rote Kugel gezogen wird, beträgt $\frac{2}{3}$.

Gegenereignis
Beispielsweise: Es wird keine rote Kugel gezogen.

Mathematik (Mecklenburg-Vorpommern): Abiturprüfung 2013
Prüfungsteil A – Pflichtaufgaben ohne CAS

A 1 Analysis (25 BE)

Gegeben ist die Funktion f durch die Gleichung

$f(x) = \frac{1}{2}x^3 - 3x^2$ mit $x \in \mathbb{R}$.

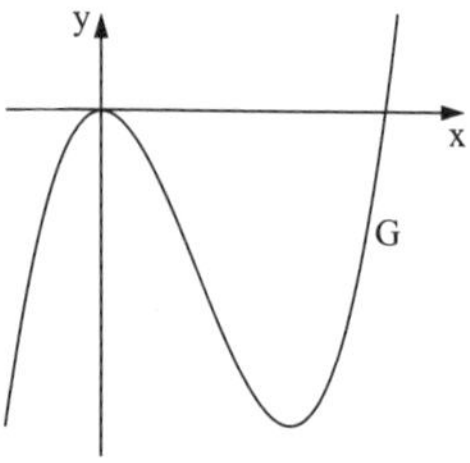

Der Graph ist G (siehe Abbildung).
Der Wendepunkt von G heißt W.
Der lokale Tiefpunkt ist T.
Den Schnittpunkt von G mit der x-Achse für $x > 0$ bezeichnet man mit N.

1.1 Berechnen Sie die Nullstellen der Funktion f sowie die Koordinaten der lokalen Extrempunkte und des Wendepunktes von G.
Weisen Sie die Art der Extrema und die hinreichende Bedingung für die Existenz des Wendepunktes nach.
Geben Sie die benötigten Ableitungsfunktionen an.

1.2 Berechnen Sie den Flächeninhalt des Dreiecks WTN.

1.3 Der Graph G und die x-Achse begrenzen eine Fläche A vollständig.
Die Gerade durch die Punkte W und N teilt die Fläche A in zwei Teilflächen.
Ermitteln Sie das Verhältnis der Inhalte dieser beiden Teilflächen.

1.4 Der Graph G rotiert für $0 \le x \le 6$, $x \in \mathbb{R}$ um die x-Achse.
Berechnen Sie das Volumen des entstehenden Rotationskörpers.
Geben Sie die benötigte Stammfunktion an.

1.5 Es ist t_1 die Tangente an G im Punkt N.
Eine von t_1 verschiedene Tangente t_2 wird an G gelegt, die parallel zu t_1 verläuft.
Bestimmen Sie eine Gleichung für t_2.

1.6 Gegeben ist eine Funktionenschar f_a durch die Gleichung

$f_a(x) = \frac{1}{2}x^3 - 3x^2 + a$ mit $x \in \mathbb{R}$, $a \in \mathbb{R}$.

Geben Sie alle möglichen Anzahlen von Nullstellen in Abhängigkeit vom Wert des Parameters a an.

A 2 Analytische Geometrie und Stochastik (25 BE)

Gegeben ist ein Würfel ABCDEFGH mit den Eckpunkten $A(4|0|0)$, $B(4|4|0)$, $C(0|4|0)$ und $D(0|0|0)$ der Grundfläche sowie $E(4|0|4)$ der Deckfläche. Der Punkt F liegt über B.

2.1 Stellen Sie den Würfel in einem kartesischen Koordinatensystem dar.
Geben Sie die Koordinaten der Punkte F, G und H an.

2.2 Durch die Mittelpunkte M_{EF}, M_{BF} und M_{FG} der Kanten $\overline{EF}$, $\overline{BF}$ und $\overline{FG}$ wird eine Ebene ε gelegt. Die Ebene ε zerlegt den Würfel in zwei Teilkörper.

2.2.1 Ergänzen Sie in Ihrer Darstellung die Schnittfläche $M_{EF}M_{BF}M_{FG}$.

2.2.2 Geben Sie eine Koordinatengleichung von ε an.
Bestimmen Sie die Größe des Schnittwinkels von ε mit der xy-Ebene.
Berechnen Sie den Abstand des Eckpunktes F von der Ebene ε.

2.2.3 Bestimmen Sie das Verhältnis der Flächeninhalte der Seitenfläche $ABM_{BF}M_{EF}E$ zur Schnittfläche $M_{EF}M_{BF}M_{FG}$.

2.2.4 Berechnen Sie das Volumen eines der beiden Teilkörper.

2.3 Der Körper $ABCDEM_{EF}M_{BF}M_{FG}GH$ aus Aufgabe 2.2 wird geworfen und das Ereignis registriert, auf welcher Seitenfläche der Körper zum Liegen kommt. Die Wahrscheinlichkeit des Ereignisses wird allein durch den Flächeninhalt dieser Seitenfläche bestimmt.

2.3.1 Berechnen Sie die Wahrscheinlichkeiten für jedes der sieben möglichen Ereignisse.

2.3.2 Die Wahrscheinlichkeit, dass der Würfel auf der Seitenfläche $M_{EF}M_{BF}M_{FG}$ zum Liegen kommt, wurde mit 4 % empirisch ermittelt.
Die Spielbank bietet folgendes Spiel zu einem Einsatz von 3 € an. Es wird maximal dreimal gewürfelt. Fällt der Würfel auf die Seitenfläche $M_{EF}M_{BF}M_{FG}$, erhält der Spieler 20 € und das Spiel ist beendet.
Untersuchen Sie, ob es sich um ein faires Spiel handelt.

Hinweis: Ein Spiel ist fair, wenn der Erwartungswert für den Gewinn gleich null ist.

A 3 Analysis (25 BE)

Gegeben sind die Funktionen f und g durch die Gleichungen

$$f(x) = \frac{x^3+1}{x^2} = x + \frac{1}{x^2} \quad \text{mit } x \in D_f$$

und

$$g(x) = \frac{1}{4}x + \frac{7}{4} \quad \text{mit } x \in \mathbb{R}.$$

Der Graph von f ist K_1 und der von g ist K_2.

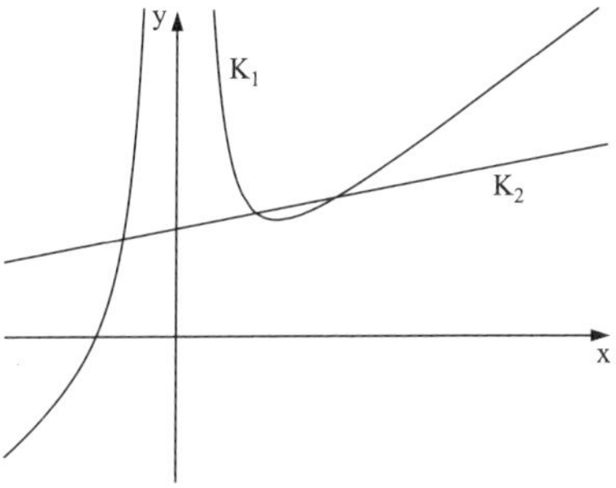

3.1 Geben Sie den Definitionsbereich von f an.
Untersuchen Sie das Verhalten von K_1 im Unendlichen.
Berechnen Sie die Nullstelle von f und die Koordinaten des Extrempunktes von K_1.
Weisen Sie die Art des Extremums nach.
Begründen Sie, dass K_1 keine Wendepunkte besitzt.
Geben Sie die Gleichungen der benötigten Ableitungsfunktionen an.

3.2 Ermitteln Sie die Größe des Winkels, den die Tangente an K_1 im Punkt $R(1 \mid f(1))$ mit der x-Achse bildet.

3.3 Weisen Sie nach, dass die Graphen einander an den Stellen $x_1 = 1$ und $x_2 = 2$ schneiden.
K_1 und K_2 schließen eine Fläche vollständig ein.
Berechnen Sie den Inhalt dieser Fläche.
Geben Sie die Gleichung der benötigten Stammfunktion an.

3.4 Der Punkt $P(u \mid v)$ mit $u > 0$ liegt auf K_1.
Die Parallele zur x-Achse durch den Punkt P schneidet die y-Achse im Punkt A.
Die Parallele zur y-Achse durch den Punkt P schneidet die x-Achse im Punkt B.
Der Koordinatenursprung O sowie die Punkte A und B sind Eckpunkte eines Dreiecks.

Ermitteln Sie den Wert von u so, dass der Flächeninhalt des Dreiecks OAB extremal wird. Weisen Sie die Art des Extremums nach.

3.5 Im Folgenden wird zusätzlich die Funktionenschar h_a mit der Gleichung

$$h_a(x) = -x^2 + x + a \text{ mit } x \in \mathbb{R}, a \in \mathbb{R}$$

betrachtet.
K_1 und der Graph von h_a berühren einander in zwei Punkten.

Berechnen Sie die Koordinaten dieser Berührungspunkte.
Geben Sie den zugehörigen Wert für a an.

Hinweis: In einem Berührungspunkt haben die beiden Graphen den gleichen Anstieg.

Hinweise und Tipps

Teilaufgabe 1.1

- Beachten Sie bei der Nullstellenberechnung, dass ein Produkt null ist, wenn ein Faktor gleich null ist oder beide Faktoren gleichzeitig null sind.
- Verwenden Sie bei der Ermittlung der Extremstellen und der Wendestelle jeweils die notwendige und die hinreichende Bedingung. Berechnen Sie auch die Koordinaten aller Punkte.
- Vergessen Sie nicht, die Ableitungsfunktionen anzugeben.

Teilaufgabe 1.2

- Sie können eine elementargeometrische Formel zur Berechnung des Flächeninhalts eines Dreiecks oder eine Formel aus der analytischen Geometrie benutzen.

Teilaufgabe 1.3

- Berechnen Sie zunächst den Inhalt der Fläche A mithilfe eines bestimmten Integrals, danach den Inhalt der von G und der Geraden durch die Punkte W und N begrenzten Fläche.
- Bilden Sie die Differenz der beiden Flächeninhalte, um den Inhalt der anderen Teilfläche zu erhalten.

Teilaufgabe 1.4

- Zur Berechnung des Rotationsvolumens kennen Sie eine Formel.

Teilaufgabe 1.5

- Bestimmen Sie mit der ersten Ableitung von f den Anstieg der Tangente t_1.
- Berechnen Sie dann die andere Stelle, an der die Funktion f diesen Anstieg besitzt.
- Ermitteln Sie abschließend die Gleichung der Tangente t_2.

Teilaufgabe 1.6

- Vergleichen Sie die Funktionenschar mit der zuvor diskutierten Funktion f.
- Es gibt drei mögliche Anzahlen von Nullstellen.

Teilaufgabe 2.1

- Addieren Sie den Vektor $\overrightarrow{AE}$ zu den Ortsvektoren der Punkte B, C und D.

Teilaufgabe 2.2.2

- Bestimmen Sie mithilfe des Kreuzprodukts einen Normalenvektor der Ebene ε.
- Zur Berechnung des Schnittwinkels benötigen Sie zusätzlich einen Normalenvektor der xy-Ebene.
- Für die Abstandsberechnung stehen Ihnen mehrere Formeln zur Verfügung.

Teilaufgabe 2.2.3

- Veranschaulichen Sie sich das Fünfeck $ABM_{BF}M_{EF}E$ in Ihrer Zeichnung und finden Sie dort ein rechtwinklig-gleichschenkliges Dreieck.
- Das Dreieck $M_{EF}M_{BF}M_{FG}$ ist gleichseitig.

Teilaufgabe 2.2.4

- Die durch die Ebene ε „abgeschnittene Ecke" des Würfels hat die Form einer dreiseitigen Pyramide.
- Den Flächeninhalt der Grundfläche dieser Pyramide haben Sie in Aufgabe 2.2.3 bestimmt, die Höhe der Pyramide in Aufgabe 2.2.2.

Teilaufgabe 2.3.1

- Sie müssen die Flächeninhalte der sieben Teilflächen berechnen und diese Werte jeweils durch die Summe aller Flächeninhalte teilen.
- Unter den Teilflächen gibt es Quadrate, Fünfecke und ein Dreieck.
- Die Flächeninhalte der Fünfecke und des Dreiecks haben Sie in Aufgabe 2.2.3 ermittelt.

Teilaufgabe 2.3.2

- Das Spiel kann als ein maximal dreistufiges Zufallsexperiment interpretiert werden.
- Erstellen Sie ein Baumdiagramm für dieses Zufallsexperiment und bestimmen Sie den Erwartungswert.

Teilaufgabe 3.1

- Beachten Sie für den Definitionsbereich, dass nicht durch null geteilt werden darf.
- Das Verhalten im Unendlichen können Sie an der zweiten Darstellung des Funktionsterms besser erkennen.
- Verwenden Sie bei der Ermittlung der Extremstellen die notwendige und die hinreichende Bedingung. Berechnen Sie auch die Koordinaten des Extrempunktes.
- Zeigen Sie, dass die notwendige Bedingung für Wendestellen nicht erfüllt werden kann.

Teilaufgabe 3.2

- Den Schnittwinkel erhalten Sie mithilfe des Anstiegs der Funktion an der gegebenen Stelle.

Teilaufgabe 3.3

- Bei einer Schnittstelle zweier Graphen müssen die Werte der beiden Funktionen gleich sein.
- Ermitteln Sie den Flächeninhalt als bestimmtes Integral aus der Differenz der Funktionsgleichungen (obere minus untere Funktion).

Teilaufgabe 3.4

- Stellen Sie die Zielfunktion und die Nebenbedingung auf.

Teilaufgabe 3.5

- Ermitteln Sie die Stellen, an denen die Ableitungen von f und h_a gleich groß sind.
- Die y-Koordinaten der Berührungspunkte müssen Sie mit der Gleichung von f bestimmen.

Lösung

A 1 Analysis

Gegeben ist die Funktion f durch die Gleichung

$f(x) = \frac{1}{2}x^3 - 3x^2, \; x \in \mathbb{R}.$

1.1 **Berechnung der Nullstellen**

$0 = \frac{1}{2}x^3 - 3x^2 \qquad |\text{Ausklammern}$

$0 = x^2 \cdot \left(\frac{1}{2}x - 3\right)$

Es gilt, dass ein Produkt null ist, wenn ein Faktor gleich null ist oder beide Faktoren gleichzeitig null sind.

$\underline{\underline{x_{01} = 0}}$

$0 = \frac{1}{2}x - 3 \qquad |\cdot 2 \qquad |+6$

$\underline{\underline{x_{02} = 6}}$

Berechnung der Koordinaten der Extrempunkte und Nachweis ihrer Art

Ermittlung der Ableitungsfunktionen:

$f'(x) = \frac{3}{2}x^2 - 6x; \quad f''(x) = 3x - 6; \quad f'''(x) = 3$

Notwendige Bedingung für die Existenz von Extrempunkten: $f'(x_E) = 0$

$0 = \frac{3}{2}x_E^2 - 6x_E \qquad |\text{Ausklammern}$

$0 = x_E \cdot \left(\frac{3}{2}x_E - 6\right)$

$x_{E1} = 0$

$0 = \frac{3}{2}x_E - 6 \qquad |+6 \qquad |\cdot \frac{2}{3}$

$x_{E2} = 4$

Ergänzend wird für die hinreichende Bedingung $f''(x_E)$ bestimmt:

$f''(0) = 3 \cdot 0 - 6 = -6 < 0 \;\Rightarrow$ An der Stelle x_{E1} befindet sich ein Hochpunkt.

$f''(4) = 3 \cdot 4 - 6 = 6 > 0 \;\Rightarrow$ An der Stelle x_{E2} befindet sich ein Tiefpunkt.

Es werden noch die Funktionswerte an den Stellen x_{E1} und x_{E2} berechnet:

$f(0) = \frac{1}{2} \cdot 0^3 - 3 \cdot 0^2 = 0; \quad f(4) = \frac{1}{2} \cdot 4^3 - 3 \cdot 4^2 = 32 - 48 = -16$

Damit ergeben sich folgende Koordinaten für die Extrempunkte:

$\underline{\underline{H(0|0)}}; \quad \underline{\underline{T(4|-16)}}$

Berechnung der Koordinaten des Wendepunktes und Nachweis seiner Existenz
Notwendige Bedingung für die Existenz von Wendepunkten: $f''(x_W)=0$

$0=3x_W-6 \quad |+6 \quad |:3$

$x_W=2$

Ergänzend wird für die hinreichende Bedingung $f'''(x_W)$ bestimmt:
$f'''(2)=3\neq 0 \quad \Rightarrow$ An der Stelle x_W befindet sich ein Wendepunkt.

Es wird noch der Funktionswert an der Stelle x_W berechnet:

$f(2)=\frac{1}{2}\cdot 2^3-3\cdot 2^2=4-12=-8$

Damit ergeben sich folgende Koordinaten für den Wendepunkt: $\underline{\underline{W(2\,|-8)}}$

1.2 **Berechnung des Flächeninhalts**

Die grafische Darstellung zeigt das Dreieck WTN, wobei zu beachten ist, dass durch die unterschiedlich skalierten Achsen die Darstellung nicht maßstäblich, sondern stark verzerrt erfolgt. Die Koordinaten der Punkte wurden in der Aufgabe 1.1 berechnet:
$W(2\,|-8)$, $T(4\,|-16)$, $N(6\,|\,0)$

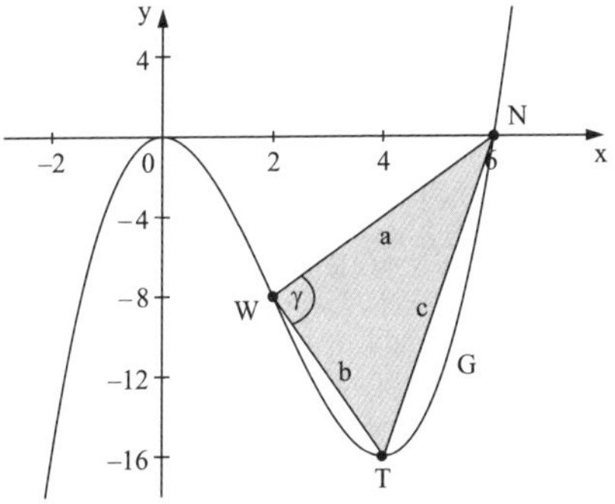

1. Variante:
Der Inhalt einer Dreiecksfläche kann mit der Formel $A=\frac{1}{2}ab\cdot\sin(\gamma)$ berechnet werden, wobei a und b die Längen zweier Seiten und γ die Größe des von diesen Seiten eingeschlossenen Winkels sind. Die Längen der Seiten berechnet man als den Abstand zweier Punkte und die Größe des Winkels mit dem Kosinussatz.

$a=\overline{WN}=\sqrt{(x_N-x_W)^2+(y_N-y_W)^2}=\sqrt{(6-2)^2+(0-(-8))^2}=\sqrt{16+64}$

$a=\sqrt{80}\approx 8{,}94$

$b=\overline{WT}=\sqrt{(x_T-x_W)^2+(y_T-y_W)^2}=\sqrt{(4-2)^2+(-16-(-8))^2}=\sqrt{4+64}$

$b=\sqrt{68}\approx 8{,}25$

$c=\overline{TN}=\sqrt{(x_N-x_T)^2+(y_N-y_T)^2}=\sqrt{(6-4)^2+(0-(-16))^2}=\sqrt{4+256}$

$c=\sqrt{260}\approx 16{,}12$

$c^2=a^2+b^2-2ab\cdot\cos(\gamma) \quad |-a^2-b^2 \quad |:(-2ab)$

$$\cos(\gamma)=\frac{c^2-a^2-b^2}{-2ab}=\frac{260-80-68}{-2\cdot\sqrt{80}\cdot\sqrt{68}}\approx -0{,}759$$

$\gamma\approx 139{,}4°$

$$A=\frac{1}{2}ab\cdot\sin(\gamma)\approx\frac{1}{2}\cdot\sqrt{80}\cdot\sqrt{68}\cdot\sin(139{,}4°)\approx\underline{\underline{24{,}0}}$$

Ergebnis: Der Flächeninhalt des Dreiecks WTN beträgt 24.

2. Variante:
Aus der analytischen Geometrie ist bekannt, dass der Inhalt einer Dreiecksfläche im Raum mit der Formel $A = \frac{1}{2} \cdot |\vec{a} \times \vec{b}|$ berechnet werden kann, wobei $\vec{a}$ und $\vec{b}$ zwei Vektoren sind, die jeweils eine Dreiecksseite beschreiben. Zum Aufstellen der Vektoren benutzt man die x- und y-Koordinaten der Punkte, die z-Koordinaten der Vektoren sind jeweils null.

$$\vec{a} = \overrightarrow{WN} = \begin{pmatrix} 4 \\ 8 \\ 0 \end{pmatrix}; \quad \vec{b} = \overrightarrow{WT} = \begin{pmatrix} 2 \\ -8 \\ 0 \end{pmatrix}$$

$$\vec{a} \times \vec{b} = \overrightarrow{WN} \times \overrightarrow{WT} = \begin{pmatrix} 4 \\ 8 \\ 0 \end{pmatrix} \times \begin{pmatrix} 2 \\ -8 \\ 0 \end{pmatrix} = \begin{pmatrix} 8 \cdot 0 - 0 \cdot (-8) \\ 0 \cdot 2 - 4 \cdot 0 \\ 4 \cdot (-8) - 8 \cdot 2 \end{pmatrix} = \begin{pmatrix} 0 \\ 0 \\ -48 \end{pmatrix}$$

$$A = \frac{1}{2} \cdot \left| \begin{pmatrix} 0 \\ 0 \\ -48 \end{pmatrix} \right| = \frac{1}{2} \cdot \sqrt{0^2 + 0^2 + (-48)^2} = \frac{1}{2} \cdot 48 = \underline{\underline{24}}$$

Ergebnis: Der Flächeninhalt des Dreiecks WTN beträgt 24.

1.3 **Berechnung des Verhältnisses**

Die grafische Darstellung zeigt die Strecke WN, welche die vom Graphen G und der x-Achse begrenzte Fläche teilt. Verschiedene Lösungswege sind denkbar, einer soll gezeigt werden.

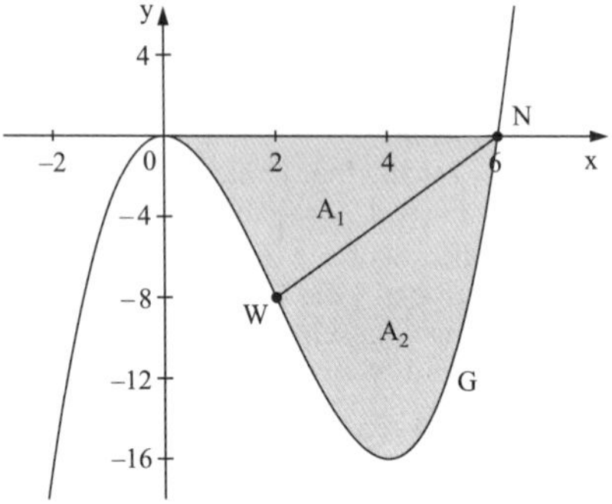

Zunächst wird der Inhalt der gesamten Fläche A berechnet, sodann der Inhalt der Teilfläche A_2. Dafür wird noch eine Gleichung der linearen Funktion benötigt, deren Graph durch W(2|−8) und N(6|0) verläuft. Die Differenz aus A und A_2 ergibt A_1. Abschließend wird das gesuchte Verhältnis bestimmt.

$$A = \left| \int_0^6 f(x)\,dx \right| = \left| \int_0^6 \left(\frac{1}{2}x^3 - 3x^2 \right) dx \right| \qquad \text{|Stammfunktion bilden}$$

$$A = \left| \left[\frac{1}{8}x^4 - x^3 \right]_0^6 \right| \qquad \text{|F(b) − F(a)}$$

$$A = \left| \left(\frac{1}{8} \cdot 6^4 - 6^3 \right) - 0 \right| = |162 - 216| = 54$$

Anstieg der Geraden durch W und N:

$$m = \frac{y_N - y_W}{x_N - x_W} = \frac{0 - (-8)}{6 - 2} = \frac{8}{4} = 2 \quad \Rightarrow \quad y = 2x + n$$

Berechnung des Wertes für n durch Einsetzen der Koordinaten von N in $y_N = 2x_N + n$:

$0 = 2 \cdot 6 + n \qquad |-12$

$n = -12$

$\Rightarrow \quad y_{WN} = 2x - 12$

$$A_2 = \int_2^6 (y_{WN} - f(x))\,dx$$

$$A_2 = \int_2^6 \left((2x - 12) - \left(\frac{1}{2}x^3 - 3x^2 \right) \right) dx \qquad \text{| Klammern auflösen und ordnen}$$

$$A_2 = \int_2^6 \left(-\frac{1}{2}x^3 + 3x^2 + 2x - 12 \right) dx \qquad \text{| Stammfunktion bilden}$$

$$A_2 = \left[-\frac{1}{8}x^4 + x^3 + x^2 - 12x \right]_2^6 \qquad \text{| F(b) – F(a)}$$

$$A_2 = \left(-\frac{1}{8} \cdot 6^4 + 6^3 + 6^2 - 12 \cdot 6 \right) - \left(-\frac{1}{8} \cdot 2^4 + 2^3 + 2^2 - 12 \cdot 2 \right) = 18 + 14 = 32$$

$$A_1 = A - A_2 = 54 - 32 = 22$$

$$\underline{\underline{A_1 : A_2}} = 22 : 32 = 11 : 16 = \underline{\underline{\frac{11}{16}}}$$

1.4 **Berechnung des Rotationsvolumens**

$$V = \pi \cdot \int_0^6 (f(x))^2\,dx = \pi \cdot \int_0^6 \left(\frac{1}{2}x^3 - 3x^2 \right)^2 dx = \pi \cdot \int_0^6 \left(\frac{1}{4}x^6 - 2 \cdot \frac{1}{2}x^3 \cdot 3x^2 + 9x^4 \right) dx$$

$$V = \pi \cdot \int_0^6 \left(\frac{1}{4}x^6 - 3x^5 + 9x^4 \right) dx \qquad \text{| Stammfunktion bilden}$$

$$V = \pi \cdot \left[\frac{1}{28}x^7 - \frac{1}{2}x^6 + \frac{9}{5}x^5 \right]_0^6 \qquad \text{| F(b) – F(a)}$$

$$V = \pi \cdot \left(\left(\frac{1}{28} \cdot 6^7 - \frac{1}{2} \cdot 6^6 + \frac{9}{5} \cdot 6^5 \right) - 0 \right) = \pi \cdot \left(\frac{69\,984}{7} - 23\,328 + \frac{69\,984}{5} \right) \approx \underline{\underline{2\,094}}$$

Ergebnis: Das Volumen des entstehenden Rotationskörpers beträgt 2 094.

1.5 **Bestimmung einer Tangentengleichung**

Die grafische Darstellung zeigt den Graphen G und die Tangenten t_1 und t_2.

Zunächst wird der Anstieg der Funktion f an der Stelle $x = 6$ bestimmt, dies ist zugleich der Anstieg beider Tangenten. Im nächsten Schritt wird die andere Stelle x berechnet, an der die Funktion f diesen Anstieg m noch einmal besitzt. Weiterhin bestimmt man den zugehörigen Funktionswert y von f. Mit diesen drei Werten m, x und y berechnet man den Wert n für die Gleichung $y = m \cdot x + n$ der gesuchten Tangente t_2.

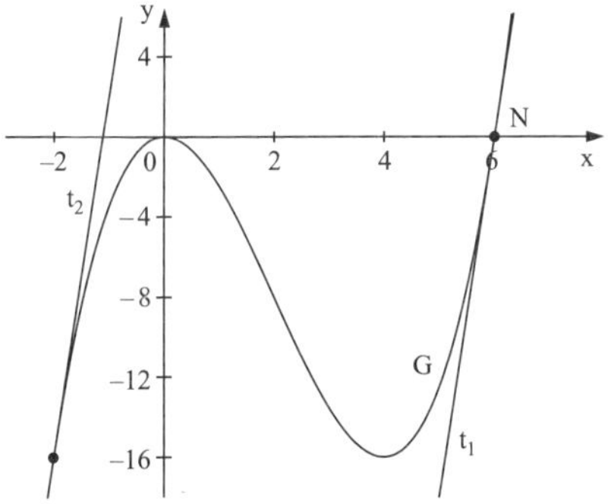

Anstieg der beiden Tangenten:

$$f'(x) = \frac{3}{2}x^2 - 6x$$

$$f'(6) = \frac{3}{2} \cdot 6^2 - 6 \cdot 6 = 18 = m_{t_1} = m_{t_2}$$

Bestimmung der Stelle für t_2:

$$18 = \frac{3}{2}x^2 - 6x \qquad \Big| \cdot \tfrac{2}{3}$$

$$12 = x^2 - 4x \qquad \Big| -12$$

$$0 = x^2 - 4x - 12 \qquad \Big| \text{Lösungsformel für quadratische Gleichungen: } p=-4,\ q=-12$$

$$x_{1;\,2} = -\frac{p}{2} \pm \sqrt{\left(\frac{p}{2}\right)^2 - q}$$

$$x_{1;\,2} = 2 \pm \sqrt{4+12}$$

$x_1 = 2 + \sqrt{16} = 6 \quad \Rightarrow$ An dieser Stelle berührt t_1 den Graphen G.

$x_2 = 2 - \sqrt{16} = -2 \quad \Rightarrow$ An dieser Stelle berührt t_2 den Graphen G.

Bestimmung des Funktionswertes:

$$f(x) = \frac{1}{2}x^3 - 3x^2$$

$$f(-2) = \frac{1}{2} \cdot (-2)^3 - 3 \cdot (-2)^2 = \frac{1}{2} \cdot (-8) - 3 \cdot 4 = -16 = y$$

Ermittlung der Tangentengleichung $y = m \cdot x + n$ durch Einsetzen der Werte für y, m, x:

$$-16 = 18 \cdot (-2) + n = -36 + n \qquad \Big| +36$$

$$n = 20$$

$$\Rightarrow \underline{\underline{y_{t_2} = 18x + 20}}$$

1.6 **Angabe der Anzahlen der Nullstellen**

Die Gleichung der Funktionenschar $f_a(x) = \frac{1}{2}x^3 - 3x^2 + a$ unterscheidet sich von der zuletzt bearbeiteten Funktion f(x) lediglich um den Parameter a, insbesondere erhält man für a = 0 die Funktion f(x).

Geht man vom Graphen G_0 der Funktion $f_0(x) = \frac{1}{2}x^3 - 3x^2 + 0$ aus, bewirkt der Wert a eine Verschiebung von G_0 um a in Richtung der y-Achse. Insbesondere wird der Tiefpunkt $T(4\,|\,-16)$ von G_0 (siehe Lösung der Aufgabe 1.1) bei einer Verschiebung um a = 16 auf der x-Achse liegen.

Die grafische Darstellung verdeutlicht, dass drei mögliche Anzahlen von Nullstellen existieren.

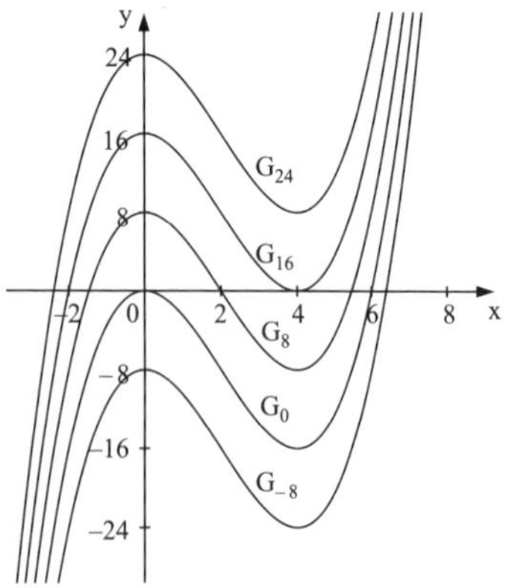

Anzahl der Nullstellen	Wert des Parameters a	Beispiele
2	$a=0$ oder $a=16$	G_0 und G_{16}
3	$0<a<16$	G_8
1	$a<0$ oder $a>16$	G_{-8} und G_{24}

A 2 Analytische Geometrie und Stochastik

2.1 Koordinaten der Punkte F, G und H und Zeichnung

Für die Bestimmung der Koordinaten der Punkte F, G und H wird zunächst der Vektor $\overrightarrow{AE}$ bestimmt und dieser jeweils zu den Ortsvektoren der Punkte B, C und D addiert:

$$\overrightarrow{AE}=\overrightarrow{OE}-\overrightarrow{OA}=\begin{pmatrix}4\\0\\4\end{pmatrix}-\begin{pmatrix}4\\0\\0\end{pmatrix}=\begin{pmatrix}0\\0\\4\end{pmatrix}$$

$$\overrightarrow{OF}=\overrightarrow{OB}+\overrightarrow{AE}=\begin{pmatrix}4\\4\\0\end{pmatrix}+\begin{pmatrix}0\\0\\4\end{pmatrix}=\begin{pmatrix}4\\4\\4\end{pmatrix}\Rightarrow \underline{\underline{F(4|4|4)}}$$

$$\overrightarrow{OG}=\overrightarrow{OC}+\overrightarrow{AE}=\begin{pmatrix}0\\4\\0\end{pmatrix}+\begin{pmatrix}0\\0\\4\end{pmatrix}=\begin{pmatrix}0\\4\\4\end{pmatrix}\Rightarrow \underline{\underline{G(0|4|4)}}$$

$$\overrightarrow{OH}=\overrightarrow{OD}+\overrightarrow{AE}=\begin{pmatrix}0\\0\\0\end{pmatrix}+\begin{pmatrix}0\\0\\4\end{pmatrix}=\begin{pmatrix}0\\0\\4\end{pmatrix}\Rightarrow \underline{\underline{H(0|0|4)}}$$

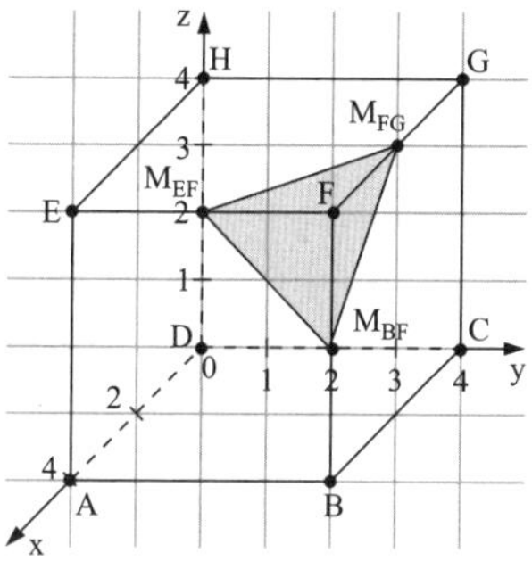

Schneller erhält man die Lösung, wenn man erkennt, dass die Punkte A, B, C und D in der xy-Ebene liegen und die Koordinaten der Deckfläche sich somit lediglich in der z-Koordinate von denen der Grundfläche unterscheiden. Den Unterschied von 4 erkennt man an den Koordinaten von E.

Grafische Darstellung

In der grafischen Darstellung sind sowohl der Würfel aus der Aufgabe 2.1 als auch die Schnittfläche aus der Aufgabe 2.2.1 enthalten.

2.2 Mittelpunkte der Kanten

Für die Lösung der Aufgabe 2.2 werden die Mittelpunkte der Kanten $\overline{EF}$, $\overline{BF}$ und $\overline{FG}$ benötigt. Diese werden wie folgt bestimmt:

Mittelpunkt der Kante $\overline{EF}$:

$$M_{EF}\left(\frac{x_E+x_F}{2}\,\middle|\,\frac{y_E+y_F}{2}\,\middle|\,\frac{z_E+z_F}{2}\right)$$

$$M_{EF}\left(\frac{4+4}{2}\,\middle|\,\frac{0+4}{2}\,\middle|\,\frac{4+4}{2}\right)$$

$$M_{EF}(4|2|4)$$

Die anderen Mittelpunkte werden ebenso bestimmt.

$$M_{BF}\left(\frac{4+4}{2}\,\middle|\,\frac{4+4}{2}\,\middle|\,\frac{0+4}{2}\right) \qquad M_{FG}\left(\frac{4+0}{2}\,\middle|\,\frac{4+4}{2}\,\middle|\,\frac{4+4}{2}\right)$$

$$M_{BF}(4|4|2) \qquad M_{FG}(2|4|4)$$

2.2.1 **Grafische Darstellung**

Die Schnittfläche ist in der Zeichnung für die Aufgabe 2.1 bereits enthalten.

2.2.2 **Koordinatengleichung der Ebene**

Um eine Koordinatengleichung der Ebene ε, in der sich die Punkte M_{EF}, M_{BF} und M_{FG} befinden, zu ermitteln, muss man zunächst einen Normalenvektor dieser Ebene bestimmen. Ein Normalenvektor steht senkrecht auf der Ebene und seine Koordinaten sind die Koeffizienten a, b, c der Koordinatengleichung $a \cdot x + b \cdot y + c \cdot z + d = 0$ dieser Ebene. Ein Normalenvektor kann z. B. als Kreuzprodukt der Vektoren $\overrightarrow{M_{EF}M_{BF}}$ und $\overrightarrow{M_{EF}M_{FG}}$ bestimmt werden.

Für das Kreuzprodukt ergibt sich:

$$\overrightarrow{M_{EF}M_{BF}} \times \overrightarrow{M_{EF}M_{FG}} = \begin{pmatrix} 4-4 \\ 4-2 \\ 2-4 \end{pmatrix} \times \begin{pmatrix} 2-4 \\ 4-2 \\ 4-4 \end{pmatrix} = \begin{pmatrix} 0 \\ 2 \\ -2 \end{pmatrix} \times \begin{pmatrix} -2 \\ 2 \\ 0 \end{pmatrix} = \begin{pmatrix} 2 \cdot 0 - 2 \cdot (-2) \\ -2 \cdot (-2) - 0 \cdot 0 \\ 0 \cdot 2 - (-2) \cdot 2 \end{pmatrix} = \begin{pmatrix} 4 \\ 4 \\ 4 \end{pmatrix}$$

Dieser Normalenvektor kann weiter vereinfacht werden zu:

$$\begin{pmatrix} 4 \\ 4 \\ 4 \end{pmatrix} = 4 \cdot \begin{pmatrix} 1 \\ 1 \\ 1 \end{pmatrix} \quad \Rightarrow \quad \vec{n}_{\varepsilon} = \begin{pmatrix} 1 \\ 1 \\ 1 \end{pmatrix}$$

Werden die Koeffizienten dieses Normalenvektors eingesetzt, so ergibt sich:

$x + y + z + d = 0$

Mit dem Einsetzen der Koordinaten z. B. des Punktes $M_{EF}(4\,|\,2\,|\,4)$ erhält man den Wert von d:

$$4 + 2 + 4 + d = 0 \qquad |-10$$
$$d = -10$$

Damit ergibt sich als eine mögliche Lösung für die Koordinatenform $\underline{\underline{x + y + z - 10 = 0}}$.

Berechnung des Schnittwinkels

Um den Schnittwinkel zwischen der Ebene ε und der xy-Ebene berechnen zu können, benötigt man neben dem gerade berechneten Normalenvektor $\vec{n}_{\varepsilon} = \begin{pmatrix} 1 \\ 1 \\ 1 \end{pmatrix}$ der Ebene ε auch den Normalenvektor $\vec{n}_{xy} = \begin{pmatrix} 0 \\ 0 \\ 1 \end{pmatrix}$ der xy-Ebene.

Zur Berechnung des Winkels wird das Skalarprodukt verwendet:

$$\vec{n}_{\varepsilon} \circ \vec{n}_{xy} = |\vec{n}_{\varepsilon}| \cdot |\vec{n}_{xy}| \cdot \cos\measuredangle(\vec{n}_{\varepsilon}, \vec{n}_{xy})$$

$$\cos\measuredangle(\vec{n}_{\varepsilon}, \vec{n}_{xy}) = \frac{\vec{n}_{\varepsilon} \circ \vec{n}_{xy}}{|\vec{n}_{\varepsilon}| \cdot |\vec{n}_{xy}|}$$

$$\cos\measuredangle(\vec{n}_{\varepsilon}, \vec{n}_{xy}) = \frac{\begin{pmatrix} 1 \\ 1 \\ 1 \end{pmatrix} \circ \begin{pmatrix} 0 \\ 0 \\ 1 \end{pmatrix}}{\left|\begin{pmatrix} 1 \\ 1 \\ 1 \end{pmatrix}\right| \cdot \left|\begin{pmatrix} 0 \\ 0 \\ 1 \end{pmatrix}\right|} = \frac{1 \cdot 0 + 1 \cdot 0 + 1 \cdot 1}{\sqrt{1^2 + 1^2 + 1^2} \cdot \sqrt{0^2 + 0^2 + 1^2}} = \frac{1}{\sqrt{3}} \approx 0{,}577$$

$$\measuredangle(\vec{n}_{\varepsilon}, \vec{n}_{xy}) \approx \underline{\underline{54{,}7°}}$$

Ergebnis: Der Schnittwinkel zwischen den Ebenen beträgt rund 54,7°.

Berechnung des Abstandes

Für die Berechnung des Abstandes des Punktes F von der Ebene ε gibt es verschiedene Möglichkeiten.

1. Variante: $\text{Abstand} = \left| \dfrac{ax + by + cz + d}{\sqrt{a^2 + b^2 + c^2}} \right|$

Im Zähler steht die linke Seite der Ebenengleichung $a \cdot x + b \cdot y + c \cdot z + d = 0$ und im Nenner der Betrag des Normalenvektors, mit dem diese Ebenengleichung erstellt wurde. Beides wurde bereits in der Aufgabe 2.2.2 berechnet ($x + y + z - 10 = 0$ mit $a = b = c = 1$). Für x, y und z werden die Koordinaten des Punktes F(4 | 4 | 4) eingesetzt:

$$\text{Abstand} = \left| \frac{ax + by + cz + d}{\sqrt{a^2 + b^2 + c^2}} \right| = \left| \frac{x + y + z - 10}{\sqrt{3}} \right| = \left| \frac{4 + 4 + 4 - 10}{\sqrt{3}} \right| = \left| \frac{-2}{\sqrt{3}} \right| \approx \underline{\underline{1{,}15}}$$

2. Variante: $\text{Abstand} = \left| (\vec{x} - \vec{p}) \circ \dfrac{\vec{\eta}}{|\vec{\eta}|} \right|$

Der Vektor $\vec{x}$ ist der Ortsvektor zu einem Punkt der Ebene, z. B. $\overrightarrow{OM_{EF}}$. Der Vektor $\vec{p}$ ist der Ortsvektor zum Punkt F und $\vec{\eta}$ ist ein Normalenvektor der Ebene ε.

$$\text{Abstand} = \left| (\overrightarrow{OM_{EF}} - \overrightarrow{OF}) \circ \frac{\vec{\eta}_\varepsilon}{|\vec{\eta}_\varepsilon|} \right| = \left| \left(\begin{pmatrix} 4 \\ 2 \\ 4 \end{pmatrix} - \begin{pmatrix} 4 \\ 4 \\ 4 \end{pmatrix} \right) \circ \frac{\begin{pmatrix} 1 \\ 1 \\ 1 \end{pmatrix}}{\left| \begin{pmatrix} 1 \\ 1 \\ 1 \end{pmatrix} \right|} \right| = \left| \frac{\begin{pmatrix} 0 \\ -2 \\ 0 \end{pmatrix} \circ \begin{pmatrix} 1 \\ 1 \\ 1 \end{pmatrix}}{\sqrt{3}} \right| = \left| \frac{-2}{\sqrt{3}} \right| \approx \underline{\underline{1{,}15}}$$

Ergebnis: Der Punkt F hat von der Ebene ε den Abstand 1,15.

2.2.3 **Verhältnis der Flächeninhalte**

Das Fünfeck $ABM_{BF}M_{EF}E$ ist entstanden aus einer quadratischen Seitenfläche des Würfels mit der Länge $a = 4$. Von diesem Quadrat wurde ein rechtwinkliges Dreieck abgeschnitten, das wiederum gleichschenklig ist. Die Länge der Katheten ist $b = 2$.

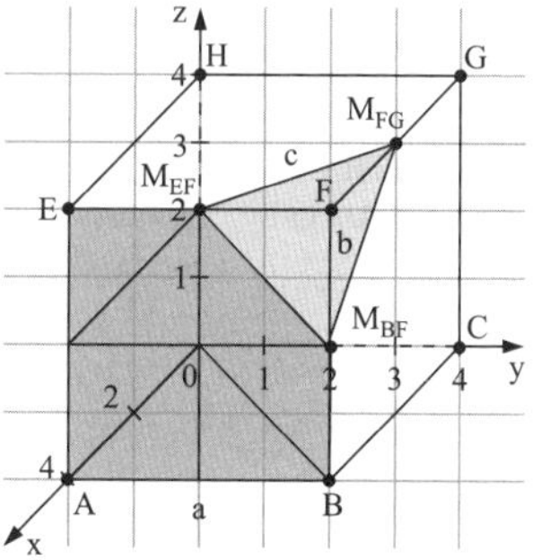

$$A_{\text{Fünfeck}} = a^2 - \frac{1}{2} \cdot b \cdot b = 4^2 - \frac{1}{2} \cdot 2 \cdot 2 = 14$$

Überlegenswert ist auch eine Teilung der quadratischen Seitenfläche in acht kongruente Dreiecke $M_{BF}FM_{EF}$. Fehlt eines davon, so ergibt sich:

$$A_{\text{Fünfeck}} = \frac{7}{8} \cdot a^2 = \frac{7}{8} \cdot 16 = 14$$

Das Dreieck $M_{EF}M_{BF}M_{FG}$ ist ein gleichseitiges Dreieck mit der Seitenlänge c:

$$c = |\overrightarrow{M_{EF}M_{FG}}| = \left| \begin{pmatrix} 2-4 \\ 4-2 \\ 4-4 \end{pmatrix} \right| = \left| \begin{pmatrix} -2 \\ 2 \\ 0 \end{pmatrix} \right| = \sqrt{(-2)^2 + 2^2 + 0^2} = \sqrt{8}$$

$$A_{\text{Dreieck}} = \frac{c^2}{4} \cdot \sqrt{3} = \frac{8}{4} \cdot \sqrt{3} = 2 \cdot \sqrt{3}$$

$$\text{Verhältnis} = \frac{A_{ABM_{BF}M_{EF}E}}{A_{M_{EF}M_{BF}M_{FG}}} = \frac{A_{\text{Fünfeck}}}{A_{\text{Dreieck}}} = \frac{14}{2 \cdot \sqrt{3}} = \frac{7}{\sqrt{3}} = \underline{\underline{7 : \sqrt{3}}}$$

Ergebnis: Das Verhältnis der Seitenfläche zur Schnittfläche beträgt $7 : \sqrt{3}$.

2.2.4 **Volumenberechnung**

Sinnvollerweise wird man das Volumen der durch die Ebene ε „abgeschnittenen Ecke" des Würfels berechnen. Dieser Teilkörper hat die Form einer dreiseitigen Pyramide. Der Flächeninhalt der Grundfläche wurde in der Aufgabe 2.2.3 mit $A_{Dreieck} = 2 \cdot \sqrt{3} \approx 3{,}46$ berechnet.

Die Höhe dieser Pyramide ist gleich dem Abstand des Punktes F von der Ebene ε. Dieser Abstand wurde in der Aufgabe 2.2.2 mit $\frac{2}{\sqrt{3}} \approx 1{,}15$ bestimmt.

Damit wird nun das Volumen der Pyramide ermittelt:

$$\underline{\underline{V}} = \frac{1}{3} A_G \cdot h = \frac{1}{3} \cdot 2 \cdot \sqrt{3} \cdot \frac{2}{\sqrt{3}} = \underline{\underline{\frac{4}{3}}} \approx 1{,}33$$

Ergebnis: Das Volumen des kleineren Teilkörpers beträgt $\frac{4}{3}$.

Zur Ergänzung wird auch das Volumen des größeren Teilkörpers ermittelt:

$$V_{groß} = V_{Würfel} - V_{Pyramide} = a^3 - \frac{4}{3} = 4^3 - \frac{4}{3} = 64 - \frac{4}{3} = \underline{\underline{\frac{188}{3}}} \approx 62{,}67$$

Ergebnis: Das Volumen des größeren Teilkörpers beträgt $62\frac{2}{3}$.

2.3.1 **Berechnung der Wahrscheinlichkeiten**

Zur Berechnung der Wahrscheinlichkeiten müssen die Flächeninhalte der sieben Teilflächen des Körpers berechnet und anschließend durch die Summe der Inhalte aller sieben Teilflächen geteilt werden.

- Drei Teilflächen sind unverändert gebliebene quadratische Seitenflächen des Würfels:
  $A_1 = A_2 = A_3 = a^2 = 4^2 = 16$
- Drei weitere Teilflächen sind Fünfecke, die aus Würfelseiten entstanden, von denen jeweils Dreiecke abgeschnitten wurden. Deren Flächeninhalt wurde in der Aufgabe 2.2.3 berechnet:
  $A_4 = A_5 = A_6 = A_{Fünfeck} = 14$
- Die siebente Teilfläche ist die dreieckige Schnittfläche, deren Inhalt ebenfalls in der Aufgabe 2.2.3 ermittelt wurde:
  $A_{Dreieck} = 2 \cdot \sqrt{3} \approx 3{,}46$

Summe aller sieben Flächeninhalte $= 3 \cdot 16 + 3 \cdot 14 + 2 \cdot \sqrt{3} = 90 + 2 \cdot \sqrt{3} \approx 93{,}46$

Die Wahrscheinlichkeiten werden in einer tabellarischen Übersicht zusammengefasst.

Ereignis X_i	Fläche 1	Fläche 2	Fläche 3
$P(X_i)$	$\frac{A_1}{A_{ges}} \approx \frac{16}{93{,}46} \approx 0{,}171 = \underline{\underline{17{,}1\,\%}}$	$\approx 0{,}171 = \underline{\underline{17{,}1\,\%}}$	$\approx 0{,}171 = \underline{\underline{17{,}1\,\%}}$

Ereignis X_i	Fläche 4	Fläche 5	Fläche 6	Fläche 7
$P(X_i)$	$\frac{A_4}{A_{ges}} \approx \frac{14}{93{,}46} \approx 0{,}150 = \underline{\underline{15{,}0\,\%}}$	$\approx 0{,}150 = \underline{\underline{15{,}0\,\%}}$	$\approx 0{,}150 = \underline{\underline{15{,}0\,\%}}$	$\frac{A_7}{A_{ges}} \approx \frac{3{,}46}{93{,}46} \approx 0{,}037 = \underline{\underline{3{,}7\,\%}}$

2.3.2 **Erwartungswert des Spiels**

Dieses Spiel kann als ein maximal dreistufiges Zufallsexperiment interpretiert werden, wobei es je Stufe zwei Ausgänge gibt: {Gewinn; kein Gewinn}. Im Fall eines Gewinns ist das Spiel sofort beendet. Dazu das Baumdiagramm:

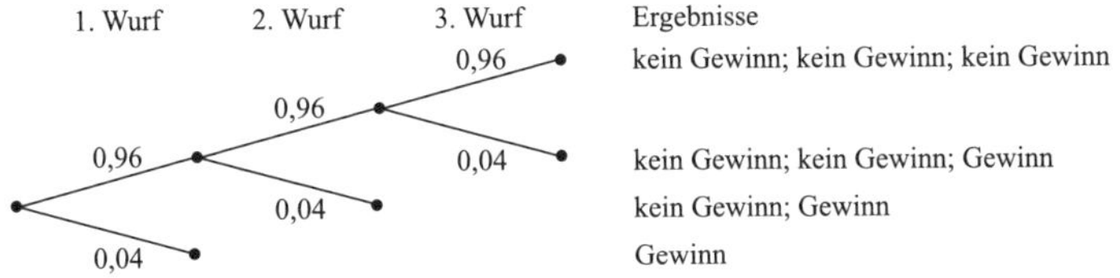

Den Erwartungswert dieser endlichen Zufallsgröße gilt es zu berechnen und anschließend festzustellen, ob dieser gleich dem Einsatz von 3 € ist. Das wiederum würde einem Gewinn von 0 € entsprechen, das Spiel wäre fair.
Der Erwartungswert ist gleich der Summe der Produkte aus den Werten, die den Ergebnissen zugeordnet werden (jeweils 20 € im Gewinnfall, sonst 0 €) und ihren zugehörigen Wahrscheinlichkeiten.

$$\mu = \sum_{i=1}^{4} (x_i \cdot P(X = x_i)) = 0\,€ \cdot 0{,}96^3 + 20\,€ \cdot (0{,}96^2 \cdot 0{,}04 + 0{,}96 \cdot 0{,}04 + 0{,}04) \approx 2{,}31\,€$$

Der Erwartungswert ist mit 2,31 € kleiner als der Einsatz von 3 €.

Ergebnis: Das Spiel ist nicht fair.

A 3 Analysis

Gegeben sind die Funktionen f und g durch die Gleichungen

$$f(x) = \frac{x^3+1}{x^2} = x + \frac{1}{x^2},\ x \in D_f \quad \text{und} \quad g(x) = \frac{1}{4}x + \frac{7}{4},\ x \in \mathbb{R}.$$

3.1 **Angabe des Definitionsbereichs**

Durch das x im Nenner muss der Definitionsbereich eingeschränkt werden, damit die Division durch null verhindert wird.

$$\underline{\underline{D_f: x \in \mathbb{R},\ x \neq 0}}$$

Verhalten im Unendlichen

$$\lim_{x \to \pm\infty} f(x) = \lim_{x \to \pm\infty} \frac{x^3+1}{x^2} = \lim_{x \to \pm\infty} x + \lim_{x \to \pm\infty} \frac{1}{x^2} \qquad \left| \ \frac{1}{x^2} \text{ ist eine Nullfolge.} \right.$$

$$\lim_{x \to \pm\infty} f(x) = \lim_{x \to \pm\infty} x + 0$$

$$\underline{\underline{\lim_{x \to \pm\infty} f(x) = \pm\infty}}$$

Berechnung der Nullstelle

$$0 = f(x_N)$$

$$0 = x_N + \frac{1}{x_N^2} \qquad | \cdot x_N^2$$

$$0 = x_N^3 + 1 \qquad | -1 \qquad | \sqrt[3]{}$$

$$\underline{\underline{x_N = -1}}$$

Berechnung der Koordinaten des Extrempunktes und Nachweis seiner Art

$$f(x) = x + \frac{1}{x^2} = x + x^{-2}$$

Ermittlung der Ableitungsfunktionen:

$$f'(x) = 1 - 2 \cdot x^{-3} = 1 - \frac{2}{x^3}; \quad f''(x) = 6 \cdot x^{-4} = \frac{6}{x^4}$$

Notwendige Bedingung für die Existenz von Extrempunkten: $f'(x_E) = 0$

$$0 = 1 - \frac{2}{x_E^3} \qquad \Big| \cdot x_E^3 \qquad \Big| + 2$$

$$x_E^3 = 2 \qquad \Big| \sqrt[3]{}$$

$$x_E = \sqrt[3]{2} \approx 1{,}26$$

Ergänzend wird für die hinreichende Bedingung $f''(x_E)$ bestimmt:

$$f''(\sqrt[3]{2}) = \frac{6}{(\sqrt[3]{2})^4} > 0 \quad \Rightarrow \quad \text{An der Stelle } x_E \text{ befindet sich ein Tiefpunkt.}$$

Es wird noch der Funktionswert an der Stelle x_E berechnet:

$$f(\sqrt[3]{2}) = \frac{(\sqrt[3]{2})^3 + 1}{(\sqrt[3]{2})^2} = \frac{3}{\sqrt[3]{4}} \approx 1{,}89$$

Damit ergeben sich folgende Koordinaten für den Extrempunkt: $\underline{\underline{T(1{,}26 \mid 1{,}89)}}$

Begründung, dass kein Wendepunkt existiert
Notwendige Bedingung für die Existenz von Wendepunkten: $f''(x_W) = 0$

$$0 = \frac{6}{x_W^4} \qquad \Big| \cdot x_W^4$$

$$0 = 6$$

Ergebnis: Diese Gleichung besitzt keine Lösung, somit existiert kein Wendepunkt.

3.2 **Ermittlung der Größe des Schnittwinkels**
Der Anstiegswinkel α des Graphen einer jeden linearen Funktion mit dem Anstieg m wird bestimmt durch die Beziehung $\tan(\alpha) = m$.
Die Tangente ist eine solche Gerade, ihr Anstieg ist gleich dem Anstieg der Funktion f an der vorgegebenen Stelle $x = 1$ (siehe Abbildung).

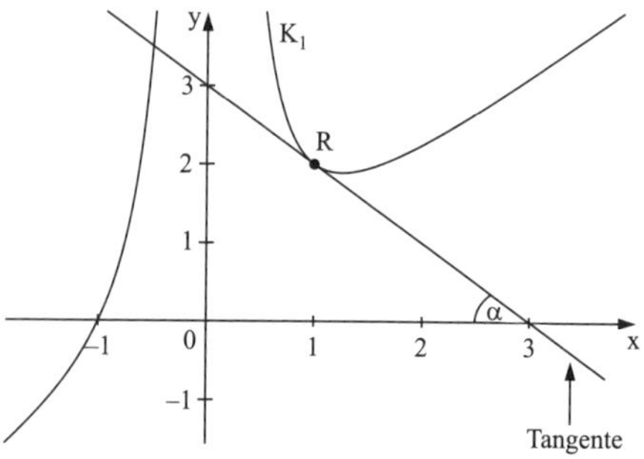

$$f'(1) = 1 - \frac{2}{1^3} = 1 - 2 = -1$$

$$\tan(\alpha) = -1 \qquad \Big| \arctan$$

$$\alpha = -45°$$

Bei Schnittwinkeln werden stets positive Werte angegeben:
$\underline{\underline{\alpha = 45°}}$

3.3 **Nachweis der Schnittstellen**

Zum Nachweis der Schnittstellen $x_1 = 1$ und $x_2 = 2$ müssen die Funktionswerte von f und g an diesen Stellen bestimmt werden. Sind diese paarweise gleich, ist der Nachweis erbracht.

$$f(1) = 1 + \frac{1}{1^2} = 1 + 1 = 2 \qquad g(1) = \frac{1}{4} \cdot 1 + \frac{7}{4} = \frac{8}{4} = 2$$

$$f(2) = 2 + \frac{1}{2^2} = 2 + \frac{1}{4} = 2{,}25 \qquad g(2) = \frac{1}{4} \cdot 2 + \frac{7}{4} = \frac{9}{4} = 2{,}25$$

Ergebnis: Die Graphen schneiden sich an den Stellen $x_1 = 1$ und $x_2 = 2$.

Berechnung des Flächeninhalts

Die grafische Darstellung zeigt die von den Graphen K_1 und K_2 eingeschlossene Fläche.

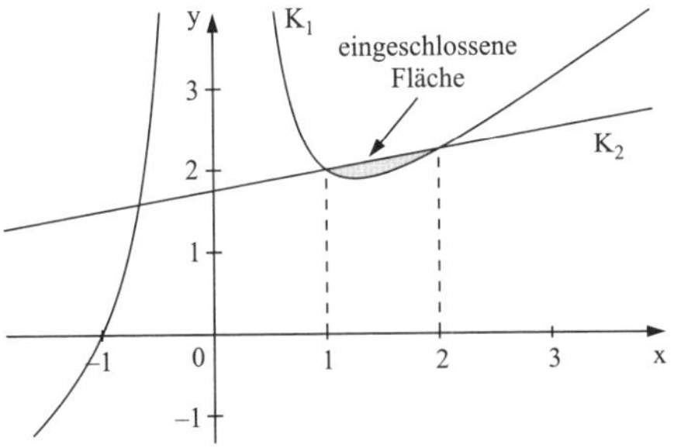

Den Inhalt der Fläche ermittelt man als bestimmtes Integral aus der Differenz der Funktionsgleichungen (obere minus untere Funktion) in den Grenzen von a = 1 bis b = 2.

$$A = \int_1^2 (g(x) - f(x))\, dx$$

$$A = \int_1^2 \left(\left(\frac{1}{4}x + \frac{7}{4} \right) - (x + x^{-2}) \right) dx \qquad \Big| \text{Stammfunktionen bilden}$$

$$A = \left[\left(\frac{1}{8}x^2 + \frac{7}{4}x \right) - \left(\frac{1}{2}x^2 - x^{-1} \right) \right]_1^2 = \left[\left(-\frac{3}{8}x^2 + \frac{7}{4}x + \frac{1}{x} \right) \right]_1^2 \qquad \Big| F(b) - F(a)$$

$$A = \left(-\frac{3}{8} \cdot 2^2 + \frac{7}{4} \cdot 2 + \frac{1}{2} \right) - \left(-\frac{3}{8} \cdot 1^2 + \frac{7}{4} \cdot 1 + \frac{1}{1} \right)$$

$$A = \left(-\frac{3}{2} + \frac{7}{2} + \frac{1}{2} \right) - \left(-\frac{3}{8} + \frac{7}{4} + 1 \right) = \frac{5}{2} - \frac{19}{8} = \frac{1}{8} = \underline{\underline{0{,}125}}$$

Ergebnis: Der Inhalt der eingeschlossenen Fläche beträgt 0,125.

3.4 **Extremwertaufgabe, Berechnung des Wertes von u**

Die grafische Darstellung zeigt den auf K_1 verschiebbaren Punkt P sowie das Dreieck OAB.

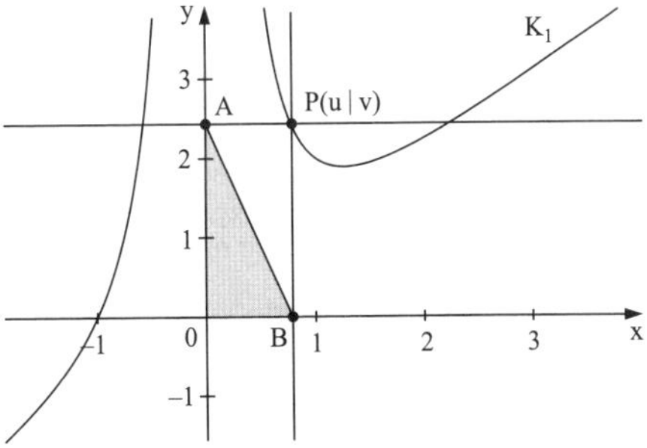

Die Längen a und b der Katheten dieses rechtwinkligen Dreiecks sind zugleich die Koordinaten u und v des Punktes P. Der Inhalt dieses Dreiecks soll extremal werden. Berechnen kann man den Inhalt dieser Fläche mit der Formel:

$$A(u, v) = \frac{1}{2}ab = \frac{1}{2}uv$$

Dies ist zugleich die Zielfunktion.

Als Nebenbedingung gilt

$v = f(u) = u + \frac{1}{u^2},$

denn der Punkt P ist ein Punkt auf K_1, d. h. ein Punkt auf dem Graphen von f.

Einsetzen der Nebenbedingung in die Zielfunktion:

$$A(u) = \frac{1}{2}u \cdot f(u) = \frac{1}{2}u \cdot \left(u + \frac{1}{u^2}\right) = \frac{1}{2}u^2 + \frac{1}{2u} = \frac{1}{2}u^2 + \frac{1}{2}u^{-1}$$

Ermittlung der Ableitungsfunktionen:

$$A'(u) = u - \frac{1}{2}u^{-2} = u - \frac{1}{2u^2}; \quad A''(u) = 1 + u^{-3} = 1 + \frac{1}{u^3}$$

Notwendige Bedingung für die Existenz von Extrempunkten: $A'(u_E) = 0$

$$0 = u_E - \frac{1}{2u_E^2} \qquad \Big| \cdot u_E^2 \qquad \Big| + \frac{1}{2}$$

$$u_E^3 = \frac{1}{2} \qquad \Big| \sqrt[3]{}$$

$$u_E = \frac{1}{\sqrt[3]{2}} \approx 0{,}79$$

Ergänzend wird für die hinreichende Bedingung $A''(u_E)$ bestimmt:

$$A''\left(\frac{1}{\sqrt[3]{2}}\right) = 1 + \frac{1}{\left(\frac{1}{\sqrt[3]{2}}\right)^3} = 1 + \frac{1}{\frac{1}{2}} = 3 > 0 \quad \Rightarrow \quad \text{Minimum}$$

Ergebnis: Für $u_E = 0{,}79$ ist der Flächeninhalt des Dreiecks OAB minimal.

3.5 **Berechnung der Koordinaten der Berührungspunkte**

Die grafische Darstellung zeigt neben K_1 auch den einen Graphen aus der Vielzahl aller Graphen, die zur Funktionenschar h_a gehören, sodass die Bedingung erfüllt ist, dass genau zwei Berührungspunkte B_1 und B_2 entstehen.

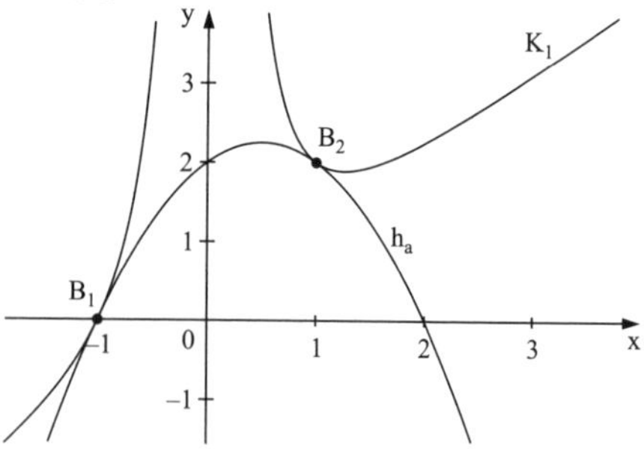

Zur Berechnung der x-Koordinaten von B_1 und B_2 müssen die Stellen ermittelt werden, an denen die Ableitungen von f und h_a gleich groß sind (siehe Hinweis in der Aufgabenstellung). Dazu werden die entsprechenden Funktionsterme gleichgesetzt und die entstehende Gleichung nach x aufgelöst.

$f'(x) = 1 - \frac{2}{x^3}$ (wurde in der Aufgabe 3.1 berechnet)

$h_a(x) = -x^2 + x + a; \quad h_a'(x) = -2x + 1$

$$f'(x) = h_a'(x)$$

$$1 - \frac{2}{x^3} = -2x + 1 \qquad \Big| \cdot x^3$$

$$x^3 - 2 = -2x^4 + x^3 \qquad \Big| -x^3 \qquad \Big| :(-2)$$

$$1 = x^4 \qquad \Big| \sqrt[4]{}$$

$$x_1 = -1 \quad \text{und} \quad x_2 = 1$$

Zur Bestimmung der y-Koordinaten von B_1 und B_2 werden die zu $x_1 = -1$ und $x_2 = 1$ gehörenden Funktionswerte mit der Funktionsgleichung von f bestimmt. Die Gleichung von h_a kann noch nicht verwendet werden, da der Wert von a erst im darauffolgenden Arbeitsschritt berechnet wird.

$$f(-1) = -1 + \frac{1}{(-1)^2} = -1 + 1 = 0 \quad \Rightarrow \quad \underline{\underline{B_1(-1\,|\,0)}}$$

$$f(1) = 1 + \frac{1}{1^2} = 1 + 1 = 2 \quad \Rightarrow \quad \underline{\underline{B_2(1\,|\,2)}}$$

Bestimmung des Wertes für a

In der Funktionsgleichung $h_a(x) = -x^2 + x + a$ muss abschließend der Wert für a bestimmt werden. Dazu nutzt man die Koordinaten einer der beiden Punkte, z. B. $B_2(1\,|\,2)$. Diese werden in die Gleichung eingesetzt und diese sodann nach a aufgelöst:

$$h_a(1) = 2$$

$$-1^2 + 1 + a = 2$$

$$\underline{\underline{a = 2}}$$

B 1 Analysis und Stochastik (20 BE)

Ein Teilbereich des Reitsports ist das Dressurreiten, dieses ist eine olympische Disziplin. Beim Dressurreiten präsentiert sich die gelernte und bestehende Harmonie zwischen Reiter und Pferd im Ausführen der verschiedenen Dressurlektionen. Ein Dressurviereck hat die Form eines Rechteckes mit einer Länge von 40 Metern und einer Breite von 20 Metern. Das Viereck ist mit verschiedenen Punkten markiert. In der Abbildung ist ein Teil des Vierecks dargestellt. 1 LE entspricht 1 m.

Eine Dressurlektion heißt „Durch den Zirkel wechseln“.

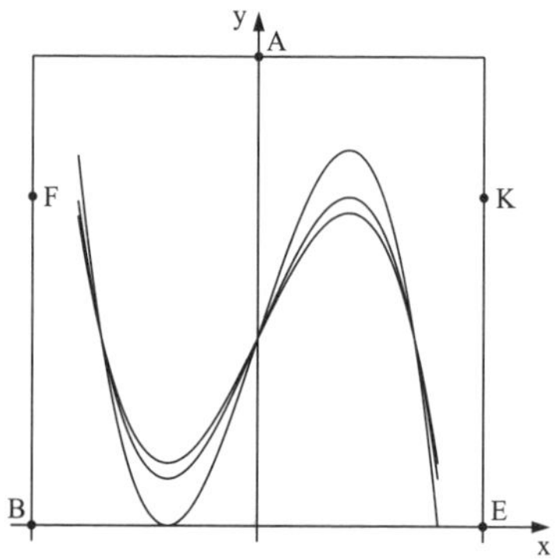

Nicht jedem Reiter gelingt die Ausführung der Lektion exakt, daher werden im Folgenden die Bahnen im oberen Teil des Dressurvierecks durch die Graphen der Funktionenschar f_a mit der Gleichung

$$f_a(x) = -\frac{1}{24}a \cdot x^3 + 2a \cdot x + 8 \text{ mit } x \in \mathbb{R}, a \in \mathbb{R} \text{ und } a > 0$$

dargestellt.

1.1 Bestimmen Sie den Wert für a so, dass der Graph der Funktion f_a die x-Achse in seinem Tiefpunkt berührt.

1.2 Zeigen Sie, dass sich alle Graphen in den Punkten
$P_1(-4\sqrt{3} \mid f_a(-4\sqrt{3}))$, $P_2(0 \mid f_a(0))$ und $P_3(4\sqrt{3} \mid f_a(4\sqrt{3}))$ schneiden.
Ermitteln Sie zwei Parameterwerte a_1 und a_2 so, dass die beiden Graphen der Funktionen f_{a_1} und f_{a_2} eine Fläche mit dem Inhalt von 144 m^2 einschließen.

1.3 Eine weitere Lektion ist „Durch die halbe Bahn wechseln“. Der Reiter reitet entlang der Geraden g durch die Punkte $K(10 \mid 14)$ und $B(-10 \mid 0)$.
Bestimmen Sie den Wert für a so, dass die Tangente im Wendepunkt an den Graphen der Funktion f_a und die Gerade g parallel zueinander sind.

1.4 Bei einem Dressurwettbewerb starten 20 Reiter mit ihren Pferden. Die Pferde werden nach ihren Farben unterschieden: Schimmel, Braune, Füchse und Rappen.

1.4.1 Jede der vier Farben kommt gleich oft vor. Es werden zufällig drei Pferde für eine medizinische Untersuchung ausgewählt und ihre Farbe festgestellt.
Berechnen Sie die Wahrscheinlichkeit dafür, dass hierbei genau drei Rappen ausgewählt werden.

1.4.2 Ein Reiter behauptet, dass aufgrund ihres besonders eleganten Aussehens in der Regel mindestens 40 % Rappen an solchen Wettbewerben teilnehmen.
Die Anzahl der Rappen wird als binomialverteilt angenommen.
Diese Behauptung soll mit einer Irrtumswahrscheinlichkeit von 5 % getestet werden.
Beim nächsten Wettbewerb sind vier der Pferde Rappen.
Prüfen Sie, ob mit diesem Ergebnis die Behauptung bestätigt wird.

Tabelle der Binomialverteilung (Summenfunktion) für $n=20$ und $p=0,4$

k	0	1	2	3	4	5	6
$P(X \leq k)$	0,0000	0,0005	0,0036	0,0160	0,0510	0,1256	0,2500

B 2 Analytische Geometrie (20 BE)

Gegeben sind die Punkte $A(2\,|\,2\,|\,2)$, $B(2\,|\,4\,|\,6)$, die Punkteschar $C_a(4\,|\,6\,|\,a)$ mit $a \in \mathbb{R}$ und die Ebene $E\colon x+2y+3z-7=0$.

2.1 Zeigen Sie, dass es keinen reellen Wert für a gibt, sodass die Punkte A, B und C_a auf einer Geraden liegen.

2.2 Bestimmen Sie den Wert von a, für den C_a von A genauso weit entfernt ist wie A von B.

2.3 Berechnen Sie alle Werte von a, für die der Abstand des Punktes C_a von der Geraden g_{AB} 3 LE beträgt.

2.4 Berechnen Sie den Wert von a so, dass der Flächeninhalt des Dreiecks ABC_a minimal wird.
Geben Sie den minimalen Flächeninhalt an.

2.5 Die Punkte A, B und C_a spannen eine Ebenenschar ε_a auf.
Geben Sie eine Gleichung von ε_a in Koordinatenform an.

2.6 Gegeben ist eine Ebenenschar durch die Gleichung
$\varepsilon_b\colon (b-10)\cdot x+4y-2z=2b-16$ mit $b \in \mathbb{R}$.
Weisen Sie die Gültigkeit folgender Aussagen nach.
a) Es gibt genau eine Ebene ε_b, die senkrecht auf E steht.
b) Es gibt keine Ebene ε_b, die parallel zu E liegt.

Hinweise und Tipps

Teilaufgabe 1.1

- Bestimmen Sie die Stelle, an der sich die Tiefpunkte der Graphen der Funktionen $f_a(x)$ befinden.
- Ermitteln Sie hiermit den Parameter a so, dass die zugehörige Funktion an dieser Stelle eine Nullstelle besitzt.

Teilaufgabe 1.2

- Berechnen Sie die Funktionswerte an den gegebenen Schnittstellen. Was bedeutet es, wenn diese unabhängig von a sind?
- Nutzen Sie für das Flächenproblem die Symmetrie ganzrationaler Funktionen dritten Grades aus. Das vereinfacht die Berechnung des bestimmten Integrals.

Teilaufgabe 1.3

- Berechnen Sie die Wendestelle des Graphen von f_a und den Anstieg der Geraden g.
- Suchen Sie diejenige Funktion der Schar, die an dieser Stelle denselben Anstieg hat.

Teilaufgabe 1.4.1

- Sie können diesen Vorgang als dreistufiges Zufallsexperiment ohne Zurücklegen modellieren.
- Die Wahrscheinlichkeiten in jedem einzelnen Zug berechnen Sie mit dem Laplace-Modell.

Teilaufgabe 1.4.2

- Bestimmen Sie den Ablehnungsbereichs des Tests so, dass seine Gesamtwahrscheinlichkeit kleiner als die geforderte Irrtumswahrscheinlichkeit ist. Benutzen Sie dazu die Tabelle.

Teilaufgabe 2.1

- Betrachten Sie die x-Koordinaten der Punkte A, B und C_a.

Teilaufgabe 2.2

- Berechnen Sie den Abstand der Punkte A und B und den der Punkte A und C_a. Letzterer hängt von a ab.
- Setzen Sie die Terme gleich und lösen Sie die entstehende Gleichung nach a auf.

Teilaufgabe 2.3

- Berechnen Sie den Abstand des Punktes C_a von der Geraden g_{AB} entweder über die Höhe eines Parallelogramms oder mithilfe des Durchstoßpunktes der Geraden durch eine Hilfsebene.

Teilaufgabe 2.4

- Berechnen Sie den Flächeninhalt des Dreiecks ABC_a mithilfe des Kreuzprodukts. Das ist die Zielfunktion der Extremwertaufgabe.

Teilaufgabe 2.5

- Bestimmen Sie mit dem Kreuzprodukt einen Normalenvektor der Ebene ε_a.

Teilaufgabe 2.6

- Zwei Ebenen stehen genau dann senkrecht aufeinander, wenn dies auch auf ihre Normalenvektoren zutrifft. Orthogonalität überprüft man mit dem Skalarprodukt.
- Zwei Ebenen liegen genau dann parallel zueinander, wenn ihre Normalenvektoren linear abhängig, also Vielfache voneinander sind.

Lösung

B 1 Analysis und Stochastik

Gegeben ist die Funktionenschar f_a durch die Gleichung

$$f_a(x) = -\frac{1}{24}ax^3 + 2ax + 8 \text{ mit } x, a \in \mathbb{R}, a > 0.$$

1.1 Tiefpunkt des Graphen der Funktion f_a auf der x-Achse

Zunächst wird die Stelle bestimmt, an der sich die Tiefpunkte der Graphen der Funktionen $f_a(x)$ befinden. Dann wird mit ihrer Hilfe der Parameter a derjenigen Funktion ermittelt, die die geforderten Eigenschaften besitzt.

Der Aufgabenstellung kann man drei Eigenschaften entnehmen:

$f_a'(x_E) = 0$ (Extremum von f_a bei x_E)

$f_a''(x_E) > 0$ (Minimum von f_a bei x_E)

$f_a(x_E) = 0$ (Nullstelle von f_a bei x_E)

Ermittlung der Ableitungsfunktionen:

$$f_a'(x) = -\frac{1}{8}ax^2 + 2a; \quad f_a''(x) = -\frac{1}{4}ax$$

Notwendige Bedingung für die Existenz von Extrempunkten: $f_a'(x_E) = 0$

$$0 = -\frac{1}{8}ax_E^2 + 2a \quad \Big| \cdot 8 \quad \Big| : a$$

$$0 = -x_E^2 + 16 \quad \Big| + x_E^2 \quad \Big| \sqrt{}$$

$$x_{E1} = -4 \quad \text{und} \quad x_{E2} = 4$$

Ergänzend wird für die hinreichende Bedingung $f_a''(x_E)$ bestimmt:

$f_a''(-4) = -\frac{1}{4}a \cdot (-4) = a > 0 \Rightarrow$ An der Stelle x_{E1} befindet sich ein Tiefpunkt.

$f_a''(4) = -\frac{1}{4}a \cdot 4 = -a < 0 \Rightarrow$ An der Stelle x_{E2} befindet sich ein Hochpunkt, x_{E2} entfällt somit.

Bestimmung des Wertes von a:
Die Graphen von f_a haben alle bei $x_{E1} = -4$ ihren Tiefpunkt. Nun gilt es, in der Gleichung von f_a den Wert von a so zu bestimmen, dass wegen der geforderten Nullstelle der Funktionswert von f_a gleich null ist.

$$f_a(-4) = 0$$

$$0 = -\frac{1}{24}a \cdot (-4)^3 + 2a \cdot (-4) + 8 = \frac{64}{24}a - 8a + 8 = \frac{8}{3}a - \frac{24}{3}a + 8$$

$$0 = -\frac{16}{3}a + 8 \quad \Big| + \frac{16}{3}a \quad \Big| \cdot \frac{3}{16}$$

$$\underline{\underline{a}} = \frac{24}{16} = \underline{\underline{\frac{3}{2}}}$$

Ergebnis: Für $a = 1{,}5$ berührt der Graph von f_a die x-Achse in seinem Tiefpunkt.

1.2 **Eingeschlossene Fläche durch zwei der Graphen der Funktionenschar f_a**

Nachweis der Schnittpunkte

1. Variante:

Die Schnittpunkte sind bereits bekannt. Nun gilt es, jeweils die Funktionswerte an diesen Stellen zu berechnen. Sind diese Funktionswerte jeweils unabhängig von a, so haben alle Funktionen f_a an diesen Stellen jeweils denselben Funktionswert, d. h., alle Graphen von f_a schneiden sich jeweils dort.

$$f_a(-4\sqrt{3}) = -\frac{1}{24}a \cdot (-4\sqrt{3})^3 + 2a \cdot (-4\sqrt{3}) + 8$$

$$f_a(-4\sqrt{3}) = -\frac{1}{24}a \cdot (-4\sqrt{3})^2 \cdot (-4\sqrt{3}) - 8a \cdot \sqrt{3} + 8 = \frac{16 \cdot 3 \cdot 4}{24}\sqrt{3} \cdot a - 8a \cdot \sqrt{3} + 8$$

$$f_a(-4\sqrt{3}) = 8\sqrt{3} \cdot a - 8a \cdot \sqrt{3} + 8 = 8 \qquad \Rightarrow \quad P_1(-4\sqrt{3} \mid 8)$$

$$f_a(4\sqrt{3}) = -\frac{1}{24}a \cdot (4\sqrt{3})^3 + 2a \cdot (4\sqrt{3}) + 8$$

$$f_a(4\sqrt{3}) = -\frac{1}{24}a \cdot (4\sqrt{3})^2 \cdot (4\sqrt{3}) + 8a \cdot \sqrt{3} + 8 = -\frac{16 \cdot 3 \cdot 4}{24}\sqrt{3} \cdot a + 8a \cdot \sqrt{3} + 8$$

$$f_a(4\sqrt{3}) = -8\sqrt{3} \cdot a + 8a \cdot \sqrt{3} + 8 = 8 \qquad \Rightarrow \quad P_2(4\sqrt{3} \mid 8)$$

$$f_a(0) = -\frac{1}{24}a \cdot 0^3 + 2a \cdot 0 + 8 = 8 \qquad \Rightarrow \quad P_3(0 \mid 8)$$

Ergebnis: In allen drei Punkten sind die Funktionswerte jeweils unabhängig von a, somit schneiden sich dort alle Graphen.

Es ergibt sich aus der Funktionsart (ganzrational, 3. Grades) und der Skizze, dass es keine weiteren Schnittpunkte gibt.

2. Variante:

Gemeinsame Schnittstellen kann man auch direkt berechnen, indem man fragt, ob es für verschiedene Funktionen f_{a1} und f_{a2} Stellen gibt, an denen die Funktionswerte gleich sind. Die Berechnung der Funktionswerte selbst erübrigt sich dann sogar.

$f_{a1}(x) = f_{a2}(x)$

Diese Gleichung wird nach x aufgelöst.

$$-\frac{1}{24}a_1 \cdot x^3 + 2a_1 \cdot x + 8 = -\frac{1}{24}a_2 \cdot x^3 + 2a_2 \cdot x + 8 \qquad \mid -8 \quad \mid \cdot(-24)$$

$$a_1 \cdot x^3 - 48a_1 \cdot x = a_2 \cdot x^3 - 48a_2 \cdot x \qquad \mid -(a_1 \cdot x^3 - 48a_1 \cdot x)$$

$$0 = a_2 \cdot x^3 - a_1 \cdot x^3 + 48a_1 \cdot x - 48a_2 \cdot x \qquad \mid \text{Ausklammern}$$

$$0 = x \cdot \left(x^2(a_2 - a_1) + 48(a_1 - a_2)\right)$$

Es gilt, dass ein Produkt null ist, wenn ein Faktor gleich null ist oder beide Faktoren gleichzeitig null sind. $\Rightarrow \quad x_1 = 0$

$$0 = x^2(a_2 - a_1) + 48(a_1 - a_2) \qquad \mid : (a_2 - a_1)$$

$$0 = x^2 - 48 \qquad \mid +48 \quad \mid \sqrt{}$$

$$x_2 = \sqrt{48} = \sqrt{16 \cdot 3} = 4 \cdot \sqrt{3}; \quad x_3 = -4 \cdot \sqrt{3}$$

Ergebnis: Es gibt genau diese drei gemeinsamen Schnittpunkte aller Graphen.

Ermittlung der Parameter a_1 und a_2 für das Flächenproblem
Die Abbildung verdeutlicht noch einmal, dass aus Symmetriegründen für ganzrationale Funktionen 3. Grades die Berücksichtigung der halben Fläche im Intervall $x = 0$ bis $x = 4\sqrt{3}$ genügt.

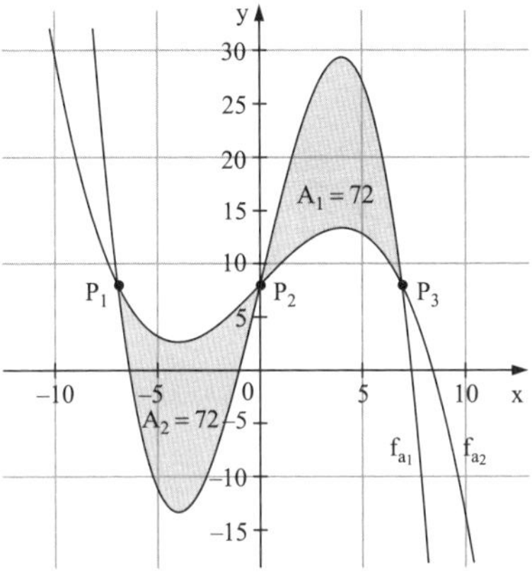

$$A = \frac{144}{2} = 72 = \int_0^{4\sqrt{3}} (f_{a1}(x) - f_{a2}(x))\,dx$$

$$72 = \int_0^{4\sqrt{3}} \left(-\frac{1}{24}a_1x^3 + 2a_1x + 8 - \left(-\frac{1}{24}a_2x^3 + 2a_2x + 8\right)\right)dx$$

$$72 = \int_0^{4\sqrt{3}} \left(-\frac{1}{24}a_1x^3 + \frac{1}{24}a_2x^3 + 2a_1x - 2a_2x\right)dx$$

$$72 = \int_0^{4\sqrt{3}} \left(\frac{1}{24}x^3(a_2 - a_1) + 2x(a_1 - a_2)\right)dx \qquad \mid \text{Stammfunktion bilden}$$

$$72 = \left[\frac{1}{96}x^4(a_2 - a_1) + x^2(a_1 - a_2)\right]_0^{4\sqrt{3}} \qquad \mid F(b) - F(a)$$

$$72 = \frac{1}{96}(4\sqrt{3})^4(a_2 - a_1) + (4\sqrt{3})^2(a_1 - a_2) - 0$$

$$72 = \frac{1}{96}\cdot 256\cdot 9\cdot(a_2 - a_1) + 16\cdot 3\cdot(a_1 - a_2)$$

$$72 = 24(a_2 - a_1) - 48(a_2 - a_1)$$

$$72 = -24(a_2 - a_1) \qquad \mid :(-24) \qquad \mid +a_1$$

$$\underline{\underline{a_2 = a_1 - 3}}$$

Es gibt unendlich viele verschiedene Lösungen.

Ergebnis: Für $a_1 = 4$ erhält man beispielsweise $a_2 = 1$.

1.3 **Ermittlung des Parameters a für das Tangentenproblem**

Zunächst müssen die Wendestelle für f_a und der Anstieg der Geraden g berechnet werden.

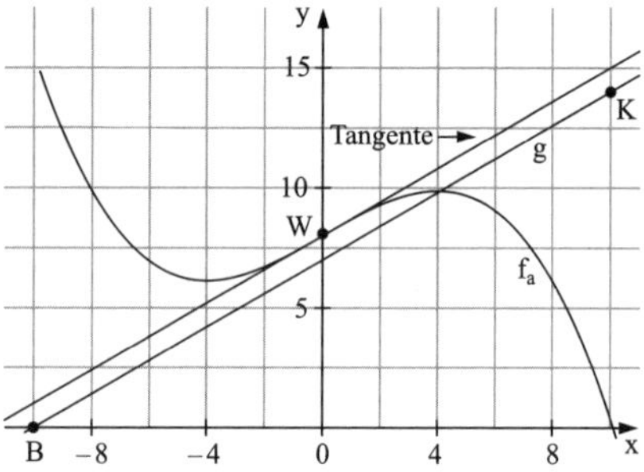

Ermittlung der Ableitungsfunktionen ($f_a'(x)$ und $f_a''(x)$ wurden bereits in der Aufgabe 1.1 bestimmt):

$$f_a'(x) = -\frac{1}{8}ax^2 + 2a$$

$$f_a''(x) = -\frac{1}{4}ax$$

$$f_a'''(x) = -\frac{1}{4}a$$

Notwendige Bedingung für die Existenz von Wendepunkten: $f_a''(x_W) = 0$

$$0 = -\frac{1}{4}ax_W \quad \left| : \left(-\frac{1}{4}a\right)\right.$$

$$x_W = 0$$

Ergänzend wird für die hinreichende Bedingung $f_a'''(x_W)$ bestimmt:

$$f_a'''(0) = -\frac{1}{4}a \neq 0$$

$\Rightarrow$ An der Stelle $x_W = 0$ befindet sich für alle Graphen von f_a ein Wendepunkt.

Anstieg der Geraden g:

$$m = \frac{y_2 - y_1}{x_2 - x_1} = \frac{y_K - y_B}{x_K - x_B} = \frac{14 - 0}{10 - (-10)} = \frac{14}{20} = \frac{7}{10} = 0{,}7$$

Abschließend wird genau die Funktion aus der Funktionenschar f_a gesucht, deren Anstieg bei $x = 0$ gleich 0,7 ist.

$$f_a'(0) = 0{,}7 = -\frac{1}{8}a \cdot 0^2 + 2a = 2a \quad |:2$$

$$\underline{\underline{a = 0{,}35}}$$

Ergebnis: Für $a = 0{,}35$ verläuft die Tangente im Wendepunkt an den Graphen von f_a parallel zur Geraden g.

1.4.1 **Berechnung der Wahrscheinlichkeit**

Stehen 20 Pferde zur Verfügung und jede der 4 Farben kommt gleich oft vor, bedeutet das, anfänglich stehen genau 5 Pferde jeder Farbe zur Auswahl.

Dieser Vorgang kann als ein dreistufiges Zufallsexperiment ohne Zurücklegen modelliert werden, in jedem Zug gibt es die Ergebnisse {Rappe; kein Rappe}. Die Wahrscheinlichkeiten in jedem einzelnen Zug lassen sich gut mit dem Modell Laplace-Experiment berechnen, denn alle zur Verfügung stehenden Pferde werden im jeweiligen Zug mit der gleichen Wahrscheinlichkeit gezogen.

Für den ersten Zug gilt:

$$P(\text{Rappe}) = \frac{\text{Anzahl der günstigen Ergebnisse}}{\text{Anzahl der möglichen Ergebnisse}} = \frac{5}{20} = \frac{1}{4}$$

Entsprechend gilt im zweiten Zug:

$$P(\text{Rappe}) = \frac{4}{19}$$

Und im dritten Zug:

$$P(\text{Rappe}) = \frac{3}{18} = \frac{1}{6}$$

Nach der Pfadregel ist die Wahrscheinlichkeit eines Ergebnisses längs eines Pfades gleich dem Produkt der Einzelwahrscheinlichkeiten:

$$P(\{\text{Rappe; Rappe; Rappe}\}) = \frac{1}{4} \cdot \frac{4}{19} \cdot \frac{1}{6} = \frac{1}{114} \approx 0{,}00877 \approx \underline{\underline{0{,}88\ \%}}$$

Ergebnis: Die Wahrscheinlichkeit dafür, dass genau drei Rappen ausgewählt werden, beträgt rund 0,9 %.

1.4.2 **Prüfung der Annahme**

Beim nächsten Wettbewerb gilt es wiederum, aus 20 Pferden zufällig auszuwählen. Es handelt sich daher um eine 20-malige ($\rightarrow n = 20$) Wiederholung eines Zufallsexperimentes mit genau zwei möglichen Ausgängen: $\Omega = \{\text{Rappe; kein Rappe}\}$. Dabei wird die Anzahl der Rappen gezählt ($\rightarrow k$). Die Wahrscheinlichkeit des Auftretens dieses Ergebnisses wird bei jeder Versuchsdurchführung als konstant angenommen und soll 40 % ($\rightarrow p = 0{,}4$) betragen. Der Erwartungswert für die Anzahl der Rappen kann bei 20 auszuwählenden Pferden mit $E = 20 \cdot 0{,}4 = 8$ leicht berechnet werden. Die größte Wahrscheinlichkeit muss demzufolge bei $k = 8$ liegen.

Es wäre aber nicht überraschend, wenn bei dieser Wahrscheinlichkeit vielleicht auch nur 7 oder noch weniger Rappen ausgewählt werden (vgl. Abbildung). Ebenso könnten es 9 oder sogar noch mehr gewählte Rappen sein, diese „Ausreißer" müssen aber nicht extra betrachtet werden, da in der Behauptung von „mindestens 40 % Rappen" gesprochen wird. Daher erfolgt die Untersuchung mit einem einseitigen Signifikanztest.

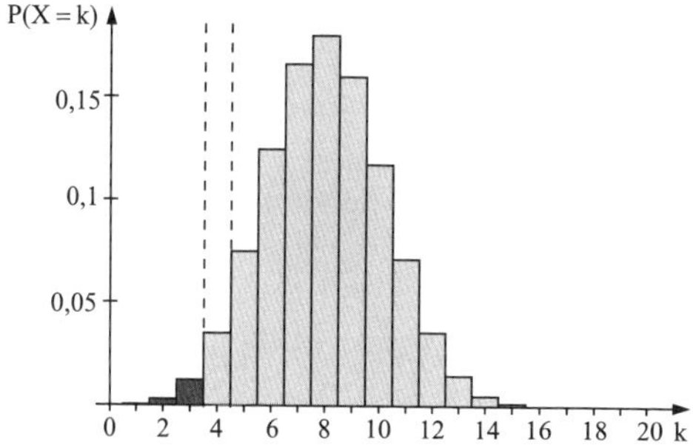

Es ist die Aufgabe eines Tests, mithilfe einer durch eine Berechnung begründeten und festgelegten Entscheidungsregel festzustellen, ob die angenommene Wahrscheinlichkeit der Auswahl von Rappen bestätigt oder nicht bestätigt wird. Eine gewisse Irrtumswahrscheinlichkeit muss dabei akzeptiert werden, diese wird mit 5 % angegeben. Diese Irrtumswahrscheinlichkeit umfasst die Summe aller Wahrscheinlichkeiten im Ablehungsbereich. Diese Summe muss demnach kleiner oder maximal gleich 5 % sein.

Entscheidung:

Eine Irrtumswahrscheinlichkeit von $\alpha \leq 5\ \% = 0{,}05$ kann nur eingehalten werden, wenn der Ablehnungsbereich genau die Menge $\{0; 1; 2; 3\}$ umfasst. Dessen Wahrscheinlichkeit ist mit 1,6 % (siehe Tabelle der Binomialverteilung (Summenfunktion) der Aufgabenstellung) kleiner als die angestrebten 5 %. Würde der Ablehnungsbereich auch $k = 4$ enthalten, stiege dessen Wahrscheinlichkeit auf 5,1 %.

Ergebnis: Vier Pferde bestätigen die Annahme.

Der Ablehnungsbereich umfasst im o. g. Beispiel lediglich 1,6 %. Dieser Wert liegt deutlich unterhalb des angestrebten Wertes von 5 %. Verantwortlich für derartig „große Sprünge“ in sensiblen Entscheidungsbereichen ist der geringe Wert von $n=20$. Aus diesem Grund könnte man sich auch zu einem stärkeren Runden entschließen. Dann würde mit

$$F_{20;\,0,4}(4) = \sum_{k=0}^{4} \left(\binom{20}{k} \cdot 0{,}4^k \cdot 0{,}6^{20-k} \right) \approx 0{,}05$$

die angestrebte Irrtumswahrscheinlichkeit eingehalten werden und man müsste in diesem Fall antworten, dass eine Testanzahl von vier Pferden die Annahme nicht bestätigt.

B 2 Analytische Geometrie

2.1 Begründung, dass die Punkte nicht auf einer Geraden liegen

1. Variante: Begründung anhand der x-Koordinaten
Die x-Koordinaten der Punkte A und B sind gleich: $x_A = x_B = 2$. Demzufolge liegen diese Punkte in einer Ebene, die parallel zur yz-Ebene verläuft und die x-Achse bei $x=2$ schneidet. Wo auch immer ein Punkt C_a liegen mag, in der Ebene der Punkte A und B liegt er nicht, weil die x-Koordinate von C_a gleich vier, also ungleich zwei ist. Die Gerade durch A und B verläuft in der beschriebenen Ebene, aber nie durch C_a.

2. Variante: Lineare Abhängigkeit der Richtungsvektoren
Sollten drei Punkte A, B und C_a auf einer gemeinsamen Geraden liegen, so müssen die drei Richtungsvektoren $\overrightarrow{AB}$, $\overrightarrow{AC_a}$ und $\overrightarrow{BC_a}$ paarweise linear abhängig sein.

Es genügt bereits die Überprüfung der Vektoren $\overrightarrow{AB}$ und $\overrightarrow{AC_a}$:

$$\overrightarrow{AB} = r \cdot \overrightarrow{AC_a}$$

$$\begin{pmatrix} 0 \\ 2 \\ 4 \end{pmatrix} = r \cdot \begin{pmatrix} 2 \\ 4 \\ a-2 \end{pmatrix} \quad \Rightarrow \quad 0 = 2r \quad \Rightarrow \quad \text{keine Lösung}$$

3. Variante: Punktprobe bezüglich einer Geraden
Es wird eine Gleichung der Geraden g_{AB} aufgestellt und überprüft, ob ein Punkt C_a auf dieser Geraden liegt.

$$g_{AB}\colon \begin{pmatrix} x \\ y \\ z \end{pmatrix} = \overrightarrow{OA} + r \cdot \overrightarrow{AB} = \begin{pmatrix} 2 \\ 2 \\ 2 \end{pmatrix} + r \cdot \begin{pmatrix} 0 \\ 2 \\ 4 \end{pmatrix};\; r \in \mathbb{R}$$

Einsetzen der Koordinaten von C_a in die Gleichung der Geraden g_{AB}:

$$\begin{pmatrix} 4 \\ 6 \\ a \end{pmatrix} = \begin{pmatrix} 2 \\ 2 \\ 2 \end{pmatrix} + r \cdot \begin{pmatrix} 0 \\ 2 \\ 4 \end{pmatrix} \quad \Rightarrow \quad \begin{array}{lrcll} \text{I} & 4 & = & 2 & \Rightarrow \text{f. A.} \\ \text{II} & 6 & = & 2+2r & \\ \text{III} & a & = & 2+4r & \end{array}$$

Ergebnis: Die Punkte liegen nicht auf einer gemeinsamen Geraden.

2.2 Bestimmung des Parameters a für das Entfernungsproblem der Punkte

Der Abstand der Punkte A und B bzw. A und C_a wird berechnet, wobei der Abstand von A und C_a von a abhängt. Anschließend werden die Terme gleichgesetzt und die entstehende Gleichung nach a aufgelöst.

$$|\overrightarrow{AB}| = \sqrt{(x_B - x_A)^2 + (y_B - y_A)^2 + (z_B - z_A)^2}$$

$$|\overrightarrow{AB}| = \sqrt{(2-2)^2 + (4-2)^2 + (6-2)^2} = \sqrt{4+16} = \sqrt{20}$$

$$|\overrightarrow{AC_a}| = \sqrt{(x_{C_a} - x_A)^2 + (y_{C_a} - y_A)^2 + (z_{C_a} - z_A)^2}$$

$$|\overrightarrow{AC_a}| = \sqrt{(4-2)^2 + (6-2)^2 + (a-2)^2} = \sqrt{20 + (a-2)^2}$$

$$|\overrightarrow{AB}| = |\overrightarrow{AC_a}|$$

$$\sqrt{20} = \sqrt{20 + (a-2)^2} \qquad |\,()^2$$

$$20 = 20 + (a-2)^2 \qquad |-20 \quad |\sqrt{\ } \quad |+2$$

$$\underline{\underline{a = 2}}$$

2.3 **Bestimmung des Parameters a für das Entfernungsproblem der Geraden**

1. Variante: Alle Punkte C_a unterscheiden sich nur in ihrer z-Koordinate voneinander. Sie liegen daher im Raum auf einer senkrecht zur xy-Ebene verlaufenden Geraden.

Der Vektor $\overrightarrow{AC_a}$ vom Punkt A der Geraden g_{AB} zu einem Punkt C_a und der Richtungsvektor $\overrightarrow{AB}$ der Geraden g_{AB} spannen jeweils ein Parallelogramm auf (im Bild sind zwei davon dargestellt). Für diese Parallelogramme kann man den Flächeninhalt A_P mit dem Betrag des Kreuzproduktes aus diesen beiden Vektoren bestimmen. Gleichzeitig gilt für den Flächeninhalt A_P dieser Parallelogramme:

$A_P = \text{Grundseite} \cdot \text{Höhe}$

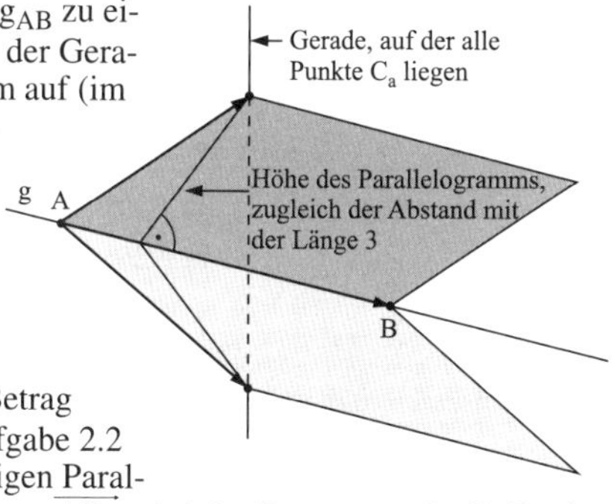

Teilt man den Flächeninhalt A_P durch den Betrag des Richtungsvektors $\overrightarrow{AB}$ (wurde in der Aufgabe 2.2 aufgestellt), erhält man die Höhe des jeweiligen Parallelogramms. Über die Koordinaten des Vektors $\overrightarrow{AC_a}$ wird der Parameter a in die Rechnung eingebracht, sodass schließlich auch die Höhe des Parallelogramms von a abhängt. Somit muss nur noch diese Höhe gleich 3 gesetzt und diese Gleichung dann nach a aufgelöst werden.

Für das Kreuzprodukt ergibt sich:

$$\overrightarrow{AB} \times \overrightarrow{AC_a} = \begin{pmatrix} 0 \\ 2 \\ 4 \end{pmatrix} \times \begin{pmatrix} 2 \\ 4 \\ a-2 \end{pmatrix} = \begin{pmatrix} 2 \cdot (a-2) - 4 \cdot 4 \\ 4 \cdot 2 - 0 \cdot (a-2) \\ 0 \cdot 4 - 2 \cdot 2 \end{pmatrix} = \begin{pmatrix} 2a-20 \\ 8 \\ -4 \end{pmatrix}$$

Für die Höhe eines Parallelogramms ergibt sich:

$$\text{Höhe} = \frac{|\overrightarrow{AB} \times \overrightarrow{AC_a}|}{|\overrightarrow{AB}|} = \frac{\left|\begin{pmatrix} 2a-20 \\ 8 \\ -4 \end{pmatrix}\right|}{\sqrt{20}} = \frac{\sqrt{(2a-20)^2 + 80}}{\sqrt{20}}$$

Berechnung der Parameter $a_{1;\,2}$:

$$\frac{\sqrt{(2a-20)^2 + 80}}{\sqrt{20}} = 3 \qquad |\,()^2 \quad |\cdot 20$$

$$(2a-20)^2 + 80 = 180 \qquad |-80 \quad |\sqrt{\ }$$

$$2a - 20 = \pm 10 \qquad |+20 \quad |:2$$

$$a = 10 \pm 5 \;\Rightarrow\; \underline{\underline{a_1 = 15}} \text{ und } \underline{\underline{a_2 = 5}}$$

2. Variante: Aus dem Richtungsvektor $\overrightarrow{AB}$ der Geraden g_{AB} und den Koordinaten des Punktes C_a wird eine Ebene $E_a: (\vec{x} - \overrightarrow{OC_a}) \circ \vec{r}_g = 0$ gebildet.

Dabei ist der Richtungsvektor der Geraden g_{AB} der Normalenvektor der Ebene. Durch Einsetzen der Gleichung der Geraden g_{AB} für $\vec{x}$ und anschließendem Berechnen des Parameters r kann damit der Durchstoßpunkt F der Geraden g_{AB} durch die Ebene E_a ermittelt werden. Der Abstand des Durchstoßpunktes F vom Punkt C_a entspricht dem gesuchten Abstand. Über die Koordinaten des Vektors $\overrightarrow{OC_a}$ wird der Parameter a in die Rechnung eingebracht, sodass schließlich auch der Abstand von a abhängt. Somit muss nur noch dieser Abstand gleich 3 gesetzt und diese Gleichung dann nach a aufgelöst werden.

Berechnung des Parameters r der Geraden g_{AB}:

$$E_a: (\vec{x} - \overrightarrow{OC_a}) \circ \vec{r}_g = 0$$

$$E_a: \left(\begin{pmatrix}2\\2\\2\end{pmatrix} + r \cdot \begin{pmatrix}0\\2\\4\end{pmatrix} - \begin{pmatrix}4\\6\\a\end{pmatrix}\right) \circ \begin{pmatrix}0\\2\\4\end{pmatrix} = 0$$

$$\begin{pmatrix}-2\\-4+2r\\2-a+4r\end{pmatrix} \circ \begin{pmatrix}0\\2\\4\end{pmatrix} = 0$$

$$0 - 8 + 4r + 8 - 4a + 16r = 0$$

$$-4a + 20r = 0 \qquad |+4a \qquad |:20$$

$$r = \frac{a}{5}$$

Einsetzen in die Geradengleichung:

$$\begin{pmatrix}x\\y\\z\end{pmatrix} = \begin{pmatrix}2\\2\\2\end{pmatrix} + r \cdot \begin{pmatrix}0\\2\\4\end{pmatrix} = \begin{pmatrix}2\\2\\2\end{pmatrix} + \frac{a}{5} \cdot \begin{pmatrix}0\\2\\4\end{pmatrix} = \begin{pmatrix}2\\2+\frac{2}{5}a\\2+\frac{4}{5}a\end{pmatrix} \Rightarrow F\left(2 \,\middle|\, 2+\frac{2}{5}a \,\middle|\, 2+\frac{4}{5}a\right)$$

Abstand des Durchstoßpunktes F vom Punkt C_a:

$$|\overrightarrow{FC_a}| = \left|\begin{pmatrix}4-2\\6-\left(2+\frac{2}{5}a\right)\\a-\left(2+\frac{4}{5}a\right)\end{pmatrix}\right| = \sqrt{2^2 + \left(4-\frac{2}{5}a\right)^2 + \left(-2+\frac{1}{5}a\right)^2}$$

$$\sqrt{2^2 + \left(4-\frac{2}{5}a\right)^2 + \left(-2+\frac{1}{5}a\right)^2} = 3 \qquad |(\,)^2$$

$$4 + 16 - \frac{16}{5}a + \frac{4}{25}a^2 + 4 - \frac{4}{5}a + \frac{1}{25}a^2 = \frac{1}{5}a^2 - 4a + 24 = 9 \qquad |-9 \qquad |\cdot 5$$

$$a^2 - 20a + 75 = 0 \qquad |\text{Lösungsformel}$$

$$a_{1;2} = 10 \pm \sqrt{100-75} = 10 \pm 5 \Rightarrow \underline{\underline{a_1 = 15}} \text{ und } \underline{\underline{a_2 = 5}}$$

2.4 **Berechnung des Parameters a für das Extremwertproblem der Fläche**

Folgende Überlegung führt zur Berechnung des Flächeninhaltes des Dreiecks ABC_a: Durch die Vektoren $\overrightarrow{AB}$ und $\overrightarrow{AC_a}$ wird jeweils ein Parallelogramm aufgespannt. Der Betrag des Kreuzproduktes aus $\overrightarrow{AB}$ und $\overrightarrow{AC_a}$ (wurde bereits in der 1. Variante der

Aufgabe 2.3 berechnet) ist ein Maß für den Flächeninhalt dieser Parallelogramme. Der Flächeninhalt der Dreiecke ABC_a ist halb so groß wie der Flächeninhalt der Parallelogramme. Damit ergibt sich für den Flächeninhalt A eines Dreiecks ABC_a:

$$A(a) = \frac{1}{2} \cdot |\overrightarrow{AB} \times \overrightarrow{AC_a}| = \frac{1}{2} \cdot \left| \begin{pmatrix} 2a-20 \\ 8 \\ -4 \end{pmatrix} \right| = \frac{1}{2} \cdot \sqrt{(2a-20)^2 + 80}$$

Damit ist zugleich die Zielfunktion dieser Extremwertaufgabe bekannt.

Berechnung der Koordinate der Extremstelle:

$$A(a) = \frac{1}{2} \cdot \sqrt{(2a-20)^2 + 80} = \frac{1}{2} \cdot \sqrt{4a^2 - 80a + 480} = \frac{1}{2} \cdot \sqrt{4 \cdot (a^2 - 20a + 120)}$$

$$A(a) = \frac{1}{2} \cdot 2 \cdot \sqrt{a^2 - 20a + 120} = \sqrt{a^2 - 20a + 120} = (a^2 - 20a + 120)^{\frac{1}{2}}$$

Bestimmung der Ableitungsfunktionen:
Für die Bestimmung der Ableitungsfunktionen wird die Kettenregel verwendet, darüber hinaus benötigt man für die zweite Ableitungsfunktion auch die Quotientenregel.

$$A'(a) = \frac{1}{2} \cdot (a^2 - 20a + 120)^{-\frac{1}{2}} \cdot (2a - 20)$$

$$A'(a) = (a^2 - 20a + 120)^{-\frac{1}{2}} \cdot (a - 10)$$

$$A'(a) = \frac{a - 10}{\sqrt{a^2 - 20a + 120}}$$

$$A''(a) = \frac{1 \cdot \sqrt{a^2 - 20a + 120} - (a-10) \cdot \frac{1}{2} \cdot (a^2 - 20a + 120)^{-\frac{1}{2}} \cdot (2a - 20)}{a^2 - 20a + 120}$$

$$A''(a) = \frac{\frac{a^2 - 20a + 120}{\sqrt{a^2 - 20a + 120}} - \frac{(a-10) \cdot \frac{1}{2} \cdot (2a - 20)}{\sqrt{a^2 - 20a + 120}}}{a^2 - 20a + 120}$$

$$A''(a) = \frac{a^2 - 20a + 120 - (a-10) \cdot (a-10)}{\sqrt{a^2 - 20a + 120} \cdot (a^2 - 20a + 120)}$$

$$A''(a) = \frac{20}{\sqrt{(a^2 - 20a + 120)^3}}$$

Notwendige Bedingung für die Existenz von Extrempunkten: $A'(a_E) = 0$

$$0 = \frac{a_E - 10}{\sqrt{a_E^2 - 20a_E + 120}} \quad \Big| \cdot \sqrt{a_E^2 - 20a_E + 120}$$

$$0 = a_E - 10 \quad \Big| +10$$

$$a_E = 10$$

Ergänzend wird für die hinreichende Bedingung $A''(a_E)$ bestimmt:

$$A''(10) = \frac{20}{\sqrt{(100 - 200 + 120)^3}} = \frac{20}{\sqrt{20^3}} = \frac{\sqrt{5}}{10} > 0$$

Damit ist der Flächeninhalt bei $\underline{\underline{a_E = 10}}$ minimal.

Berechnung des Flächeninhaltes:

$$\underline{\underline{A_{min}}} = A(10) = \frac{1}{2} \cdot \sqrt{(2 \cdot 10 - 20)^2 + 80} = \frac{1}{2} \cdot \sqrt{80} = 2 \cdot \sqrt{5} \approx \underline{\underline{4,47}}$$

Ergebnis: Für a = 10 wird der Inhalt der Dreiecksfläche minimal, er beträgt dann 4,47.

2.5 **Gleichung der Ebenenschar**

Für die Koordinatengleichung wird ein Normalenvektor der Ebenen benötigt. Ein Normalenvektor steht dann jeweils senkrecht auf einer Ebene der Schar und seine Koordinaten sind die Koeffizienten a, b, c der Koordinatengleichung $a \cdot x + b \cdot y + c \cdot z + d = 0$ dieser Ebene. Ein Normalenvektor kann z. B. als Kreuzprodukt der Vektoren $\overrightarrow{AB}$ und und $\overrightarrow{AC_a}$ bestimmt werden.

Dieses wurde bereits in der 1. Variante der Aufgabe 2.3 berechnet:

$$\overrightarrow{AB} \times \overrightarrow{AC_a} = \begin{pmatrix} 2a-20 \\ 8 \\ -4 \end{pmatrix} = 2 \cdot \begin{pmatrix} a-10 \\ 4 \\ -2 \end{pmatrix}$$

Werden die Koordinaten dieses Normalenvektors eingesetzt, so ergibt sich:

$(a-10) \cdot x + 4y - 2z + d = 0$

Mit dem Einsetzen der Koordinaten z. B. des Punktes A erhält man den Wert von d:

$(a-10) \cdot 2 + 4 \cdot 2 - 2 \cdot 2 + d = 0$

$$2a - 20 + 8 - 4 + d = 0 \quad \Rightarrow \quad d = 16 - 2a$$

Damit ergibt sich als eine mögliche Lösung für die Koordinatengleichung der Ebenenschar ε_a:

$$\underline{\underline{(a-10) \cdot x + 4y - 2z + 16 - 2a = 0}}$$

2.6 **Gültigkeit der Aussagen**

Den gegebenen Koordinatengleichungen von ε_b und E kann man die Koordinaten der zugehörigen Normalenvektoren entnehmen.

$$\vec{n}_{\varepsilon_b} = \begin{pmatrix} b-10 \\ 4 \\ -2 \end{pmatrix} \qquad \vec{n}_E = \begin{pmatrix} 1 \\ 2 \\ 3 \end{pmatrix}$$

a) Stehen zwei Ebenen senkrecht aufeinander, so trifft dies auch auf die Normalenvektoren zu. Zwei Vektoren sind orthogonal zueinander, wenn ihr Skalarprodukt gleich null ist.

$$\vec{n}_{\varepsilon_b} \circ \vec{n}_E = \begin{pmatrix} b-10 \\ 4 \\ -2 \end{pmatrix} \circ \begin{pmatrix} 1 \\ 2 \\ 3 \end{pmatrix} = b - 10 + 8 - 6 = b - 8 = 0 \quad \Rightarrow \quad b = 8$$

Ergebnis: Nur für b = 8 steht eine Ebene ε_b senkrecht auf E.

b) Liegen zwei Ebenen parallel zueinander, so sind ihre Normalenvektoren linear abhängig.

$$\vec{n}_{\varepsilon_b} = r \cdot \vec{n}_E \quad \Rightarrow \quad \begin{pmatrix} b-10 \\ 4 \\ -2 \end{pmatrix} = r \cdot \begin{pmatrix} 1 \\ 2 \\ 3 \end{pmatrix} \quad \Rightarrow \quad \begin{array}{lll} \text{I} & b-10 = r & \\ \text{II} & 4 \quad = 2r & \Rightarrow \quad r = 2 \\ \text{III} & -2 \quad = 3r & \Rightarrow \quad r = -\frac{2}{3} \end{array} \quad \Rightarrow \quad 2 \neq -\frac{2}{3}$$

Ergebnis: Es gibt keine Ebene ε_b, die parallel zu E liegt.

Mathematik (Mecklenburg-Vorpommern): Abiturprüfung 2013
Prüfungsteil A – Pflichtaufgaben mit CAS

A 1 Analysis

1.1 Eine ganzrationale Funktion g dritten Grades hat die folgenden Eigenschaften.
Der Graph der Funktion g verläuft durch den Koordinatenursprung sowie durch die Punkte $A\left(2 \mid \frac{12}{5}\right)$ und $B\left(\frac{5}{3} \mid \frac{50}{27}\right)$.
Die Tangente an den Graphen von g im Punkt B hat die Gleichung $y = \frac{5}{3}x - \frac{25}{27}$.
Bestimmen Sie eine Gleichung der Funktion g.

1.2 Gegeben ist die Funktion f durch die Gleichung $f(x) = -\frac{1}{5}x^3 + x^2$ mit $x \in \mathbb{R}$.

1.2.1 Zeichnen Sie den Graphen von f im Intervall $-1 \le x \le 6$ in ein geeignetes Koordinatensystem.
Geben Sie die Nullstellen der Funktion f an.
Berechnen Sie die Koordinaten der Extrem- und Wendepunkte des Graphen von f.
Bestimmen Sie die Art der Extrema.
Auf den Nachweis der Existenz des Wendepunktes kann verzichtet werden.

1.2.2 Durch die Punkte $O(0 \mid 0)$, $P(u \mid 0)$, $Q(u \mid f(u))$ und $R(0 \mid f(u))$ mit $0 < u < 5$ wird ein Rechteck eindeutig festgelegt.
Bestimmen Sie den Wert von u so, dass der Flächeninhalt des Rechtecks maximal wird.
Geben Sie den Flächeninhalt dieses Rechtecks an.

1.2.3 Weiterhin ist die Funktionenschar h_t mit der Gleichung $h_t(x) = -t \cdot x^3 \cdot e^{-x}$ mit $x \in \mathbb{R}$ und $t \in \mathbb{N}$ gegeben.
Die Graphen von f, h_t und die Gerade $x = 5$ schließen für $x \ge 0$ jeweils eine Fläche vollständig ein.
Bestimmen Sie den Inhalt und den Umfang der Fläche für $t = 2$.
Für größer werdendes t nimmt der Inhalt der Fläche zu.
Ermitteln Sie, für welchen Wert von t dieser Inhalt erstmals größer als 55 FE ist.

A 2 Analytische Geometrie

2 Die Dachfläche eines Bürogebäudes ist bestimmt durch die Punkte ABCDE.
In einem kartesischen Koordinatensystem besitzen die Punkte A, B, C, D und E folgende Koordinaten: $A(8 \mid 0 \mid 6)$, $B(8 \mid 2 \mid 5)$, $C(2 \mid 8 \mid 5)$, $D(0 \mid 8 \mid 6)$ und $E(0 \mid 0 \mid 10)$.
Der Punkt O liegt im Koordinatenursprung.
(1 LE = 1 m)

2.1 Geben Sie eine Gleichung der Ebene ε an, in der die Punkte A, D und E liegen.
Weisen Sie nach, dass die Punkte B und C in der Ebene ε liegen.
Zeichnen Sie die Dachfläche in ein geeignetes Koordinatensystem.

2.2 Die Dachfläche wird durch eine Stütze OP abgesichert. Der Punkt P liegt innerhalb der Dachfläche. Die Strecke $\overline{OP}$ verläuft senkrecht zur Dachfläche.
Berechnen Sie die Koordinaten des Punktes P.

2.3 Es gibt einen Pfeiler OE.

Berechnen Sie den Winkel zwischen diesem Pfeiler und der Dachfläche.

2.4 Ermitteln Sie den Inhalt der Dachfläche.

2.5 Gegeben ist die Gerade g mit $\vec{x} = \begin{pmatrix} 0 \\ 0 \\ 10 \end{pmatrix} + t \cdot \begin{pmatrix} 1 \\ 1 \\ -1 \end{pmatrix}$ mit $t \in \mathbb{R}$.

Zeichnen Sie die Gerade g in das Koordinatensystem aus 2.1 ein.

Weisen Sie nach, dass die Gerade g Symmetrieachse des Fünfecks ABCDE ist.

A 3 Analysis und Stochastik

3 Kondensatoren sind Bauelemente zur Speicherung von elektrischen Ladungen. Zur Bestimmung der Ladung eines Kondensators gibt es verschiedenen Möglichkeiten. Ein Verfahren ist die zeitliche Ermittlung des Entladestromes. Während eines Versuches wurden die folgenden Werte aufgenommen. Dabei bedeutet t die Zeit in Sekunden, die seit Versuchsbeginn verstrichen ist, und I die zum Zeitpunkt t gemessene Stromstärke in Milliampere (mA).

t in s	0	10	20	30	40	50	60	70
I in mA	60	36	22	13	8	5	3	1,8

3.1 Stellen sie die Wertepaare dieser Tabelle in einem Koordinatensystem grafisch dar. Der Zusammenhang zwischen t und I kann durch Funktionen näherungsweise beschrieben werden.
Ermitteln Sie durch folgende Regressionen die Gleichung solcher Näherungsfunktionen.
$I = f_1(t)$ … lineare Regression
$I = f_2(t)$ … Regressionsfunktion vierten Grades
$I = f_3(t)$ … exponentielle Regression

Beurteilen Sie die Brauchbarkeit der ermittelten Funktionen hinsichtlich der Darstellung der Messwerte als auch der weiteren Veränderung der Stromstärke mit zunehmender Zeit.

3.2 Der zeitliche Verlauf der Stromstärke kann durch eine Funktion f mit der Gleichung $f(x) = 60 \cdot e^{-\frac{x}{k}}$ mit $x \geq 0$, $x \in \mathbb{R}$ und $k = 20$ beschrieben werden. Dabei ist x die Maßzahl der Zeit und k eine vom elektrischen Widerstand und der Kapazität abhängige Konstante.

3.2.1 Bestimmen Sie die Maßzahl der Stromstärke zum Zeitpunkt $x = 15$.

Ermitteln Sie den Zeitpunkt x, zu dem die Maßzahl der Stromstärke 10 beträgt.

3.2.2 Die Maßzahl des Flächeninhaltes zwischen dem Graphen von f und der x-Achse im ersten Quadraten entspricht der Maßzahl der vom Kondensator abgegebenen Ladung. Berechnen Sie diesen Wert für den Zeitraum $0 \leq x \leq 70$.

Untersuchen Sie, ob der Inhalt der Fläche für unbegrenzt wachsendes x beliebig groß werden kann.

3.3.1 Es ist bekannt, dass bei der Produktion von Kondensatoren 7 % fehlerhaft sind. Der laufenden Produktion werden zufällig 500 Kondensatoren entnommen und auf Funktionstüchtigkeit überprüft.

Begründen Sie, dass diese Entnahme als Bernoulli-Kette betrachtet werden darf.

Berechnen Sie die Anzahl der defekten Kondensatoren, die zu erwarten ist.

Berechnen Sie für die folgenden Ereignisse jeweils die Wahrscheinlichkeit.
A: Genau 30 Kondensatoren sind defekt.
B: Höchstens 40 Kondensatoren sind defekt.
C: Die Anzahl der Kondensatoren ohne Fehler ist größer als 460, aber kleiner als 470.

3.3.2 Ein Produzent behauptet, seine Kondensatoren seien zu höchsten 4 % fehlerhaft. Es werden zufällig 1000 Kondensatoren ausgewählt und überprüft. Bei dieser Kontrolle werden 48 defekte Kondensatoren festgestellt.
Prüfen sie, ob man der Aussage des Produzenten mit einer Irrtumswahrscheinlichkeit von höchstens 5 % vertrauen kann.

Hinweise und Tipps

Teilaufgabe 1.1

- Die allgemeine Gleichung einer ganzrationalen Funktion dritten Grades hat vier Parameter.
- Aus den gegebenen Eigenschaften können Sie vier Gleichungen aufstellen.
- Lösen Sie das Gleichungssystem mit Ihrem CAS.

Teilaufgabe 1.2.1

- Stellen Sie den Graphen zunächst mit dem CAS dar und übertragen Sie ihn dann.
- Besorgen Sie sich dazu die Koordinaten möglichst vieler geeigneter Punkte des Graphen.
- Verwenden Sie bei der Ermittlung der Extremstellen und der Wendestelle jeweils die notwendige, bei den Extrema auch die hinreichende Bedingung. Berechnen Sie auch die Koordinaten aller Punkte.

Teilaufgabe 1.2.2

- Stellen Sie die Zielfunktion (Flächeninhalt des Rechtecks) und die Nebenbedingung (Q liegt auf dem Graphen von f) auf.
- Setzen Sie die Nebenbedingung in die Zielfunktion ein und lösen Sie die Extremwertaufgabe mit dem CAS.
- Geben Sie auch den maximalen Flächeninhalt an.

Teilaufgabe 1.2.3

- Den Inhalt der Fläche berechnen Sie mit einem bestimmten Integral.
- Für den Umfang müssen mehrere Bogenlängen addiert werden.
- Beachten Sie bei der Ermittlung von t, dass t eine natürliche Zahl sein muss.

Teilaufgabe 2.1

- Sie können eine Gleichung in Parameterform oder eine Koordinatengleichung angeben. In beiden Fällen brauchen Sie zwei Richtungsvektoren.
- Die Punktprobe ist mit der Ebenengleichung in Koordinatenform leichter.

Teilaufgabe 2.2

- Stellen Sie eine Gleichung der Geraden auf, die durch den Koordinatenursprung und senkrecht zur Ebene ε verläuft.
- Der Punkt P ist der Durchstoßpunkt dieser Geraden durch die Ebene ε.

Teilaufgabe 2.3

- Sie benötigen einen Normalenvektor der Ebene, in der sich die Dachfläche befindet.
- Der Winkel kann dann mit dem Skalarprodukt ermittelt werden.

Teilaufgabe 2.4

- Zerlegen Sie die fünfeckige Dachfläche in mehrere Teilflächen.
- Den Flächeninhalt eines Dreiecks können Sie mithilfe des Kreuzprodukts berechnen.

Teilaufgabe 2.5

- Sie müssen die Lage der Punkte A, B, C, D und E bezüglich der Geraden g untersuchen.
- Der Punkt E muss auf der Geraden g liegen.
- Die Punktepaare A und D sowie B und C müssen symmetrisch bezüglich g liegen. Dazu muss überprüft werden, dass g die Strecken $\overline{AD}$ und $\overline{BC}$ jeweils halbiert und senkrecht auf ihnen steht.

Teilaufgabe 3.1

- Bestimmen Sie die Regressionsfunktionen mit dem CAS und lassen Sie sich die Graphen zusammen mit den Wertepaaren anzeigen.
- Liegen die Wertepaare dicht am Graphen der Regressionsfunktion?
- Achten Sie auch auf die Steigungsänderungen der Graphen.

Teilaufgabe 3.2.1

- Beide Werte können mit dem CAS ermittelt werden.

Teilaufgabe 3.2.2

- Zunächst ist ein bestimmtes Integral zu berechnen.
- Untersuchen Sie dann einen Grenzwert für unbegrenzt wachsende obere Grenze des Integrals. Im CAS können Sie auch ∞ direkt als obere Grenze verwenden.

Teilaufgabe 3.3.1

- Ein Zufallsexperiment ist eine Bernoulli-Kette, wenn es nur zwei Ausgänge hat und sich die (Treffer-)Wahrscheinlichkeit bei mehreren Ausführungen nicht ändert.
- Sowohl den Erwartungswert als auch die drei Wahrscheinlichkeiten können Sie mit dem CAS berechnen. Achten Sie bei Ereignis C genau auf die Formulierung.

Teilaufgabe 3.3.2

- Verschaffen Sie sich zunächst mithilfe Ihres CAS einen Überblick über die Wahrscheinlichkeitsverteilung.
- In der grafischen Darstellung können Sie erkennen, wo der Ablehnungsbereich ungefähr liegen muss.
- Zur Festlegung der Entscheidungsregel sind genaue Berechnungen („systematisches Probieren“) notwendig.

Lösung

A 1 Analysis

1.1 Gleichung der Funktion g

Die allgemeine Gleichung einer ganzrationalen Funktion dritten Grades lautet:
$g(x) = a \cdot x^3 + b \cdot x^2 + c \cdot x + d$

Für die letzte Eigenschaft („Die Tangente an den Graphen von g im Punkt B hat die Gleichung $y = \frac{5}{3}x - \frac{25}{27}$.“) wird die erste Ableitung $g'(x) = 3a \cdot x^2 + 2b \cdot x + c$ benötigt.

Wenn die obigen Bedingungen in die entsprechenden Funktionsgleichungen eingesetzt werden, ergibt sich das folgende Gleichungssystem:

I	$O(0 \mid 0)$	$\Rightarrow$	$g(0) = 0$
II	$A\left(2 \,\middle|\, \frac{12}{5}\right)$	$\Rightarrow$	$g(2) = \frac{12}{5}$
III	$B\left(\frac{5}{3} \,\middle|\, \frac{50}{27}\right)$	$\Rightarrow$	$g\left(\frac{5}{3}\right) = \frac{50}{27}$
IV	$m = \frac{5}{3}$	$\Rightarrow$	$g'\left(\frac{5}{3}\right) = \frac{5}{3}$

Es werden die Gleichungen der Funktion g und ihrer ersten Ableitung g' als g(x) bzw. gab1(x) gespeichert.

Dieses Gleichungssystem, bestehend aus vier Gleichungen mit vier Unbekannten, hat eine eindeutige Lösung:

$a = -\frac{1}{5}$, $b = 1$, $c = 0$ und $d = 0$

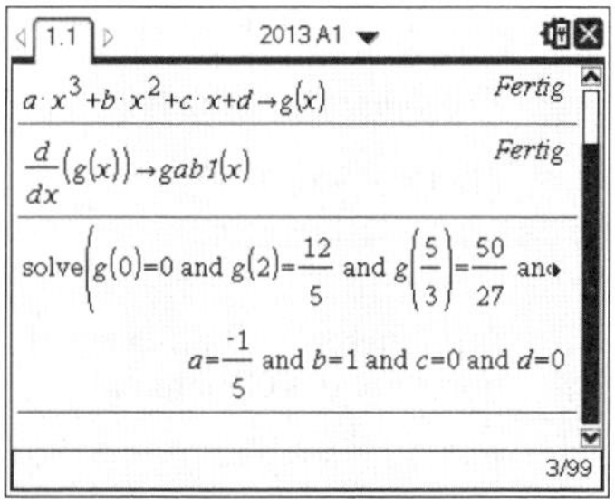

1. Variante zur Lösung:
Die Gleichungen werden durch ein „and“ voneinander getrennt eingegeben.

Da der Eintrag in der Befehlszeile in der Abbildung nicht vollständig lesbar ist, wird dieser hier noch einmal angegeben:
solve(g(0) = 0 and g(2) = 12/5 and g(5/3) = 50/27 and gab1(5/3) = 5/3, a)

2. Variante zur Lösung:
Die Gleichungen werden mithilfe einer Vorlage (…) („Gleichungssystem erstellen“) eingegeben.

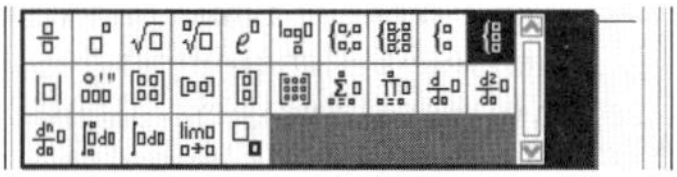

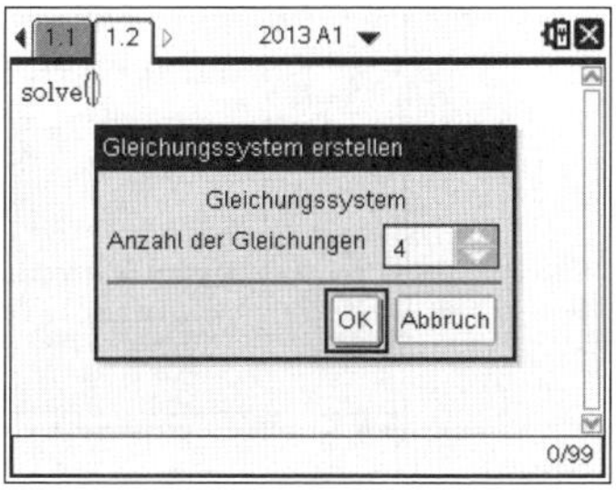

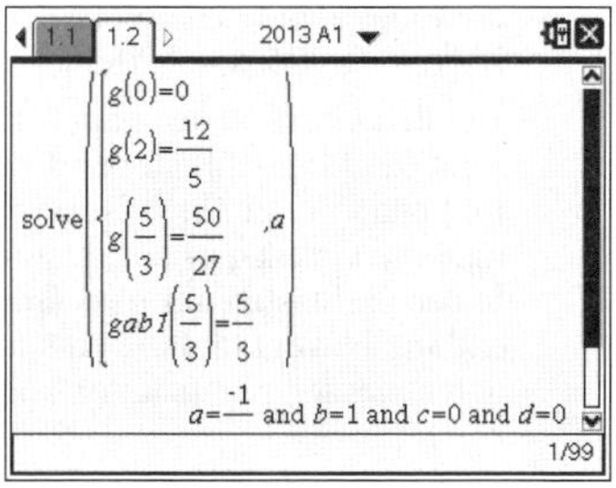

Alternativ können auch alle vier Gleichungen

I $\quad O(0\,|\,0) \quad \Rightarrow \quad d = 0$

II $\quad A\left(2 \,\middle|\, \frac{12}{5}\right) \quad \Rightarrow \quad 8a + 4b + 2c + d = \frac{12}{5}$

III $\quad B\left(\frac{5}{3} \,\middle|\, \frac{50}{27}\right) \quad \Rightarrow \quad \frac{125}{27}a + \frac{25}{9}b + \frac{5}{3}c + d = \frac{50}{27}$

IV $\quad m = \frac{5}{3} \quad \Rightarrow \quad \frac{25}{3}a + \frac{10}{3}b + c = \frac{5}{3}$

direkt eingegeben werden, d. h. ohne die oben beschriebene Abspeicherung der Funktion bzw. ihrer Ableitungsfunktion als g(x) und gab1(x). Aufgrund des Umfangs der Gleichungen werden die Eingaben aber unübersichtlich, insbesondere erweist sich das Nachvollziehen der Eingaben als sehr umständlich, falls dabei einmal ein Fehler auftreten sollte.

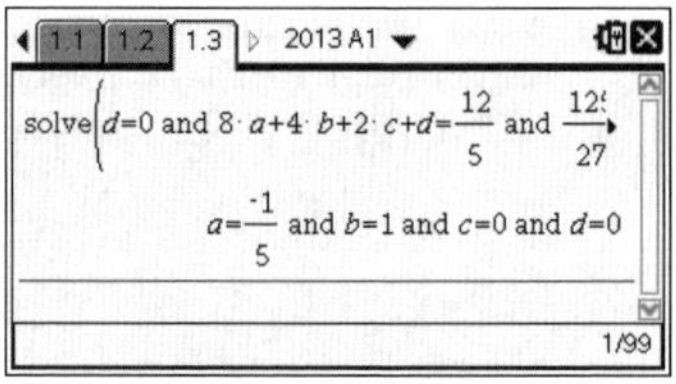

Da der Eintrag in der Befehlszeile in der Abbildung nicht vollständig lesbar ist, wird dieser hier noch einmal angegeben:

solve(d = 0 and 8 · a + 4 · b + 2 · c + d = 12/5 and 125/27 · a + 25/9 · b + 5/3 · c + d = 50/27 and 25/3 · a + 10/3 · b + c = 5/3, a)

Ergebnis: Die Gleichung der Funktion g lautet:

$$g(x) = -\frac{1}{5}x^3 + x^2$$

1.2 Im weiteren Verlauf der Aufgabe soll die Funktion f mit der Gleichung

$$f(x) = -\frac{1}{5}x^3 + x^2$$

betrachtet werden. Dazu wird zunächst die Gleichung der Funktion f als f(x) gespeichert.

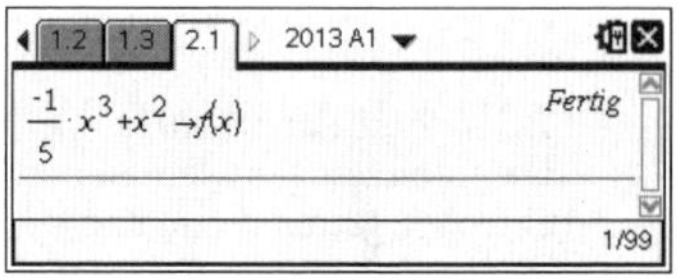

1.2.1 Darstellung des Graphen

Der Graph der Funktion f wird auf einer Grafik-Seite dargestellt. Die Funktion f mit den Intervallgrenzen wird in der Eingabezeile eingetragen und der Graph der Funktion wird angezeigt (siehe nächste Seite).

Um die Funktion besser darzustellen, wurden die folgenden Fenstereinstellungen gewählt: XMin = –2, XMax = 7, YMin = –9, YMax = 5

Um den Graphen auf Papier zu zeichnen, besteht die Möglichkeit, den Graphen der Funktion im Schaubild punktweise abzulaufen. Dazu ruft man die Grafikspur auf. Der Cursor wird mithilfe der Pfeiltasten auf dem Graphen der Funktion entlang bewegt und die entsprechenden Koordinaten werden rechts unten angezeigt.

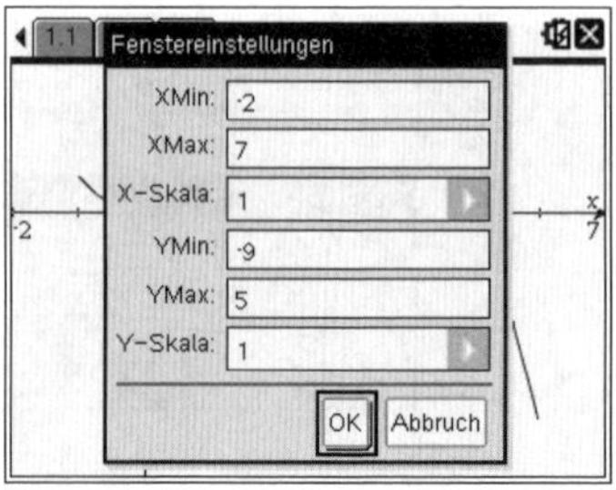

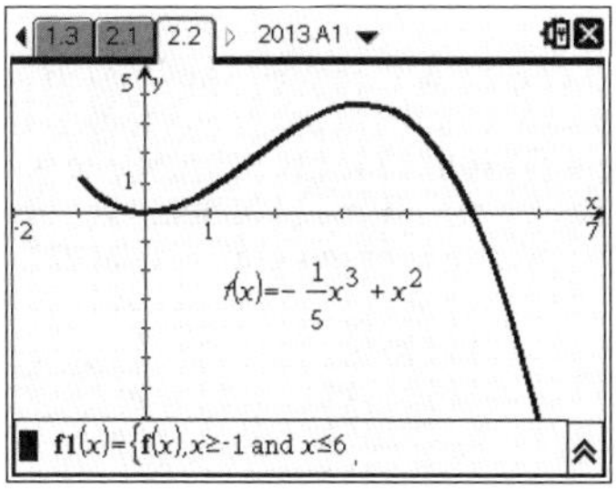

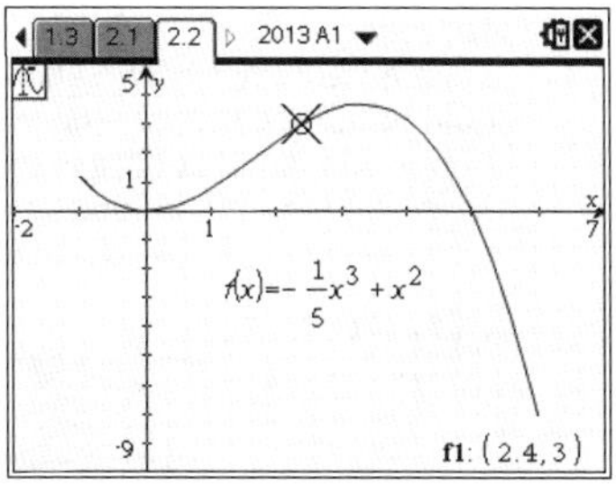

Beim punktweisen Ablaufen des Graphen mithilfe der Grafikspur gibt der TI-Nspire die Nullstellen und den Hochpunkt mit an.

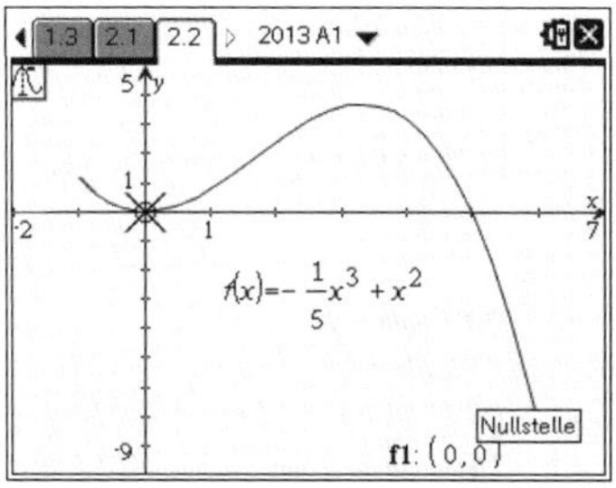

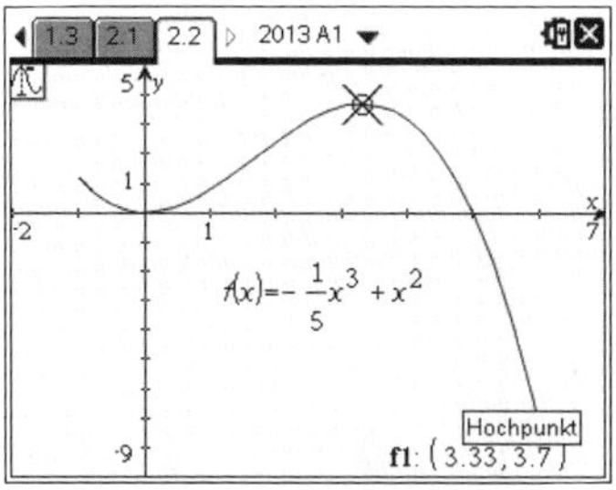

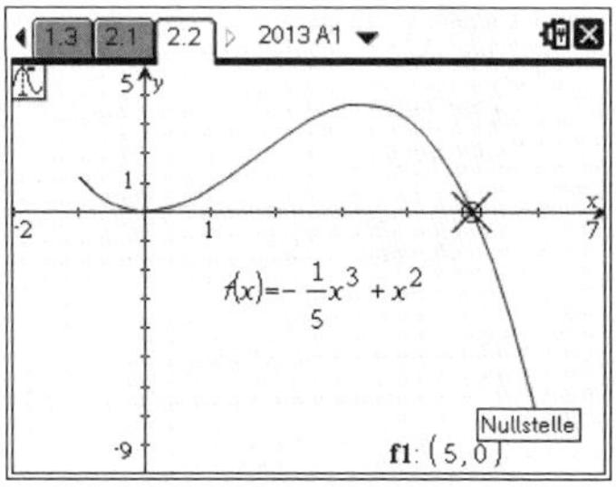

Der Graph auf dem Papier könnte dann wie in der nebenstehenden Abbildung aussehen.

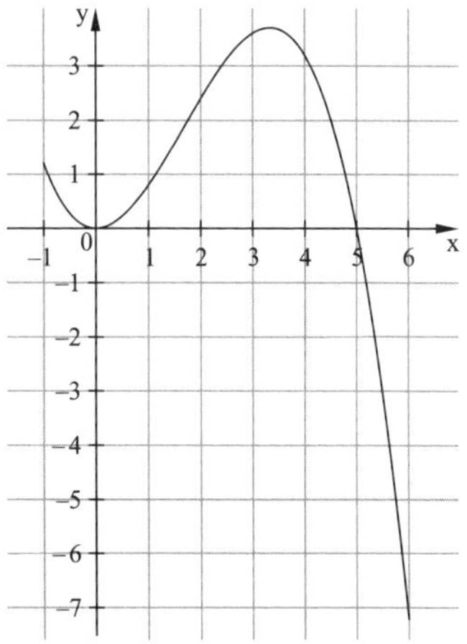

Alternativ:
Auch mithilfe der Wertetabelle kann der Graph gezeichnet werden. Die Wertetabelle kann mithilfe entsprechender Vorgaben angepasst werden. Da das Intervall bei –1 beginnt, sollte auch der Tabellenanfang bei diesem Wert liegen. Als Schrittweite wurde 0,2 gewählt, um die Funktion auf dem Papier besser zeichnen zu können. Mithilfe der nun erscheinenden Wertetabelle kann man die Funktion sehr gut grafisch darstellen.

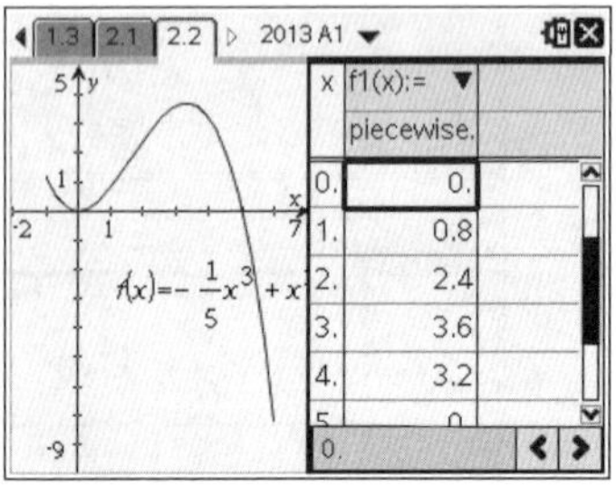

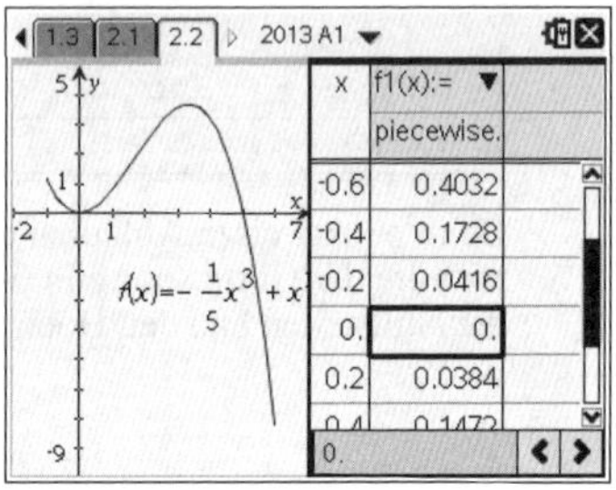

Nullstellen

Bereits oben beim punktweisen Ablaufen der Funktion wurden die Nullstellen des Graphen der Funktion angezeigt.

Ergebnis: Die Nullstellen sind:

$\underline{\underline{x_1 = 0}}$ und $\underline{\underline{x_2 = 5}}$

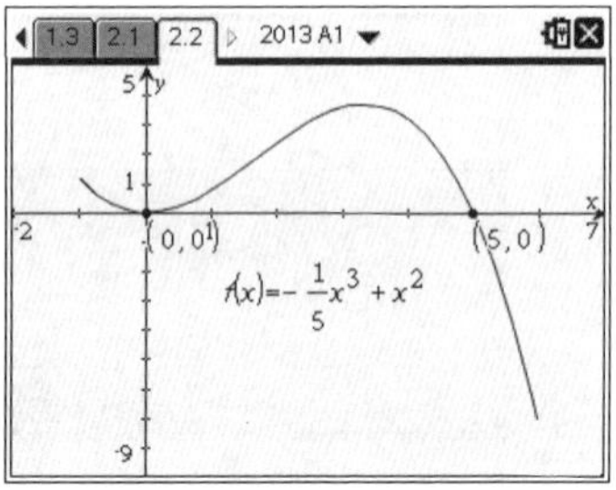

Die Nullstellen können auch rechnerisch ermittelt werden:

Oder die Nullstellen werden im Grafikmodus bestimmt.

Ableitungen

Um später die Koordinaten der Extrem- und Wendepunkte zu bestimmen, werden zunächst die Ableitungen der Funktion f ermittelt.

$$f'(x) = -\frac{3}{5}x^2 + 2x; \quad f''(x) = -\frac{6}{5}x + 2; \quad f'''(x) = -\frac{6}{5}$$

Diese werden als fab1, fab2 bzw. fab3 abgespeichert.

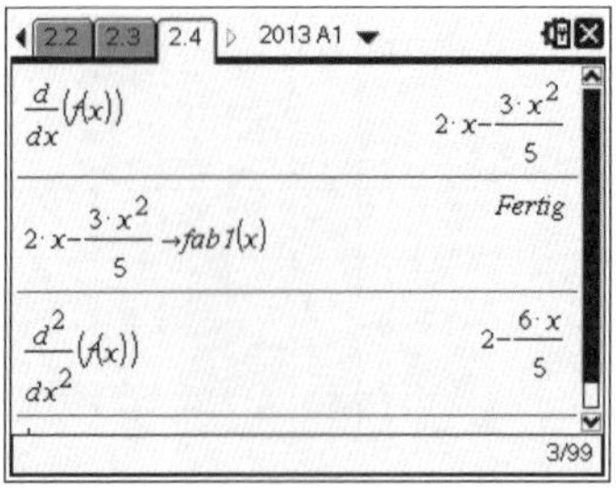

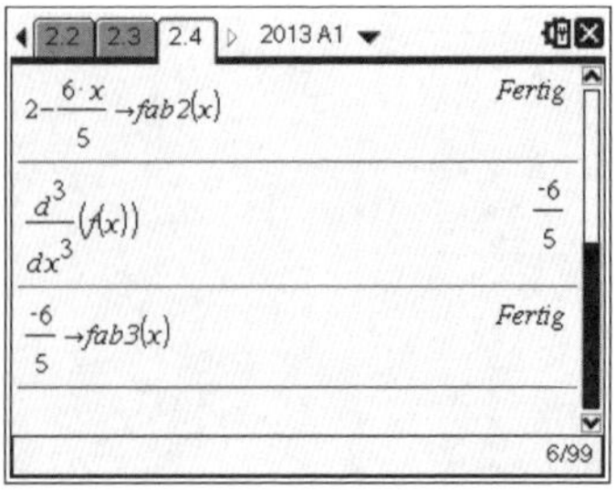

Extrempunkte
Mit der notwendigen Bedingung $f'(x_E) = 0$ für die Existenz von Extrempunkten ergibt sich für die Lage der Extrempunkte:

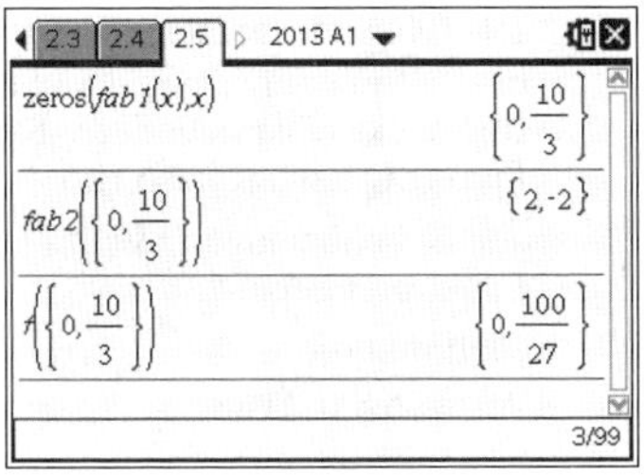

$$f'(x_E) = 0$$
$$0 = -\frac{3}{5}x_E^2 + 2x_E$$
$$0 = x_E \cdot \left(-\frac{3}{5}x_E + 2\right)$$
$$x_{E_1} = 0 \text{ und } x_{E_2} = \frac{10}{3}$$

Für die Art der Extrempunkte und den Nachweis ihrer Existenz wird die hinreichende Bedingung $f'(x_E) = 0 \wedge f''(x_E) \neq 0$ benötigt:

$$f''(0) = 2 > 0 \quad \Rightarrow \quad \text{Tiefpunkt}$$
$$f''\left(\frac{10}{3}\right) = -2 < 0 \quad \Rightarrow \quad \text{Hochpunkt}$$

Für die y-Koordinaten der Extrempunkte erhält man:

$$f(0) = 0 \text{ bzw. } f\left(\frac{10}{3}\right) = \frac{100}{27}$$

Ergebnis: Die Koordinaten der Extrempunkte sind:

$$\underline{\underline{T(0\,|\,0)}} \text{ und } \underline{\underline{H\left(\frac{10}{3}\,\middle|\,\frac{100}{27}\right)}}$$

Wendepunkt
Zur Bestimmung der Koordinaten des Wendepunktes wird die notwendige Bedingung $f''(x_W) = 0$ benötigt.

Damit ergibt sich für die Lage des Wendepunktes:

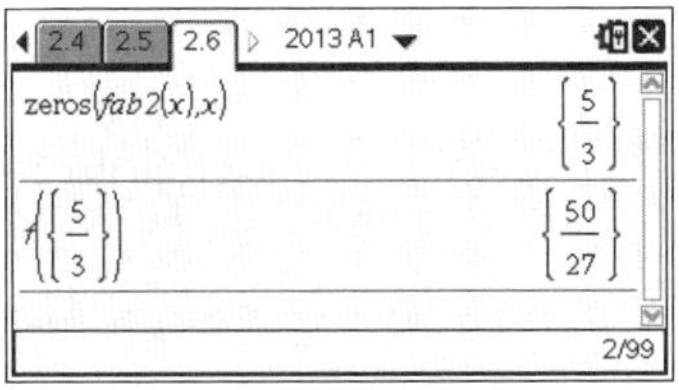

$$f''(x_W) = 0$$
$$0 = -\frac{6}{5}x_W + 2$$
$$x_W = \frac{5}{3}$$

Der Nachweis der Existenz (hinreichende Bedingung) braucht laut Aufgabenstellung nicht geführt werden.

Für die y-Koordinate des Wendepunktes erhält man:

$$f\left(\frac{5}{3}\right) = \frac{50}{27}$$

Ergebnis: Die Koordinaten des Wendepunktes sind:

$$\underline{\underline{W\left(\frac{5}{3}\,\middle|\,\frac{50}{27}\right)}}$$

1.2.2 **Extremwertberechnung**

Der Inhalt des in der nebenstehenden Abbildung dargestellten Rechtecks soll maximal werden.

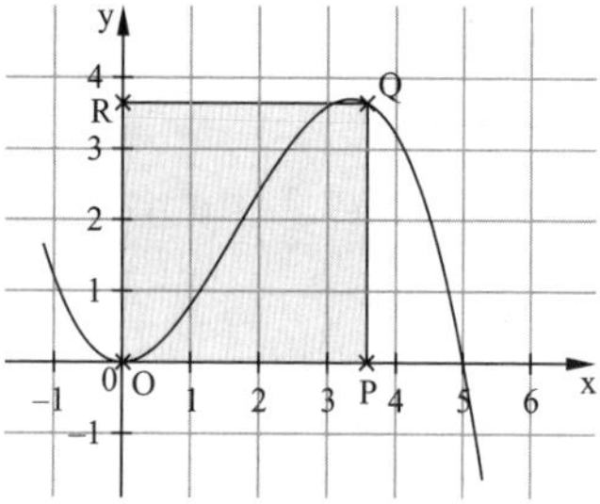

Die Länge des Rechtecks entspricht der Strecke $\overline{OP}$ mit der Länge u und die Breite des Rechtecks entspricht der y-Koordinate der Punkte Q bzw. R, also f(u).

Als Nebenbedingung wird die Gleichung der Funktion f benutzt.

Zielfunktion:

$$A = a \cdot b = u \cdot f(u)$$

Nebenbedingung:

$$f(u) = -\frac{1}{5}u^3 + u^2$$

Einsetzen der Nebenbedingung in die Zielfunktion:

$$A(u) = u \cdot \left(-\frac{1}{5}u^3 + u^2\right)$$

Diese Funktion wird als a(u) gespeichert.

Ermittlung der Ableitungsfunktionen:

$$A'(u) = -\frac{4}{5}u^3 + 3u^2$$

$$A''(u) = -\frac{12}{5}u^2 + 6u$$

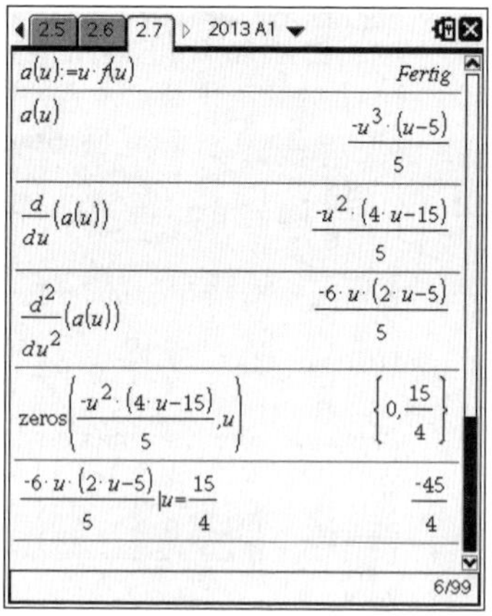

Notwendige Bedingung für die Existenz eines Maximums:

$$A'(u_E) = 0 \quad \Rightarrow \quad u_E = 0 \quad \text{(entfällt, da laut Aufgabenstellung } 0 < u < 5)$$

$$u_E = \frac{15}{4} = 3{,}75$$

Um zu ermitteln, ob an der Stelle u_E ein Maximum vorliegt, wird die hinreichende Bedingung $A'(u_E) = 0 \wedge A''(u_E) < 0$ benötigt:

$$A''\left(\frac{15}{4}\right) = -\frac{45}{4} < 0 \quad \Rightarrow \quad \text{Maximum}$$

Ergebnis: An der Stelle $\underline{\underline{u_E = 3{,}75}}$ ist der Flächeninhalt des Rechtecks maximal.

Maximaler Flächeninhalt

Den maximalen Flächeninhalt erhält man, indem man den Wert von $u_E = 3{,}75$ in die obige Funktion A(u) einsetzt:

$$A\left(\frac{15}{4}\right) = \frac{3375}{256} \approx \underline{\underline{13{,}2}}$$

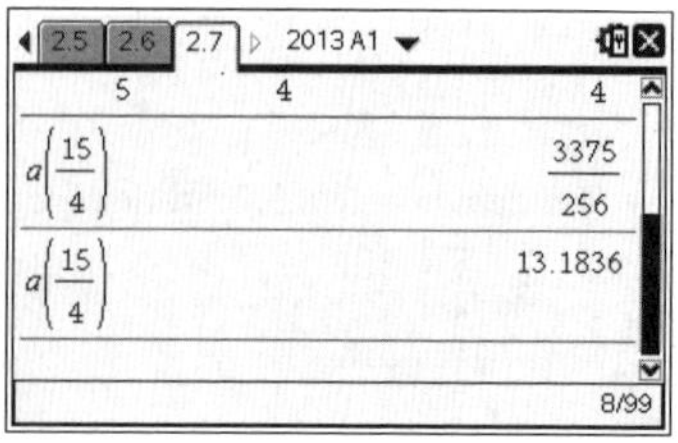

Ergebnis: Der maximale Flächeninhalt des Rechtecks beträgt rund 13,2.

1.2.3 **Inhalt der Fläche**

Die Graphen von f und h_2 sowie die Gerade $x = 5$ schließen eine Fläche vollständig ein (in der nebenstehenden Abbildung grau getönt; zur anschließenden Berechnung des Umfangs der Fläche ist die Berandung hier bereits schwarz hervorgehoben).

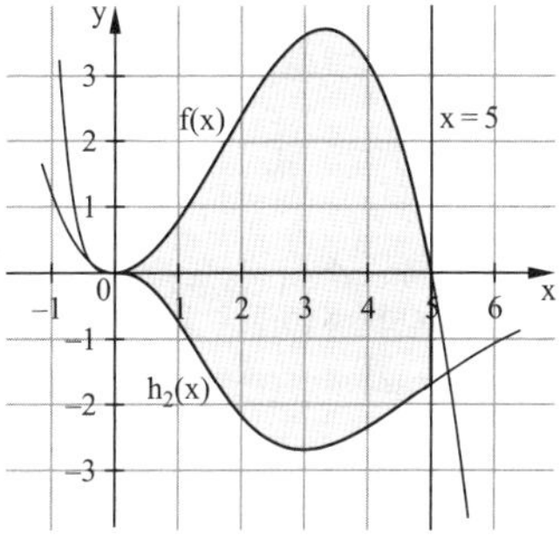

Zunächst wird eine neue Seite im TI-Nspire-Dokument angelegt und die Funktion $h_t(x)$ als h(x, t) gespeichert.

Der Inhalt der Fläche lässt sich mithilfe des bestimmten Integrals zwischen den Funktionen f und h_2 in den Grenzen von 0 bis 5 berechnen:

$$A = \int_0^5 (f(x) - h_2(x))\,dx = \frac{269}{12} - \frac{472}{e^5} \approx \underline{\underline{19,24}}$$

Ergebnis: Der Inhalt der Fläche beträgt rund 19,24.

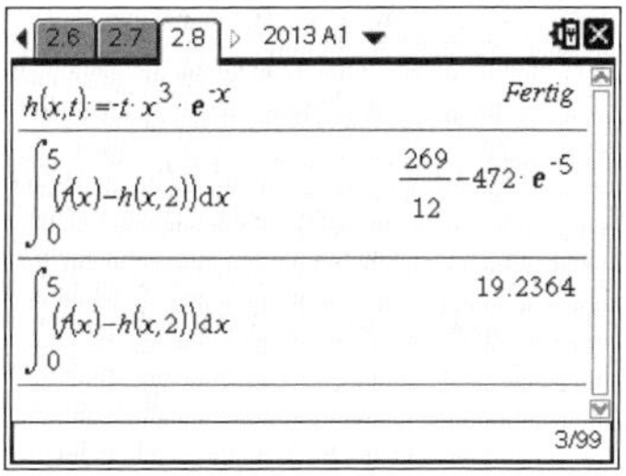

Umfang der Fläche

Für den Umfang der Fläche müssen die Bogenlängen der einzelnen Graphen von f und h_2 zwischen den Stellen $x = 0$ und $x = 5$ bestimmt werden, hinzu kommt noch der vertikale Abstand der beiden Graphen an der Stelle $x = 5$ (siehe Abbildung oben).

Sinnvollerweise sollte man hier den arcLen-Befehl (menu Analysis – Bogenlänge) verwenden.

Der Umfang der Fläche wird dann wie folgt bestimmt:

$$u = \text{arcLen}(f(x), x, 0, 5) + \text{arcLen}(h(x,2), x, 0, 5) + \text{abs}(f(5) - h(5,2))$$
$$\approx 9,378 + 6,485 + 1,684 \approx \underline{\underline{17,547}}$$

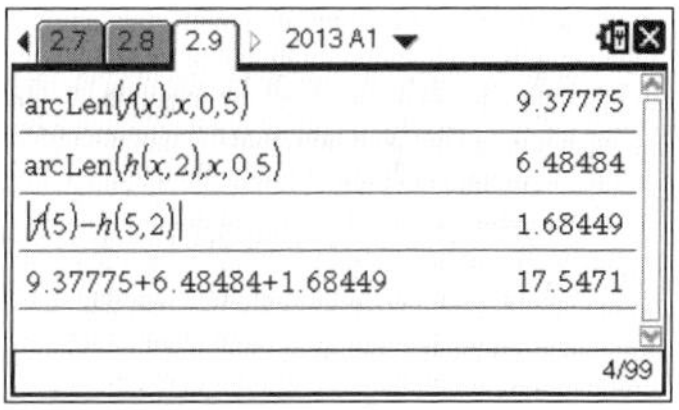

Alternativ kann der Umfang auch mithilfe der Formel

$$u = \int_0^5 \sqrt{1 + (f'(x))^2}\,dx + \int_0^5 \sqrt{1 + (h_2'(x))^2}\,dx + |f(5) - h_2(5)|$$

berechnet werden.

Ergebnis: Der Umfang der Fläche beträgt rund 17,547.

Der TI-Nspire ist im Grafikmodus nicht in der Lage, die Bogenlänge zu ermitteln.

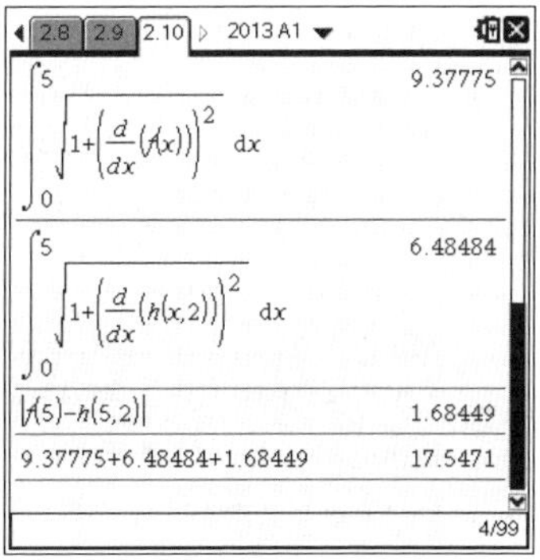

Bestimmung von t

Um den Wert von t zu bestimmen, muss die folgende Ungleichung gelöst werden:

$$\int_0^5 (f(x) - h_t(x))\,dx > 55 \quad \Rightarrow \quad t > 10{,}11$$

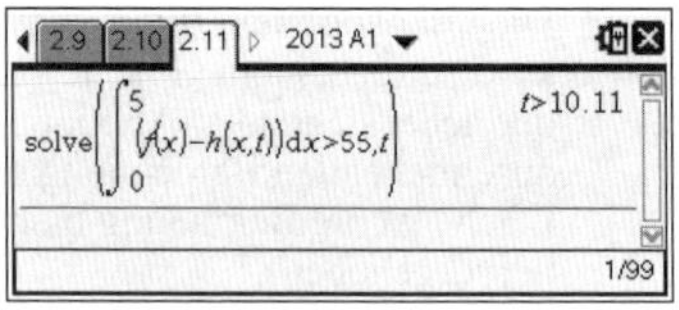

Man erhält als Ergebnis $t > 10{,}11$, laut Aufgabenstellung soll $t \in \mathbb{N}$ sein.

Ergebnis: Ab $\underline{\underline{t = 11}}$ ist der Inhalt der Fläche erstmals größer als 55.

A 2 Analytische Geometrie

2.1 Gleichung der Ebene

Es soll eine Gleichung der Ebene ε angegeben werden. Dies kann entweder eine Gleichung in Parameterform oder eine Koordinatengleichung sein.

Benötigt werden Ortsvektoren und Richtungsvektoren.
Die Richtungsvektoren könnten z. B. sein:

$$\overrightarrow{AD} = \overrightarrow{OD} - \overrightarrow{OA} = \begin{pmatrix} 0 \\ 8 \\ 6 \end{pmatrix} - \begin{pmatrix} 8 \\ 0 \\ 6 \end{pmatrix} = \begin{pmatrix} -8 \\ 8 \\ 0 \end{pmatrix} \text{ und } \overrightarrow{AE} = \overrightarrow{OE} - \overrightarrow{OA} = \begin{pmatrix} 0 \\ 0 \\ 10 \end{pmatrix} - \begin{pmatrix} 8 \\ 0 \\ 6 \end{pmatrix} = \begin{pmatrix} -8 \\ 0 \\ 4 \end{pmatrix}$$

1. Variante: Ebenengleichung in Parameterform

$$\varepsilon\colon\ \vec{x} = \overrightarrow{OA} + r \cdot \overrightarrow{AD} + s \cdot \overrightarrow{AE}$$

$$\underline{\underline{\varepsilon\colon\ \vec{x} = \begin{pmatrix} 8 \\ 0 \\ 6 \end{pmatrix} + r \cdot \begin{pmatrix} -8 \\ 8 \\ 0 \end{pmatrix} + s \cdot \begin{pmatrix} -8 \\ 0 \\ 4 \end{pmatrix};\ r, s \in \mathbb{R}}}$$

2. Variante: Ebenengleichung in Koordinatenform

Für die Koordinatengleichung wird ein Normalenvektor der Ebene benötigt. Ein Normalenvektor steht senkrecht auf der Ebene und seine Koordinaten sind die Koeffizienten a, b, c der Koordinatengleichung $a \cdot x + b \cdot y + c \cdot z - d = 0$ dieser Ebene.

Ein Normalenvektor kann z. B. als Kreuzprodukt der Vektoren $\overrightarrow{AD}$ und $\overrightarrow{AE}$ bestimmt werden.

Für das Kreuzprodukt ergibt sich:

$$\overrightarrow{AD} \times \overrightarrow{AE} = \begin{pmatrix} -8 \\ 8 \\ 0 \end{pmatrix} \times \begin{pmatrix} -8 \\ 0 \\ 4 \end{pmatrix} = \begin{pmatrix} 32 \\ 32 \\ 64 \end{pmatrix} = 32 \cdot \begin{pmatrix} 1 \\ 1 \\ 2 \end{pmatrix}$$

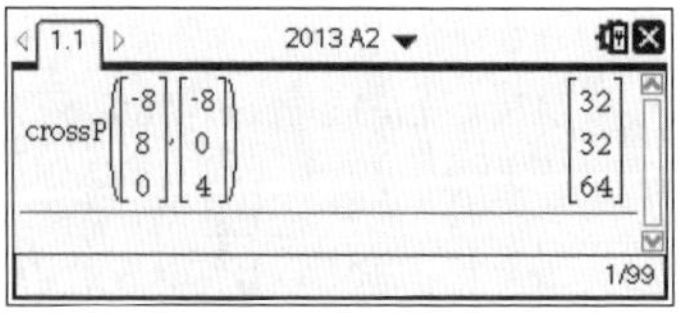

Werden die Koordinaten des Normalenvektors $\vec{n}_\varepsilon = \begin{pmatrix} 1 \\ 1 \\ 2 \end{pmatrix}$ eingesetzt, so ergibt sich:

$$x + y + 2z - d = 0$$

Mit dem Einsetzen der Koordinaten z. B. des Punktes A erhält man den Wert von d:

$$8 + 0 + 2 \cdot 6 - d = 0 \quad \Rightarrow \quad d = 20$$

Damit ergibt sich als eine mögliche Lösung für die Koordinatengleichung der Ebene:

$$\underline{\underline{\varepsilon\colon\ x + y + 2z - 20 = 0}}$$

Nachweis
Je nachdem welche Art der Ebenengleichung aufgestellt wurde, gibt es verschiedene Möglichkeiten des Nachweises.

1. Variante: Ebenengleichung in Parameterform

Punkt B: Der Ortsvektor zum Punkt B wird in die Ebenengleichung für den Vektor $\vec{x}$ eingesetzt und die Parameter r und s werden bestimmt.

$$\begin{pmatrix} 8 \\ 2 \\ 5 \end{pmatrix} = \begin{pmatrix} 8 \\ 0 \\ 6 \end{pmatrix} + r \cdot \begin{pmatrix} -8 \\ 8 \\ 0 \end{pmatrix} + s \cdot \begin{pmatrix} -8 \\ 0 \\ 4 \end{pmatrix}$$

Man erhält eine eindeutige Lösung.

Die Paramater sind $r = \frac{1}{4}$ und $s = -\frac{1}{4}$.

Somit liegt der Punkt B in der Ebene ε.

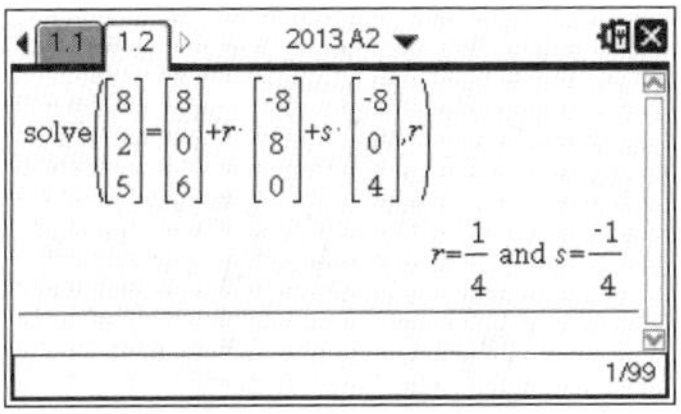

Punkt C: Der Ortsvektor zum Punkt C wird in die Ebenengleichung für den Vektor $\vec{x}$ eingesetzt und die Parameter r und s werden bestimmt.

$$\begin{pmatrix} 2 \\ 8 \\ 5 \end{pmatrix} = \begin{pmatrix} 8 \\ 0 \\ 6 \end{pmatrix} + r \cdot \begin{pmatrix} -8 \\ 8 \\ 0 \end{pmatrix} + s \cdot \begin{pmatrix} -8 \\ 0 \\ 4 \end{pmatrix}$$

Man erhält eine eindeutige Lösung.

Die Paramater sind $r = 1$ und $s = -\frac{1}{4}$.

Somit liegt der Punkt C in der Ebene ε.

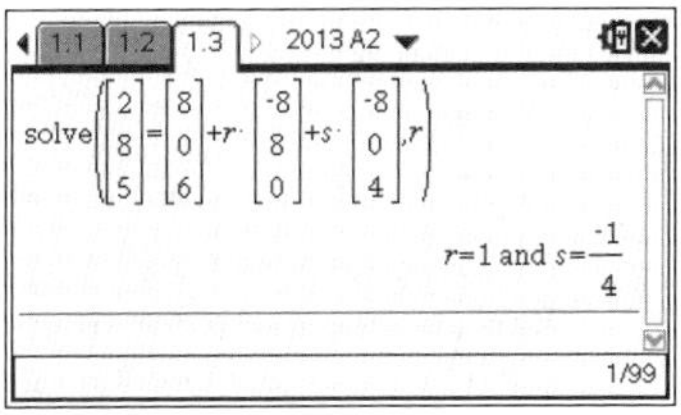

2. Variante: Ebenengleichung in Koordinatenform

Punkt B: Die Koordinaten des Punktes B werden in die Koordinatengleichung

$x + y + 2z - 20 = 0$

der Ebene eingesetzt:

$8 + 2 + 2 \cdot 5 - 20 = 0$

$0 = 0$

Hierbei entsteht eine wahre Aussage, damit gehört der Punkt B zur Ebene ε.

Punkt C: Die Koordinaten des Punktes C werden in die Koordinatengleichung

$x + y + 2z - 20 = 0$

der Ebene eingesetzt:

$2 + 8 + 2 \cdot 5 - 20 = 0$

$0 = 0$

Hierbei entsteht eine wahre Aussage, damit gehört der Punkt C zur Ebene ε.

Zeichnung

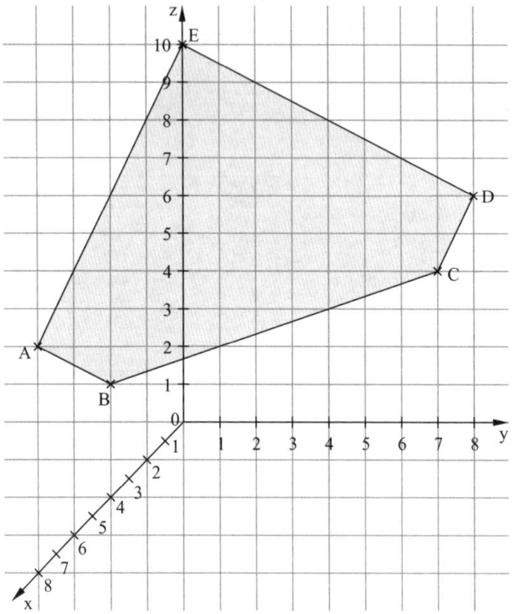

2.2 **Berechnung der Koordinaten von P**

Zunächst wird die Gleichung einer Geraden g benötigt, die durch den Koordinatenursprung und außerdem senkrecht zur Ebene ε verläuft.

Für den Richtungsvektor der Geraden g wird der Normalenvektor $\vec{n}_\varepsilon = \begin{pmatrix} 1 \\ 1 \\ 2 \end{pmatrix}$ der Ebene ε verwendet, der in der 2. Variante der Aufgabe 2.1 bestimmt wurde.

Für die Gleichung der Geraden g ergibt sich damit:

$$g\colon \vec{x} = \vec{o} + t \cdot \vec{n}_\varepsilon$$

$$g\colon \vec{x} = \begin{pmatrix} 0 \\ 0 \\ 0 \end{pmatrix} + t \cdot \begin{pmatrix} 1 \\ 1 \\ 2 \end{pmatrix};\ t \in \mathbb{R}$$

Der Punkt P ist der Durchstoßpunkt der Geraden g durch die Ebene ε.
Je nachdem welche Art der Ebenengleichung unter 2.1 aufgestellt wurde, gibt es verschiedene Möglichkeiten zur Berechnung der Koordinaten des Punktes P.

1. Variante: Ebenengleichung in Parameterform
Die Gleichungen der Ebene

$$\varepsilon\colon \vec{x} = \begin{pmatrix} 8 \\ 0 \\ 6 \end{pmatrix} + r \cdot \begin{pmatrix} -8 \\ 8 \\ 0 \end{pmatrix} + s \cdot \begin{pmatrix} -8 \\ 0 \\ 4 \end{pmatrix}$$

und der Geraden

$$g\colon \vec{x} = \begin{pmatrix} 0 \\ 0 \\ 0 \end{pmatrix} + t \cdot \begin{pmatrix} 1 \\ 1 \\ 2 \end{pmatrix}$$

werden gleichgesetzt und die Parameter r, s und t bestimmt:

$$\begin{pmatrix}0\\0\\0\end{pmatrix}+t\cdot\begin{pmatrix}1\\1\\2\end{pmatrix}=\begin{pmatrix}8\\0\\6\end{pmatrix}+r\cdot\begin{pmatrix}-8\\8\\0\end{pmatrix}+s\cdot\begin{pmatrix}-8\\0\\4\end{pmatrix}$$

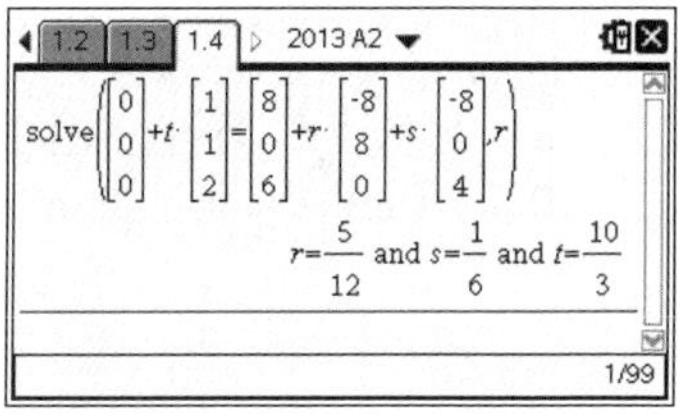

Es ergeben sich die Parameter:

$$r=\frac{5}{12},\quad s=\frac{1}{6}\quad \text{und}\quad t=\frac{10}{3}$$

Wird z. B. der Parameter t in die Geradengleichung eingesetzt, erhält man die Koordinaten des Ortsvektors zum Punkt P:

$$\overrightarrow{OP}=\begin{pmatrix}0\\0\\0\end{pmatrix}+\frac{10}{3}\cdot\begin{pmatrix}1\\1\\2\end{pmatrix}=\begin{pmatrix}\frac{10}{3}\\\frac{10}{3}\\\frac{20}{3}\end{pmatrix}$$

Ergebnis: Der Punkt P hat die Koordinaten $P\left(\frac{10}{3}\,\middle|\,\frac{10}{3}\,\middle|\,\frac{20}{3}\right)$.

2. Variante: Ebenengleichung in Koordinatenform
Die Gleichung der Geraden g wird in die Koordinatengleichung $x+y+2z-20=0$ der Ebene ε eingesetzt:

$$g:\ \begin{pmatrix}x\\y\\z\end{pmatrix}=\begin{pmatrix}0\\0\\0\end{pmatrix}+t\cdot\begin{pmatrix}1\\1\\2\end{pmatrix}\quad\Rightarrow\quad \begin{matrix}x=t\\y=t\\z=2t\end{matrix}$$

Man erhält:

$$t+t+2\cdot 2t-20=0\quad\Rightarrow\quad t=\frac{10}{3}$$

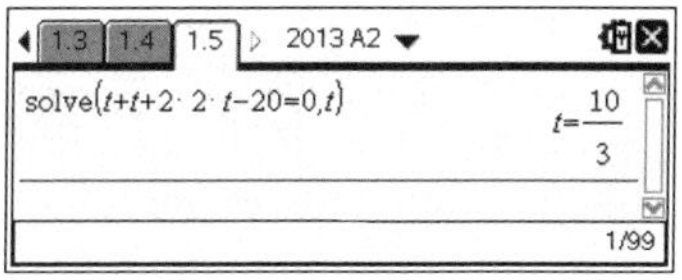

Wird der Parameter t in die Geradengleichung eingesetzt, erhält man die Koordinaten des Ortsvektors zum Punkt P:

$$\overrightarrow{OP}=\begin{pmatrix}0\\0\\0\end{pmatrix}+\frac{10}{3}\cdot\begin{pmatrix}1\\1\\2\end{pmatrix}=\begin{pmatrix}\frac{10}{3}\\\frac{10}{3}\\\frac{20}{3}\end{pmatrix}$$

Ergebnis: Der Punkt P hat die Koordinaten $P\left(\frac{10}{3}\,\middle|\,\frac{10}{3}\,\middle|\,\frac{20}{3}\right)$.

2.3 **Berechnung des Winkels**
Der Pfeiler OE entspricht dem Vektor:

$$\overrightarrow{OE}=\begin{pmatrix}0\\0\\10\end{pmatrix}$$

Weiterhin wird der Normalenvektor der Ebene benötigt, in der sich die Dachfläche befindet. Dieser wurde bereits in der Aufgabe 2.1, 2. Variante (Ebenengleichung in Koordinatenform) bestimmt. Er lautet:

$$\vec{n}_\varepsilon=\begin{pmatrix}1\\1\\2\end{pmatrix}$$

Der Winkel zwischen dem Pfeiler OE und der Dachfläche kann mithilfe des Skalarproduktes ermittelt werden:

$$\vec{n}_\varepsilon \circ \overrightarrow{OE} = |\vec{n}_\varepsilon| \cdot |\overrightarrow{OE}| \cdot \cos\measuredangle(\vec{n}_\varepsilon, \overrightarrow{OE})$$

Durch Umstellen und Einsetzen erhält man:

$$\cos\measuredangle(\vec{n}_\varepsilon, \overrightarrow{OE}) = \frac{\vec{n}_\varepsilon \circ \overrightarrow{OE}}{|\vec{n}_\varepsilon| \cdot |\overrightarrow{OE}|} = \frac{\begin{pmatrix}1\\1\\2\end{pmatrix} \circ \begin{pmatrix}0\\0\\10\end{pmatrix}}{\left|\begin{pmatrix}1\\1\\2\end{pmatrix}\right| \cdot \left|\begin{pmatrix}0\\0\\10\end{pmatrix}\right|}$$

$$\cos\measuredangle(\vec{n}_\varepsilon, \overrightarrow{OE}) = \frac{\sqrt{6}}{3}$$

$$\measuredangle(\vec{n}_\varepsilon, \overrightarrow{OE}) \approx 35{,}26°$$

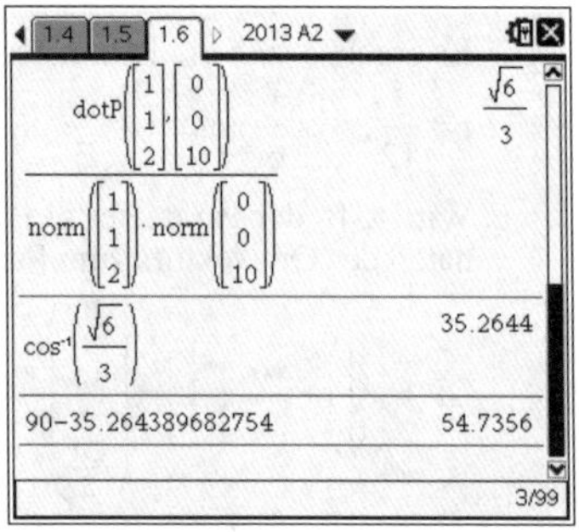

Da der Normalenvektor senkrecht auf der Ebene steht, muss der ermittelte Winkel noch von 90° abgezogen werden. Es ergibt sich somit:

$90° - 35{,}26° = \underline{\underline{54{,}74°}}$

Alternativ kann auch zur direkten Berechnung des Winkels zwischen dem Pfeiler OE und der Dachfläche die Formel

$$\sin\measuredangle(\vec{n}_\varepsilon, \overrightarrow{OE}) = \frac{\vec{n}_\varepsilon \circ \overrightarrow{OE}}{|\vec{n}_\varepsilon| \cdot |\overrightarrow{OE}|}$$

verwendet werden.

Für den Winkel erhält man somit:

$$\sin\measuredangle(\vec{n}_\varepsilon, \overrightarrow{OE}) = \frac{\sqrt{6}}{3} \quad \Rightarrow \quad \measuredangle(\vec{n}_\varepsilon, \overrightarrow{OE}) \approx \underline{\underline{54{,}74°}}$$

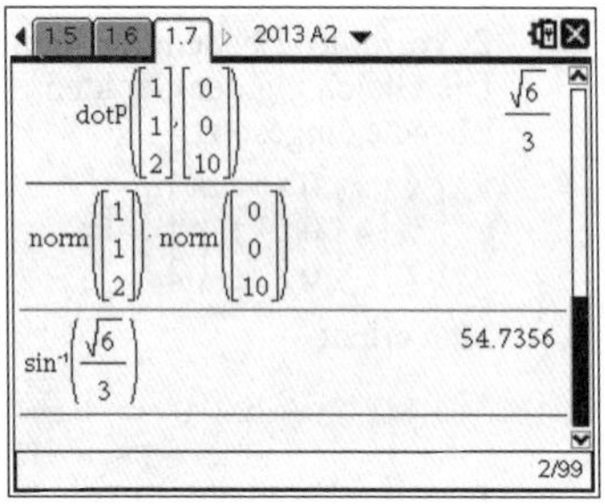

Ergebnis: Der Winkel zwischen dem Pfeiler OE und der Dachfläche beträgt rund 54,7°.

2.4 **Inhalt der Dachfläche**

Es gibt verschiedene Möglichkeiten, den Inhalt der Dachfläche zu berechnen. Eine Variante zerlegt die Dachfläche in drei Dreiecke, und zwar in die Dreiecke ABE, BCE und CDE. Auch kann man die Dachfläche in das Dreieck ADE und das Trapez ABCD zerlegen. Oder man zerlegt die Dachfläche in das Dreieck ADE, ergänzt das Trapez ABCD zu einem Parallelogramm ABQD und muss dann das Dreieck CQD davon noch abrechnen. Die folgenden Abbildungen zeigen die entsprechenden Zerlegungen.

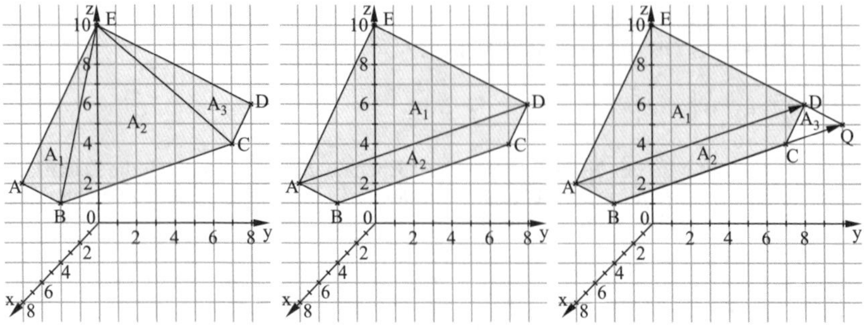

Im weiteren Verlauf erfolgt die Berechnung des Flächeninhaltes der Dachfläche mithilfe der Zerlegung in drei Dreiecke.

Die Dachfläche ABCDE wird in drei Teilflächen (Dreiecke) zerlegt (siehe Abbildung links auf der vorhergehenden Seite).

Durch die Vektoren $\overrightarrow{AB}$ und $\overrightarrow{AE}$ wird ein Parallelogramm aufgespannt. Der Betrag des zu dieser Ebene gehörenden Normalenvektors, der durch $\overrightarrow{AB} \times \overrightarrow{AE}$ gebildet wird, ist ein Maß für den Flächeninhalt des Parallelogramms. Der Flächeninhalt des Dreiecks ABE ist halb so groß wie der Flächeninhalt des Parallelogramms. Damit ergibt sich für den Flächeninhalt A_1 des Dreiecks ABE:

$$A_1 = \frac{1}{2} \cdot |\overrightarrow{AB} \times \overrightarrow{AE}| = \frac{1}{2} \cdot \left| \begin{pmatrix} 0 \\ 2 \\ -1 \end{pmatrix} \times \begin{pmatrix} -8 \\ 0 \\ 4 \end{pmatrix} \right|$$

$$= \frac{1}{2} \cdot \left| \begin{pmatrix} 8 \\ 8 \\ 16 \end{pmatrix} \right| = \frac{1}{2} \cdot \sqrt{8^2 + 8^2 + 16^2} = 4 \cdot \sqrt{6}$$

$$A_1 \approx 9{,}80\,[\mathrm{m}^2]$$

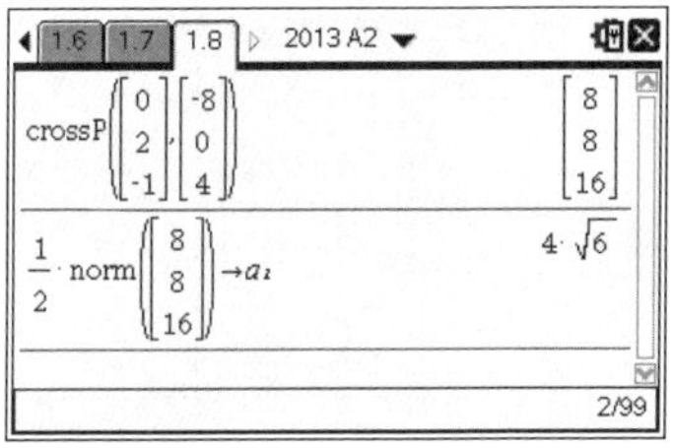

Analog werden die Flächeninhalte der beiden anderen Dreiecke ermittelt.

Flächeninhalt A_2 des Dreiecks BCE:

$$A_2 = \frac{1}{2} \cdot |\overrightarrow{BC} \times \overrightarrow{BE}| = \frac{1}{2} \cdot \left| \begin{pmatrix} -6 \\ 6 \\ 0 \end{pmatrix} \times \begin{pmatrix} -8 \\ -2 \\ 5 \end{pmatrix} \right|$$

$$= \frac{1}{2} \cdot \left| \begin{pmatrix} 30 \\ 30 \\ 60 \end{pmatrix} \right| = \frac{1}{2} \cdot \sqrt{30^2 + 30^2 + 60^2} = 15 \cdot \sqrt{6}$$

$$A_2 \approx 36{,}74\,[\mathrm{m}^2]$$

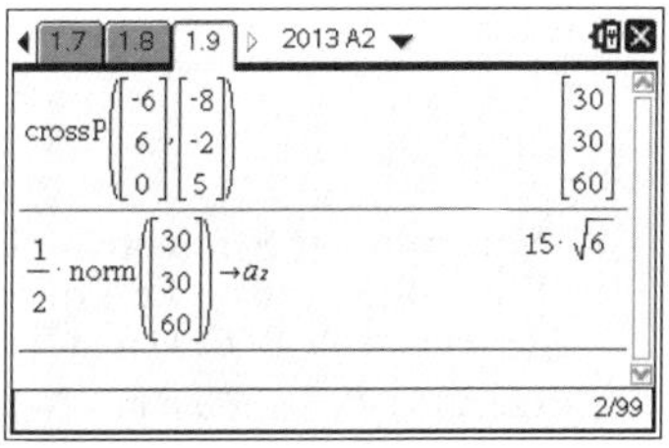

Flächeninhalt A_3 des Dreiecks CDE:

$$A_3 = \frac{1}{2} \cdot |\overrightarrow{CD} \times \overrightarrow{CE}| = \frac{1}{2} \cdot \left| \begin{pmatrix} -2 \\ 0 \\ 1 \end{pmatrix} \times \begin{pmatrix} -2 \\ -8 \\ 5 \end{pmatrix} \right|$$

$$= \frac{1}{2} \cdot \left| \begin{pmatrix} 8 \\ 8 \\ 16 \end{pmatrix} \right| = \frac{1}{2} \cdot \sqrt{8^2 + 8^2 + 16^2} = 4 \cdot \sqrt{6}$$

$$A_3 \approx 9{,}80\,[\mathrm{m}^2]$$

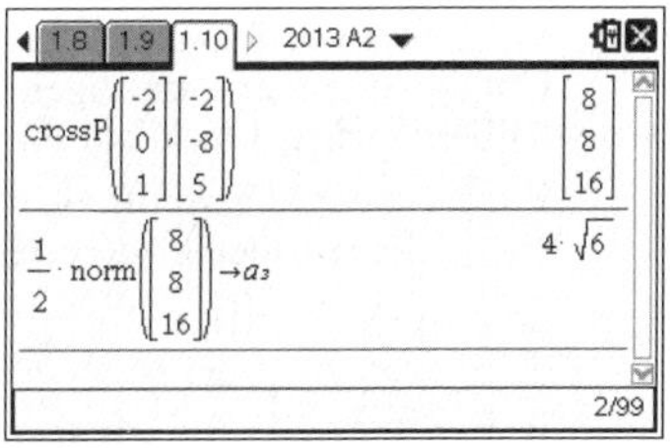

Damit ergibt sich für den Flächeninhalt der gesamten Dachfläche:

$$A = A_1 + A_2 + A_3 = 23 \cdot \sqrt{6} \approx \underline{\underline{56{,}34\,[\mathrm{m}^2]}}$$

Ergebnis: Die Dachfläche hat einen Flächeninhalt von rund 56,34 m^2.

2.5 **Zeichnung**

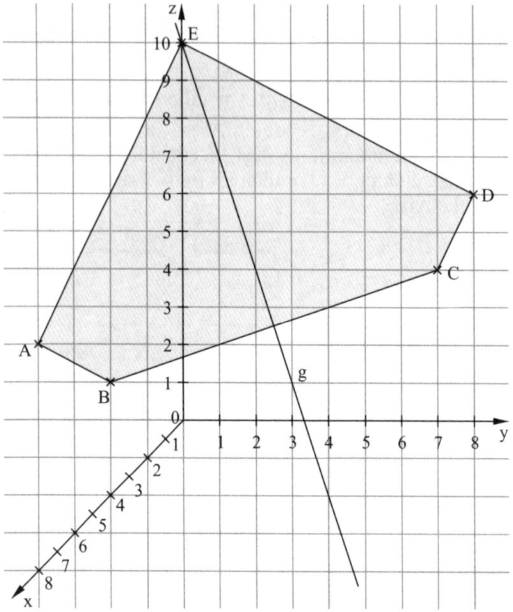

Nachweis der Symmetrieachse

Wenn die Gerade g die Symmetrieachse der Dachfläche sein soll, dann muss die Lage der Punkte A, B, C, D und E bezüglich der Geraden g untersucht werden.

Liegt der Punkt E auf der Geraden g?

Ja, weil der Ortsvektor der Geraden $\overrightarrow{OE}$ selbst ist.

Symmetrie von A und D bezüglich g

Um die Symmetrie zu zeigen, muss überprüft werden, ob die Gerade g die Strecke $\overline{AD}$ halbiert und senkrecht auf ihr steht.

Zunächst wird überprüft, ob die Gerade g die Strecke $\overline{AD}$ halbiert. Dazu wird die Gleichung der Geraden h aufgestellt, die durch die Punkte A und D verläuft:

$$h:\ \vec{x} = \overrightarrow{OA} + s \cdot \overrightarrow{AD}$$

$$h:\ \vec{x} = \begin{pmatrix} 8 \\ 0 \\ 6 \end{pmatrix} + s \cdot \begin{pmatrix} -8 \\ 8 \\ 0 \end{pmatrix};\ s \in \mathbb{R}$$

Jetzt werden die Gleichungen der Geraden gleichgesetzt und die Parameter s und t bestimmt.

$$\begin{pmatrix} 8 \\ 0 \\ 6 \end{pmatrix} + s \cdot \begin{pmatrix} -8 \\ 8 \\ 0 \end{pmatrix} = \begin{pmatrix} 0 \\ 0 \\ 10 \end{pmatrix} + t \cdot \begin{pmatrix} 1 \\ 1 \\ -1 \end{pmatrix} \Rightarrow s = \frac{1}{2}$$

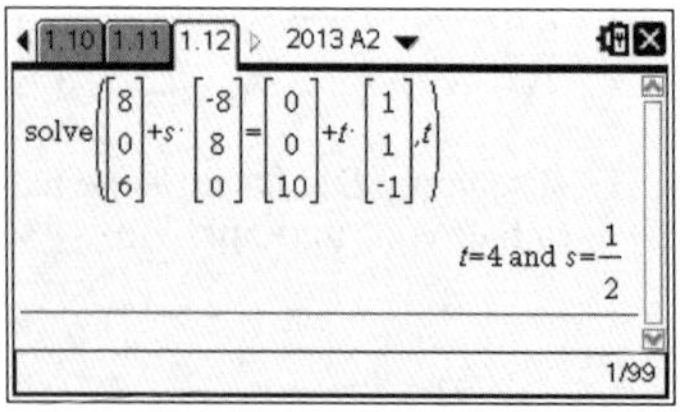

Da der Parameter $s = \frac{1}{2}$ ist, wird die Strecke $\overline{AD}$ von der Geraden g halbiert.

Um zu überprüfen, ob die Strecke $\overline{AD}$ senkrecht zur Geraden g ist, wird der Richtungsvektor der Geraden g skalar mit dem Vektor $\overrightarrow{AD}$ multipliziert:

$$\vec{r}_g \circ \overrightarrow{AD} = \begin{pmatrix} 1 \\ 1 \\ -1 \end{pmatrix} \circ \begin{pmatrix} -8 \\ 8 \\ 0 \end{pmatrix} = -8 + 8 + 0 = 0$$

Da das Skalarprodukt null ergibt, sind die Gerade g und die Strecke $\overline{AD}$ senkrecht zueinander.

Die Punkte A und D liegen symmetrisch zur Geraden g.

Symmetrie von B und C bezüglich g
Um die Symmetrie zu zeigen, muss überprüft werden, ob die Gerade g die Strecke $\overline{BC}$ halbiert und senkrecht auf ihr steht.

Zunächst wird überprüft, ob die Gerade g die Strecke $\overline{BC}$ halbiert. Dazu wird die Gleichung der Geraden k aufgestellt, die durch die Punkte B und C verläuft:

$$k\colon \vec{x} = \overrightarrow{OB} + r \cdot \overrightarrow{BC}$$

$$k\colon \vec{x} = \begin{pmatrix} 8 \\ 2 \\ 5 \end{pmatrix} + r \cdot \begin{pmatrix} -6 \\ 6 \\ 0 \end{pmatrix}; \quad r \in \mathbb{R}$$

Jetzt werden die Gleichungen der Geraden gleichgesetzt und die Parameter r und t bestimmt.

$$\begin{pmatrix} 8 \\ 2 \\ 5 \end{pmatrix} + r \cdot \begin{pmatrix} -6 \\ 6 \\ 0 \end{pmatrix} = \begin{pmatrix} 0 \\ 0 \\ 10 \end{pmatrix} + t \cdot \begin{pmatrix} 1 \\ 1 \\ -1 \end{pmatrix} \quad \Rightarrow \quad r = \frac{1}{2}$$

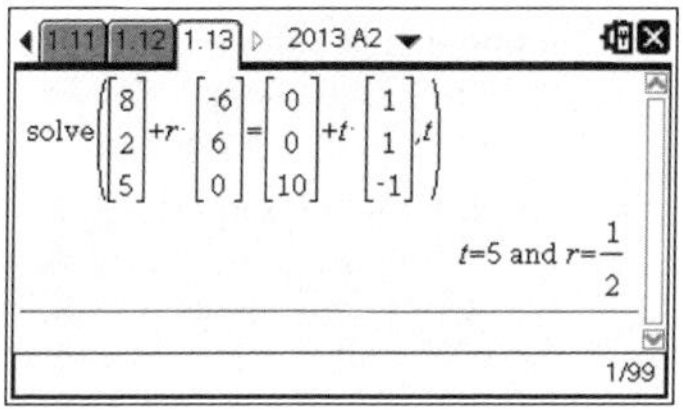

Da der Parameter $r = \frac{1}{2}$ ist, wird die Strecke $\overline{BC}$ von der Geraden g halbiert.

Um zu überprüfen, ob die Strecke $\overline{BC}$ senkrecht zur Geraden g ist, wird der Richtungsvektor der Geraden g skalar mit dem Vektor $\overrightarrow{BC}$ multipliziert:

$$\vec{r}_g \circ \overrightarrow{BC} = \begin{pmatrix} 1 \\ 1 \\ -1 \end{pmatrix} \circ \begin{pmatrix} -6 \\ 6 \\ 0 \end{pmatrix} = -6 + 6 + 0 = 0$$

Da das Skalarprodukt null ergibt, sind die Gerade g und die Strecke $\overline{BC}$ senkrecht zueinander.

Die Punkte B und C liegen symmetrisch zur Geraden g.

Damit ist gezeigt: Die Gerade g ist die Symmetrieachse des Fünfecks ABCDE.

Neben dem gezeigten Nachweis sind weitere Möglichkeiten denkbar, bei denen beispielsweise Kongruenzen von Teildreiecken bewiesen werden. Zu beachten ist dabei aber, dass dann gegebenenfalls auch nachgewiesen werden muss, dass die Gerade g nicht nur durch den Punkt E, sondern vollständig in der Ebene des Fünfecks verläuft.

A 3 Analysis und Stochastik

3.1 Grafische Darstellung

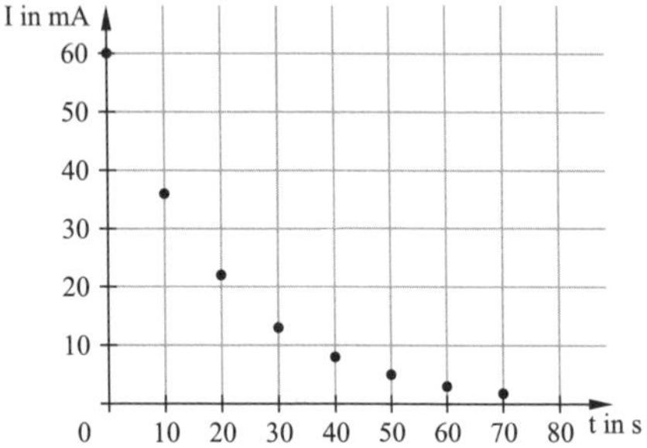

Lineare Regression

Die Regression erfolgt mithilfe der „Lists & Spreadsheet“-Seite.

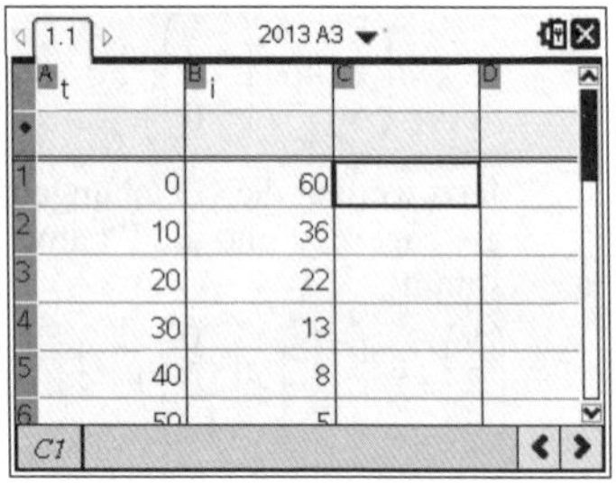

In der Spalte **A** wird die Zeit in Sekunden (t in s) und in der Spalte **B** die Stromstärke in Milliampere (I in mA) eingetragen. Um die Werte später besser wiederzufinden, werden die Spalten mit t bzw. i bezeichnet.

Um die Gleichung einer geeigneten Funktion zu finden, soll eine Regression durchgeführt werden. Die Regression startet man über menu Statistik – Statistische Berechnung…

Jetzt muss der entsprechende Regressionstyp gewählt werden. Der X-Liste werden die Zeitwerte und der Y-Liste die Stromstärkewerte zugeordnet.

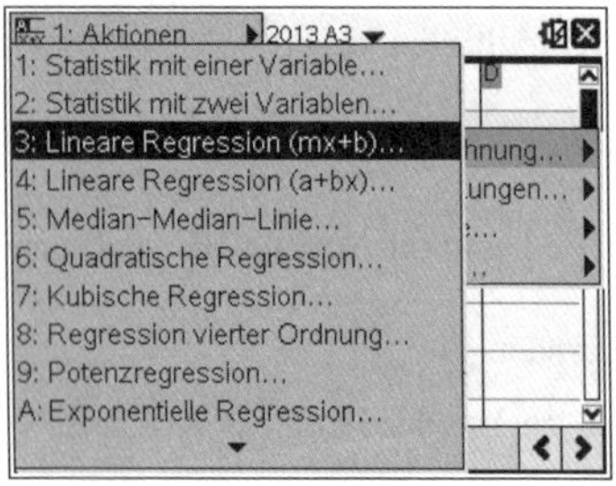

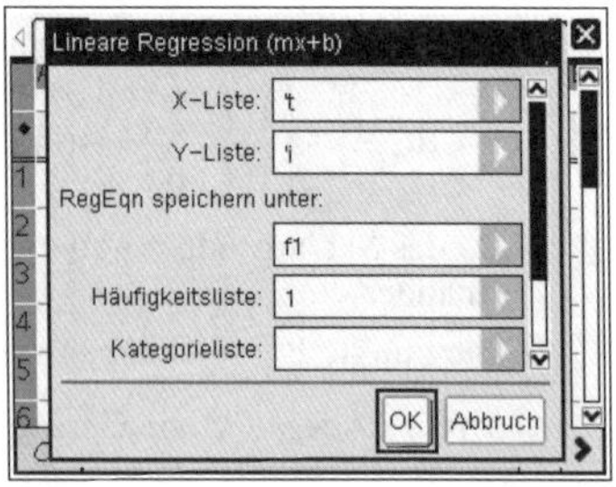

Um im weiteren Verlauf die Brauchbarkeit zu beurteilen, werden die Funktionen unter „RegEqn speichern unter:“ als f1, f2 bzw. f3 gespeichert.

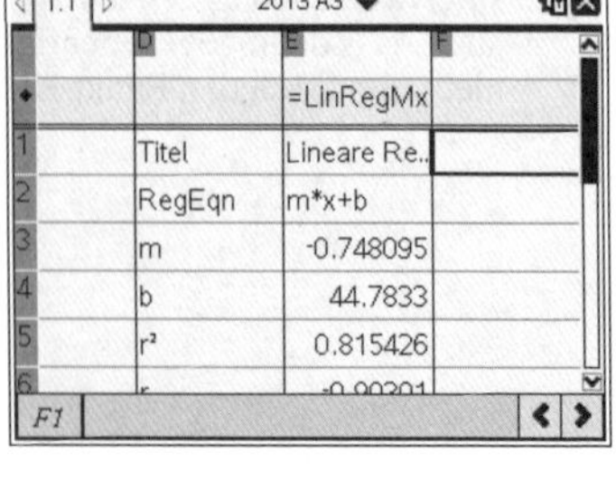

Für die lineare Regressionsfunktion erhält man die Gleichung:

$$I = f_1(t) = -0{,}75t + 44{,}78$$

Die Gleichung der Funktion wird unter f1 gespeichert.

Für die Regressionsfunktion vierten Grades erhält man die Gleichung:

$$\underline{\underline{I = f_2(t) = 3{,}18 \cdot 10^{-6} t^4 - 7{,}19 \cdot 10^{-4} t^3 + 0{,}065 t^2 - 2{,}95 t + 59{,}94}}$$

Die Gleichung der Funktion wird unter f2 gespeichert.

Für die exponentielle Regressionsfunktion erhält man die Gleichung:

$$\underline{\underline{I = f_3(t) = 59{,}41 \cdot 0{,}951^t}}$$

Die Gleichung der Funktion wird unter f3 gespeichert.

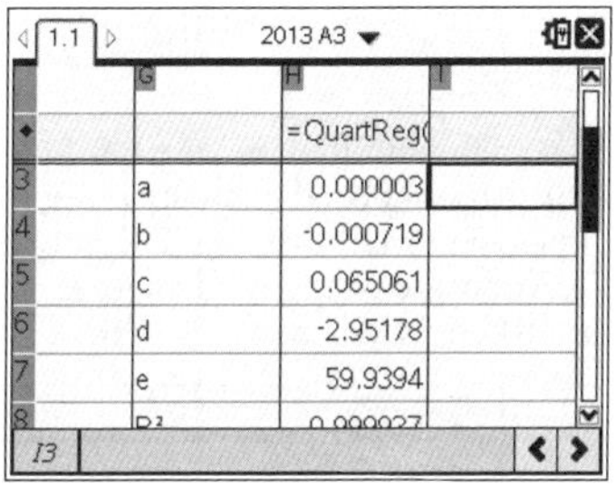

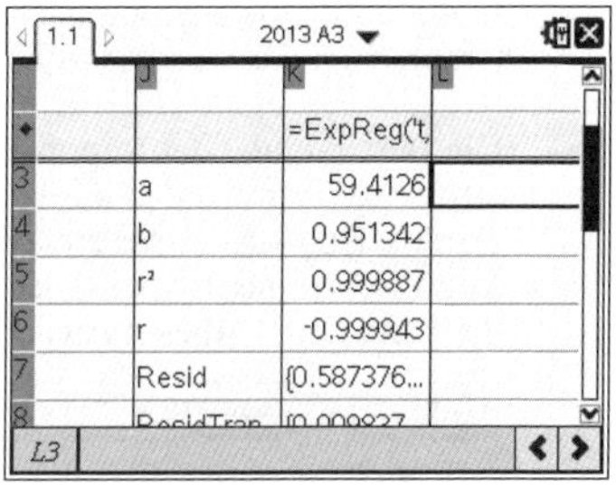

Beurteilung

Um die gefundenen Funktionen auf ihre Brauchbarkeit zu untersuchen, werden die Punkte und die Funktionen in einem Koordinatensystem dargestellt, die Wertepaare der Tabelle mithilfe des Streudiagramms (menu Graph-Eingabe/Bearbeitung – Streudiagramm).

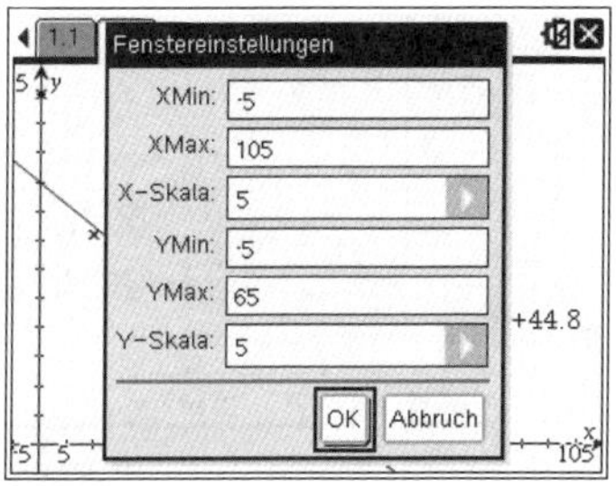

Die Fenstergröße für die Darstellung wurde angepasst, um auch den weiteren Verlauf der Graphen zu beurteilen:
XMin = –5, XMax = 105, YMin = –5, YMax = 65

Jetzt kann man sich die Funktionen mithilfe von menu Graph-Eingabe/Bearbeitung – Funktion anzeigen lassen.

Die lineare Regressionsfunktion $f_1(t)$ spiegelt den Sachverhalt schlecht wider. Die Punkte liegen teilweise deutlich neben dem Graphen, der Korrelationskoeffizient von $r^2 = 0{,}8154$ verdeutlicht das.

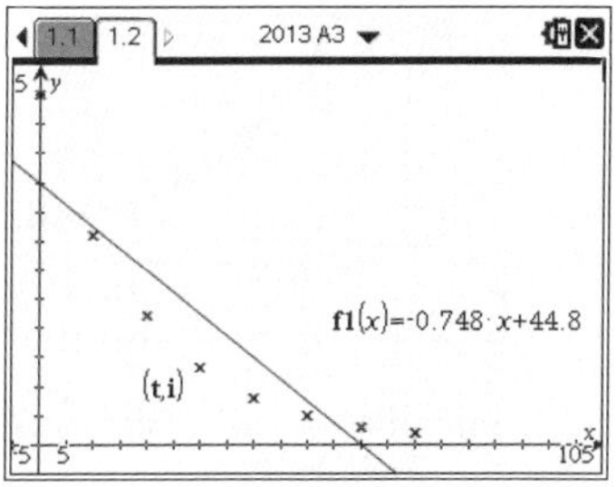

Die Regressionsfunktion vierten Grades spiegelt den Sachverhalt für die gegebenen Wertepaare gut wider. Die Punkte liegen ausnahmslos dicht am Graphen der Funktion, welches auch durch den Korrelationskoeffizient von $r^2 = 0{,}9999$ bestätigt wird.

Aber wie aus der Darstellung zu entnehmen ist, steigt der Graph der Funktion ab etwa $t = 73$ wieder an. Deshalb ist die Funktion nicht geeignet, die weitere Veränderung der Stromstärke mit zunehmender Zeit wiederzugeben.

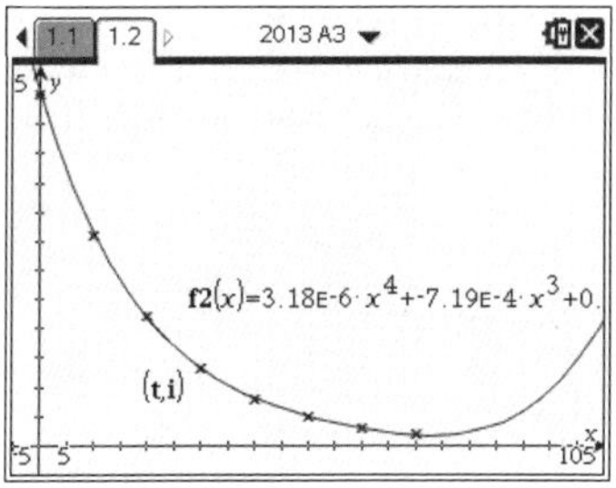

Die exponentielle Regressionsfunktion spiegelt den Schachverhalt am besten wider. Die Punkte liegen ausnahmslos dicht am Graphen der Funktion, welches auch durch den Korrelationskoeffizient von $r^2 = 0{,}9999$ bestätigt wird.

Auch der weitere Verlauf des Graphen ist geeignet, den Sachverhalt wiederzugeben. Weiterhin wird das zu erwartende Verhalten der Stromstärke durch die asymptotische Annäherung des Graphen an die x-Achse richtig dargestellt.

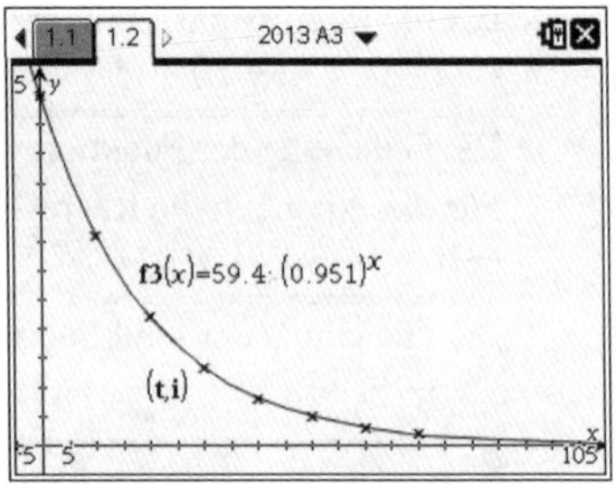

Die Bestimmung der Regressionsfunktionen kann auch mithilfe von „Data & Statistics" erfolgen. Dazu werden die Wertepaare dargestellt. Anschließend kann über menu Analysieren – Regression der entsprechende Regressionstyp gewählt werden. Die gewählte Regressionsfunktion wird dargestellt und die Funktionsgleichung wird angezeigt. Leider kann man in dieser Ansicht keinen Korrelationskoeffizienten R^2 ablesen.

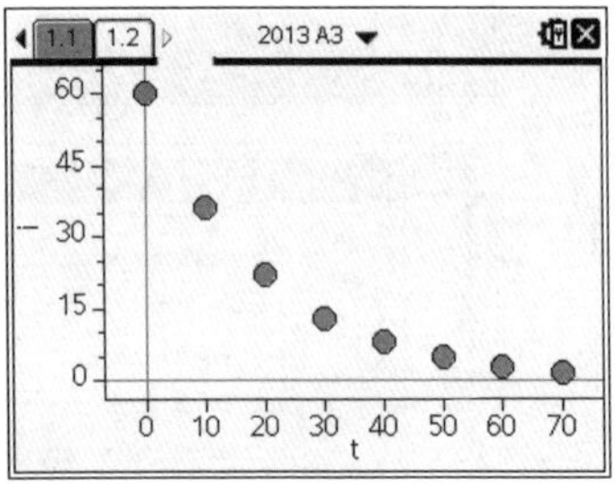

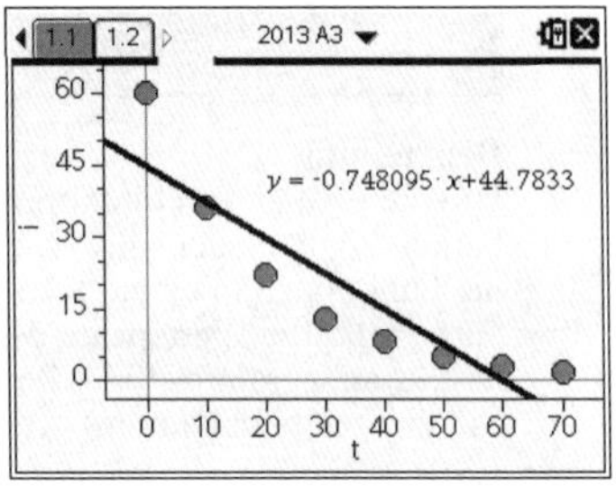

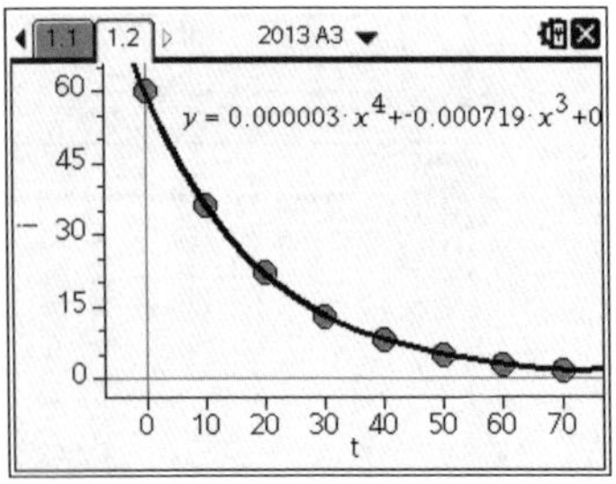

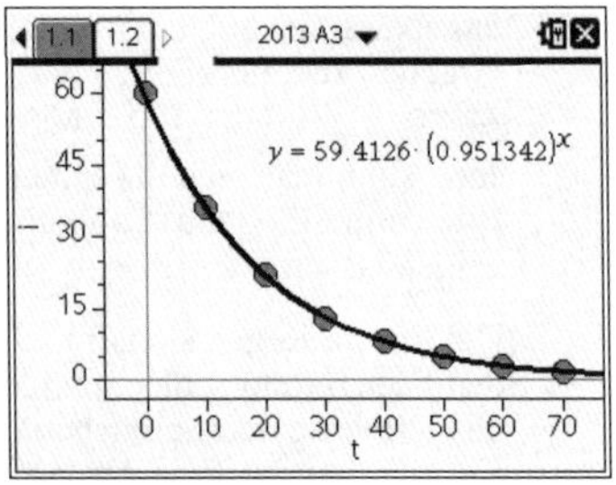

3.2 Im weiteren Verlauf der Aufgabe soll die Funktion f mit der Gleichung
$f(x) = 60 \cdot e^{-\frac{x}{20}}$
betrachtet werden. Dazu wird zunächst die Gleichung der Funktion f als f(x) gespeichert.

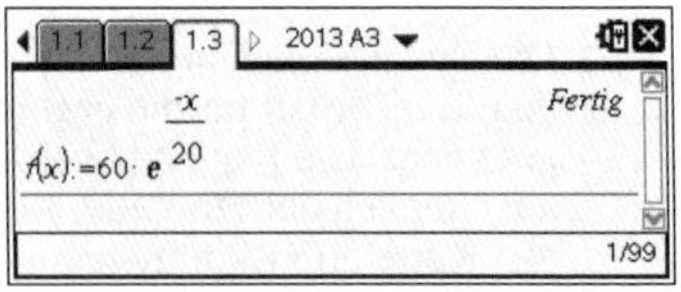

3.2.1 **Werte bestimmen**

$$f(15) = 60 \cdot e^{-\frac{15}{20}} = 60 \cdot e^{-\frac{3}{4}} \approx \underline{\underline{28{,}34}}$$

Ergebnis: Zum Zeitpunkt $x = 15$ beträgt die Maßzahl der Stromstärke rund 28,3.

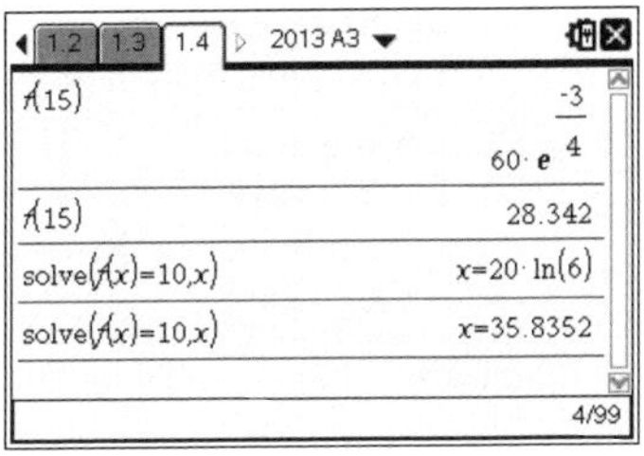

$$60 \cdot e^{-\frac{x}{20}} = 10 \quad \Rightarrow \quad x = 20 \cdot \ln(6) \approx \underline{\underline{35{,}84}}$$

Ergebnis: Ungefähr zum Zeitpunkt $x \approx 35{,}8$ hat die Maßzahl der Stromstärke den Wert 10.

3.2.2 **Maßzahl der vom Kondensator abgegebenen Ladungen**

Der Inhalt der Fläche wird mithilfe des bestimmten Integrals über dem Intervall $0 \le x \le 70$ berechnet:

$$\int_0^{70} 60 \cdot e^{-\frac{x}{20}}\,dx \approx \underline{\underline{1163{,}76}}$$

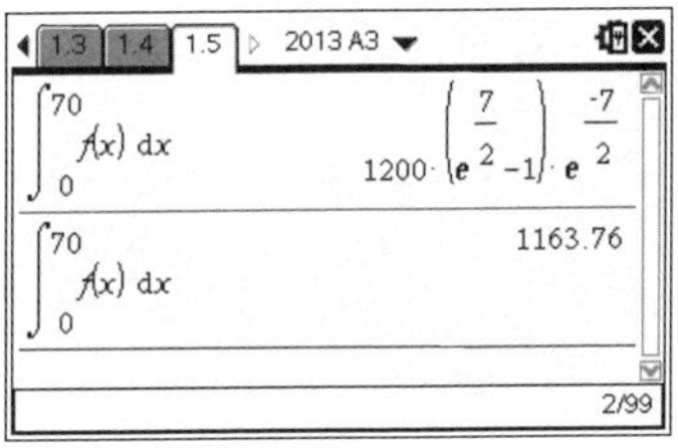

Ergebnis: Die Maßzahl der vom Kondensator abgegebenen Ladung beträgt rund 1163,8.

Fläche für $x \to \infty$

Für die Berechnung des Flächeninhaltes wird das bestimmte Integral verwendet. Die untere Grenze ist null, die obere Grenze ist a mit a gegen $+\infty$:

$$\lim_{a \to +\infty} \int_0^{a} 60 \cdot e^{-\frac{x}{20}}\,dx = 1200$$

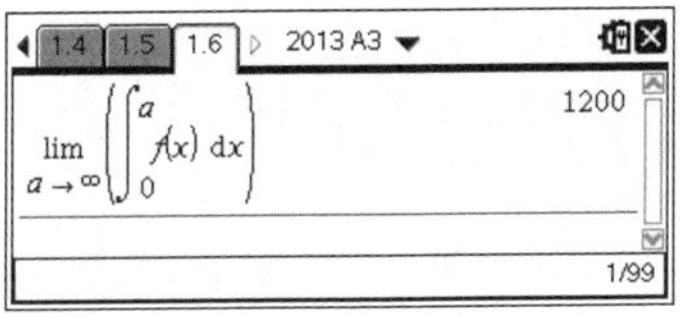

Ergebnis: Der Flächeninhalt kann somit für unbegrenzt wachsendes x nicht beliebig groß werden.

Statt des Grenzwertes mit a gegen ∞ kann als obere Grenze direkt ∞ im bestimmten Integral eingegeben werden:

$$\int_0^{\infty} 60 \cdot e^{-\frac{x}{20}}\,dx = 1200$$

3.3.1 **Begründung**

Dieser Versuch kann als Bernoulli-Kette betrachtet werden, denn:

- Bei der Überprüfung eines Kondensators gibt es genau zwei Ausgänge (Kondensator ist in Ordnung, Kondensator ist defekt).
- Die Wahrscheinlichkeit, mit der ein Kondensator fehlerhaft ist, ändert sich nicht, da in der laufenden Produktion eine sehr große Anzahl von Kondensatoren hergestellt wird und somit die Entnahme von 500 Kondensatoren ohne Zurücklegen die Wahrscheinlichkeit, mit der ein Kondensator fehlerhaft ist, nahezu unbeeinflusst lässt.

Für die Lösung der weiteren Aufgaben gilt:
Die Bernoulli-Kette hat die Länge 500 ($\rightarrow n=500$) und die Wahrscheinlichkeit, mit der ein Kondensator fehlerhaft ist, beträgt 7 % ($\rightarrow p=0{,}07$).

Erwartungswert

Der Erwartungswert wird wie folgt berechnet:

$\mu = n \cdot p = 500 \cdot 0{,}07 = \underline{\underline{35}}$

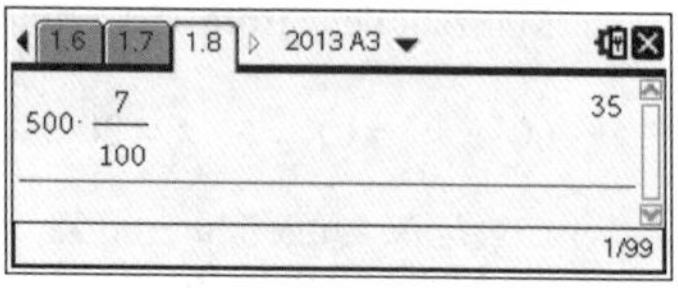

Ergebnis: Es werden 35 defekte Kondensatoren erwartet.

Manchmal wird der Erwartungswert auch als E(X) bezeichnet.

Berechnung der Wahrscheinlichkeiten der Ereignisse

A: Genau 30 Kondensatoren sind defekt.
$\rightarrow k=30$

$$P(A) = B_{500;\,0{,}07}(30) = \binom{500}{30} \cdot 0{,}07^{30} \cdot 0{,}93^{470} \approx \underline{\underline{0{,}0501}}$$

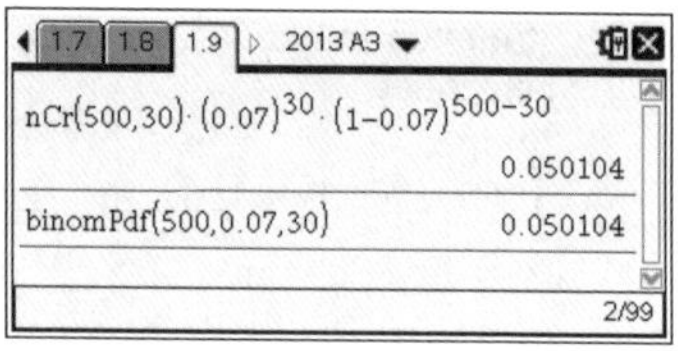

Ergebnis: Die Wahrscheinlichkeit, dass genau 30 Kondensatoren defekt sind, beträgt ca. 5 %.

B: Höchstens 40 Kondensatoren sind defekt.
$\rightarrow k \in \{0; 1; 2; \ldots; 38; 39; 40\}$

$$P(B) = \sum_{k=0}^{40} \binom{500}{k} \cdot 0{,}07^{k} \cdot 0{,}93^{500-k} \approx \underline{\underline{0{,}8331}}$$

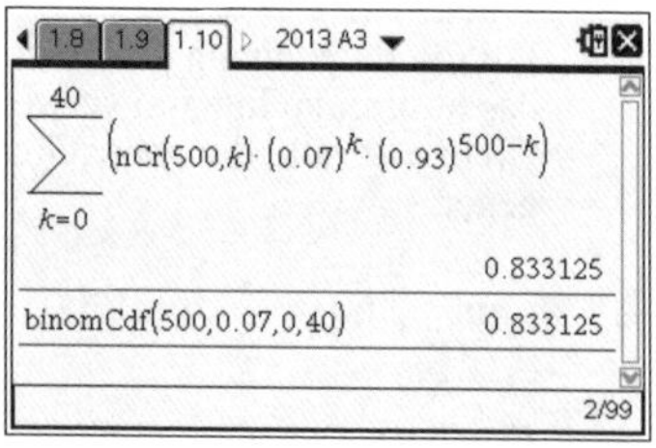

Ergebnis: Die Wahrscheinlichkeit, dass höchstens 40 Kondensatoren defekt sind, beträgt rund 83,3 %.

C: Die Anzahl der Kondensatoren ohne Fehler ist größer als 460, aber kleiner als 470.

Es gibt zwei Möglichkeiten diese Aufgabe zu lösen.

1. Variante:
Da die Kondensatoren nun **ohne Fehler** sind, ändert sich die Wahrscheinlichkeit auf:

$p = 1 - 0{,}07 = 0{,}93$

Die Anzahl der Kondensatoren aus der Aufgabenstellung wird, anders als in der Variante 2, beibehalten.
$\rightarrow k \in \{461; 462; 463; \ldots; 467; 468; 469\}$

$$P(C) = \sum_{k=461}^{469} \binom{500}{k} \cdot 0{,}93^{k} \cdot 0{,}07^{500-k} \approx \underline{\underline{0{,}5698}}$$

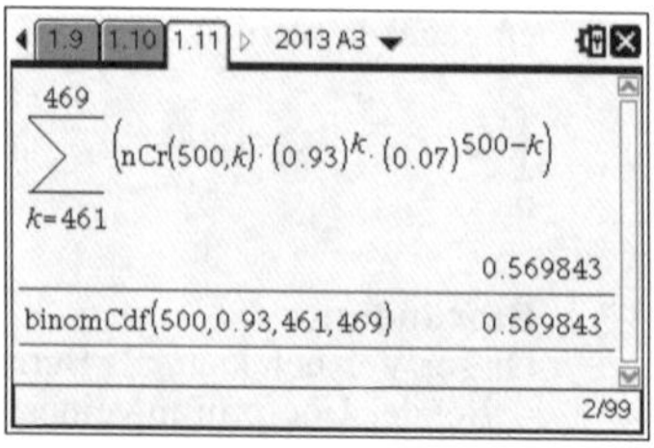

2. Variante:

Es wird weiterhin das Finden eines Kondensators **mit Fehler** betrachtet (p = 0,07). Die Anzahl der fehlerhaften Kondensatoren beträgt dann minimal 500 − 469 = 31 bzw. maximal 500 − 461 = 39.

$\rightarrow k \in \{31; 32; 33; \ldots; 37; 38; 39\}$

$$P(C) = \sum_{k=31}^{39} \binom{500}{k} \cdot 0{,}07^{k} \cdot 0{,}93^{500-k} \approx \underline{\underline{0{,}5698}}$$

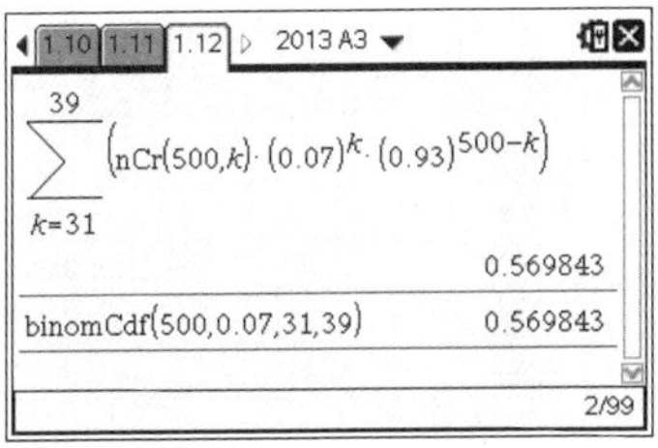

Ergebnis: Die Wahrscheinlichkeit, dass die Anzahl der Kondensatoren ohne Fehler größer als 460, aber kleiner als 470 ist, beträgt ca. 57 %.

Die Berechnungen der Wahrscheinlichkeiten können auch mithilfe der Befehle binomPdf bzw. binomCdf (menu Wahrscheinlichkeit – Verteilungen) erfolgen.

3.3.2 Prüfen der Herstelleraussage

Dieser Sachverhalt wird als eine Bernoulli-Kette interpretiert.
Die Anzahl der Versuchsdurchführungen beträgt 1000 ($\rightarrow$ n = 1000). Der angenommene Anteil der fehlerhaften Kondensatoren beträgt 4 % ($\rightarrow$ p = 0,04).

Der Erwartungswert für die Anzahl der fehlerhaften Kondensatoren bei 1000 zufällig ausgewählten Kondensatoren kann mit $\mu = 1000 \cdot 0{,}04 = 40$ leicht berechnet werden. Die größte Wahrscheinlichkeit muss demzufolge bei k = 40 liegen. Es ist aber nicht auszuschließen, dass vielleicht auch 50 oder sogar noch mehr fehlerhafte Kondensatoren bei diesem Test gefunden werden, selbst wenn die Ausschussquote tatsächlich 4 % beträgt. Es ist die Aufgabe eines Tests, mithilfe einer durch eine Berechnung begründeten und festgelegten Entscheidungsregel festzustellen, ob der angenommene Anteil defekter Kondensatoren bestätigt oder nicht bestätigt wird. Eine gewisse Irrtumswahrscheinlichkeit muss man aber bei jedem Test akzeptieren, diese wird in der Aufgabe mit 5 % angegeben.

Für die Bearbeitung der Aufgabe wäre es hilfreich, zunächst einen Überblick über die Wahrscheinlichkeitsverteilung zu erhalten. Dazu werden die Wahrscheinlichkeiten mithilfe von „Lists & Spreadsheets“ ermittelt und mit „Data & Statistics“ dargestellt.
Es ist absehbar, dass die grafische Darstellung aller Wahrscheinlichkeiten von k = 0 bis k = 1000 nur schlecht möglich sein wird. Daher wird der Bereich für k eingeschränkt. Eine sinnvolle Einschränkung ergibt sich für k = 20 bis k = 60, da der Erwartungswert bei 40 liegt.

In der Spalte **A** werden die einzelnen Werte für k mithilfe des Befehls seq(n,n,20,60) eingetragen. Gleichzeitig wird die Spalte mit dem Namen k versehen. In der Spalte **B** stehen die einzelnen binomialen Wahrscheinlichkeiten. Dazu wurde die Formel binompdf(1000,0.04,'k) verwendet. Gleichzeitig wird die Spalte mit dem Namen bnpk versehen.

Die beiden Bilder auf der nächsten Seite zeigen die „Lists & Spreadsheet“- sowie die „Data & Statistics“-Seite.

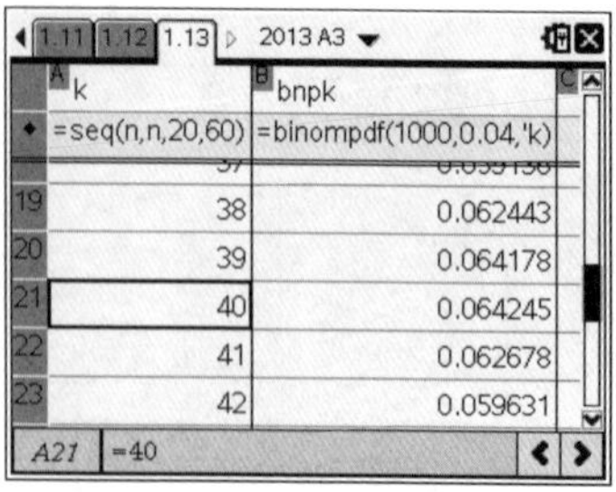

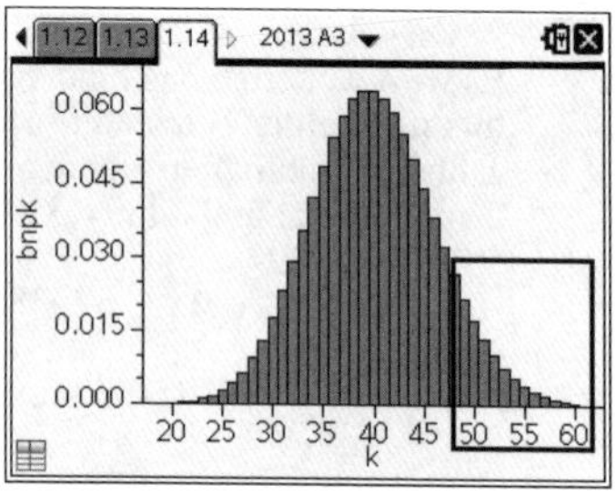

In der grafischen Darstellung ist zu erkennen, dass der Ablehnungsbereich, also die Werte für k, die rechtsseitig in der Summe eine Wahrscheinlichkeit von nahezu 5 % (Irrtumswahrscheinlichkeit) haben, etwa zwischen k = 45 und k = 50 beginnt.

Festlegung der Entscheidungsregel

Zur Festlegung einer Entscheidungsregel sind genaue Berechnungen notwendig:

$$1 - P(X \leq 47) = 1 - \sum_{k=0}^{47} \binom{1000}{k} \cdot 0{,}04^k \cdot 0{,}96^{1000-k} \approx 0{,}1149 > 0{,}05$$

$$1 - P(X \leq 49) = 1 - \sum_{k=0}^{49} \binom{1000}{k} \cdot 0{,}04^k \cdot 0{,}96^{1000-k} \approx 0{,}0663 > 0{,}05$$

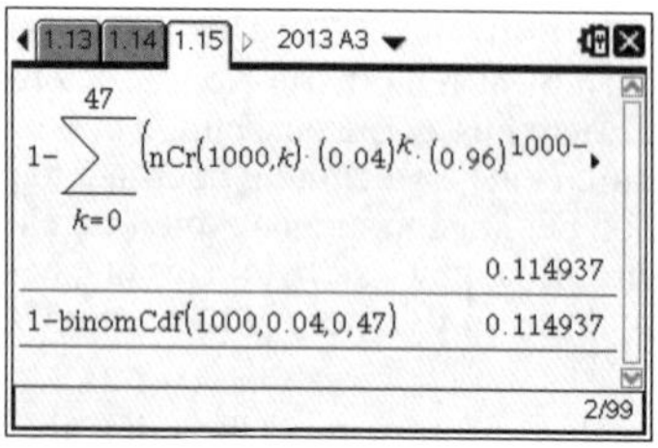

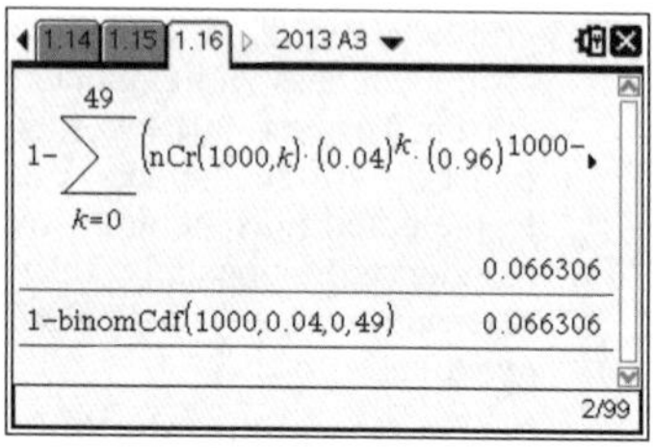

$$1 - P(X \leq 50) = 1 - \sum_{k=0}^{50} \binom{1000}{k} \cdot 0{,}04^k \cdot 0{,}96^{1000-k}$$

$$\approx 0{,}0491 < 0{,}05$$

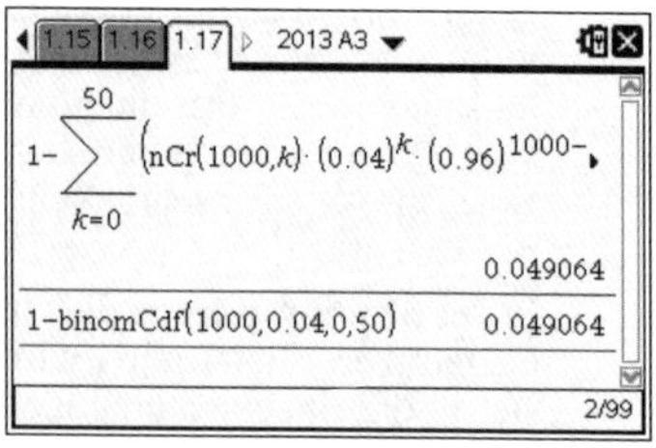

Erstmals wird die geforderte Irrtumswahrscheinlichkeit erreicht, wenn als Annahmebereich $k \in \{0; \ldots; 50\}$ gewählt wird.

Damit ergibt sich die folgende Entscheidungsregel:

„Der Behauptung des Herstellers kann man zustimmen, wenn höchstens 50 fehlerhafte Kondensatoren bei diesem Test gefunden werden.“

Ergebnis: Da bei der Kontrolle der 1000 Kondensatoren 48 defekte festgestellt wurden, kann man der Aussage des Herstellers vertrauen.

B 1 Analysis

1 Beim sportlichen Schießen mit Pfeil und Bogen ist der Erfolg wesentlich von den Eigenschaften des Pfeils abhängig. Es werden unter anderem Pfeile verwendet, bei denen die Spitze und der Schaft aus Aluminium der Dichte $2{,}7\ \frac{\text{g}}{\text{cm}^3}$ gefertigt sind.
Der Schaft ist ein Hohlzylinder. Der äußere Durchmesser des Schaftes stimmt mit dem größten Durchmesser der Spitze überein. Der innere Durchmesser des Schaftes ist gleich dem Durchmesser des einzusetzenden Teils der Spitze.
Die Spitze wird in den Schaft eingepasst (s. Skizze).

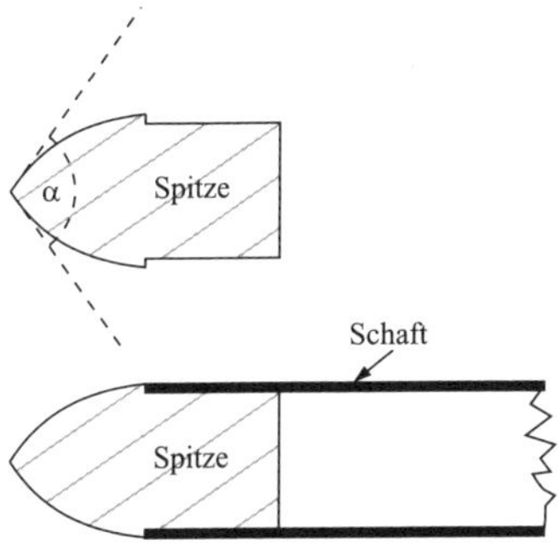

Die Pfeilspitze kann in einem kartesischen Koordinatensystem mithilfe der Funktion f mit

$$f(x) = \begin{cases} 0{,}0375x^3 - 0{,}2625x^2 + 0{,}6000x & \text{für } x \le 2 \\ 0{,}425 & \text{für } x > 2 \end{cases} \quad \text{mit } x \in \mathbb{R}$$

beschrieben werden.
Dabei rotiert die Fläche zwischen der x-Achse und dem Graphen der Funktion f für $0 \le x \le 5$ um die x-Achse.
Eine Längeneinheit entspricht einem Zentimeter.

1.1 Weisen Sie nach, dass an der Stelle $x = 2$ der Durchmesser der Spitze am größten ist.
Berechnen Sie das Volumen der Pfeilspitze.
Der Schaft ist 70 cm lang.
Berechnen Sei die Masse des gesamten Pfeiles.

1.2 Ermitteln Sie durch Berechnung den Spitzenwinkel α der Pfeilspitze.

1.3 Durch die Beobachtung der Flugbahn bei einem Schuss wurden folgende Angaben ermittelt:
- Abschusshöhe 1,8 m
- Abschusswinkel gegenüber der Horizontalen 7,5°
- maximale Flughöhe 3,10 m in 50 m Entfernung vom Abschusspunkt
- Weite 90 m, gemessen im Auftreffpunkt mit der Höhe 0 m

Zur modellhaften Beschreibung der Flugbahn in einem kartesischen Koordinatensystem wird eine ganzrationale Funktion u vierten Grades verwendet. Dabei gibt x den horizontalen Abstand vom Abschusspunkt und u(x) die jeweilige Höhe an.

Bestimmen Sie rechnerisch eine Gleichung von u.

B 2 Analytische Geometrie

2 Ebene, lichtreflektierende Flächen werden zur Änderung der geradlinigen Lichtausbreitung in verschiedenen Bereichen der Beleuchtungstechnik verwendet. Die Richtungsänderung des Lichtes bei der Reflexion kann mit dem Modell Lichtstrahl bestimmt werden. Zur Beschreibung der Richtungsänderung wird das Einfallslot betrachtet, eine Gerade, die senkrecht zur reflektierenden Ebene im Auftreffpunkt des Lichtstrahls auf die Ebene verläuft. Dabei ist die Größe des Winkels zwischen dem einfallenden Lichtstrahl und dem Einfallslot gleich der Größe des Winkels zwischen dem reflektierten Strahl und dem Einfallslot. Der einfallende Strahl, das Einfallslot und der reflektierte Strahl liegen in einer Ebene.

In einem kartesischen Koordinatensystem ist die Richtung von parallel verlaufenden Lichtstrahlen durch den Vektor

$$\vec{v} = \begin{pmatrix} -4 \\ -4 \\ -15{,}5 \end{pmatrix}$$

gegeben.

Ein Teil der Strahlen trifft auf eine ebene und rechteckige Fläche ABCD mit $A(4\,|\,2\,|\,0)$, $B(1\,|\,5\,|\,0)$ sowie $D(-2\,|\,-4\,|\,7)$ und wird reflektiert.

2.1 Geben Sie eine Gleichung der Ebene an, in der sich das Rechteck ABCD befindet.
Bestimmen Sie die Koordinaten von C.
Berechnen Sie den Inhalt der Fläche ABCD.

2.2 Einer dieser Lichtstrahlen verläuft durch den Punkt $L(5\,|\,10\,|\,40)$.
Prüfen Sie, ob er auf die Fläche ABCD trifft.

2.3 Ein Lichtstrahl s trifft im Punkt $P\left(-\frac{1}{2}\,\middle|\,\frac{1}{2}\,\middle|\,\frac{7}{2}\right)$ auf die Fläche ABCD und wird als Strahl s' reflektiert.

2.3.1 Begründen Sie, dass der Verlauf des einfallenden Strahls s zum Punkt P durch die Gleichung

$$\vec{x} = \begin{pmatrix} 11{,}5 \\ 12{,}5 \\ 50 \end{pmatrix} + t \cdot \begin{pmatrix} -8 \\ -8 \\ -31 \end{pmatrix}$$

mit einem geeigneten Definitionsbereich für den Parameter t beschrieben werden kann.
Geben Sie diesen Definitionsbereich an.

2.3.2 Weisen Sie nach, dass das Einfallslot zur Fläche ABCD im Punkt P auf der Geraden mit der Gleichung

$$\vec{x} = \begin{pmatrix} 3 \\ 4 \\ 9{,}5 \end{pmatrix} + r \cdot \begin{pmatrix} 7 \\ 7 \\ 12 \end{pmatrix}$$

mit $r \in \mathbb{R}$ liegt.

2.3.3 Ermitteln Sie eine Gleichung, mit deren Hilfe der Verlauf des reflektierten Strahls s' beschrieben werden kann.

Hinweise und Tipps

Teilaufgabe 1.1

- Der größte Durchmesser muss sich im Bereich $0 \leq x \leq 2$ befinden. Verwenden Sie bei der Ermittlung des Extrempunkts die notwendige und die hinreichende Bedingung.
- Die Pfeilspitze besteht aus zwei Teilkörpern: Das Volumen des einen ermitteln Sie als Rotationsvolumen; der andere Teilkörper ist ein Zylinder.
- Um die Masse des Pfeiles zu berechnen, brauchen Sie auch das Volumen des Schaftes.
- Masse = Dichte · Volumen

Teilaufgabe 1.2

- Der Spitzenwinkel ist doppelt so groß wie der Anstiegswinkel des Graphen der Funktion f an der Stelle $x = 0$.

Teilaufgabe 1.3

- Die allgemeine Gleichung einer ganzrationalen Funktion vierten Grades hat fünf Parameter.
- Nachdem Sie den Koordinatenursprung geeignet festgelegt haben, können Sie aus den gegebenen Eigenschaften fünf Gleichungen aufstellen.
- Lösen Sie das Gleichungssystem mit Ihrem CAS.

Teilaufgabe 2.1

- Sie können eine Gleichung der Ebene in Koordinatenform oder in Parameterform angeben. In beiden Fällen brauchen Sie zwei Richtungsvektoren.
- Die Koordinaten des Punktes C erhalten Sie, wenn Sie zum Ortsvektor eines Punktes des Rechtecks den passenden Richtungsvektor addieren.
- Der Flächeninhalt des Rechtecks ergibt sich entweder aus Länge mal Breite oder mithilfe des Kreuzproduktes der Richtungsvektoren der Ebene.

Teilaufgabe 2.2

- Stellen Sie die Gleichung der Geraden auf, auf der der Lichtstrahl verläuft.
- Bestimmen Sie dann den Durchstoßpunkt dieser Geraden durch die Ebene, in der sich das Rechteck ABCD befindet.
- Prüfen Sie, ob dieser Punkt innerhalb der Fläche ABCD liegt.

Teilaufgabe 2.3.1

- Bestätigen Sie, dass der Punkt P auf der Geraden liegt, auf der der Lichtstrahl s verläuft.
- Kontrollieren Sie, dass der Richtungsvektor der gegebenen Geradengleichung und der Richtungsvektor $\vec{v}$ der Lichtstrahlen parallel sind.
- Für welchen Wert von t erhält man mit der Geradengleichung den Punkt P?

Teilaufgabe 2.3.2

- Das Einfallslot steht senkrecht auf der Fläche und verläuft durch den Punkt P.

Teilaufgabe 2.3.3

- Spiegeln Sie einen Punkt der Geraden, auf der der einfallende Lichtstrahl verläuft, an der Ebene, in der die Fläche ABCD liegt.
- Der reflektierte Lichtstrahl verläuft durch diesen Punkt und durch den Punkt P.

Lösung

B 1 Analysis

1.1 Nachweis größter Durchmesser

Die Spitze wird durch die Rotation der Fläche zwischen der x-Achse und dem Graphen der Funktion f im Bereich $0 \leq x \leq 5$ beschrieben. Die Funktion f ist für $x > 2$ konstant. Deshalb muss der größte Durchmesser im Bereich $0 \leq x \leq 2$ gesucht werden.

Ableitungen

$f(x) = 0{,}0375x^3 - 0{,}2625x^2 + 0{,}6x$

$f'(x) = 0{,}1125x^2 - 0{,}525x + 0{,}6$

$f''(x) = 0{,}225x - 0{,}525$

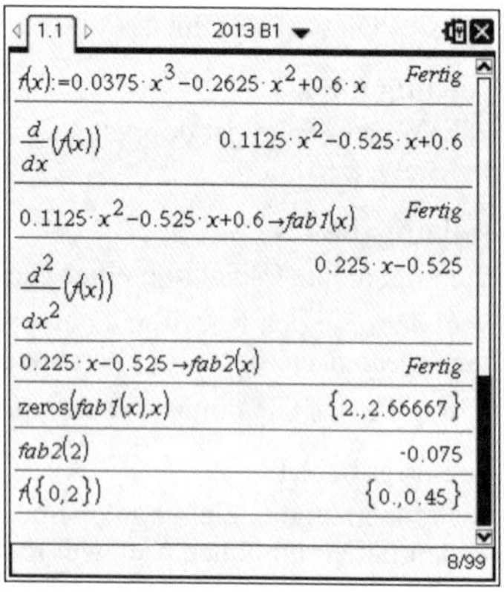

Die Funktionen werden als f(x), fab1(x) und fab2(x) gespeichert.

Extremum

Mit der notwendigen Bedingung $f'(x_E) = 0$ für die Existenz von Extrempunkten ergibt sich:

$f'(x_E) = 0 \quad \Rightarrow \quad x_{E_1} = 2$ und $x_{E_2} \approx 2{,}66$ (entfällt)

Für den Nachweis, dass es sich bei dem Extremum um ein Maximum handelt, wird die hinreichende Bedingung $f'(x_E) = 0 \ \wedge \ f''(x_E) < 0$ benötigt:

$f''(2) = -0{,}075 < 0 \quad \Rightarrow \quad$ Maximum

Ergänzend werden die Funktionswerte an den Grenzen des Intervalls bestimmt:
$f(0) = 0$ und $f(2) = 0{,}45$

Ergebnis: Der Pfeil hat an der Stelle $\underline{\underline{x = 2}}$ den größten Durchmesser.

Volumen der Pfeilspitze

Die Pfeilspitze wird in zwei Teilkörper zerlegt.

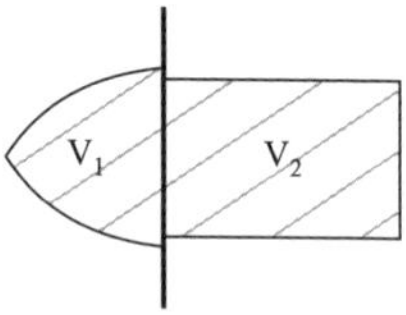

Volumen Teilkörper 1

Das Volumen des Teilkörpers 1 wird als Rotationsvolumen der Funktion f um die x-Achse über dem Intervall $0 \leq x \leq 2$ ermittelt:

$$V_1 = \pi \cdot \int_0^2 (f(x))^2 \, dx \approx 0{,}769$$

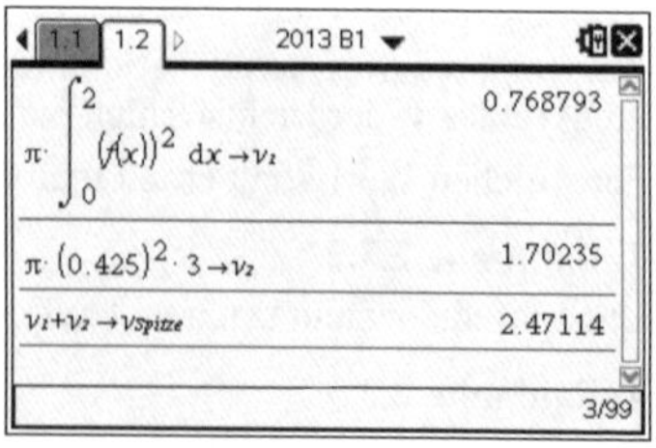

Volumen Teilkörper 2

Der Teilkörper 2 ist ein Zylinder. Der Radius r entspricht dem konstanten Funktionswert 0,425, die Höhe entspricht der Breite des Intervalls $2 \leq x \leq 5$:

$$V_2 = \pi \cdot r^2 \cdot h = \pi \cdot 0{,}425^2 \cdot 3 \approx 1{,}702$$

Damit ergibt sich für das Gesamtvolumen der Spitze:

$$V_{Spitze} = V_1 + V_2 \approx \underline{\underline{2{,}471}}$$

Ergebnis: Die Spitze hat ein Volumen von rund 2,47 cm^3.

Masse des Pfeiles

Um die Masse des gesamten Pfeiles zu berechnen, muss das Gesamtvolumen V des Pfeiles ermittelt werden:

$V = V_{Spitze} + V_{Schaft}$

Das Volumen der Spitze wurde bereits oben mit rund 2,47 cm^3 berechnet.

Volumen des Schaftes

Der Schaft ist ein Hohlzylinder mit dem äußeren Radius $r_a = f(2) = 0{,}45$ und dem inneren Radius $r_i = 0{,}425$:

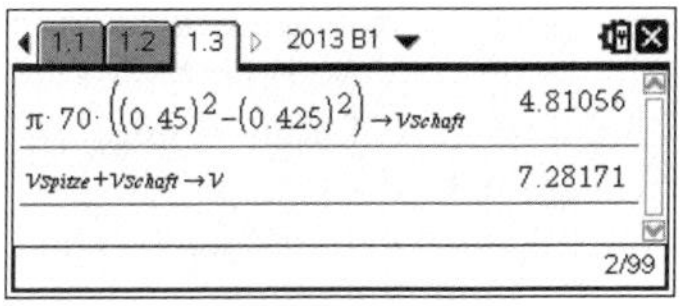

$V_{Schaft} = \pi \cdot h \cdot (r_a^2 - r_i^2)$

$= \pi \cdot 70 \cdot (0{,}45^2 - 0{,}425^2) \approx 4{,}811$

Für das Gesamtvolumen des Pfeiles ergibt sich:

$V = V_{Spitze} + V_{Schaft} \approx 7{,}282$

Der gesamte Pfeil hat ein Volumen von rund 7,28 cm^3.

Masse des Pfeiles

Um die Masse des Pfeiles zu berechnen, wird die Dichte ρ des Materials (Aluminium) benötigt, aus dem die Spitze und der Schaft bestehen.

$\rho = 2{,}7 \, \frac{g}{cm^3}$

Für die Masse ergibt sich:

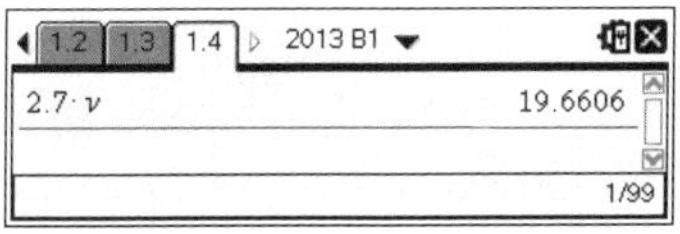

$m = \rho \cdot V \approx 2{,}7 \, \frac{g}{cm^3} \cdot 7{,}28 \, cm^3 \approx \underline{\underline{19{,}66 \, g}}$

Ergebnis: Der Pfeil hat eine Masse von rund 19,66 g.

1.2 **Berechnung des Spitzenwinkels**

Der Spitzenwinkel α ist doppelt so groß wie der Anstiegswinkel des Graphen der Funktion f an der Stelle x = 0.

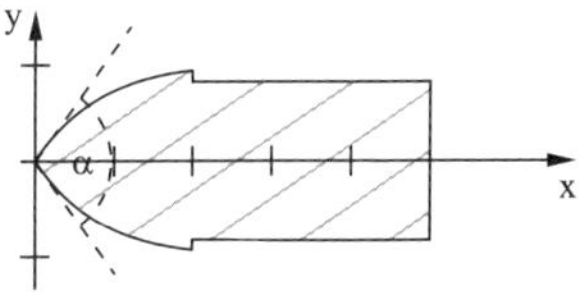

Anstieg an der Stelle x =0

$f'(x) = 0{,}1125x^2 - 0{,}525x + 0{,}6$

$f'(0) = 0{,}6$

Der Anstieg m der Tangente an der Stelle x = 0 beträgt also 0,6:

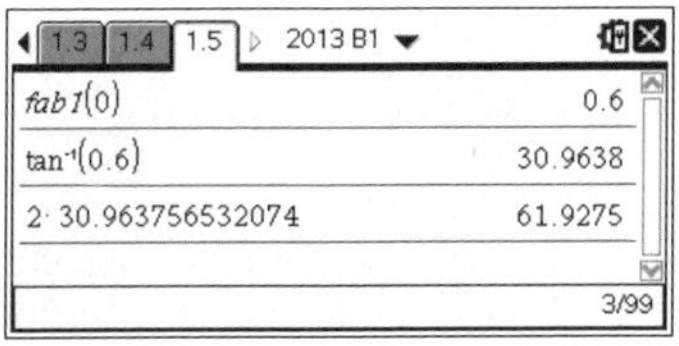

$m = \tan\beta$

$0{,}6 = \tan\beta \quad |\arctan$

$\beta \approx 30{,}96°$

Der Winkel zwischen der x-Achse und der Tangente beträgt rund 31°.

Damit ergibt sich für den Winkel α:

$\alpha = 2 \cdot \beta \approx 2 \cdot 30{,}96° \approx \underline{\underline{61{,}9°}}$

Ergebnis: Der Spitzenwinkel α beträgt rund 62°.

1.3 **Bestimmung der Gleichung der Flugbahn**

Gegeben ist eine ganzrationale Funktion u vierten Grades mit der Gleichung:

$u(x) = a \cdot x^4 + b \cdot x^3 + c \cdot x^2 + d \cdot x + e$

Ihre Ableitungsfunktion ist:

$u'(x) = 4a \cdot x^3 + 3b \cdot x^2 + 2c \cdot x + d$

Die Gleichungen der Funktion und ihrer Ableitung werden als u(x) bzw. uab1(x) gespeichert.

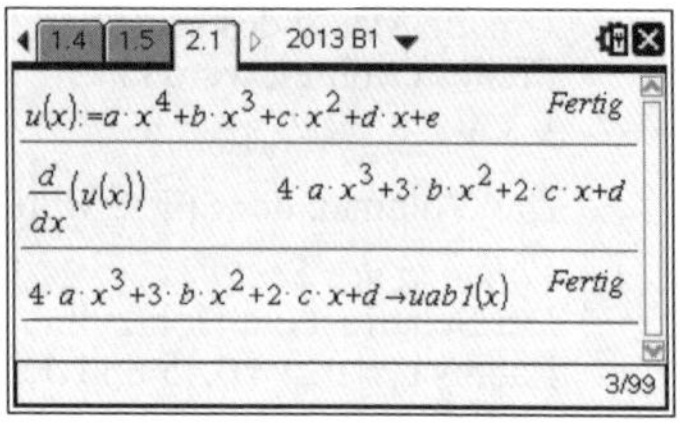

Der Koordinatenursprung wird wie folgt festgelegt:
Weite 0 m (Abschussort) und
Höhe 0 m (mit 1 LE = 1 m)

Aus den gegebenen Eigenschaften kann man folgendes Gleichungssystem erstellen:

I	Abschusshöhe 1,80 m	⇒	$u(0) = 1{,}80$
II	Abschusswinkel 7,5°	⇒	$u'(0) = \tan 7{,}5°$
III	Weite 50 m, Flughöhe 3,10 m	⇒	$u(50) = 3{,}10$
IV	maximale Flughöhe	⇒	$u'(50) = 0$
V	Weite 90 m, Höhe 0 m	⇒	$u(90) = 0$

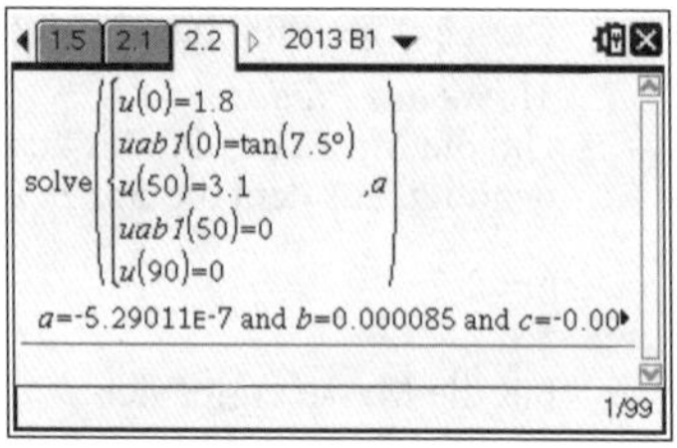

Wird diese Gleichungssystem gelöst, so ergeben sich für die Parameter:

$a \approx -5{,}29 \cdot 10^{-7}$, $b \approx 8{,}5 \cdot 10^{-5}$, $c \approx -5{,}0 \cdot 10^{-3}$, $d \approx 0{,}13$ und $e = 1{,}8$

Ergebnis: Eine Gleichung der Funktion u lautet:

$$u(x) = -5{,}29 \cdot 10^{-7} x^4 + 8{,}5 \cdot 10^{-5} x^3 - 5{,}0 \cdot 10^{-3} x^2 + 0{,}13x + 1{,}8$$

B 2 Analytische Geometrie und Stochastik

2.1 **Gleichung der Ebene**

Es soll eine Gleichung der Ebene angegeben werden, in der sich das Rechteck ABCD befindet. Dies kann entweder eine Gleichung in Koordinatenform oder in Parameterform sein.
Benötigt werden Ortsvektoren und Richtungsvektoren.

Die Richtungsvektoren könnten z. B. sein:

$$\overrightarrow{AB} = \begin{pmatrix} -3 \\ 3 \\ 0 \end{pmatrix} \text{ und } \overrightarrow{AD} = \begin{pmatrix} -6 \\ -6 \\ 7 \end{pmatrix}$$

1. Variante: Ebenengleichung in Parameterform
Eine Ebenengleichung in Parameterform könnte z. B. wie folgt aufgestellt werden:

$$E\colon \vec{x} = \overrightarrow{OA} + r \cdot \overrightarrow{AB} + s \cdot \overrightarrow{AD}$$

$$E\colon \vec{x} = \begin{pmatrix} 4 \\ 2 \\ 0 \end{pmatrix} + r \cdot \begin{pmatrix} -3 \\ 3 \\ 0 \end{pmatrix} + s \cdot \begin{pmatrix} -6 \\ -6 \\ 7 \end{pmatrix} \text{ mit } r, s \in \mathbb{R}$$

2. Variante: Ebenengleichung in Koordinatenform

Für die Koordinatengleichung wird ein Normalenvektor der Ebene benötigt. Ein Normalenvektor kann z. B. als Kreuzprodukt der Vektoren $\overrightarrow{AB}$ und $\overrightarrow{AD}$ bestimmt werden. Für das Kreuzprodukt ergibt sich:

$$\overrightarrow{AB} \times \overrightarrow{AD} = \begin{pmatrix} -3 \\ 3 \\ 0 \end{pmatrix} \times \begin{pmatrix} -6 \\ -6 \\ 7 \end{pmatrix} = \begin{pmatrix} 21 \\ 21 \\ 36 \end{pmatrix} = 3 \cdot \begin{pmatrix} 7 \\ 7 \\ 12 \end{pmatrix}$$

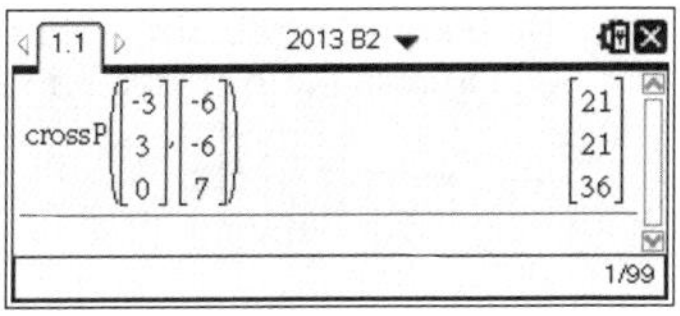

Werden die Koordinaten des Normalenvektors $\vec{n}_\varepsilon = \begin{pmatrix} 7 \\ 7 \\ 12 \end{pmatrix}$ in die allgemeine Form der Koordinatengleichung einer Ebene eingesetzt, so ergibt sich:

$7x + 7y + 12z + d = 0$

Mit dem Einsetzen der Koordinaten z. B. des Punktes A erhält man den Wert von d:

$7 \cdot 4 + 7 \cdot 2 + 0 + d = 0 \quad \Rightarrow \quad d = -42$

Damit ergibt sich als eine mögliche Lösung für die Koordinatengleichung der Ebene:

$\underline{\underline{E\colon\ 7x + 7y + 12z - 42 = 0}}$

Koordinaten des Punktes C

Die Koordinaten des Punktes C erhält man, wenn man z. B. zum Ortsvektor des Punktes B den Richtungsvektor $\overrightarrow{AD}$ addiert:

$\overrightarrow{OC} = \overrightarrow{OB} + \overrightarrow{AD}$

$$\overrightarrow{OC} = \begin{pmatrix} 1 \\ 5 \\ 0 \end{pmatrix} + \begin{pmatrix} -6 \\ -6 \\ 7 \end{pmatrix} = \begin{pmatrix} -5 \\ -1 \\ 7 \end{pmatrix}$$

Ergebnis: Der Punkt C hat die Koordinaten:

$\underline{\underline{C(-5\,|\,-1\,|\,7)}}$

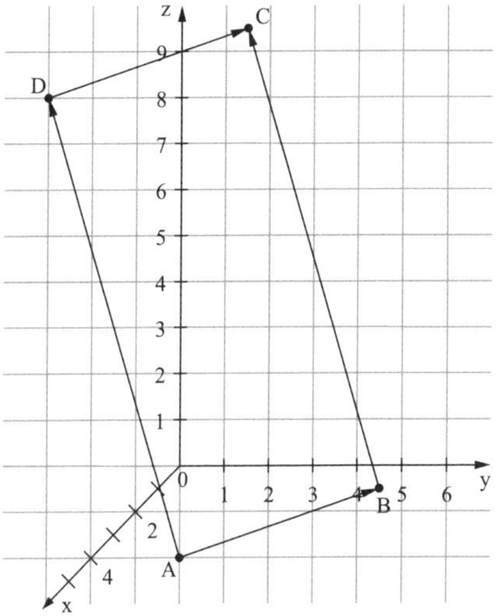

Inhalt der Fläche

1. Variante:

Der Flächeninhalt des Rechtecks ABCD kann wie folgt ermittelt werden:

$A = a \cdot b = |\overrightarrow{AB}| \cdot |\overrightarrow{AD}|$

$$= \left| \begin{pmatrix} -3 \\ 3 \\ 0 \end{pmatrix} \right| \cdot \left| \begin{pmatrix} -6 \\ -6 \\ 7 \end{pmatrix} \right| = 33 \cdot \sqrt{2} \approx \underline{\underline{46{,}67}}$$

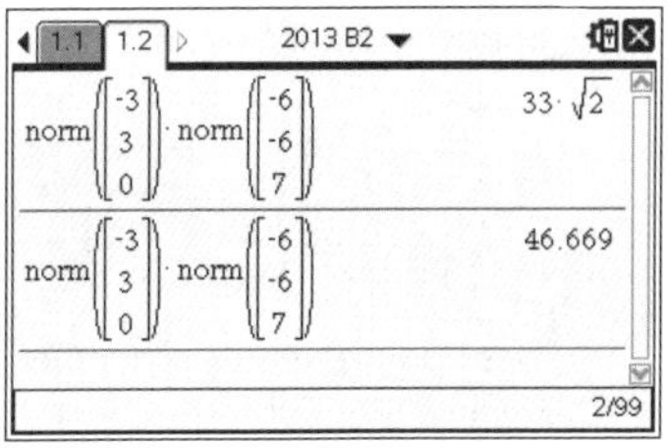

2. Variante:
Durch die Vektoren $\overrightarrow{AB}$ und $\overrightarrow{AD}$ wird ein Parallelogramm aufgespannt. Der Betrag des zu dieser Ebene gehörenden Normalenvektors, der durch $\overrightarrow{AB} \times \overrightarrow{AD}$ gebildet wird, ist ein Maß für den Flächeninhalt des Parallelogramms.
Der Normalenvektor $\vec{n}_E$ wurde bereits in der 2. Variante der Aufgabe 2.1 ermittelt.

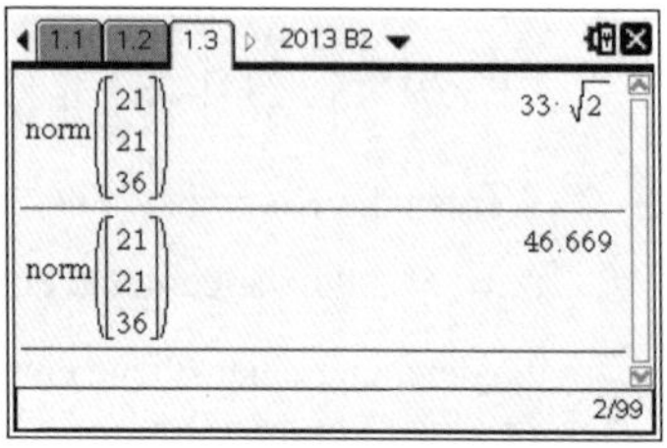

$$A = |\vec{n}_E| = \left| \begin{pmatrix} 21 \\ 21 \\ 36 \end{pmatrix} \right| = 33 \cdot \sqrt{2} \approx \underline{\underline{46{,}67}}$$

Ergebnis: Das Rechteck ABCD hat einen Flächeninhalt von rund 46,67.

2.2 Prüfen, ob der Strahl die Fläche trifft

Zunächst wird die Gleichung der Geraden g aufgestellt, auf der der Lichtstrahl verläuft:

$$g\colon \vec{x} = \overrightarrow{OL} + t \cdot \vec{v}$$

$$g\colon \vec{x} = \begin{pmatrix} 5 \\ 10 \\ 40 \end{pmatrix} + t \cdot \begin{pmatrix} -4 \\ -4 \\ -15{,}5 \end{pmatrix} \quad \text{mit } t \in \mathbb{R}$$

Jetzt wird der Durchstoßpunkt von der Geraden g und der Ebene E bestimmt. Dazu werden die Gleichungen der Geraden g und der Ebene E gleichgesetzt und die Parameter r, s und t werden bestimmt:

$$\overrightarrow{OL} + t \cdot \vec{v} = \overrightarrow{OA} + r \cdot \overrightarrow{AB} + s \cdot \overrightarrow{AD}$$

$$\begin{pmatrix} 5 \\ 10 \\ 40 \end{pmatrix} + t \cdot \begin{pmatrix} -4 \\ -4 \\ -15{,}5 \end{pmatrix} = \begin{pmatrix} 4 \\ 2 \\ 0 \end{pmatrix} + r \cdot \begin{pmatrix} -3 \\ 3 \\ 0 \end{pmatrix} + s \cdot \begin{pmatrix} -6 \\ -6 \\ 7 \end{pmatrix}$$

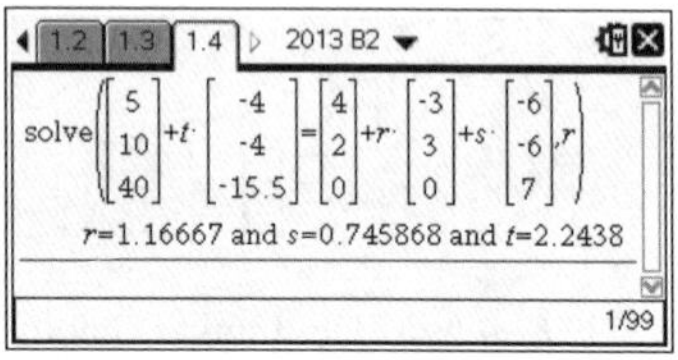

Wird dieses Gleichungssystem gelöst, so ergibt sich:

$r \approx 1{,}167, \quad s \approx 0{,}746 \quad \text{und} \quad t \approx 2{,}244$

Da der Parameter $r > 1$ ist, liegt der Durchstoßpunkt außerhalb der Fläche ABCD.

2.3.1 Begründung

Der Richtungsvektor der Geraden, auf der der Lichtstrahl s verläuft, muss ein Vielfaches des Vektors $\vec{v}$ sein:

$$\begin{pmatrix} -8 \\ -8 \\ -31 \end{pmatrix} = 2 \cdot \begin{pmatrix} -4 \\ -4 \\ -15{,}5 \end{pmatrix}$$

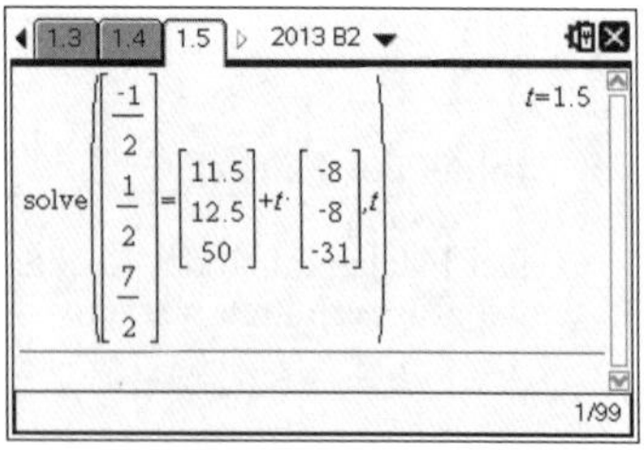

Jetzt muss überprüft werden, ob der Punkt P auf der Geraden liegt:

$$\begin{pmatrix} -\frac{1}{2} \\ \frac{1}{2} \\ \frac{7}{2} \end{pmatrix} = \begin{pmatrix} 11{,}5 \\ 12{,}5 \\ 50 \end{pmatrix} + t \cdot \begin{pmatrix} -8 \\ -8 \\ -31 \end{pmatrix} \quad \Rightarrow \quad t = 1{,}5$$

Der Punkt P liegt auf der Geraden, auf der der Lichtstrahl verläuft; auch sind der Richtungsvektor der Geraden und der Richtungsvektor $\vec{v}$ der Lichtstrahlen parallel zueinander.

Angabe des Definitionsbereichs

Den Punkt P erhält man, wenn man in die Gleichung der Geraden $t = \frac{3}{2}$ einsetzt.

Da dies der Punkt auf der Fläche ist, muss für t der folgende Definitionsbereich gelten:

$\underline{\underline{-\infty < t \leq 1{,}5}}$

2.3.2 **Nachweis des Einfallslotes**

Das Einfallslot steht senkrecht auf der Fläche und verläuft durch den Punkt P.
Zunächst wird überprüft, ob der Richtungsvektor der Geraden ein Vielfaches des Normalenvektors $\vec{n}_E$ der Ebene ist. Der Normalenvektor $\vec{n}_E$ wurde bereits in der 2. Variante der Aufgabe 2.1 ermittelt.

$$\begin{pmatrix} 7 \\ 7 \\ 12 \end{pmatrix} = \frac{1}{3} \cdot \begin{pmatrix} 21 \\ 21 \\ 36 \end{pmatrix}$$

Damit steht das Einfallslot senkrecht auf der Fläche.

Jetzt wird getestet, ob der Punkt P auf der Geraden liegt:

$$\begin{pmatrix} -\frac{1}{2} \\ \frac{1}{2} \\ \frac{7}{2} \end{pmatrix} = \begin{pmatrix} 3 \\ 4 \\ 9{,}5 \end{pmatrix} + r \cdot \begin{pmatrix} 7 \\ 7 \\ 12 \end{pmatrix} \Rightarrow r = -\frac{1}{2}$$

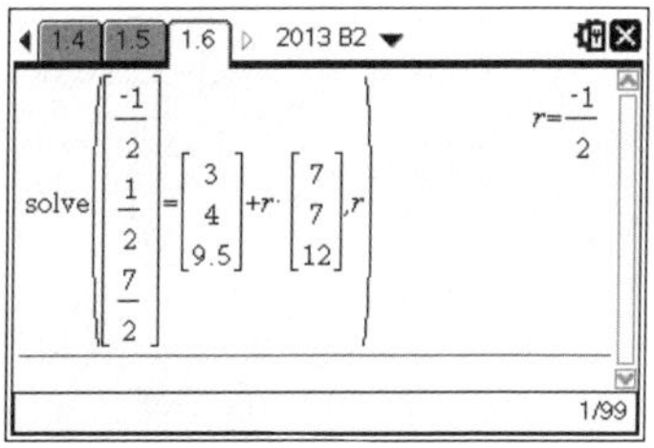

Die Gerade trifft den Punkt P und steht senkrecht auf der Fläche ABCD, auf ihr liegt das Einfallslot zur Fläche ABCD im Punkt P.

2.3.3 **Gleichung der Geraden, auf der der reflektierte Strahl liegt**

Es gibt verschiedene Möglichkeiten, die Geradengleichung zu ermitteln, auf der der reflektierte Lichtstrahl liegt. Exemplarisch wird hier nur ein Verfahren erläutert und beschrieben.

Arbeitsschritte zur Ermittlung der Geradengleichung

Auf dem einfallenden Lichtstrahl liegt der Punkt Q(11,5 | 12,5 | 50).
Es wird ein Punkt Q' bestimmt, der auf der Geraden liegt, auf der der einfallende Lichtstrahl verläuft. Der Punkt Q' hat den gleichen Abstand von P wie Q und liegt anschaulich hinter der reflektierenden Ebene E.
Dieser Punkt Q' wird an der Ebene E gespiegelt. Man erhält die Koordinaten des Punktes Q''.
Durch P und diesen Punkt Q'' verläuft eine Gerade g, auf der der reflektierte Lichtstrahl liegt.

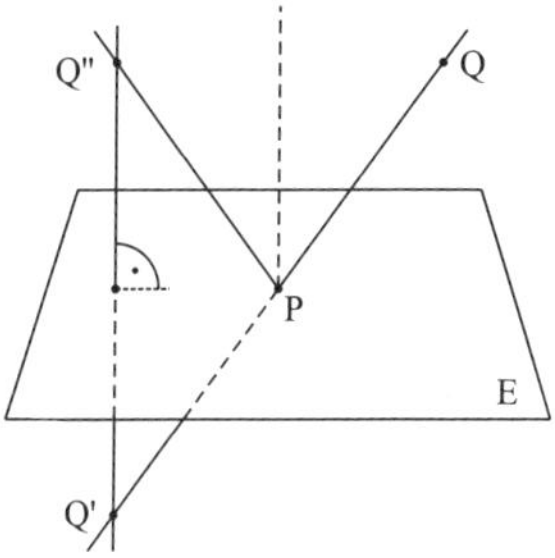

Ermitteln der Geradengleichung

Der Parameter t aus der Teilaufgabe 2.3.1 ($t=\frac{3}{2}$) wird verdoppelt ($\rightarrow t=3$) und in die Gleichung der Geraden eingesetzt, auf der sich der einfallende Lichtstrahl befindet:

$$\overrightarrow{OQ'}=\begin{pmatrix}11,5\\12,5\\50\end{pmatrix}+3\cdot\begin{pmatrix}-8\\-8\\-31\end{pmatrix}=\begin{pmatrix}-12,5\\-11,5\\-43\end{pmatrix}$$

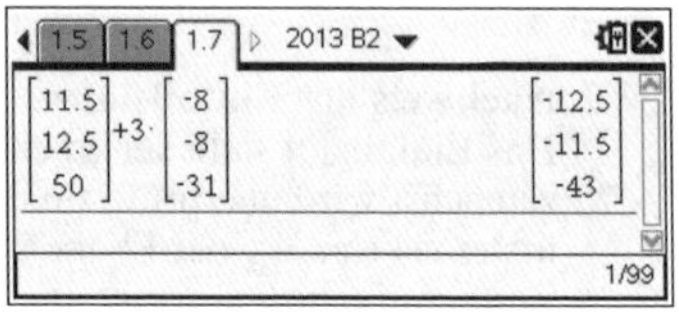

Der Punkt Q' hat die Koordinaten:

Q'(−12,5 | −11,5 | −43)

Es wird eine Gerade h aufgestellt, die durch Q' verläuft und als Richtungsvektor einen Normalenvektor der Ebene E hat:

$$h: \vec{x}=\overrightarrow{OQ'}+u\cdot\vec{n}_E$$

Der Parameter u wird bestimmt, den man beim Schnitt der Geraden h und der Ebene E erhält:

$$\begin{pmatrix}-12,5\\-11,5\\-43\end{pmatrix}+u\cdot\begin{pmatrix}7\\7\\12\end{pmatrix}=\begin{pmatrix}4\\2\\0\end{pmatrix}+r\cdot\begin{pmatrix}-3\\3\\0\end{pmatrix}+s\cdot\begin{pmatrix}-6\\-6\\7\end{pmatrix}$$

$\Rightarrow \quad u=3$

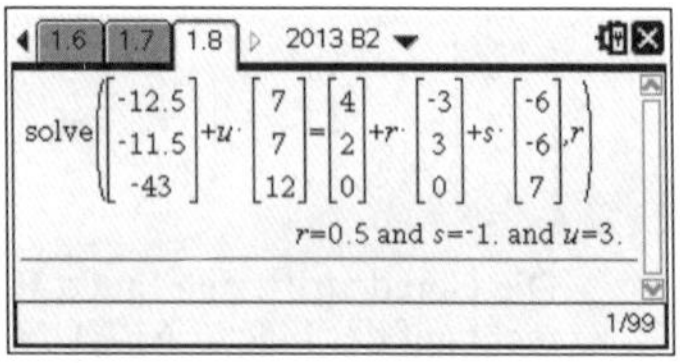

Man erhält u = 3. Wird dieser Parameter u verdoppelt und in die Geradengleichung von h eingesetzt, so erhält man die Koordinaten von Q'':

$$\overrightarrow{OQ''}=\begin{pmatrix}-12,5\\-11,5\\-43\end{pmatrix}+6\cdot\begin{pmatrix}7\\7\\12\end{pmatrix}=\begin{pmatrix}29,5\\30,5\\29\end{pmatrix}$$

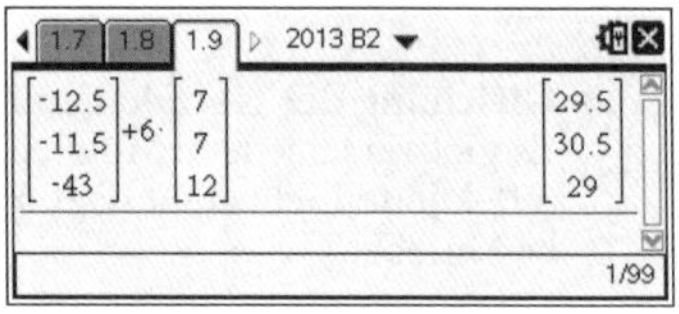

Der Punkt Q'' hat die Koordinaten:

Q''(29,5 | 30,5 | 29)

Durch die Punkte P und Q'' verläuft die Gerade, auf der der reflektierte Lichtstrahl liegt:

$$g: \vec{x}=\overrightarrow{OP}+w\cdot\overrightarrow{PQ''}$$

Der Richtungsvektor der Geraden ist:

$$\overrightarrow{PQ''}=\begin{pmatrix}30\\30\\25,5\end{pmatrix}$$

Eine Gleichung der Geraden, die den Verlauf des reflektierten Lichtstrahls beschreibt, lautet:

$$g: \vec{x}=\begin{pmatrix}-\frac{1}{2}\\\frac{1}{2}\\\frac{7}{2}\end{pmatrix}+w\cdot\begin{pmatrix}30\\30\\25,5\end{pmatrix}$$

Ergänzend könnte man noch den Definitionsbereich angeben:

$w\in\mathbb{R};\ w\geq 0$

Übungsaufgaben für die länderübergreifend gestellten Aufgaben im hilfsmittelfreien Prüfungsteil B0

1. Gegeben ist die auf ganz $\mathbb{R}$ definierte Funktion f mit $f(x) = e^{2x} \cdot (2x + 2x^2)$.
   a) Bestimmen Sie die Nullstellen der Funktion f.
   b) Zeigen Sie, dass die Funktion F mit $F(x) = x^2 \cdot e^{2x}$; $x \in \mathbb{R}$, eine Stammfunktion von f ist.
   Geben Sie eine Gleichung einer weiteren Stammfunktion G von f an, für die $G(1) = 0$ gilt.

2. Die Abbildung zeigt die gerade rechteckige Pyramide ABCDS mit der Höhe $h = 4$ LE sowie $A(0|0|0)$, $B(8|0|0)$, $C(8|4|0)$ und $D(0|4|0)$.
   a) Ermitteln Sie die Länge der Kante $\overline{BS}$.
   b) Die Punkte P und Q sind die Mittelpunkte der Kanten $\overline{BS}$ bzw. $\overline{BC}$. Der Punkt $R(r|4|0)$ liegt auf der Kante $\overline{CD}$. Bestimmen Sie r so, dass das Dreieck PQR in Q rechtwinklig ist.

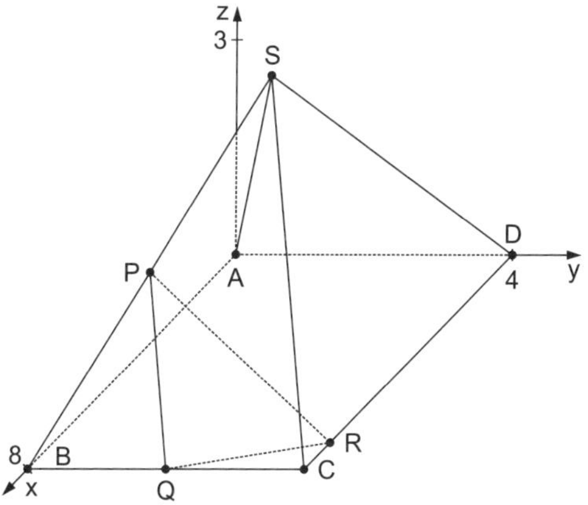

3. In Urne A befinden sich zwei weiße und zwei schwarze Kugeln. Urne B enthält eine weiße und zwei schwarze Kugeln. Betrachtet wird folgendes Zufallsexperiment: Aus Urne A werden nacheinander zwei Kugeln zufällig und ohne Zurücklegen entnommen und in Urne B gelegt.
   a) Geben Sie alle Möglichkeiten für den Inhalt der Urne B nach der Durchführung des Zufallsexperiments an.
   b) Untersuchen Sie, wie groß die Wahrscheinlichkeit p ist, dass der Anteil der schwarzen Kugeln in Urne B nach der Durchführung des Zufallsexperiments größer ist als vor der Durchführung.

4. Für jeden Wert von $a \in \mathbb{R}$ ist eine auf ganz $\mathbb{R}$ definierte Funktion f_a gegeben durch $f_a(x) = -x^2 + ax$.
   a) Begründen Sie mithilfe der Lage des Graphen von f_2 im Koordinatensystem, dass $\int_0^2 f_2(x)\,dx > 0$ gilt.
   b) Bestimmen Sie denjenigen Wert von a, für den $\int_0^2 f_a(x)\,dx = \frac{4}{3}$ gilt.

Hinweise und Tipps

Teilaufgabe 1 a

- Zum Bestimmen der Nullstellen ist die Linearfaktorzerlegung des zweiten Faktors des Funktionsterms von f hilfreich.

Teilaufgabe 1 b

- Machen Sie sich klar, wann eine Funktion F Stammfunktion der Funktion f ist.
- Rufen Sie sich ins Gedächtnis, worin sich verschiedene Stammfunktionen ein und derselben Funktion unterscheiden.

Teilaufgabe 2 a

- Bei einer geraden Pyramide hat die Verbindungsstrecke des Mittelpunktes der Grundfläche mit der Spitze der Pyramide eine besondere Lage zur Grundfläche der Pyramide.
- Ermitteln Sie mithilfe dieser Eigenschaft zunächst die Koordinaten der Spitze S.

Teilaufgabe 2 b

- Machen Sie sich klar, welche zwei Strecken orthogonal zueinander sein müssen, damit das Dreieck PQR in Q rechtwinklig ist.
- Die Orthogonalität zweier Strecken kann mithilfe der zugehörigen Verbindungsvektoren nachgewiesen werden. Überlegen Sie, in welcher rechnerischen Beziehung zwei Vektoren zueinander stehen müssen, wenn sie orthogonal zueinander sind, und bestimmen Sie den Wert von r so, dass die betreffenden Verbindungsvektoren diese Bedingung erfüllen.
- Hierfür müssen Sie zunächst die Koordinaten (bzw. den Ortsvektor) des Mittelpunktes P von $\overline{BS}$ sowie des Mittelpunktes Q von $\overline{BC}$ bestimmen.

Teilaufgabe 3 a

- Überlegen Sie, welche Möglichkeiten es gibt, nacheinander zwei Kugeln aus Urne A zu ziehen.

Teilaufgabe 3 b

- Hier empfiehlt sich das Arbeiten mit geeigneten Buchstabenkombinationen. Anhand dieser Kombinationen kann man gut zwischen den ungünstigen und den günstigen Ergebnissen unterscheiden.
- Verwenden Sie zum Berechnen der Wahrscheinlichkeit die Produktregel.

Teilaufgabe 4 a

- In diesem Aufgabenteil wird nur der Fall $a = 2$ betrachtet.
- Zur Begründung der Ungleichung ist es hilfreich, eine Skizze des Graphen der Funktion f_2 zu erstellen. Für diese Skizze ist die Kenntnis der Nullstellen von f_2 wichtig. Machen Sie sich ferner anhand des Funktionsterms von f_2 klar, welche besondere Form der Graph hat und wie er orientiert ist.

Teilaufgabe 4 b

- Achten Sie bei der Berechnung des Integrals darauf, dass der Parameter a in diesem Fall wie eine Konstante zu behandeln ist.

Lösung

1. a) **Nullstellen**

$$f(x)=0 \underset{e^{2x}\neq 0 \text{ für alle } x\in\mathbb{R}}{\Leftrightarrow} e^{2x}\cdot(2x+2x^2)=0$$

$$\Leftrightarrow 2x+2x^2=0$$

$$\Leftrightarrow 2x(1+x)=0$$

$$\Leftrightarrow 2x=0 \vee 1+x=0$$

$$\Leftrightarrow \underline{\underline{x_1=0}} \vee \underline{\underline{x_2=-1}}$$

b) **F mit $F(x) = x^2 \cdot e^{2x}$ ist Stammfunktion von f**

F ist Stammfunktion von f, wenn für alle $x\in\mathbb{R}$ gilt: $F'(x)=f(x)$. Hier gilt:

$$F'(x)=2x\cdot e^{2x}+x^2\cdot 2e^{2x}=2x\cdot e^{2x}+2x^2\cdot e^{2x}=e^{2x}\cdot(2x+2x^2)$$

Weitere Stammfunktion G mit G(1) = 0

G unterscheidet sich von F nur durch den konstanten Summanden $c\in\mathbb{R}\setminus\{0\}$:

$G(x)=F(x)+c$

Der Wert für c ist durch die Bedingung $G(1)=0$ bestimmt:

$$G(1)=0 \Leftrightarrow F(1)+c=0 \Leftrightarrow 1^2\cdot e^{2\cdot 1}+c=0 \Leftrightarrow c=-e^2$$

Damit lautet die Funktionsgleichung der gesuchten Stammfunktion G:

$$\underline{\underline{G(x)=x^2\cdot e^{2x}-e^2}}$$

2. a) **Koordinaten von S**

Da die Pyramide ABCDS gerade ist, liegt ihre Spitze S senkrecht zur rechteckigen Grundfläche ABCD über deren Mittelpunkt M. Die Grundfläche liegt in der xy-Ebene, also unterscheiden sich der Mittelpunkt M und die Spitze S nur in ihrer z-Koordinate.
Da der Eckpunkt A im Ursprung liegt, die Kante $\overline{AB}$ mit der Länge 8 LE auf der nicht negativen x-Achse und die Kante $\overline{AD}$ mit der Länge 4 LE auf der nicht negativen y-Achse liegt, hat der Mittelpunkt M des Rechtecks ABCD die Koordinaten $(4|2|0)$.
Mit $h=4$ LE ergeben sich die Koordinaten der Spitze S folglich zu $(4|2|4)$.

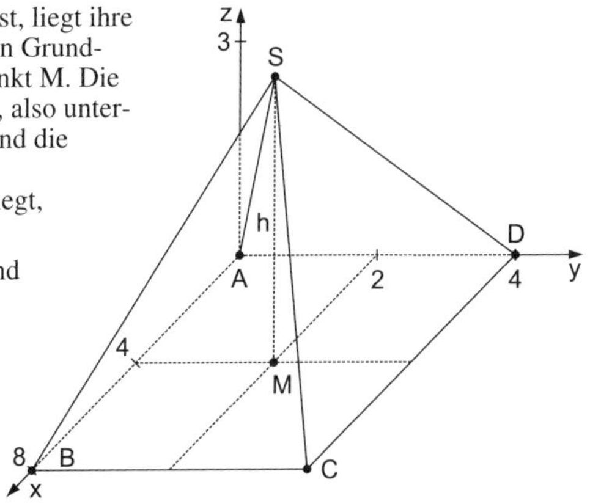

Länge von $\overline{BS}$

$$\overline{BS}=|\overrightarrow{BS}|=\left|\begin{pmatrix}4\\2\\4\end{pmatrix}-\begin{pmatrix}8\\0\\0\end{pmatrix}\right|=\left|\begin{pmatrix}-4\\2\\4\end{pmatrix}\right|=\sqrt{16+4+16}=\sqrt{36}=\underline{\underline{6}}$$

b) **Mittelpunkt P von $\overline{BS}$ bzw. Q von $\overline{BC}$**

$$\overrightarrow{OP} = \frac{1}{2}\left(\overrightarrow{OB} + \overrightarrow{OS}\right) = \frac{1}{2}\left(\begin{pmatrix}8\\0\\0\end{pmatrix} + \begin{pmatrix}4\\2\\4\end{pmatrix}\right) = \frac{1}{2}\cdot\begin{pmatrix}12\\2\\4\end{pmatrix} = \begin{pmatrix}6\\1\\2\end{pmatrix}$$

$$\overrightarrow{OQ} = \frac{1}{2}\left(\overrightarrow{OB} + \overrightarrow{OC}\right) = \frac{1}{2}\left(\begin{pmatrix}8\\0\\0\end{pmatrix} + \begin{pmatrix}8\\4\\0\end{pmatrix}\right) = \frac{1}{2}\cdot\begin{pmatrix}16\\4\\0\end{pmatrix} = \begin{pmatrix}8\\2\\0\end{pmatrix}$$

Alternative:

$$\overrightarrow{OP} = \overrightarrow{OB} + \frac{1}{2}\cdot\overrightarrow{BS} = \begin{pmatrix}8\\0\\0\end{pmatrix} + \frac{1}{2}\cdot\begin{pmatrix}-4\\2\\4\end{pmatrix} = \begin{pmatrix}6\\1\\2\end{pmatrix}$$

$$\overrightarrow{OQ} = \overrightarrow{OB} + \frac{1}{2}\cdot\overrightarrow{BC} = \begin{pmatrix}8\\0\\0\end{pmatrix} + \frac{1}{2}\left(\begin{pmatrix}8\\4\\0\end{pmatrix} - \begin{pmatrix}8\\0\\0\end{pmatrix}\right) = \begin{pmatrix}8\\0\\0\end{pmatrix} + \frac{1}{2}\cdot\begin{pmatrix}0\\4\\0\end{pmatrix} = \begin{pmatrix}8\\2\\0\end{pmatrix}$$

Verbindungsvektoren $\overrightarrow{QP}$ und $\overrightarrow{QR}$

$$\overrightarrow{QP} = \begin{pmatrix}6\\1\\2\end{pmatrix} - \begin{pmatrix}8\\2\\0\end{pmatrix} = \begin{pmatrix}-2\\-1\\2\end{pmatrix};\quad \overrightarrow{QR} = \begin{pmatrix}r\\4\\0\end{pmatrix} - \begin{pmatrix}8\\2\\0\end{pmatrix} = \begin{pmatrix}r-8\\2\\0\end{pmatrix}$$

Bedingung für r

Wenn das Dreieck PQR rechtwinklig im Eckpunkt Q ist, müssen die Verbindungsvektoren $\overrightarrow{QP}$ und $\overrightarrow{QR}$ orthogonal zueinander sein. Das bedeutet wiederum, dass das Skalarprodukt von $\overrightarrow{QP}$ und $\overrightarrow{QR}$ gleich null sein muss. Aus dieser Bedingung lässt sich der gesuchte Wert von r ermitteln:

$$\begin{aligned}
\overrightarrow{QP}\circ\overrightarrow{QR} = 0 \quad &\Leftrightarrow \quad \begin{pmatrix}-2\\-1\\2\end{pmatrix}\circ\begin{pmatrix}r-8\\2\\0\end{pmatrix} = 0\\
&\Leftrightarrow \quad -2\cdot(r-8) + (-1)\cdot 2 + 2\cdot 0 = 0\\
&\Leftrightarrow \quad -2r + 16 - 2 = 0\\
&\Leftrightarrow \quad \underline{\underline{r = 7}}
\end{aligned}$$

3. a) **Inhalt der Urne B nach der Durchführung**

1. Variante:

Es können entweder keine weiße Kugel, eine weiße Kugel oder zwei weiße Kugeln in Urne B gelangen. In diesen drei Fällen gelangen dann in dieser Reihenfolge entsprechend zwei schwarze Kugeln, eine schwarze Kugel oder keine schwarze Kugel in Urne B.

Der Inhalt der Urne B nach der Durchführung des Zufallsexperiments kann entweder aus einer weißen Kugel und vier schwarzen Kugeln, zwei weißen und drei schwarzen Kugeln oder drei weißen und zwei schwarzen Kugeln bestehen.

Aufgrund des in der Aufgabenstellung verwendeten Operators ist hier nur der Ergebnissatz verlangt, die zusätzlichen Erläuterungen sind nicht gefordert.

2. Variante:

Es steht w für eine weiße Kugel und entsprechend s für eine schwarze Kugel:

{wssss}; {wwsss}; {wwwss}

b) **Verhältnis vor der Durchführung**
Vor der Durchführung des Zufallsexperiments sind zwei von drei Kugeln in Urne B schwarz, der Anteil der schwarzen Kugeln in Urne B beträgt also $\frac{2}{3}$.

Verhältnis nach der Durchführung
Gemäß den Ergebnissen aus Aufgabenteil a beträgt der Anteil der schwarzen Kugeln in Urne B nach der Durchführung des Zufallsexperiments entweder $\frac{4}{5}$ („{wssss}"), $\frac{3}{5}$ („{wwsss}") oder $\frac{2}{5}$ („{wwwss}").

Verhältnis nachher größer
Der Anteil der schwarzen Kugeln in Urne B ist also nur dann nach der Durchführung größer als vor der Durchführung, wenn beim Zufallsexperiment zwei schwarze Kugeln aus Urne A entnommen und in Urne B gelegt werden.
Es bezeichnet nun w das Ergebnis, dass Urne A eine weiße Kugel entnommen wird, und entsprechend s das Ergebnis, dass Urne A eine schwarze Kugel entnommen wird.

Wahrscheinlichkeit p

$$p = P(\{ss\}) = \frac{2}{4} \cdot \frac{1}{3} = \underline{\underline{\frac{1}{6}}}$$

4. a) **Funktionsgleichung von f_2**

$$f_2(x) = -x^2 + 2x = -x(x-2)$$

Nullstellen von f_2
Aus der obigen Linearfaktorzerlegung des Funktionsterms von f_2 lassen sich die Nullstellen $x_1 = 0$ und $x_2 = 2$ der Funktion f_2 direkt ablesen.

Lage des Graphen von f_2 im Koordinatensystem
Der höchste Exponent von x im Funktionsterm von f_2 ist 2. Also ist der Graph von f_2 eine Parabel (zweiten Grades). Wegen des Vorfaktors –1 von x^2 im Funktionsterm von f_2 ist diese Parabel nach unten geöffnet. Mithilfe der Nullstellen lässt sich die Lage des Graphen von f_2 im Koordinatensystem wie nebenstehend skizzieren.

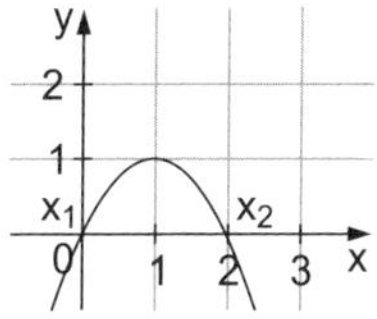

Gültigkeit der Ungleichung
Aufgrund der soeben beschriebenen Lage des Graphen von f_2 im Koordinatensystem wird durch das Integral auf der linken Seite der gegebenen Ungleichung der Inhalt desjenigen Teils der Fläche unter dem Graphen von f_2 berechnet, der oberhalb der x-Achse liegt. Also muss der Wert dieses Integrals positiv sein.

b) **Berechnen des Integrals**

$$\int_0^2 f_a(x)\,dx = \int_0^2 (-x^2 + ax)\,dx = \left[-\frac{1}{3}x^3 + \frac{a}{2}x^2\right]_0^2 = -\frac{2^3}{3} + \frac{a}{2} \cdot 2^2 = 2a - \frac{8}{3}$$

Ermitteln des Wertes von a

$$\int_0^2 f_a(x)\,dx = \frac{4}{3} \quad \Leftrightarrow \quad 2a - \frac{8}{3} = \frac{4}{3} \quad \Leftrightarrow \quad 2a = \frac{12}{3} \quad \Leftrightarrow \quad \underline{\underline{a = 2}}$$

Ihre Meinung ist uns wichtig!

Ihre Anregungen sind uns immer willkommen. Bitte informieren Sie uns mit diesem Schein über Ihre Verbesserungsvorschläge!

Titel-Nr.	Seite	Vorschlag

Bitte hier abtrennen

Lernen • Wissen • Zukunft
STARK

Bitte hier abtrennen

24-V_Abi

Bitte ausfüllen und im frankierten Umschlag an uns einsenden. Für Fensterkuverts geeignet.

Zutreffendes bitte ankreuzen!

Die Absenderin/der Absender ist:

- ☐ Lehrer/in in den Klassenstufen: ______
- ☐ Fachbetreuer/in
  Fächer: ______
- ☐ Seminarlehrer/in
  Fächer: ______
- ☐ Regierungsfachberater/in
  Fächer: ______
- ☐ Oberstufenbetreuer/in
- ☐ Schulleiter/in
- ☐ Referendar/in, Termin 2. Staatsexamen: ______
- ☐ Leiter/in Lehrerbibliothek
- ☐ Leiter/in Schülerbibliothek
- ☐ Sekretariat
- ☐ Eltern
- ☐ Schüler/in, Klasse: ______
- ☐ Sonstiges: ______

Unterrichtsfächer: (Bei Lehrkräften!)

______

STARK Verlag
Postfach 1852
85318 Freising

Kennen Sie Ihre Kundennummer? Bitte hier eintragen.

Absender (Bitte in Druckbuchstaben!)

Name/Vorname

Straße/Nr.

PLZ/Ort/Ortsteil

Telefon privat

Geburtsjahr

E-Mail

Schule/Schulstempel (Bitte immer angeben!)

(Bitte blättern Sie um)